嵌入式原理及应用案例化教程

主 编 郭 猛 蔡照鹏 王 卓
副主编 娄鑫坡 刘 佳

東北林業大學出版社
Northeast Forestry University Press
·哈尔滨·

图书在版编目（CIP）数据

嵌入式原理及应用案例化教程 / 郭猛，蔡照鹏，王卓主编 . — 哈尔滨：东北林业大学出版社，2023.8

ISBN 978-7-5674-3318-2

Ⅰ . ① 嵌… Ⅱ . ① 郭… ② 蔡… ③ 王… Ⅲ . ① Linux 操作系统 – 教材 Ⅳ . ① TP316.85

中国国家版本馆 CIP 数据核字 (2023) 第 163249 号

责任编辑： 潘 琦
封面设计： 乔鑫鑫
出版发行： 东北林业大学出版社
（哈尔滨市香坊区哈平六道街 6 号 邮编：150040）
印 装： 河北浩润印刷有限公司
开 本： 787 mm×1092 mm 1/16
印 张： 23
字 数： 490 千字
版 次： 2023 年 8 月第 1 版
印 次： 2023 年 8 月第 1 次印刷
书 号： ISBN 978-7-5674-3318-2
定 价： 89.00 元

前 言

嵌入式系统是计算机软硬件相结合、操作系统原理与实践相结合、创新与应用开发相结合的复杂工程系统，它涉及电子信息、网络通信、计算机等多学科的知识与技能。嵌入式系统在性能、功耗、体积以及可靠性等方面具有突出的优越性，因此在国防、通信、网络、工业控制等领域，以及各种智能终端设备上都得到了广泛应用。

本书主要面向国内应用型高等院校的计算机、物联网、信息工程、自动化等专业的本科生，由嵌入式 Linux 开发基础知识、嵌入式 Linux 系统移植、Linux 驱动开发三部分内容构成。本书主要介绍了构建嵌入式 Linux 系统的实现原理和操作方法，讲解每个章节知识点的同时还提供了相关的实验案例，通过讲、学、练、思，形成学习的闭环，以便于读者快速地跨过嵌入式 Linux 系统应用开发的技术门槛。

全书共 11 章，第 1 章概述了嵌入式系统的基本概念、ARM 处理器体系结构和 ARM 的指令系统；第 2 章介绍了教材使用开发平台的软硬件环境；第 3 章介绍了嵌入式 Linux 开发环境搭建；第 4 章介绍了 BootLoader 移植；第 5 章介绍了 Linux 内核配置与移植；第 6 章介绍了根文件系统移植；第 7 章为 Linux 设备驱动概述；第 8 章为简单设备驱动实例；第 9 章介绍了 Linux 设备驱动模型；第 10 章、第 11 章从 GPIO、I2C 子系统入手，通过实例帮助读者理解各个子系统的构成、熟悉应用层接口的使用方法，带领读者走进 Linux 设备驱动开发的世界。

本书参考学时为 64 学时（理论 48 学时 + 实践 16 学时），有关章节内容可以根据各个学校的专业要求及其学时情况酌情调整。

本书由河南城建学院计算机与数据科学学院的郭猛、蔡照鹏、王卓担任主编；娄鑫坡、刘佳担任副主编；河南城建学院的杜小杰编写了第 1 章，苏靖枫编写了第 2 章，孔玉静编写了第 3 章，刘恋编写了第 4 章，刘畅编写了第 5 章，刘帅编写了第 6 章，蔡照鹏编写了

第7章，郭猛编写了第8章，王卓编写了第9章，娄鑫坡编写了第10章，刘佳编写了第11章。

由于作者学识水平有限，殷切希望各位教师、学生和专业技术人员对本书的内容、结构及存在的疏漏与不足之处给予批评、指正。

编者

2023年7月

目　　录

第一篇　Linux 开发基础知识

第二篇　嵌入式 Linux 系统移植

第三篇　Linux 驱动开发

第一篇　Linux 开发基础知识

本篇内容

★概述

★ ARM 处理器体系架构、指令系统和汇编程序设计

★ JZ2440 开发平台介绍

★嵌入式 Linux 开发环境搭建

本篇目标

★了解嵌入式 Linux 开发过程中会涉及的一些基本概念

★熟悉和掌握 ARM 处理器的体系结构

★熟悉和掌握 ARM 处理器的常用指令

★熟悉和掌握 ARM 处理器的汇编程序设计

★了解本书实例所使用的硬件开发平台

★掌握主机 Linux 开发环境中虚拟机的安装方法及相关开发工具详细配置过程

本篇实例

★实例一：虚拟机上 Linux 开发环境的安装及配置

★实例二：TFTP 服务的安装与配置

★实例三：ARM 交叉编译工具链的使用与测试

第1章 概 述

在进行嵌入式 Linux（Embedded Linux）开发的学习之前，需要大家具备以下课程的基础知识："C/C++ 程序设计""模拟 / 数字电路""计算机组成原理""单片机原理与应用""操作系统原理""Linux 操作系统"等，如果相关环节缺失或不足的话，请参考这些课程。首先我们看看嵌入式系统的体系结构以及什么是嵌入式 Linux？为什么需要采用 ARM+Linux？嵌入式系统的定义，"嵌入式系统是以应用为中心，以计算机技术为基础，软硬件可裁剪，对功能、可靠性、成本、功耗、体积等有严格要求的专用计算机系统"。在我们日常生活和工业生产过程中大量存在着嵌入式设备，从低端电子玩具类的没有操作系统的单片机，到内嵌 Linux 的路由器交换机，再到搭载 Android、iOS 操作系统的智能手机终端都是常见的嵌入式设备。Linux 具有免费、开放性好、支持众多硬件平台、便于裁剪定制和移植等优点，使得 Linux 在嵌入式操作系统方面与硬件高档的嵌入式 ARM 芯片相结合，成为嵌入式系统开发的主流。

本章将向大家介绍嵌入式 Linux 开发中的一些基本概念，以及嵌入式 Linux 的开发的一般过程，以便读者对在开发过程中遇到的一些术语不至于感到陌生，同时也对嵌入式 Linux 的开发原理、使用的工具、采用的方法、实现过程有大致的了解。在熟练掌握本课程所讲授的基础知识和开发工具之后，大家可以继续深入学习 Linux 内核、熟悉各种硬件驱动框架、高级 Qt 应用程序开发，甚至转向安卓平台的内核移植和驱动开发；或者使用类似的更高性能、更强通用性、门槛更低的树莓派系统进行应用开发。

1.1 基本概念

1.1.1 嵌入式系统体系结构

嵌入式系统是一种专用的计算机系统，它是由硬件结构和软件结构构成的，如图 1-1 所示。

1.1.1.1 嵌入式系统的硬件结构

嵌入式系统的硬件结构主要包括嵌入式微处理器（CPU 核）、存储器（RAM 及各种 ROM）、时钟及电源、总线、外设接口、通信接口及扩展模块等部分。

嵌入式微处理器，是嵌入式系统的硬件核心，它决定了这个系统的性能、功能和应用领域。在嵌入式系统中，存储器系统包括 RAM（可读可写，掉电破坏数据）、NOR Flash

ROM（CPU 可以直接运行里面的程序）、NAND Flash ROM（CPU 需要通过 NAND 控制器访问）、EMMC（相当于 NAND Flash+ 控制器）等，一般来说，NAND Flash ROM 的容量比 NOR Flash ROM 大得多。

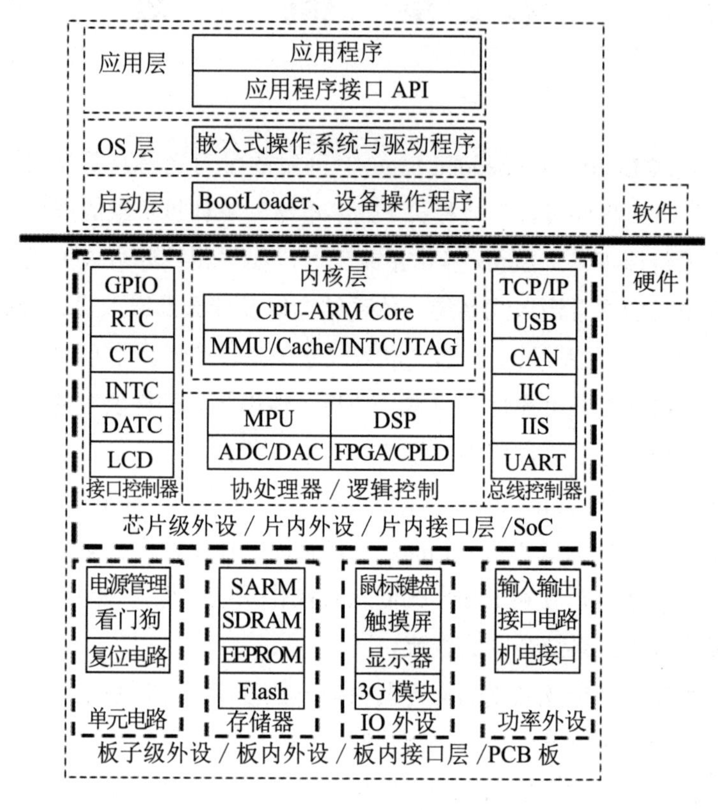

图 1-1　典型嵌入式系统的组成

嵌入式系统是一个复杂的数字系统，需要由时钟电路提供给系统各部分合适的时钟信号；由电源供电电路给不同的电路模块提供所需的合适电压。

外设、通信接口主要包括 GPIO、ADC、IIC、SPI、PWM、USB、UART、RJ45 等，可以外接矩阵键盘、LCD 液晶屏 / 触摸屏、各种传感器、音频功放、电机、GPS、GPRS/3G/4G 通信等扩展模块。

从分层的角度去认识嵌入式系统，其硬件层大致可分为三层：内核层、芯片级外设层（片内外设 / 片内接口层）、板子级外设层（板内外设 / 板内接口层）。内核层主要包括嵌入式处理器核、存储器管理、缓存、调试单元等部件，内核层由处理器核开发商提供。芯片级外设位于嵌入式处理器芯片内部，也称为“片内外设”。芯片级外设层主要包括与内核层集成在同一个芯片内部的各种接口控制器、总线控制器、协处理器、逻辑控制单元等，决定了嵌入式处理器本身的扩展能力，其中片内外设具有容易扩展和强抗干扰等性能。板子级外设也称为“板内外设”，是终端用户依据系统功能设计在线路板上的外围接口电路、控制器等，实现对外设的控制、匹配、驱动等，达到服务嵌入对象的目标。板子级外设层一般包括存储设备、通信接口设备、扩展设备和机电设备的扩展与驱动等，由于受物理性质、制造工艺等限制，这些设备往往无法集成到芯片内部。

1.1.1.2 嵌入式系统的软件结构

简单的嵌入式系统（如传统的单片机）往往没有操作系统，只是一个单一的任务，其软件没有区分应用程序、系统任务调度、硬件驱动等部分，也被称为裸机程序。

含有操作系统的较为复杂的嵌入式系统软件，可以分成启动代码 BootLoader（相当于微机系统中的 BIOS+MBR）、操作系统内核与驱动、文件系统与应用程序等几部分。从分层的角度去理解和认识，软件大致可分为三个层次：启动层、操作系统层、应用层。

（1）启动层。

嵌入式系统硬件需要进行初始化和操作，这部分工作是由设备启动层来完成的，直接对硬件进行操作和控制，为上层驱动程序提供所需的操作支持，类似 PC 系统中的 BIOS+MBR。

（2）操作系统层。

①内核中必需的部件：进程管理、进程间通信、内存管理、设备管理等。

②常用的嵌入式操作系统：Linux、WinCE、VxWorks、μCOS-II/III、RT-Thead 等。

③嵌入式中间件：它是除操作系统内核、设备驱动程序和应用软件之外的所有系统软件，其基本思路是把原本属于应用软件层的一些通用的功能模块抽取出来，形成独立的一层软件，从而为运行在它上面的那些应用软件提供一个灵活、安全、移植性好、相互通信、协同工作的平台。

（3）应用层。

应用层又可以分为应用程序接口（Application Programming Interface，API）层和应用程序层。API 层是一系列复杂的函数、消息和结构的集合体；应用程序层是建立在系统主任务（Main Task）基础上的，应用程序可以调用 API 函数，用户的应用程序也可以创建自己的任务，任务间的协调主要依赖于系统的消息队列。

1.1.2 常见的几种嵌入式操作系统

随着技术的发展及人们需求的增加，各种消费类电子产品的功能越来越强大，使得随身携带的电子设备越来越像传统的 PC 机：上面有键盘、触摸屏、LCD 等输入 / 输出设备，可以观看视频、听音乐，可以浏览网站、接收邮件，可以查看、编辑文档等。在工业控制领域中，系统级芯片（SoC）以更低廉的价格提供了更丰富的功能，使得我们可以在一个嵌入式系统中同时完成更多的控制功能。

当系统越来越大，应用越来越多，使用操作系统就成为一个必须考虑的选择。操作系统可以帮开发人员实现：统一管理系统资源、为用户提供访问硬件的接口、调度多个应用程序、管理文件系统等功能。在嵌入式领域可以选择的操作系统有很多，比如 Linux、VxWorks、 Windows CE、μC/OS-II 等。

VxWorks 是美国 WindRiver 公司开发的嵌入式实时操作系统。单就性能而言，VxWorks 是非常优秀的操作系统，具有可裁剪的微内核结构，高效的任务管理，灵活的任务间通信，微秒级的中断处理，支持 POSIX 1003.1b 实时扩展标准，支持多种物理介质及标准、完整的 TCP/IP 网络协议等；VxWorks 的缺点是支持的硬件相对较少，并且源代码不开放，需要专门的技术人员进行开发和维护，并且授权费比较高。

Windows CE 是微软公司针对嵌入式设备开发的 32 位、多任务、多线程的操作系统。它支持 x86、ARM、MIPS、SH 等架构的 CPU，硬件驱动程序丰富，比如支持 Wi-Fi、USB2.0 等新型设备，并具有强大的多媒体功能；可以灵活裁剪以减小系统体积；与 PC 上的 Windows 操作系统相通，开发、调试工具使用方便，应用程序的开发流程与 PC 上的 Windows 程序上的开发流程相似。就开发的便利性而言（特别是对于习惯在 Windows 下开发的程序员），Windows CE 是最好的。但是，其源代码没有开放（目前开放了一小部分），开发人员难以进行更细致的定制；占用比较多的内存，整个系统相对庞大；版权许可费用也比较高。

μC/OS-II 是 Micrium 公司开发的操作系统，可用于 8 位、16 位和 32 位处理器。它可裁剪，对硬件要求较低；可以运行最多 64 个任务；调度方式为抢占式，即总是运行最高优先级的就绪任务。用户可以获得 μC/OS-II 的全部代码，但它不是开放源码的免费软件，作为研究和学习，可以通过购买相关书籍获得源码；用于商业目的时，必须购买其商业授权。相对于其他按照每个产品收费的操作系统，μC/OS-II 采用一次性的收费方式，可谓低廉。需要说明的是，μC/OS-II 仅是一个实时内核，用户需要完成其他更多的工作，比如编写硬件驱动程序、实现文件系统操作（使用文件的话）等。

Linux 是遵循 GPL 协议的开放源码的操作系统，使用时无须交纳许可费用。内核可任意裁剪，几乎支持所有的 32 位、64 位 CPU；内核中支持的硬件种类繁多，几乎可以从网络上找到所有硬件驱动程序；支持几乎所有网络协议；有大量的应用程序可用，从编译工具、调试工具到 GUI 程序，几乎都有遵循 GPL 协议的相关版本；有庞大的开发人员群体，有数量众多的技术论坛，大多问题基本可以得到快速而免费的解答。其缺点在于实时性较差，虽然 2.6 版本的 Linux 在实时性方面有较大改进，但是仍无法称为实时操作系统。有不少变种 Linux 在实时性方面做了很大改进。Linux 具有开放源代码、易于移植、资源丰富、免费等优点，使得它在嵌入式领域越来越流行。更重要的一点，由于嵌入式 Linux 与 PC Linux 源于同一套内核代码，只是裁剪的程度不一样，这使得很多为 PC 开发的软件再次编译之后，可以直接在嵌入式设备上运行，极大地提高了开发效率、丰富了软件资源。

1.1.3 ARM 处理器

1.1.3.1 ARM 处理器简介

ARM（Advanced RISC Machines），既可以被认为是一个公司的名字，也可以被认为是对一类微处理器的通称，还可以被认为是一种技术的名字。

ARM 公司主要出售芯片设计技术的授权。目前，采用 ARM 技术知识产权（IP）核的微处理器，即通常所说的 ARM 处理器，已遍及工业控制、消费类电子产品、通信系统、网络系统和无线系统等各类产品市场，基于 ARM 技术的微处理器应用占据 32 位 RISC 微处理器 75% 以上的市场份额。

ARM 公司是专门从事基于 RISC 技术芯片设计开发的公司，作为知识产权供应商，它本身不直接从事芯片生产，只是转让设计许可，由合作公司生产各具特色的芯片，世界各大半导体生产商从 ARM 公司购买其设计的 ARM 处理器核，根据各自不同的应用领域，加入适当的外围电路，从而形成自己的 ARM 处理器芯片进入市场。目前，全世界有几十家大半导体公司都使用 ARM 公司的授权，因此既使得 ARM 技术获得更多的第三方工具、制造、软件的支持，又使整个系统成本降低，从而使产品更容易进入市场被消费者所接受，更具有竞争力。

1.1.3.2 ARM 处理器的应用领域及特点

（1）ARM 处理器的应用领域。

到目前为止，ARM 处理器及技术的应用几乎已经运用到各个领域，并会在将来取得更加广泛的应用。

①工业控制领域：作为 32 位的 RISC 架构，基于 ARM 核的微控制器芯片不但占据了高端微控制器市场的大部分份额，同时也逐渐向低端微控制器应用领域扩展，ARM 微控制器的低功耗、高性价比，已向传统的 8 位 / 16 位微控制器提出了挑战。

②无线通信领域：目前已有 90% 以上的无线通信设备采用了 ARM 技术，ARM 以其高性能和低成本的特点，地位日益巩固。

③网络应用：随着宽带技术的推广，采用 ARM 技术的 ADSL 芯片正逐步获得竞争优势。此外，ARM 在语音及视频处理上进行了优化，并获得广泛支持，也对 DSP 的应用领域提出了挑战。

④消费类电子产品：ARM 技术在目前流行的数字音频播放器、数字机顶盒和游戏机中得到广泛应用，在智能手机、云电视中更是占据主导地位。

⑤国防军事尖端领域：军事国防历来就是嵌入式系统的重要应用领域。在智能武器、无人机、机器人等领域需要量较大。

（2）ARM 处理器的特点。

ARM 处理器的三大特点：耗电少、功能强、16 位 / 32 位双指令集和众多的厂商支持。

①体积小、低功耗、低成本、高性能。

②支持 Thumb（16 位）/ ARM（32 位）双指令集，能很好地兼容 8 位 / 16 位器件。

③属于典型的 RISC 处理器，大量使用寄存器，指令执行速度更快。

④大多数数据操作都在寄存器中完成。

⑤寻址方式灵活简单，执行效率高。

⑥指令长度固定。

⑦在移动设备市场，ARM 占据 90% 的份额，成为嵌入式系统的实际标准。

⑧微软的 Windows 8 操作系统开始支持 ARM，AMD 也开始设计 64 位 ARM 核的处理器。

1.1.3.3 ARM处理器系列

下面所列的是 ARM 处理器的几个系列，以及其他厂商基于 ARM 体系结构的处理器，这些处理器除了具有 ARM 体系结构的共同特点以外，每一个系列的 ARM 处理器都有各自的特点和应用领域。

（1）ARM7 系列。典型代表有三星的 S3C44B0X、S3C4510，ST 的 STR7 系列。

（2）ARM9 系列。典型代表有三星的 S3C2410A、S3C2440，Atmel 的 AT91RM9200、AT91SAM9。

（3）ARM9E 系列。典型代表有 ST 的 STR912x 系列。

（4）ARM10E 系列。

（5）ARM11E 系列。典型代表有三星的 S3C6410A

（6）SecurCore 系列。

（7）Intel 的 Xscale。Intel 涉入 ARM 领域的第二代产品，在 2006 年卖给了 Marvell。

（8）Intel 的 StrongARM。Intel 涉入 ARM 领域的第一代产品，比如 Digital SA-110、SA-1100、SA-1110 等。

（9）ARMv7 Cortex 系列。ARM 从第七代架构开始，处理器核心改名为 Cortex 系列，分为面向微控制器（传统单片机）应用领域的 Cortex-M，面向高可靠性、实时性、应用性应用领域的 Cortex-R，面向多媒体、开放式操作系统高级应用的 Cortex-A 三类。典型代表如 ST 的 STM32F103X 系列（Cortex-M3）、三星的 S5PC210（Cortex-A8）等。

（10）64 位的 ARMv8 系列。2012 年 10 月 31 日，北京 ARM 宣布推出新款 ARMv8 架构 ARM® Cortex ™ -A50 处理器系列产品，进一步提高 ARM 在高性能与低功耗领域的地位。该系列处理器系列产品能从 32 位无缝转换至 64 位执行状态，不仅能继续支持现有的 32 位应用，并且能提供 64 位可扩展性，以满足移动计算终端客户与未来智能手机的发展趋势。

本书主要讲解的 ARM9 系列属于通用处理器，每一个系列提供一套相对独特的性能来满足不同应用领域的需求。ARM9 系列微处理器在高性能和低功耗特性方面提供最佳的性能，具有以下特点。

（1）5 级整数流水线，指令执行效率更高。

（2）提供 1.1 MIPS/MHz 的哈佛结构。

（3）支持 32 位 ARM 指令集和 16 位 Thumb 指令集。

（4）支持 32 位的高速 AMBA 总线接口。

（5）全性能的MMU，支持WindowsCE、Linux、PalmOS等多种主流嵌入式操作系统。

（6）MPU支持实时操作系统。

（7）支持数据Cache和指令Cache，具有更强的指令和数据处理能力。

ARM9系列微处理器包含ARM920T、ARM922T和ARM940T这3种类型，以适用于不同的应用场合。本书的开发平台上使用的处理器就是三星的S3C2440（ARM920T），经过本书的学习，读者可以很容易应用较新的嵌入式开发环境。

1.1.4 宿主机和目标机

宿主机其实就是我们的开发主机，大多数时候指的就是日常使用的PC，我们在宿主机上进行应用程序的开发；而目标机就是我们的开发板，也叫作目标板，它为应用程序提供运行环境。在开发过程中，宿主机与目标机必须进行信息交互，如在调试过程中，宿主机要向目标机发送调试控制命令，目标机则需要向宿主机返回调试状态信息，开发完成后，宿主机需要将代码下载到目标机上。为了实现信息交互，宿主机与目标机之间必须存在物理的连接，连接方式按交互方式的不同而改变，主要包括JTAG连接、串口连接、网络连接、USB连接。

1.1.4.1 JTAG连接

JTAG主要用来实现程序的下载及仿真，在嵌入式Linux开发中也用来烧写BootLoader，它一般通过USB接口将宿主机和仿真器（编程器）连接在一起，通过20针的JTAG接口将程序代码烧写到目标机。本书中使用的JZ2440_V3开发板的JTAG连接方式将在后面章节描述。

1.1.4.2 串口连接

串口在调试过程中占有重要地位，它与串口调试工具（如Windows下的超级终端和Linux下的minicom）相结合便组成一个调试控制台，该控制台可以获取用户从键盘输入的控制命令，并显示出来，然后将控制命令通过串口传送到目标机上；同时，该控制台还可以通过串口获取目标机返回的调试信息，也将其显示出来，供用户查看；当然也可以用串口来传输文件，但是速度太慢，不推荐使用。串口有9针和25针两种，现在的PC上一般只有9针的串口，而嵌入式开发中通常也都使用9针串口进行通信。所谓9针串口就是指串口有9个引脚，对应9根信号线，如图1-2所示。

串口DB9接口协议

三线制接法

1-DCD 载波检测；2-RXD 接收数据；3-TXD 发送数据；4-DTR 数据终端准备好；5-GND 信号地线；6-DSR 数据准备好；7-RTS 请求发送；8-CTS 清除发送；9-RI 振铃指示

图1-2 串口DB9接口引脚定义和三线制接法

不过，在实际通信过程中这9根信号线并不都需要，通常只需要将RXD、TXD和GND这3个信号连接起来就足够了，这也就是常说的串口的三线制接法。其中通过TXD和RXD两个信号线可实现发送和接收的双向信息传送。在JZ2440_V3开发板的COM1、COM2、COM3端口上，就是三线制的接法。

实际上对于更多的笔记本和较新的PC机来说，往往是没有物理串口COM1的，就需要额外购买一个USB转串口的转换线，通过操作系统虚拟出来的串口来进行串口操作。该转接线的硬件核心是PL2303、CH340之类的USB转串口芯片。Ubuntu操作系统自带常用的PL2303、CH341芯片的USB转串口驱动，能够识别出USB转串口为ttyUSB0。

在我们的JZ2440_V3开发板中，已经将PL2303芯片和串口UART1做到了一起，只需要拿着USB线，将它的一端接到开发板上标记为“USB”的插座上，另一端接到PC主机的USB接口上就可以了。

1.1.4.3 网络连接

在嵌入式系统中涉及的大批量数据传输，如视频、图像的传输等都是通过网络实现的。而在嵌入式系统的开发过程中，也常常将宿主机和目标机组建成一个网络，方便宿主机和目标机之间的文件传输。比如，在宿主机上运行TFTP服务器，可以将内核和文件系统烧写到目标机的Flash存储器中；也可以在宿主机上启动NFS（网络文件系统）服务，挂载一个网络文件系统，方便目标机访问宿主机的数据。下面以PC、JZ2440_V3为例，简述网络连接需要完成的几项工作。

（1）用网络交叉线直接将PC和JZ2440_V3相连，或者用两根网络直连线（平常用的网线）和一个交换机，一根将PC和交换机连接，另一根将JZ2440_V3和交换机连接，将PC机和开发板组建为一个局域网，这样就完成了宿主机和目标机的物理连接。

（2）需要配置宿主机和目标机的IP、子网掩码和默认网关，使宿主机和目标机在同一网段，通过ping命令检测宿主机和目标机是否连通。

1.1.4.4 USB连接

USB接口支持热插拔，即插即用，而且传输速度快，这些优点使得USB无处不在。无论PC还是嵌入式设备，几乎都留有USB接口。USB现在有USB 1.1和USB 2.0两个规范，前者最高传输率是12 Mbit/s，后者最高达到480 Mbit/s。

USB也广泛应用在嵌入式开发中，如很多厂商提供的仿真器使用的就是USB接口；嵌入式系统通过挂载USB接口的可移动存储设备（如U盘）来访问设备中的数据。

1.1.5 交叉编译

1.1.5.1 为什么需要交叉编译

当需要从源代码编译出一个能运行在ARM架构上的程序的时候，有两种方法。第一种方法是像平常一样，使用相同架构机器上的编译器，编译出运行在同一架构上的程序，在嵌入式系统领域，这是较难实现的。嵌入式系统是专用的计算机系统，它对系统的成本、功耗、体积等有严格的要求，因此大部分嵌入式设备都没有鼠标、键盘、显示器、大容量硬盘等外设，这些硬件的特殊性决定了嵌入式系统往往没有足够的硬件资源支持安装发行版的 Linux、运行相应的开发工具和调试工具，所以，通常嵌入式系统的软件开发采用一种交叉编译的方式。

1.1.5.2 什么是交叉编译

简单来说，交叉编译就是在一个平台上（如 PC）生成另一个平台上（如 ARM）可运行代码的编译技术。在嵌入式开发中，由于宿主机和目标机的处理器架构一般不相同，宿主机（如 PC）为 Intel 处理器，而目标机（如 JZ2440_V3 开发板）为三星 S3C2440 处理器，因此在宿主机上可以运行的代码却不一定能在目标机上运行。要解决这个问题，就需要在宿主机上生成目标机上能运行的代码，也叫作目标代码，这一过程就是嵌入式系统中的交叉编译。

1.1.5.3 什么是交叉编译工具链（交叉编译器）

要完成程序编译并生成可执行代码，都要经过一系列的处理，这一系列处理包括：预编译、高级语言编译、汇编、链接及重定位。这些处理过程需要一系列的编译链接工具和相关的库，包括 gcc 编译器、ld 链接器、gas 解释器、ar 打包器，还包括 C 程序库 glibc 以及 gdb 调试器，这些工具的集合组成了一套编译工具链。

一般的情况下，工具链的运行环境和它产生的目标代码的环境是一致的。例如在 Windows 主机 VC++ 中编译一个程序，工具链在 x86 平台上运行，编译产生的也是运行在 x86 平台上的目标代码。但实际上，工具链编译产生的目标代码的运行平台可以与工具链本身运行的环境不一致，这种工具链称为交叉编译工具链或交叉编译器（Cross-Compiler Tool Chain），使用这种工具链的编译过程对应地被称为交叉编译（Cross-Compile）。理论上来说，交叉编译工具链可以用在任何两种异构的系统中，例如，可以构建出 PowerPC-ARM 工具链、Sun Sparc-x86 工具链等。在基于 ARM 的嵌入式系统开发中，一般会使用 x86 架构的计算机系统作为宿主机，故最为常用的是 x86-ARM 交叉工具链。

Linux 宿主机上安装的发行版 Linux，它包含了一整套完整的工具链，这套工具链在嵌入式开发中又称为本地工具链，往往是 x86 的；在嵌入式 Linux 开发中，拥有一套完善的产生 ARM 目标代码的工具链也相当重要，这套工具链被称为交叉编译工具链。交叉编译工具链的每个工具名字都加了一个前缀，用来区别本地的工具链（例如 arm-linux-gcc、arm-linux-ar 等），除了体系结构相关的编译选项以外，它的使用方法与宿主机上的 gcc 相同，所以 Linux 编程技术对于嵌入式 Linux 同样适用。

交叉编译器听起来是个新概念，但在 MCU（单片机）开发中一直使用的就是交叉编译器，例如开发 STM32 所使用的 IDE 软件 Keil for ARM（MDK）或 IAR，就是在 Windows x86 平台上编译，生成 STM32（Cortex-M）平台的应用程序，最后下载到目标机板子上运行。

有些读者会产生疑问，难道就不能在嵌入式目标机上构建自己的编译环境和编译器，通过编译链接直接产生目标机自己的目标程序吗？答案是可以的，目前，荔枝派、树莓派等类 debian 系统，由于本身就是卡片式电脑，性能已经接近于通用 PC 机的水平，自身带有软件仓库和 gcc 编译器，可以直接在本机上进行软件的编辑、编译和开发。

1.1.6 嵌入式Linux开发的一般过程

Linux 功能强大，既可裁剪，又可定制，所以它可以在很多的硬件平台上运行，如 x86、PowerPC、ARM 等，无论什么平台，嵌入式 Linux 开发都要经过以下过程。

（1）硬件设计、开发的流程，包括需求分析、硬件总体设计、芯片选型、硬件详细设计、PCB 制作和调试、软硬件联调、样机试制、测试和定型、后期维护和改进升级等环节。硬件平台确定之后，主要工作就是软件开发的流程。

（2）在宿主机上安装发行版的 Linux 操作系统，如 Fedora、OpenSuse、Ubuntu 等。一般情况下，都是在宿主机上直接安装 Linux 系统；如果宿主机的内存和硬盘容量允许，也可以先在 Windows 下安装虚拟机工作站（VMWare Workstation），然后在虚拟机工作站中安装 Linux 系统。这个装好的 Linux 系统就是应用软件开发的基本平台，它提供了程序的编辑、编译及链接工具，如 Vim、GCC 等；也提供了与开发板进行通信的工具，如 MINICOM、TFTP 等。

（3）在宿主机的 Linux 系统中安装交叉编译环境。通过网络下载相应的 GCC 交叉编译器进行安装（比如 arm-linux-gcc），或者安装产品厂家提供的交叉编译器。

（4）配置开发主机，搭建开发环境，包括串口调试工具，如 Linux 下的 minicom 或者 Windows 下的超级终端，作为调试嵌入式开发板信息输出的监视器和键盘输入的工具；还包括 TFTP 服务器，用来实现宿主机与目标机之间的文件传输。

（5）引导装载程序 BootLoader，从网络上下载一些公开源代码的 BootLoader，如 U-Boot、BLOB、VIVI、LILO、ARM-Boot、RED-Boot 等，根据开发板上的核心芯片类型进行移植修改。有些芯片没有内置引导装载程序，比如三星的 ARM7、ARM9 系列芯片，这就需要自行编写将引导程序烧写到开发板 Flash 的代码。网上有免费下载的 Windows 下通过 JTAG 并口简易仿真器烧写 ARM 外围 Flash 芯片的程序，也有 Linux 下公开源代码的 J-Flash 程序。当然，如果你需要迅速开发应用程序，最好直接购买开发板厂商提供的仿真器，这可以极大地提高开发速度，不必了解其中的实现原理和过程。

（6）下载 Linux 操作系统，如 uCLinux、ARM-Linux、PPC-Linux 等，如果有专门针对你所使用的 CPU 而移植好的 Linux 操作系统那是再好不过了，下载后添加特定硬件的驱动程序，再进行配置、修改、调试，交叉编译得到系统镜像文件，通过 Jtag、网络或者 USB 烧写到 Flash。

（7）建立根文件系统，从 www.BusyBox.net 下载 Busybox 软件对 Linux 文件系统进行功能裁剪，产生一个最基本的根文件系统，再根据自己的应用需要添加其他的程序。默认的启动脚本一般都不会符合应用的需要，所以就要修改根文件系统中的启动脚本，它的存放位于 /etc 目录下，包括 /etc/init.d/rcS、/etc/profile 和 /etc/inittab 等，自动挂装文件系统的配置文件 /etc/fstab，具体情况会随系统不同而不同。根文件系统在嵌入式系统中一般设为只读，需要使用 mkcramfs、mkyaffs2image 等工具产生烧写映像文件。

（8）建立应用程序的 Flash 磁盘分区，一般使用 JFFS2/YAFFS2 或者 UBI 文件系统，这需要在内核中提供这些文件系统的驱动，有的系统使用 NOR Flash，有的系统使用 NAND Flash，有的两个同时使用，需要根据应用规划 Flash 的分区方案。

（9）开发应用程序，可以下载到根文件系统中，比如本书后面介绍的 Qt 应用程序开发，就是放入到 YAFFS2 文件系统中；有的应用程序不使用根文件系统，而是直接将应用程序和内核设计在一起，这有点类似于单片机系统中开发 UCOS-II 应用的方式。

（10）烧写最终调试通过的内核、根文件系统和应用程序到开发板中，运行、测试、发布最终产品。

1.2 ARM 处理器体系结构

ARM（Advanced RISC Machines）是一种 32 位的 RISC（精简指令集）处理器架构，ARM 处理器则是 ARM 架构下的微处理器。ARM 处理器广泛地应用在许多嵌入式系统中。ARM 处理器的特点有指令长度固定、执行效率高、低成本等。ARM 属于 RISC 的一种，具有 RISC 的优点。

（1）ARM 的优点。

①指令精简。RISC 减少了指令集的种类，通常一个周期一条指令，采用固定长度的指令格式，编译器或程序员通过几条指令完成一个复杂的操作，而 CISC 指令集的指令长度通常不固定。

②采用流水线。RISC 采用单周期指令，且指令长度固定，便于流水线操作执行。

③有较多的寄存器。RISC 的处理器拥有更多的通用寄存器，寄存器操作较多，例如 ARM9 处理器具有 37 个寄存器，

④通过 Load/Store 指令访存。大多数 RISC 指令的寻址方式都是寄存器 - 寄存器型的，如果需要访存，只能采用加载 L/ 存储 S 指令。L/S 指令支持批量地从内存中读写数据，提高数据的传输效率。

⑤寻址方式简化，指令长度固定，指令格式和寻址方式种类减少。

（2）ARM 的基本数据类型。

①字节（Byte）：在 ARM 体系结构中，字节的长度为 8 位。

②半字（Half -Word）：半字的长度为 16 位。要求 2 字节对齐（地址最低位为 0）。

③字（Word）：字的长度为 32 位。要求 4 字节对齐（地址低 2 位为 00）。

④双字节（Double Word）：64 位，2 个字。要求 8 字节对齐（地址低 3 位为 000）。

根据计算机组成原理的多体交叉存储器组织相关知识，只有字节对齐了的数据，其读写的速度最高。

（3）ARM 处理器存储格式。

ARM 体系结构将存储器看作是从 0 地址开始的字节的线性组合。作为 32 位的微处理器，ARM 体系结构所支持的最大寻址空间为 4 GB。ARM 体系结构可以用两种方法存储字数据，分别为大端模式和小端模式。

①大端模式：字的高字节存储在低地址存储单元（字节为单位）中，字的低字节存储在高地址存储单元中。

②小端模式：字的高字节存储在高地址存储单元中，字的低字节存储在低地址存储单元中。

比如，在程序执行前，R0 = 0x11223344，R1 = 0x100。

执行指令：

```
STR  R0, [R1]       ; 将 R0 的值保存到内存地址 0x100 的字变量中
LDRB  R2, [R1]    ; 读取地址 0x100，取出字节变量值，扩展后赋值给 R2 寄存器
```

执行后，小端模式下，得到结果，R2 = 0x44；大端模式下，得到结果，R2 = 0x11。

（4）ARM9 处理器的 5 级流水线。

①流水线的执行顺序：取指令→译码→执行→缓冲 / 数据→回写。

- 取指令（Fetch）：从存储器读取指令；
- 译码（Decode）：译码以鉴别它是什么指令；
- 执行（Execute）：按指令要求对操作数进行操作，得到结果或存储器地址；
- 缓冲 / 数据（Buffer/data）：如果需要，则访问存储器以存储数据；
- 回写（Write-back）：将结果写回到寄存器组中。

②影响流水线性能的因素。

- 互锁，也叫流水线的数据相关。不同的指令顺序会打断流水线，比如一条指令的执行需要前一条指令执行的结果，如果这时结果还没出来，那就需要等待：

```
LDR  R1, [R2, #4]       ;LDR 指令访存，得到 R1
ADD  R0, R0, R1          ;R0=R0+R1
```

其中的 ADD 指令，需要等到 LDR 指令全部做完得到 R1 之后才能开始执行。

- 跳转指令也会打断流水线。在跳转指令被译码识别之前，下一条指令已经进入流水线被预先取出。一旦被识别出是跳转指令，那么在其被执行之前，预先取出的下一条指令将被丢弃作废。在执行跳转指令时，需要计算跳转的目标地址，重新读取目标地址的指令，这都会造成流水线断流。

1.2.1 ARM 寄存器组织

ARM 9 处理器共有 37 个 32 位长的寄存器，包括：

① 30 个通用寄存器。

② 6 个状态寄存器，包括 1 个 CPSR（Current Program Status Register，当前程序状态寄存器），5 个 SPSR（Saved Program Status Register，备份程序状态寄存器，是 CPSR 在 5 种工作模式下的备份）。

③ 1 个 PC（Program Counter，程序寄存器）。

ARM9 处理器有 7 种工作模式，在每种模式下都有一组相应的寄存器组，表 1-1 列出了 ARM 处理器的寄存器组织。

表 1-1 ARM 寄存器组织

寄存器	usr	sys	svc	und	abt	irq	fiq
R0	R0						
R1	R1						
R2	R2						
R3	R3						
R4	R4						
R5	R5						
R6	R6						
R7	R7						
R8	R8						R8_fiq
R9	R9						R9_fiq
R10	R10						R10_fiq
R11	R11						R11_fiq
R12	R12						R12_fiq
R13	R13(SP)		SP_svc	SP_und	SP_abt	SP_irq	SP_fiq
R14	R14(LR)		LR_svc	LR_und	LR_abt	LR_irq	LR_fiq
R15	R15(PC)						
PSR	CPSR		**SPSR_svc**	**SPSR_und**	**SPSR_abt**	**SPSR_irq**	**SPSR_fiq**

表 1-1 中，空白的区域意味着此模式下使用了和 usr 用户模式相同的寄存器组；阴影部分表明了此模式下使用的是该模式的专用寄存器组，五种特权模式下共有 15 个专用寄存器，再加上 R0 ~ R14 的 15 个寄存器，所以总共有 30 个通用寄存器；加粗部分显示的

是五种特权模式下的 SPSR 寄存器，是对 CPSR 的备份。

（1）R0 ~ R12 通用寄存器，用于暂存、传递数据。从表 1-1 中不难看出所有工作模式共用 R0 ~ R7，在 FIQ 模式有自己的 R8 ~ R12，其他工作模式共用 R8 ~ R12。

（2）PSR 程序状态寄存器，根据工作模式不同，它被分为 CPSR、SPSR。

（3）ARM 处理器往往使用 R13 寄存器作为 SP 栈指针寄存器，也就是指向栈顶的指针。R13 也可以用作通用寄存器但是 ARM 官方不建议这样做。在程序中 SP 也可以写作 R13。

（4）LR 链接寄存器，链接寄存器用于保存中断或者函数的返回地址。当中断发生时 CPU 会跳转到对应的中断服务函数中执行，而跳转之前 CPU 会自动将当前执行地址加 4 的地址（也就是下一条指令）保存在 LR 寄存器中，中断服务函数执行完成后接着从 LR 指定的地址处执行。函数调用和中断类似，进入函数之前 CPU 自动将当前执行位置保存在 LR 链接寄存器中，函数返回后接着 LR 寄存器指定的地址处执行。ARM 官方建议将 R14 作为 LR 链接寄存器。

（5）PC 程序计数寄存器，程序计数寄存器可理解为“程序的执行位置”，当执行 ARM 指令时，PC 寄存器保存当前执行位置加 8，即下下一条指定的地址（原因是 ARM9 采用了五级流水线，取指令、译码、执行、缓冲 / 数据、回写，当前指令执行时，进入流水线的下一条、下下一条指令已取指）。当执行 Thumb 指令时，PC 寄存器保存当前执行位置加 4，即下下一条 Thumb 指令的地址。

程序状态寄存器 PSR 包括 CPSR 和 SPSR。SPSR 的作用是当发生异常时备份 CPSR 的状态，也就是说 SPSR 保存的是执行异常处理函数之前的 CPSR 的值。在异常返回时 CPSR 可以从 SPSR 恢复之前的状态。

CPSR 寄存器格式如图 1-3 所示。CPSR 是 32 位的寄存器，可以分为 4 个 8 位的域（field）：bits[31:24] 为条件标志位域，用 f 表示；bits[23:16] 为状态位域，用 s 表示；bits[15:8] 为扩展位域，用 x 表示；bits[7:0] 为控制位域，用 c 表示。

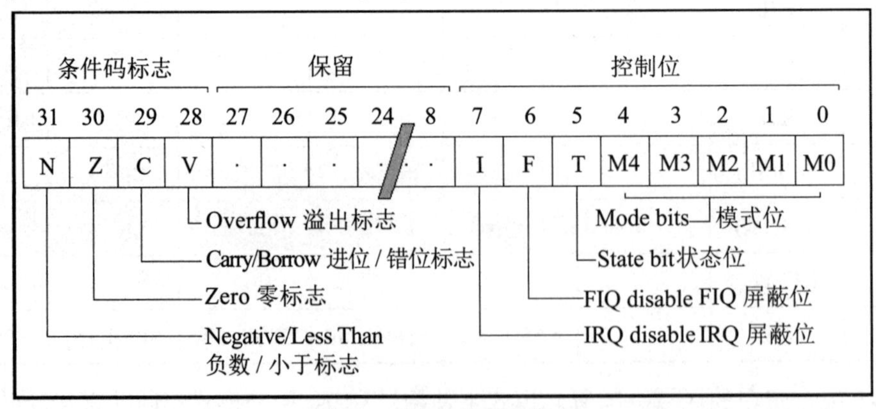

图 1-3　CPSR 寄存器格式

①条件码标志。N（negative）、Z（zero）、C（carry）、V（overflow）统称为条件码标志位，这些标志会根据程序中运算类指令的执行结果进行修改，从而作为接下来的指令是否执行

的条件。

➢ N 标志位是负数标志，受结果的最高位（bit31，也就是补码的符号位）影响，N = 0 表示结果为正数或 0；N = 1 表示运算结果为负数。如果比较两个整数 A 和 B，A 减 B 的结果为负（N = 1），则表明 A 小于 B。

➢ Z 标志位表明结果是否为 0，Z = 1 表示结果为 0；Z = 0 表示结果非 0。如果两个整数 A 和 B 做比较，A 减 B 的结果为 0（Z = 1），则表明 A 等于 B。

➢ C 标志位表明结果的最高位是否向前有进位（加法运算）或借位（减法运算）。在做加法时，C = 1，表明最高位向前产生了进位，也意味着无符号整数加法产生了上溢；在做减法时，C = 0，表明借位，也意味着无符号整数减法不够减，下溢；在移位操作的指令中，C 用来存放被移出的位。

➢ V 标志是溢出标志，用来判断带符号整数（补码）的运算是否溢出。当 V = 1 时，表明补码运算结果有溢出。

实际的 ARM 指令中，往往通过判断各个条件码或条件码的组合情况，来实现后续指令的带条件执行（通过带条件的指令实现程序的分支、循环结构），比如下面的程序：

```
loop
    …
    SUBS  R1, R1, #1
    BNE  loop
    …
```

指令“SUBS R1, R1,#1”将 R1 寄存器（初始值为循环的次数）减 1，同时影响 CPSR 寄存器的 Z 标志，接下来的 BNE loop 指令是带条件的跳转指令，当 R1 非零（B 代表跳转指令，NE 代表条件：不相等 / 相减比较结果非 0，也就是循环计数器 R1 不为 0）时，跳转到 loop 标号，继续下一轮循环；当 R1 为 0 时（达到循环次数），退出循环，顺序往下执行。

②控制位。

➢ 中断屏蔽位，包括 I 屏蔽位和 F 屏蔽位。

I = 1，IRQ 中断被屏蔽，相当于 CPU 无法收到 IRQ 中断请求。

F = 1，FIQ 中断被屏蔽，相当于 CPU 无法收到 FIQ 快中断请求。

➢ 状态控制位，T 位是 ARM 处理器的状态控制位。

T = 0 时，ARM 处理器处于 ARM 状态，即正在执行的是 32 位的 ARM 指令。

T = 1 时，ARM 处理器处于 Thumb 状态，即正在执行的是 16 位的 Thumb 指令。

➢ 模式控制位，PSR 的低 5 位 M[4:0] 是模式控制位，其编码确定了 ARM 处理器处于哪一种工作模式，参照表 1-2。

在特权模式下，可以通过 MRS 指令把 PSR 读出到通用寄存器，也可以通过 MSR 指令把通用寄存器的值回写到 PSR 中。

1.2.2 ARM处理器工作模式简介

为提高系统的稳定性，处理器会被分成多种工作模式，不同工作模式的权限不同。ARM 处理器分为特权模式和非特权模式，特权模式下 CPU 完全控制芯片而非特权模式下不能操作某些特殊的寄存器。S3C2440 作为一款 ARM9 应用处理器，将 CPU 工作模式进一步细分，支持七种工作模式，如表 1-2 所示。

表 1-2 ARM9 处理器的七种工作模式

处理器模式	英文简称	PSR 状态控制位 M[4:0]	可以访问的寄存器
用户模式	usr/User	10000	PC，R0~R14，CPSR
快中断模块	fiq/FIQ	10001	PC，R8_fiq ~ R14_fiq，R0 ~ R7，CPSR，SPSR_fiq
中断模式	irq/IRQ	10010	PC，R13_irq ~ R14_irq，R0 ~ R12，CPSR，SPSR_irq
管理模式	svc/Supervisor	10011	PC，R13_svc ~ R14_svc，R0 ~ R12，CPSR，SPSR_svc
终止模式	abt/Abort	10111	PC，R13_abt ~ R14_abt，R0 ~ R12，CPSR，SPSR_abt
未定义模式	und/Undefined	11011	PC，R13_und ~ R14_und，R0 ~ R12，CPSR，SPSR_und
系统模式	sys/System	11111	PC，R0 ~ R14，CPSR

七种工作模式说明：

① User（用户模式）。用户模式是相对于 Linux 系统来说的，有 Linux 的情况下应用程序运行在 User 模式，“无特权执行”对系统来说 User 是安全的，User 程序不会破坏系统。

② FIQ（快速中断模式）。当发生 FIQ 中断后 CPU 就会进入 FIQ 模式，FIQ 即“快速中断”，相比较于 IRQ 模式，FIQ 不需要现场保护与恢复，中断处理的速度更快。

③ IRQ（中断模式）。当发生 IRQ 中断后 CPU 会进入中断模式，相当于传统概念的 CPU 中断。

④ Supervisor（管理模式）。相比用户模式，管理模式权限更高，在该模式下可以操作所有的寄存器。系统上电（复位）后 CPU 默认处于该模式，后面章节介绍的裸机程序（无操作系统的应用程序）也是运行于管理模式下。

⑤ Abort（终止模式）。CPU 读取数据错误或者预取错误发生时将会进入终止模式。终止模式可以用于虚拟存储器管理和保护，如虚存的“缺页”访问会导致 Abort 异常。

⑥ Undefined mode（未定义指令异常模式）。当 CPU 加载到一个无法识别的指令后将会进入该模式，同终止模式一样，是不正常的。

⑦ System（系统模式）。该模式具有与用户模式相同的可用寄存器，但和用户模式不同，系统模式可运行特权指令，可用于切换 CPU 的工作模式，操作系统特权任务往往运行于该模式下。

除了 User（用户模式）外，其他模式都属于特权模式，可以通过系统复位、中断异常、软中断指令的方式，从 User 用户模式进入特权模式；在特权模式下可以通过 MSR 指令写 PSR 寄存器的 M[4:0] 位来切换不同的工作模式。

除了 User（用户模式）和 System（系统模式）外，其他 5 种模式都属于异常模式。

1.3 ARM 的指令系统

ARM 指令按性质可分为数据处理指令、跳转（分支）指令、程序状态寄存器传输指令、Load/Store 指令、协处理器指令和异常中断产生指令。根据使用的指令类型不同，指令的寻址方式又可分为数据处理指令寻址方式和内存访问指令寻址方式。

1.3.1 ARM 指令的格式

ARM 指令是 32 位的指令字，Thumb 指令是 16 位，这里主要介绍 ARM 指令。

在汇编指令书写时，ARM 指令的格式下：

```
<opcode> {<cond>} {S} <Rd>, <Rn>, <shifter_operand>
```

这里面各个字段和符号的含义：

① <>：表明 <> 括号里的内容必不可少。

② {}： 表明 {} 括号里的内容可省略。

③ opcode：操作码，用指令助记符来表示，如 ADD 表示加法指令。

④ cond：指令执行的条件域，如 EQ、NE，省略则为默认 AL，表示无条件执行（Always）。

⑤ S：决定指令的执行结果是否影响 CPSR 的 NZCV 标志位，使用该后缀则影响。

⑥ Rd：目的操作数的寄存器。

⑦ Rn：第一个操作数的寄存器。

⑧ shifter_operand：第二个操作数，可以是立即数、寄存器、偏移地址。

1.3.1.1 指令的可选后缀

ARM 指令集中大多数指令，都可以加后缀，这使得指令的使用更加灵活，常见的 S 和！。

（1）S 后缀。

①指令使用“S”后缀时，指令执行后 CPSR 的条件码标志位被更新。

②指令不使用“S”后缀时，CPSR 条件码标志位不会更新。

③“S”后缀通常用于对条件进行测试，例如是否溢出、进位等。

（2）! 后缀。

①地址表达式中不含“!”，则基址寄存器中的地址值不会发生变化。

②含有“!”，基址寄存器中的地址值发生变化，基址寄存器的值变为原来的值再加上偏移地址。

例如：

```
LDR R3, [R0, #4]            ; 前变址，R0 在访存之后，R0 没有变化。
```

```
LDR R3, [R0, #4] !             ;自动变址，R0 在访存之后，R0 会加上 4。
```

使用“!”需要注意：

①必须紧跟在地址表达式的后面，而地址表达式要有明确的偏移量。

②不能用于 R15（PC）后面。

③当用在单个地址寄存器后面时，必须确信这个寄存器有隐形的偏移量。

1.3.1.2 指令的条件执行

程序要执行的指令都保存在存储器中，需要执行时，先产生地址，再根据地址去存储器取出指令代码，然后译码执行。当工作在 ARM 状态时，几乎所有的指令都可以加上条件域按条件来执行：根据 CPSR 中的条件码标志，符合指令的条件则执行；不符合条件的则忽略，不执行。

ARM9 指令的条件域有 4 位，共 16 种组合，每种可用两个字母表示，如表 1-3 所示，它可以添加在指令助记符后面和指令同时使用。

表 1-3　ARM 指令的条件域

条件域 <cond>	助记符后缀	标志	含义
0000	EQ	Z = 1	相等
0001	NE	Z = 0	不相等
0010	CS	C = 1	无符号数大于或等于
0011	CC	C = 0	无符号数小于
0100	MI	N = 1	负数
0101	PL	N = 0	正数或零
0110	VS	V = 1	补码溢出
0111	VC	V = 0	补码未溢出
1000	HI	C = 1 且 Z = 0	无符号数大于
1001	LS	C = 0 或 Z = 1	无符号数小于或等于
1010	GE	N = V	带符号数大于或等于
1011	LT	N ≠ V	带符号数小于
1100	GT	Z = 0 且（N = V）	带符号数大于
1101	LE	Z = 1 或（N ≠ V）	带符号数小于或等于
1110	AL	忽略	无条件执行
1111		未定义	该指令执行结果未知

条件后缀和 S 后缀的关系：

①两个后缀都存在时，S 后缀要写在后面，如 ADDEQS。

②条件后缀是要测试 CPSR 条件码标志位，而 S 后缀是要影响条件码标志位。

③条件后缀要测试的是执行前的条件码标志位，而S后缀在执行后会改变条件码标志位。

1.3.2 ARM 指令的寻址方式

寻址是根据指令中操作数本身或地址信息，来找到该操作数的过程。根据指令中给出操作数或操作数的地址的不同方式，就称为指令的寻址方式。

（1）立即寻址。

立即寻址通过立即数方式，直接给出操作数本身。例如：

```
MOV R0, #5        ;5 就是立即寻址，必须加 # 前缀
```

对于十进制，可以加 0d 前缀或缺省，如 #0d5；对于十六进制，必须加 0x 前缀或者 &，如 #0x5；对于二进制，必须加 0b 前缀，如 #0b11。

不是所有的数都是合法的立即数，一个合法的立即数按照如下规则判断：

①把该数转换成二进制形式，从低位到高位写成 4 位 1 组的形式，最高位一组不够 4 位的，在最高位前面补 0。

②数 1 的个数，如果大于 8 个肯定不是立即数，如果小于等于 8 再进行下面③～⑥步骤。

③如果数据中间有连续的大于等于 24 个 0，循环左移 4 的倍数，使高位全为 0。

④找到最高位的 1，去掉前面最大偶数个 0。

⑤找到最低位的 1，去掉后面最大偶数个 0。

⑥数剩下的位数，如果小于等于 8 位，那么这个数就是立即数，反之就不是立即数。

对于不合法的立即数，可以使用 LDR 伪指令进行装载到寄存器，比如：

```
LDR R1, =0x0FFF     ; 把 0XFFF 赋给 R1，0XFFF 被编译器预先放在某个内存区
```

（2）寄存器寻址。

寄存器寻址就是指令中给出该操作数的名字（编号），利用寄存器中的数值作为操作数。例如：

```
ADD R0, R1, R2; R1+R2 → R0
```

（3）寄存器间接寻址。

寄存器间接寻址为以寄存器的值作为操作数的地址，而操作数本身存放在存储器中。加上“[]”表明要按地址访存。例如：

```
LDR R0, [R4]        ; 以 R4 的值为物理地址，访存取出操作数
```

（4）寄存器移位寻址。

寄存器移位寻址即操作数由寄存器的值经过移位后得到，移位的方式在指令中以助记符给出。例如：

```
ADD R0, R1, R2, LSL #1     ;R1 + (R2 << 1) → R0，即 R1 + R2 * 2 → R0
MOV R0, R1, LSR R3         ;R1>>R3 → R0，即 (R1/2R3) → R0
```

移位操作在 ARM 指令集不再作为单独的指令使用，而是作为一个选项，包括逻辑左移 LSL、逻辑右移 LSR、算术右移 ASR、循环右移 ROR、带扩展的循环右移 RRX，如图 1-4 所示，左移 1 位相当于乘以 2，右移 1 位相当于除以 2。

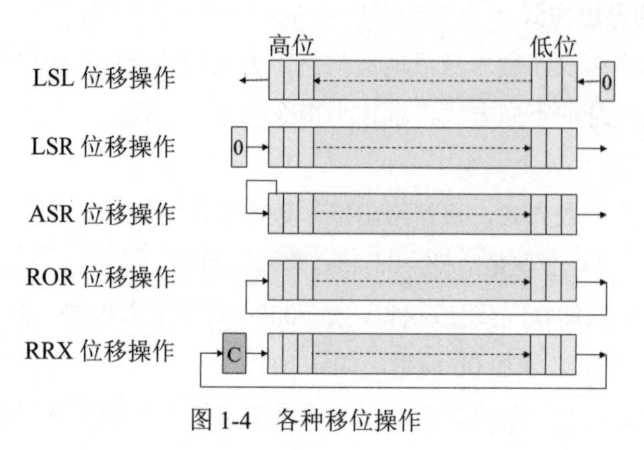

图 1-4　各种移位操作

（5）基址变址寻址。

基址变址寻址为将寄存器的内容，与指令给出的偏移地址相加，得到操作数的地址，操作数在存储器中。例如：

```
LDR  R0, [R1, #4]        ; 前变址：[R1+4] → R0
LDR  R0, [R1, #4] !      ; 自动变址：[R1+4] → R0, R1+4 → R1
LDR  R0, [R1], #4;       ; 后变址：[R1] → R0, R1+4 → R1
LDR  R0, [R1, R2]        ; [R1+R2] → R0
```

（6）多寄存器寻址。

多寄存器寻址即一条指令可以完成多个寄存器值的传送，连续的寄存器用“-”连接，否则用“，”连接。例如：

```
LDMIA  R0!, {R1-R4}
```

该指令的执行结果如下：

```
[R0] → R1
[R0+4] → R2
[R0+8] → R3
[R0+12] → R4
R0+16 → R0
```

该指令的后缀 IA（Increment After，后递增方式）表示每次执行完加载 / 存储操作后，R0 按 4 递增。类似的后缀还有 IB（Increment Before，先递增方式）、DA（Decrement After，后递减方式）、DB（Decrement Before，先递减方式）。

（7）相对寻址。

相对寻址以程序计数器 PC 的当前值为基地址，指令中的地址标号作为偏移量，相加之后，得到操作数的地址，一般用于子程序的调用，中断异常的处理。

（8）堆栈寻址。

现代的 CPU 中往往使用堆栈指针寄存器 SP 记录堆栈栈顶的位置，根据 SP 的位置和入栈时 SP 变化方向的不同，可各分为 2 种情况，如图 1-5 所示。

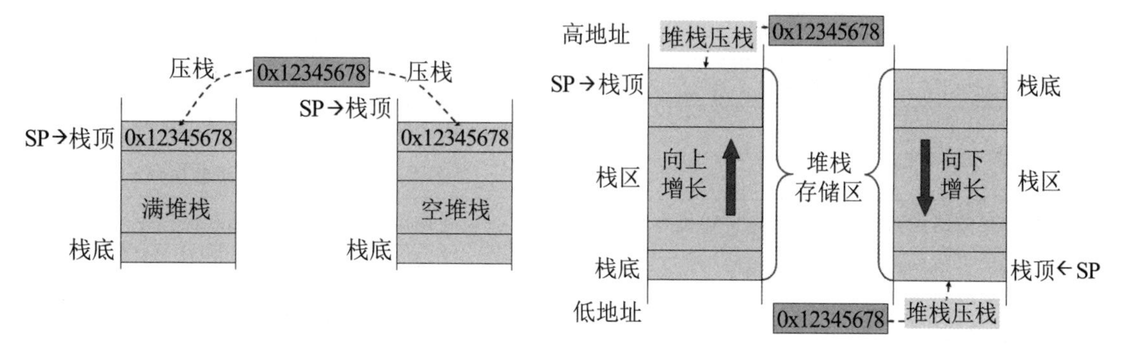

图 1-5 满堆栈、空堆栈、递增栈、递减栈示意图

Full 满栈：堆栈指针指向栈顶元素。

Empty 空栈：堆栈指针指向栈顶元素的下一个空位置。

递增栈：入栈时，SP 指针递增（向高地址方向生长）。

递减栈：入栈时，SP 指针递减（向低地址方向生长）。

以上 2 种 SP 位置、2 种堆栈生长的方向，组合出 4 种不同的堆栈寻址方式：满递减（Full Descending，FD）、空递减（Empty Descending，ED）、满递增（Full Ascending，FA）、空递增（Empty Ascending，EA）。

ARM 中使用 R13 作为堆栈指针 SP，常采用 LDMFD、STMFD 指令来支持 POP 出栈和 PUSH 入栈操作，例如：

```
STMFD  R13!, {R0-R4}          ; 将 R0～R4 依次入栈
LDMFD  R13!, {R0-R4}          ; 依次出栈到 R0～R4 寄存器
```

1.3.3 ARM 常用指令简介

ARM 指令按性质可分为数据处理指令、跳转（分支）指令、程序状态寄存器传输指令、Load/Store 指令、协处理器指令和异常中断产生指令。表 1-4 是常用的 ARM 指令及功能描述。

表 1-4 ARM 指令及功能描述

指令	指令功能描述	指令	指令功能描述
ADC	带进位的加法指令	MRC	从协处理器寄存器到 ARM 寄存器的数据传输指令
ADD	加法指令	MRS	传送 PSR 到通用寄存器的指令
AND	逻辑与指令	MSR	传送通用寄存器到 PSR 的指令
B	分支指令	MUL	32 位乘法指令
BIC	位清零指令	MLA	32 位乘加指令
BL	带返回的分支指令	MVN	数据取反传送指令
BLX	带返回和状态切换的分支指令	ORR	逻辑或指令
BX	带状态切换的分支指令	RSB	逆向减法指令
CDP	协处理器数据操作指令	RSC	带借位的逆向减法指令

续表

指令	指令功能描述	指令	指令功能描述
CMN	比较反值指令	SBC	带借位的减法指令
CMP	比较指令	STC	协处理器寄存器写入存储器指令
EOR	异或指令	STM	多寄存器批量写入存储器指令
LDC	存储器到协处理器的数据传输指令	STR	寄存器到存储器的数据存储指令
LDM	加载多个寄存器指令	SUB	减法指令
LDR	存储器到寄存器的数据加载指令	SWI	软件中断指令
MCR	从 ARM 寄存器到协处理器寄存器的数据传输指令	SWP	交换指令
		TEQ	相等测试指令
MOV	数据传送指令	TST	位测试指令

1.3.3.1　数据处理指令

数据处理指令对存放在寄存器中的数据进行操作，分为数据传送指令、算术指令、逻辑运算指令、比较指令和乘法指令。其指令的使用格式见表 1-5。

表 1-5　数据处理指令的格式说明

指令	说明	操作
MOV {<cond>} {S} Rd,operand2	数据传送	Rd←operand2
MVN {<cond>} {S} Rd,operand2	数据取反传送	Rd←(~ operand2)
ADD {<cond>} {S} Rd,Rn,operand2	加法运算指令	Rd←(Rn+operand2)
SUB {<cond>} {S} Rd,Rn,operand2	减法运算指令	Rd←(Rn-operand2)
RSB {<cond>} {S} Rd,Rn,operand2	逆向减法指令	Rd←(operand2- Rn)
ADC {<cond>} {S} Rd,Rn,operand2	带进位加法指令	Rd←(Rn+operand2+C)
SBC {<cond>} {S} Rd,Rn,operand2	带借位减法指令	Rd←(Rn-operand2-(~C))
RSC {<cond>} {S} Rd,Rn,operand2	带借位逆向减法指令	Rd←(operand2-Rn-(~C))
AND {<cond>} {S} Rd,Rn,operand2	逻辑与指令	Rd←(Rn & operand2)
ORR {<cond>} {S} Rd,Rn,operand2	逻辑或指令	Rd←(Rn | operand2)
EOR {<cond>} {S} Rd,Rn,operand2	逻辑异或指令	Rd←(Rn ^ operand2)
BIC {<cond>} {S} Rd,Rn,operand2	位清除指令	Rd←(Rn &(~ operand2))
CMP {<cond>} Rn,operand2	比较指令	N、Z、C、V←(Rn-operand2)
CMN {<cond>} Rn,operand2	负数比较指令	N、Z、C、V←(Rn+operand2)
TST {<cond>} Rn,operand2	位测试指令	N、Z、C、V←(Rn & operand2)
TEQ {<cond>} Rn,operand2	相等 / 异或测试指令	N、Z、C、V←(Rn ^ operand2)
MUL {<cont>} {S} Rd, Rm, Rs	乘法（保留低 32 位）	Rd←(Rm * Rs)[31:0]
MLA {<cont>} {S} Rd, Rm, Rs,Rn	乘累加（保留低 32 位）	Rd←(Rm * Rs+Rn)[31:0]

续表

指令	说明	操作
SMULL {<cont>} {S} Rdlo, Rdhi, Rm,Rs	无符号数乘法	Rdhi :Rdlo←(Rm * Rs)
SMLAL {<cont>} {S} Rdlo, Rdhi, Rm,Rs	无符号数乘累加	Rdhi:Rdlo ← (Rdhi:Rdlo+Rm * Rs)
UMULL {<cont>} {S} Rdlo, Rdhi, Rm,Rs	带符号数乘法	Rdhi :Rdlo←(Rm * Rs)
UMLAL {<cont>} {S} Rdlo, Rdhi, Rm,Rs	带符号数乘累加	Rdhi:Rdlo ← (Rdhi:Rdlo+Rm * Rs)

对于 MOV 指令来说，当 PC（R15）用作目标寄存器 Rd 时，可以实现程序的跳转，如“MOV PC, LR”指令。所以这种跳转可以实现子程序调用以及从子程序返回，用于代替 B 或 BL 指令。当 PC（R15）用作目标寄存器 Rd 且指令中 S 位被设置时，指令在执行跳转操作的同时，将当前处理器模式的 SPSR 寄存器的内容复制到 CPSR 中。这种“MOVS PC, LR”指令可以实现从某些中断异常中返回。

1.3.3.2 数据加载 Load 与存储 Store 指令

ARM 处理器是加载 / 存储体系结构的处理器，对于存储器的访问只能通过加载和存储指令来实现，其指令的使用格式见表 1-6。

表 1-6 数据加载与存储指令的格式说明

指令	说明	操作
LDR {<cond>} Rd,addr	加载字数据	Rd←mem32[addr]
LDRB {<cond>} Rd,addr	加载无符号字节数据，高 24 位补 0	Rd←mem8[addr]
LDRT {<cond>} Rd,addr	以用户模式加载字数据	Rd←mem32[addr]_usr
LDRBT {<cond>} Rd,addr	以用户模式加载无符号字节数据	Rd←mem8[addr]_usr
LDRH {<cond>} Rd,addr	加载无符号半字数据，高 16 位补 0	Rd←mem16[addr]
LDRSB {<cond>} Rd,addr	加载有符号字节数据，高 24 位补符号	Rd←sign{mem8[addr]}
LDRSH {<cond>} Rd,addr	加载有符号半节数据，高 16 位补符号	Rd←sign{mem16[addr]}
STR {<cond>} Rd,addr	存储字数据	mem32[addr]←Rd
STRB {<cond>} Rd,addr	存储字节数据	mem8[addr]←Rd
STRT {<cond>} Rd,addr	以用户模式存储字数据	mem32[addr]←Rd
STRBT {<cond>} Rd,addr	以用户模式存储字节数据	mem8[addr]←Rd
STRH {<cond>} Rd,addr	存储半字数据	mem16[addr]←Rd
LDM {<cond>} {type} Rn{ ！ },regs	多寄存器加载	reglist←[Rn…]
STM {<cond>} {type} Rn{ ！ },regs	多寄存器存储	[Rn…]←reglist
SWP {<cond>} Rd, Rm,[Rn]	寄存器和存储器字数据交换	Rd←[Rn], [Rn]←Rm （Rn≠Rd 或 Rm）
SWP {<cond>}B Rd, Rm,[Rn]	寄存器和存储器字节数据交换	Rd←[Rn], [Rn]←Rm （Rn≠Rd 或 Rm）

1.3.3.3 跳转/分支指令

跳转/分支指令用于实现程序流程的跳转，这类指令可以用来改变程序的执行流程，或者调用子程序。程序流程的跳转有两种办法：一种是使用分支指令，另一种是直接给PC寄存器写新的地址值。表1-7是各种跳转指令的格式说明。

表1-7 跳转指令的格式说明

指令	说明	操作
B { cond } label	分支指令	PC←label
BL { cond } label	带返回的分支指令	PC←label LR = BL 后面的第一条指令地址
BX { cond } Rm	带状态切换的分支指令	PC = Rm & 0xfffffffe，T = Rm[0] & 1
BLX { cond } label | Rm	带返回和状态切换的分支指令	PC = label，T = 1 PC = Rm & 0xfffffffe，T = Rm[0] & 1 LR = BLX 后面的第一条指令地址

B指令是最简单的分支指令，直接跳转到label地址执行，相当于PC = lablel。B和BL指令中的label是一个相对于PC的偏移量，不是绝对地址，它的值由汇编器自动计算，以保证B指令的程序是可浮动的（程序可以在不同的内存地址位置上正确运行）。

BL指令在跳转前，将BL后面的第一条指令地址保存到R14（LR）中，因此在BL跳转后的子程序里，可以将R14内容恢复到PC中，返回到跳转前的位置继续执行。BL指令往往用于实现子程序的调用。

1.3.3.4 程序状态寄存器访问指令

ARM微处理器中的程序状态寄存器PSR不属于通用寄存器，ARM专门为它设立了两条访问指令，用于在程序状态寄存器和通用寄存器之间传输数据，如表1-8所示。

表1-8 程序状态寄存器访问指令的格式说明

指令	说明	操作
MRS { cond } Rd,PSR	读状态寄存器指令	Rd←PSR
MSR { cond } PSR_fields, Rd | #immed	写状态寄存器指令	PSR_fields←Rd 或者 #immed

只有在特权模式下才能修改状态寄存器，程序里不能通过MSR指令修改T位控制位来实现ARM状态/Thumb状态的切换，必须要使用BX指令来完成。

下列的3个子程序分别是开中断、关中断、堆栈初始化的操作。

```
ENABLE_IRQ                    ;开中断子程序
    MRS  R0, CPSR             ;将 CPSR 读出送到 R0 中
    BIC  R0, R0, #0x80        ;I 标志清 0，开中断
    MSR  CPSR_c, R0           ;回写 CPSR
    MOV  PC, LR               ;子程序返回
DISABLE_IRQ                   ;关中断子程序
```

```
    MRS  R0, CPSR                ; 将 CPSR 读出送到 R0 中
    ORR  R0, R0, #0x80           ;I 标志置 1，关中断
    MSR  CPSR_c, R0              ; 回写 CPSR
    MOV  PC, LR                  ; 子程序返回
INITSTACK                        ; 初始化各模式的堆栈 SP
    MSR  CPSR_c, #0xD3           ; 切换进入管理模式
    LDR  SP, StackSvc            ; 初始化管理模式下堆栈的栈底地址（SP 的
                                   初值）StackSvc
    MSR  CPSR_c, #0xD2           ; 切换进入中断模式
    LDR  SP, StackIrq            ; 初始化中断模式下堆栈的栈底地址（SP 的
                                   初值）StackIrq
    …
    MOV  PC, LR                  ; 子程序返回
```

1.3.3.5 协处理器指令

ARM 微处理器支持 16 个协处理器，可用于各种协处理操作。在程序执行的过程中，协处理器只执行针对自身的协处理指令，忽略 ARM 处理器和其他协处理器的指令。协处理器的指令格式说明见表 1-9。

表 1-9 协处理器指令的格式说明

指令	说明	操作
CDP { cond } p,opcode1,CRd,CRn,CRm, { opcode2 }	协处理器数据操作指令	取决于协处理器
LDC { cond } { L } p, CRd, <addr>	协处理器数据读取指令	取决于协处理器
STC { cond } { L } p, CRd, <addr>	协处理器数据写入指令	取决于协处理器
MCR{ cond } p,opcode1,CRd,CRn,CRm, { opcode2 }	ARM 寄存器到协处理器寄存器的数据传送指令	取决于协处理器
MRC{ cond } p,opcode1,CRd,CRn,CRm, { opcode2 }	协处理器寄存器到 ARM 寄存器的数据传送指令	取决于协处理器

1.3.3.6 软件中断指令

ARM 指令集中的软件中断指令是唯一一条不使用寄存器的 ARM 指令，也是一条可以条件执行的指令。SWI（Software Interrupt）软件中断指令用于产生软中断，实现从用户模式变换到管理模式，CPSR 保存到管理模式的 SPSR 中，执行转移到 SWI 向量。

SWI 软件中断指令的格式如下：

```
SWI { cond } SWI_Number
```

其中，SWI_Number 是 24 位立即数，表示调用类型。

第 2 章 开发平台的硬软件环境

在介绍本书所用的硬件平台之前，先说说怎么选择合适的嵌入式学习的硬件平台。有很多的初学者对 ARM 开发板或实验箱的概念弄不太清楚，不知道该如何选择。在选择何种开发板的问题上，以下是笔者的一些建议。

第一，要把握最近的形势，看看什么 CPU 用得最多，什么 CPU 学习资料最多，定位自己的目标，有选择地学习，把握当下和今后几年的趋势很重要。现在的 Cortex-A 用得很多，可以直接从三星 Exynos 4412 或者 NXP imx6ull 开始学习。如果想打好 ARM 学习的基础，或者自己是从 51、STM32 单片机转型过来进一步学习嵌入式 Linux，可以从较简单的三星 S3C2440 开始学习。

第二，选择开发板，要注意硬件资源是否丰富（包括 CPU、ROM、RAM、各种接口），特别是 CPU 的主频速度，NAND Flash、NOR Flash 和 SDRAM/DDR 的大小一定要满足自己开发的要求；还要看一下接口和可扩展的功能模块是否充足。

第三，软件资源对一个初学者来说也是很重要的，因为不同的开发板提供的软件资源差别很大，一般必须包括嵌入式开发操作系统以及相应的驱动（必须有源代码）、开发工具、调试工具、学习用源代码、底板原理图、有相应的技术文档（学习手册、教学视频、在线文档等）支持等。现在的开发板一般都可以做到。

第四，最重要的就是技术支持，初学者在学习嵌入式的时候，一个简单的烧写系统的过程可能都要弄好几天，更别说做开发了，主要是因为不太清楚其中的原理，所以不知道错在什么地方了。所以有技术支持是很重要的，现在的各个开发板厂商在技术支持方面做得都不太能让用户满意，所以初学者要尽量借助于网络学习，多使用搜索引擎搜索资料、多加入一些技术学习 QQ 群或者官网论坛讨论组，多和熟悉技术的人交流等。

第五，就是价格问题了，对于初学者尤其是学生来说，不要太在乎在开发板上的资金投入，我们更应该关注通过学习有了怎样的进步和提高，对自己今后的求职就业有什么帮助。

本章首先带领大家熟悉我们的目标开发平台——JZ2440_V3 开发板，其次介绍 Windows 环境下的 JLINK 仿真器配置，最后通过 UBoot.bin 来熟悉 Windows 下 ARM 裸机烧写、仿真调试的过程和方法。

2.1 JZ2440_V3 整体结构及硬件资源

JZ2440_V3 是深圳百问网科技有限公司（www.100ask.net）推出的以 ARM9 处理器为基础的针对嵌入式教学、驱动和应用开发而专门设计的平台。通过本章的学习，读者可以熟悉该平台的大体结构及其配备的硬件资源。

2.1.1 JZ2440_V3 整体结构

JZ2440 开发板采用模块化设计，所有硬件模块及配件结构紧凑，可以安放在一个纸盒中。如图 2-1 所示，JZ2440_V3 主要包括以下几个组成部分。

- JZ2440_V3 开发板；
- 5 V 直流电源，提供 5 V、1 A 电流输出；
- JLINK 仿真器，推荐使用 JLink V8 和 JLinkV9；
- 20P_10P（20 脚和 10 脚）的 Jtag 接口转接板；
- DVD 资料光盘 6 张；
- microUSB 延长线 2 根，RJ45 的网络双绞线 1 根，TypeB USB 延长线 1 根，10Pin 的软排线（用于连接 Jlink 仿真器和开发板的 Jtag）1 根；
- 其他可选的配件及缆线，如 Easy Open Jtag 编程器等。

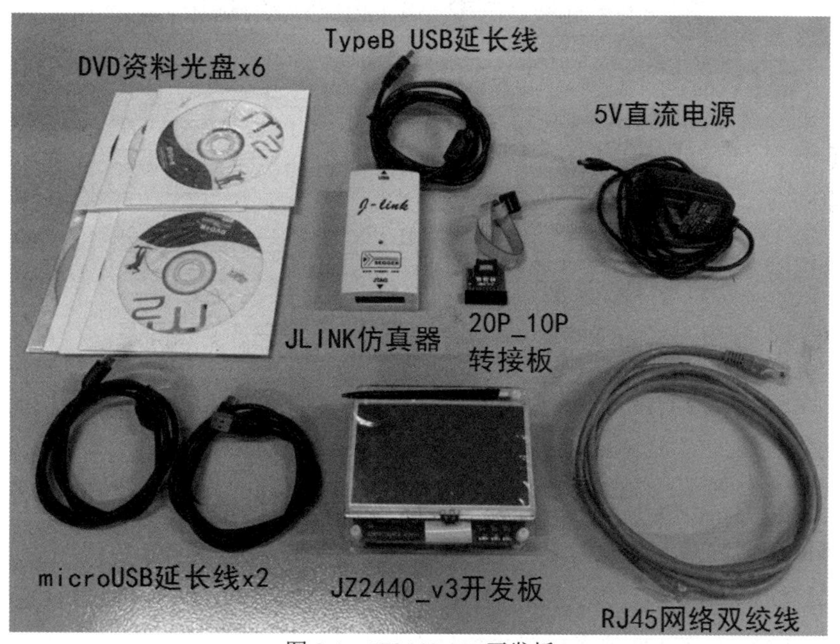

图 2-1　JZ2440_V3 开发板

2.1.2 JZ2440_V3 教学系统主要资源

2.1.2.1 ARM 处理器

系统采用三星公司的处理器 S3C2440A（ARM9）。该处理器基于 ARM920T 内核，主频高达 400 MHz，带 MMU（内存管理单元），片上资源丰富，性价比较高，是 ARM9

处理器中采用较多的一种，其结构框图如图 2-2 所示。

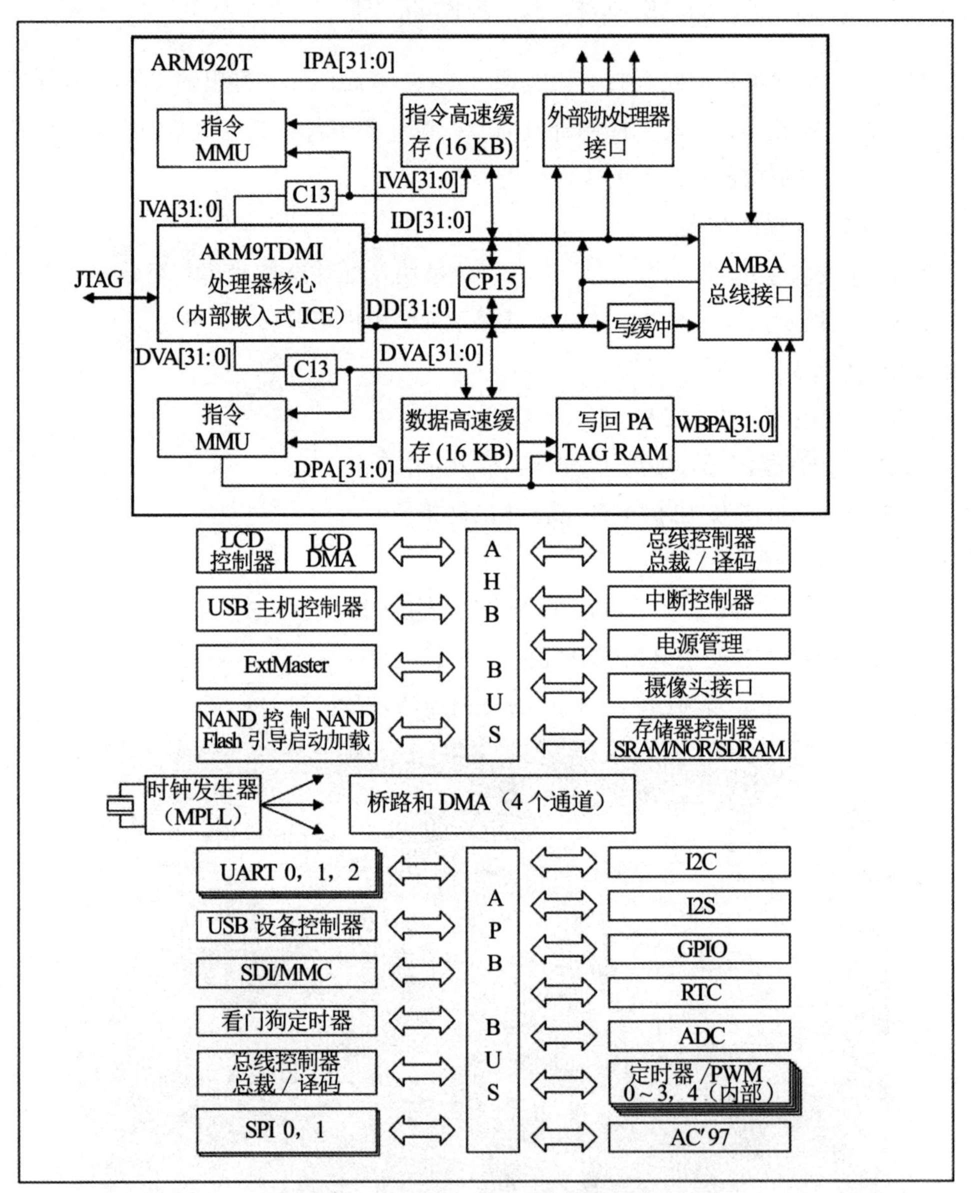

图 2-2　S3C2440 处理器结构框图

S3C2440 集成的片上功能如下：

➢ 内核工作电压为 1.2 V（300 MHz）/1.3 V（400 MHz）、存储器供电电压 1.8 V/2.5 V/3.0 V/3.3 V、外部 I/O 设备的供电电压 3.3 V；

➢ 64 路指令 Cache（16 KB）和数据 Cache（16 KB）的组相联高速缓存 Cache；

➢ LCD 控制器，可支持 256 色 /4K 色 STN 和 256 色 /64K 色 /16M 色的 TFT；

➢ 4 通道的 DMA 请求，支持存储器到存储器、I/O 口到存储器、存储器到 I/O 口和 I/O 口到 I/O 口的传输；

➢ 3 通道的基于 DMA 或中断运行方式的 UART（IrDA1.0、64 bit TxFIFO、64 bit RxFIFO），2 通道的 SPI 接口（协议 2.11 版本）；

➢ 2 个 USB 主机端口和 1 个 USB 从机端口（兼容 USB 标准 V1.1）；

➢ 4 路 PWM 和 1 个内部实时时钟 RTC；

➢ 130 个可复用的 I/O 引脚，24 路外部中断引脚；

➢ 289Pin 的 FBGA 封装；

➢ 16 位的看门狗定时器，可产生中断请求或超时复位；

➢ 1 个 IIC 接口，支持 400 Kbit/s 的快速模式；

➢ 1 个 IIS 总线接口，运行在基于 DMA 的音频接口，支持 AC97 音频编解码器接口；

➢ 1 个 SD 主机接口，支持正常、中断和 DMA 三种数据传输模式。兼容 SD 卡协议 1.0 版本、MMC 卡协议 2.11 版本；

➢ 具有摄像头接口，支持 ITU-R BT601/656 8 位模式，格式化摄像头输出（RGB16/24 位和 YCbCr4:2:0/4:2:2 格式）；

➢ 带有 MPLL 和 UPLL 片上时钟发生器，UPLL 产生 USB 主机/设备运作所需的时钟，MPLL 产生 CPU 运作所需的时钟（在 1.3 V 下最高可达 400 MHz）；

S3C2440 ARM 处理器支持大小端模式存储字数据，其寻址空间可达 1 GB，每个 Bank 为 128 MB，对于外部 I/O 设备的数据宽度，可以是 8/16/32 位，所有的存储器 Bank（共有 8 个）都具有可编程的操作周期，而且支持 Nor/Nand Flash、EEPROM 等多种 ROM 引导方式。

2.1.2.2 存储器

2 MB NOR Flash（型号 MX29LV160DBTI，兼容 AM29F160DB）、256 MB NAND Flash（型号 K9F2G08U0C）及 64 MB SDRAM（型号 EM63A165TS-6G）。

2.1.2.3 接口资源

接口资源如下：

➢ 1 个 50Pin 的 RGB 并行 LCD 接口；

➢ 主/从 USB 接口各 1 个；

➢ UART 接口 3 个，其中 COM1 还经过 USB 和 UART 转换，可直接接 PC 机 USB；

➢ 1 个 TF（SD）卡卡槽；

➢ 2 组用户可扩展总线和 I/O 端口；

➢ 4 个支持中断方式的用户按键和 3 个 LED 指示灯；

➢ A/D 输入，支持 LCD 触摸屏接口；

➢ IIS 及音频输入/输出接口，音频输入输出（Mic、耳机输出）；

➢ 10Pin 的 JTAG 调试接口；

➢ 1 个 10 M/100 M 以太网口；

➢ 1 个摄像头接口；

➢ 用两档开关选择 NOR Flash 启动或 NAND Flash 启动。

2.2 JZ2440_V3 各个模块简介

2.2.1 主板

如图 2-3 所示，S3C2440_V3 主板提供了丰富的外设接口以及扩展接口。其中包含通用多功能 I/O 端口、A/D 输入、彩色 LCD、JTAG 编程 / 调试接口、音频输入 / 输出、串口、USB 接口、以太网口、SD 卡、用户可扩展总线接口，还有中断输入按键、LED 指示灯、FLASH、IIC、直流电源输入及复位、系统启动方式选择等。

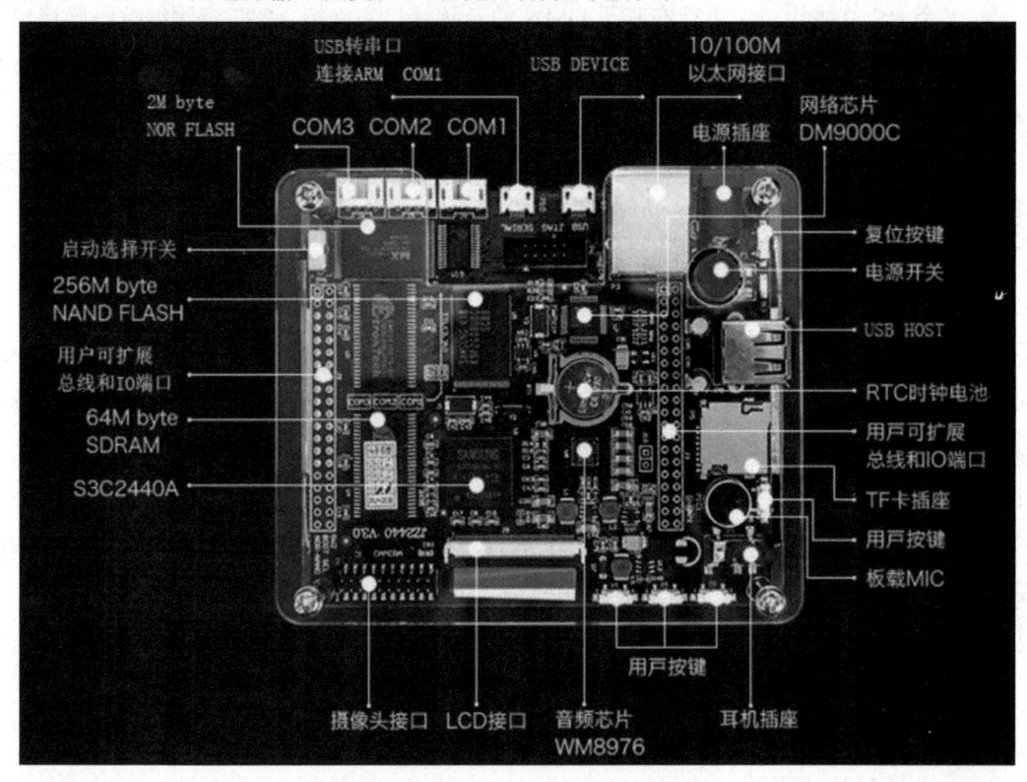

图 2-3 JZ2440_V3 开发板及接口资源

下面具体介绍一下与本书实例相关的接口资源。

2.2.1.1 串口

主板设有 3 个通用异步串行通信接口（UART），均为 DTE（数据终端设备），采用 4Pin 2.0 mm 间距的 PH2 插座。其中 COM1 对应为 S3C2440 的 UART0，COM2 为 UART1，COM3 为 UART2。它的引脚定义如图 2-4 和表 2-1 所示。表 2-1 COMn 接口定义，图 2-4 COMn 接口示意图。

JZ2440_V3 开发板有两个 microUSB 接口，其中一个标记是 SERIAL 的接口（就是 UART0），通过板载 CH340 芯片进行 USB 和 TTL 串口协议的相互转换，可使用

mircoUSB 线直连 PC 宿主机，在 PC 宿主机上使用虚拟出来的新串口，以方便开发板通过串口线连接 PC 宿主机进行串口命令和调试（尤其是没有串口的 PC 机）；另一个标记为 USB 的接口，用来进行 DNW 烧写镜像文件（JZ2440_V3 的 UBoot 支持 DNW 的方式，通过 USB 下载烧写镜像文件到 NAND Flash）。

表 2-1 COMn 接口定义

引脚序号	引脚定义	描述
1	VDD	电源正极（3.3 V）
2	TXDn，n 为 1，2，3	COMn 串口发送
3	RXDn，n 为 1，2，3	COMn 串口接收
4	GND	电源负极（电源地）

2.2.1.2 调试接口

JZ2440_V3 主板上有 1 个 JTAG 调试接口，为了节省空间，才用的是 10 针的 JTAG 插座，用于系统的编程和调试。JTAG 接口定义如图 2-5 和表 2-2 所示。

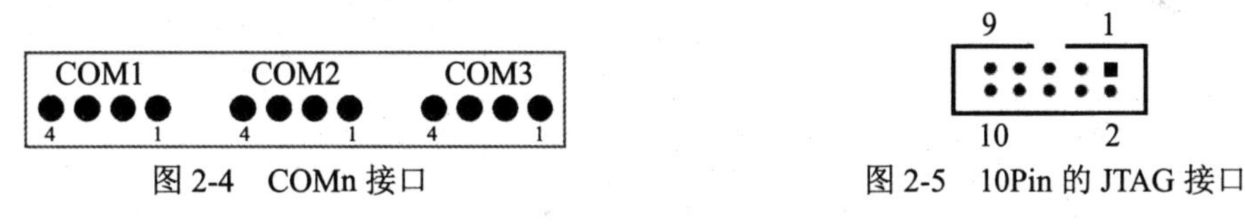

图 2-4 COMn 接口

图 2-5 10Pin 的 JTAG 接口

表 2-2 10Pin 的 JTAG 接口定义

引脚序号	引脚定义	描述	引脚序号	引脚定义	描述
1	Vref	参考电压 (3.3 V)	6	TDO	JTAG 数据输出
2	VDD	3.3 V 电源	7	TMS	JTAG 模式选择
3	nTRST	JTAG 复位	8	GND	地
4	nRST	复位	9	TCK	JTAG 时钟
5	TDI	JTAG 数据输入	10	GND	地

2.2.1.3 以太网口

JZ2440_V3 开发板的以太网接口是通过外扩电路实现的，符合 10/100 BASE-T 标准。扩展芯片选用 DAVICOM 公司的 DM9000A，网口通过 RJ45 插座引出。

2.2.1.4 LCD 及触摸屏接口

主板设有 1 个 50Pin 彩色 TFT LCD 及触摸屏控制接口，并带有触摸屏控制器（4 线电阻式）。其引脚定义如图 2-6 和表 2-3 所示。

图 2-6 50Pin 的 TFT LCD 接口

表 2-3 彩色 LCD / 触摸屏接口定义

序号	主板	TFT	描述	序号	主板	TFT	描述
1	NC	NC	空	26	VM	VDEN	数据使能
2	NC	NC	空	27	NC	NC	空
3	GND	GND	地	28	NC	NC	空
4	GND	GND	地	29	VLINE	HSYNC	行同步
5	GND	R0	红色 bit0	30	VD19	R1	红色 bit1
6	VD20	R2	红色 bit2	31	VD21	R3	红色 bit3
7	VD22	R4	红色 bit4	32	VD23	R5	红色 bit5
8	VD10	G0	绿色 bit0	33	VD11	G1	绿色 bit1
9	VD12	G2	绿色 bit2	34	VD13	G3	绿色 bit3
10	VD14	G4	绿色 bit4	35	VD15	G5	绿色 bit5
11	GND	B0	蓝色 bit0	36	VD3	B1	蓝色 bit1
12	VD4	B2	蓝色 bit2	37	VD5	B3	蓝色 bit3
13	VD6	B4	蓝色 bit4	38	VD7	B5	蓝色 bit5
14	NC	NC	空	39	VFRAME	VSYNC	帧同步
15	NC	NC	空	40	VCLK	VCLK	像素时钟
16	VDD5V	VDD5V	LCD 电源	41	VDD5V	VDD5V	LCD 电源
17	NC	NC	空	42	NC	NC	空
18	VDD5V	VDD5V	LCD 电源	43	VDD5V	VDD5V	LCD 电源
19	VDD3.3V	VCC3V	LCD 电源	44	VDD3.3V	VCC3V	LCD 电源
20	NC	NC	空	45	NC	NC	空
21	GND	GND	地	46	LED+	LEDR+	背光正极
22	LEDL+	LEDR-	背光	47	LEDR-	LEDL+	背光
23	LEDL-	LED-	背光负极	48	GND	GND	地
24	TSXM	XR	触屏 X-	49	TSYM	YL	触屏 Y-
25	TSXP	XL	触屏 X+	50	TSYP	YU	触屏 Y+

彩色 LCD 接口支持 16 bit/24 bit 颜色的 TFT 真彩屏，采用的是 16 bit 显示模式，其 3 基色数据宽度之比为：R : G : B = 5 : 6 : 5。

2.2.2 LCD 模块

JZ2440_V3 可以适配 4.3 寸的 24 bit/16 bit 彩色 TFT LCD，分辨率为 480 × 272（如图 2-7 所示），型号 AT043TN24，该屏自带 4 线电阻式触摸屏。

2.2.3　JTAG 仿真器 JLINK V8

对于台式机和笔记本电脑的宿主机来说，价格低廉、使用便捷的 JLINK_V8 是理想的 ARM 嵌入式开发仿真器。JLINK 是 SEGGER 公司为支持仿真 ARM 内核芯片推出的 JTAG 仿真器。配合 IAR EWAR、ADS、KEIL、WINARM、RealView 等集成开发环境支持所有 ARM7/ARM9/ARM11、Cortex M0/M1/M3/M4、Cortex A7/A8/A9 等内核芯片的仿真，与 IAR、Keil 等编译环境无缝连接，操作方便、连接方便、简单易学，是学习开发 ARM 最好最实用的开发工具。图 2-8 是该仿真器的实物图。

图 2-7　4.3 寸彩色 TFT LCD

图 2-8　JLINK_V8 仿真器的实物图

本教材使用 JLlink_V8 仿真器进行裸机程序的烧写编程、运行和调试，一般是在 Keil For ARM RVMDK 集成开发环境中借助于 JLink 驱动接口，直接将二进制的目标代码烧写到 NOR Flash 中。在嵌入式 Linux 开发阶段，可以采用 JFlash 工具软件，先将 UBoot 的镜像文件 uboot.bin 烧写到 NOR Flash 中，从 NOR Flash 启动开发板后，再借助 UBoot 的命令和 DNW 来烧写 UBoot、设备树、Linux 内核、根文件系统等镜像文件到 NAND Flash 中。烧写 UBoot 的过程请参阅第 6 章相关章节的内容。

2.2.4　连接电缆及配件

除了以上介绍的主要模块之外，还有配套的连接电缆及配件情况如下所述。

- 10Pin JTAG 扁平电缆 1 根；
- 20/10Pin 转换头 1 个；
- microUSB 延长线 2 根；
- TypeB USB 电缆 1 根；
- RJ45 网口电缆 1 根；
- 5 V/1 A 直流电源 1 个；
- DVD 资料光盘 6 张。

2.3 硬软件开发环境的搭建

2.3.1 搭建硬件开发环境

硬件开发环境包括 PC 机、JZ2440_V3 开发板、JLink V8 仿真器。按照图 2-9 的方式，将各个硬件模块和开发板连接起来，接好各种缆线。

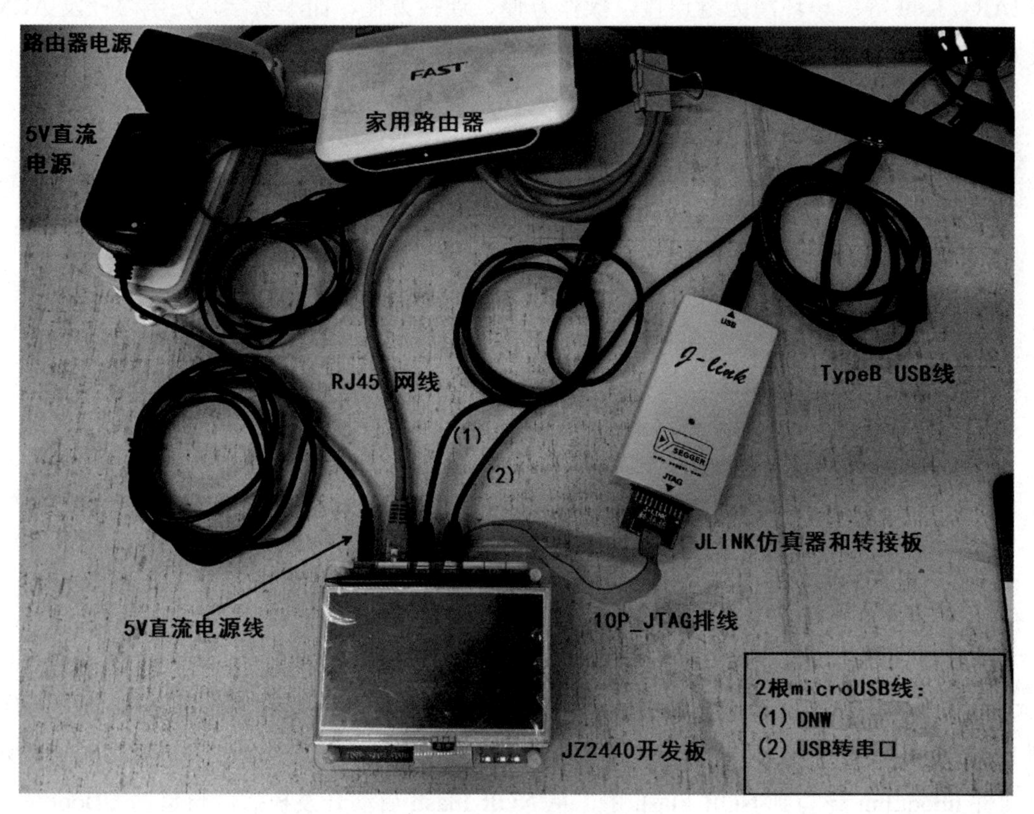

图 2-9 设备硬件连接图

2.3.1.1 JZ2440_V3 开发板供电线路连接

将 5 V 直流电源接到 220 V 交流市电上，电源输出端插入 JZ2440_V3 开发板的电源输入端，检查 JZ2440_V3 开发板的启动方式是否正确，再按下开发板背面的红色电源开关即可上电。

2.3.1.2 JTAG 连接

目前的 PC 机或者笔记本电脑都有 USB 接口，可以使用 JLink V8 仿真器，步骤如下：

（1）取出 JLink V8，接上 20P/10P 转接板，将 10Pin JTAG 扁平电缆一端连接仿真器转接板的 10Pin 接口，另一端连接 JZ2440 开发的 JTAG 调试接口（标记有 JTAG）。

（2）将 TypeB USB 连接线的 D 型口一端与 JLink 仿真器 D 型口相连，另一端连接主机的 USB 接口。由主机的 USB 给仿真器供电。

（3）设置 JZ2440_V3 开发板的启动方式，并按下电源开关。

RS232 串口电缆、USB 电缆和 RJ45 网口电缆，在后续开发中根据需要进行连接。它们的连接方式极其简单，一般不会有错误。只是得记住，不要在系统带电的情况下对连接线进行拔插即可。

2.3.1.3　microUSB 线连接

JZ2440_V3 开发板有两个 microUSB 接口，使用 microUSB 线将宿主机和开发板的两个接口连接起来：一个标记为 SERIAL 的接口，在 PC 宿主机上能够虚拟出来新串口，以方便宿主机进行串口命令和调试（尤其是没有串口的 PC 机）；另一个标记为 USB 的接口，用来进行 DNW 烧写镜像文件（JZ2440_V3 的 UBoot 支持 DNW 的方式，通过 USB 下载烧写镜像文件到 Nand Flash）。

2.3.1.4　RJ45 网线连接

为了方便 PC 宿主机上的 Linux 系统上网访问 Internet，同时保证开发板、Linux 宿主机的 IP 地址在同一个局域网子网之内，可在家用路由器（或者 hub 集线器）上引出 2 根 RJ45 网线，1 根接 JZ2440 开发板，另一个根 PC 主机，并配置好各自的 IP 地址。

在进行裸机开发烧写运行调试程序时或者 UBoot 烧写到 NOR Flash 的操作中，需要使用 JLink 仿真器和 JTAG 连接；在嵌入式 Linux 开发时，只要 UBoot 烧写完好，就可以不再使用 JLink 仿真器和去掉 Jtag 连接；在不涉及网络的裸机程序开发时，可以不接 RJ45 网线。

2.3.2　搭建程序烧写环境

对于 51 单片机、STM32 单片机开发的人员往往要对程序进行仿真、调试等工作。对于 ARM 处理器的程序仿真常常使用 JLink 仿真器。

JLink 仿真器使用 SEGGER 公司的仿真器驱动程序 J-Link ARM。本小节主要介绍 J-Link ARM 软件的安装、配置和使用。

2.3.2.1　J-Link ARM 仿真器驱动安装和配置

打开光盘，找到目录：“JZ2440\keil+jlink 驱动”，鼠标双击“Setup_JLinkARM_V482.exe”文件，按照图 2-10 至图 2-13 的顺序，依次进行 J-Link ARM 仿真器驱动的安装。

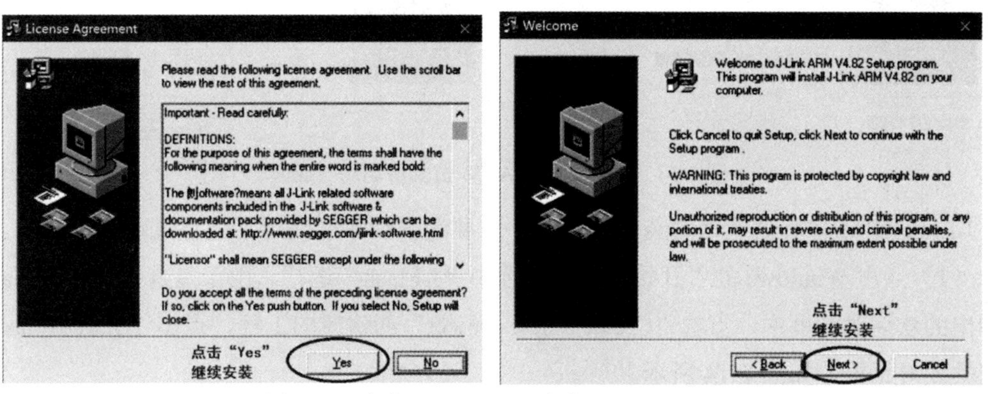

图 2-10　安装 J-Link ARM 仿真器驱动（一）

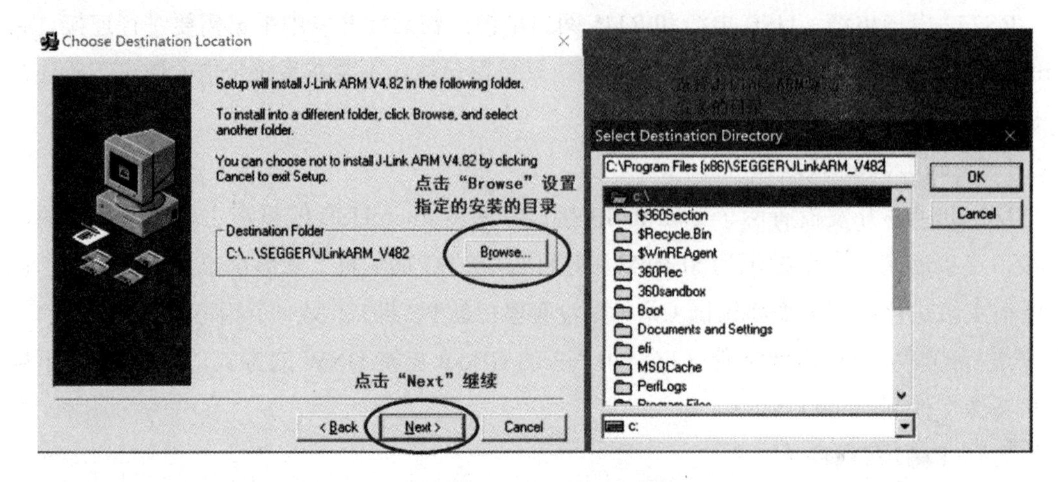

图 2-11 安装 J-Link ARM 仿真器驱动（二）

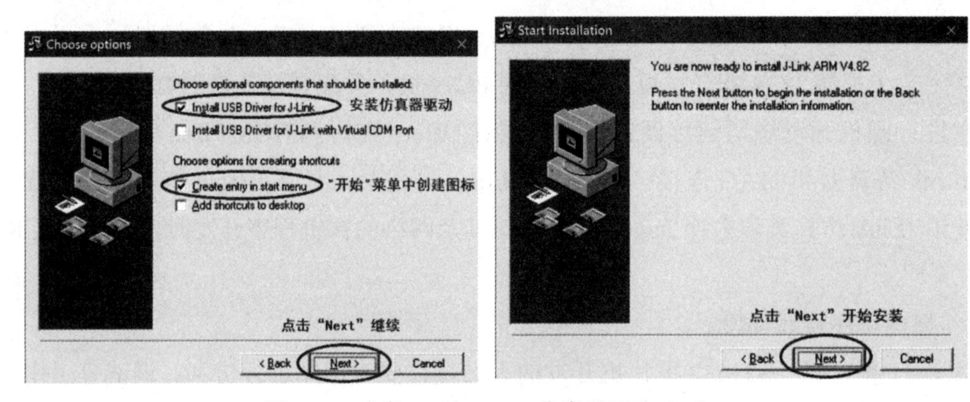

图 2-12 安装 J-Link ARM 仿真器驱动（三）

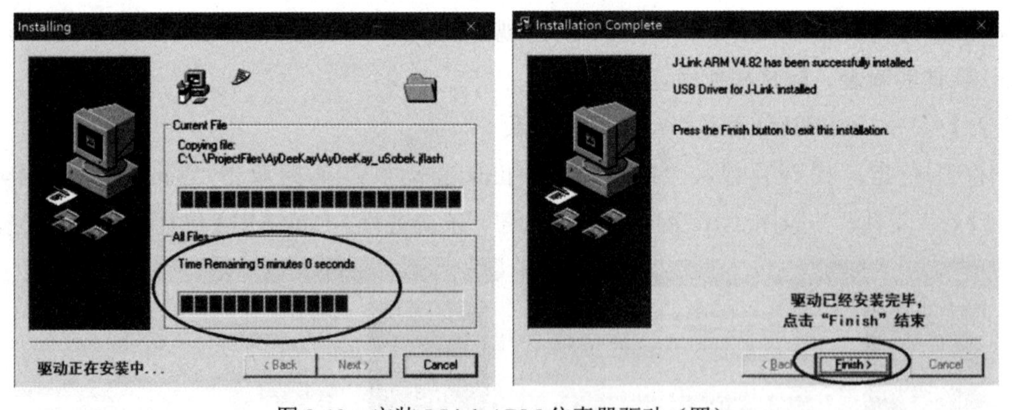

图 2-13 安装 J-Link ARM 仿真器驱动（四）

J-Link ARM 仿真器驱动安装完成以后，需要配置后才能使用，配置过程如下。

（1）点击 Windows 的“开始”菜单，选中“J-Flash”运行。由于是首次运行 J-Flash，在弹出的欢迎对话框中，点选“Create a new project”创建新的工程，点击“Start J-Flash”按钮关闭对话框，如图 2-14 所示。

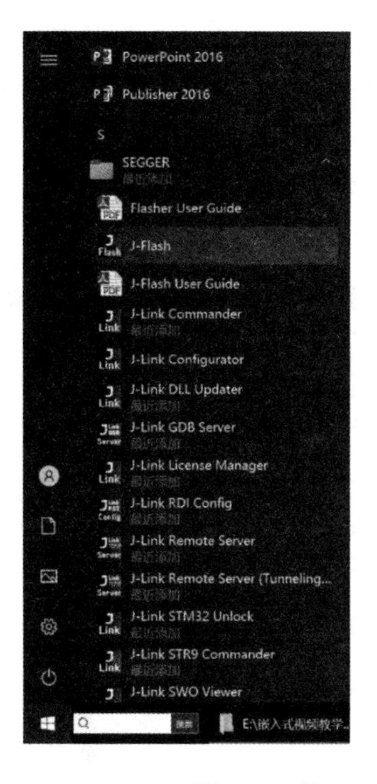

图 2-14　从 Windows“开始”菜单中启动 J-Flash

（2）点击程序的“Options\Project settings...”菜单项，打开“Project Settings”对话框，点选“CPU”选项卡，配置 CPU 选项 , 如图 2-15 所示。

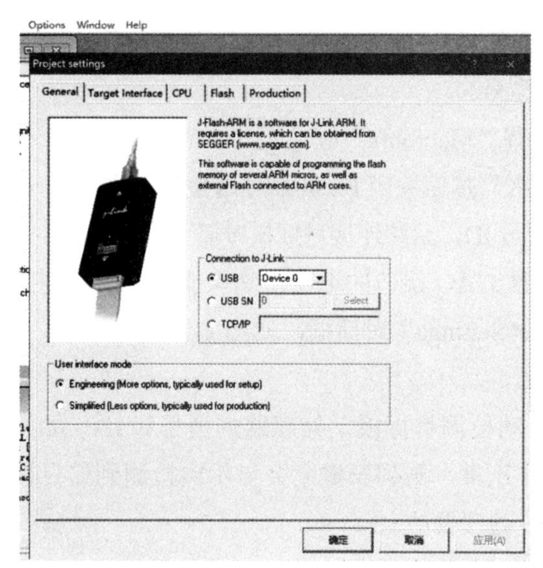

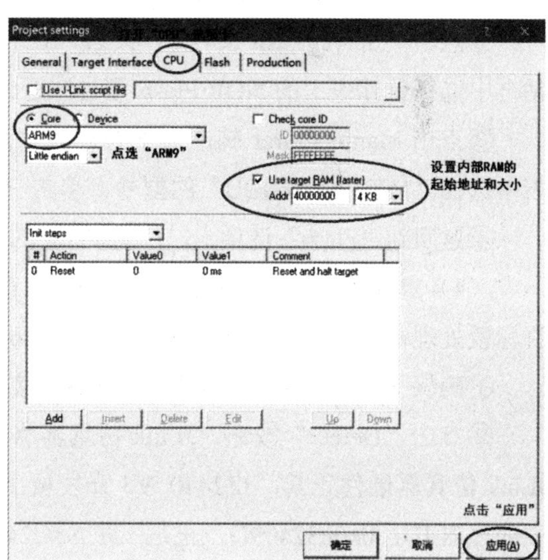

图 2-15　“CPU”选项卡的配置

①选择目标板上的处理器类型。点选“Core”单选框，在下拉列表中点选“ARM9”。

②取消“Check core ID”复选框，不进行 CPU ID 的检查。

③勾选“Use target RAM (faster)”复选框，设置目标板处理器内部的 SRAM（也就

是 S3C2440 内部 4 KB 大小的 Boot Internal SRAM/Stepping Stone 存储器，在从 NOR Flash 上启动时，起始地址为 0x40000000，从 NAND Flash 上启动时，起始地址为 0）的起始地址为：0x40000000，大小为 4 KB。

“CPU”选项卡配置完毕后，点击“应用（A）”按钮，让配置生效。

（3）点选“Flash”选项卡，配置 NOR Flash 的选项，如图 2-16 所示。

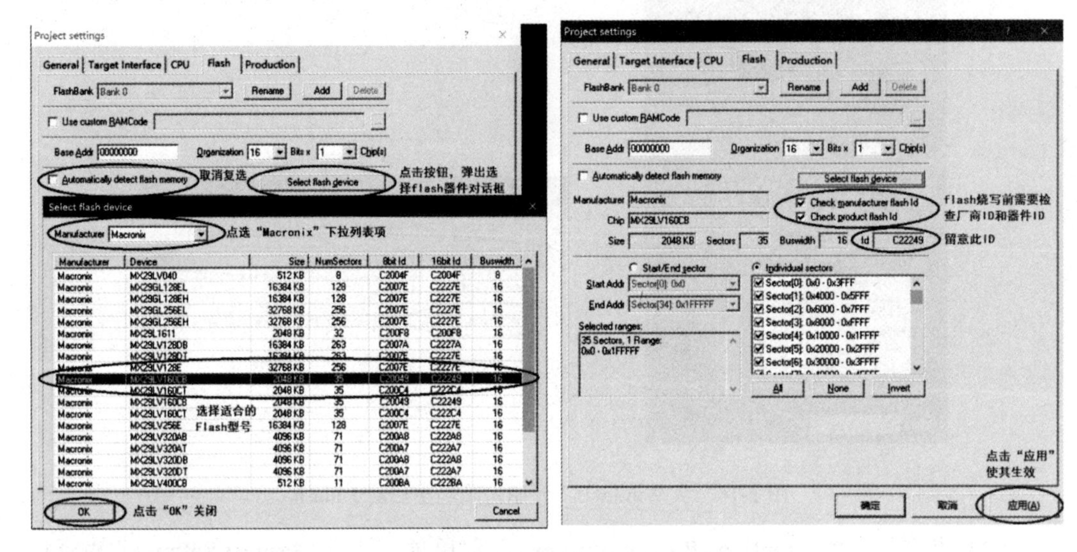

图 2-16　“Flash”选项卡的配置

①取消“Automatically detect flash memory”复选框。

②点击“Select flash device”按钮，在打开的“Select flash device”Flash 器件选型对话框中选择目标板上的 NOR Flash 型号或近似型号。

③点击 Manufacturer 制造商下拉列表，选择“Macronix”旺宏电子，在“Device”列表中选择“MX29LV160CB”的型号，单击“OK”按钮关闭 Flash 器件选型对话框。

④返回到“Flash”选项卡，注意 Flash 的型号 ID，后续连接目标板时需要检查此 ID。

（4）点选“Target Interface”选项卡，配置 JTAG 接口的选项，确保能够正确检测到目标板处理器，点击“确定”按钮关闭“Project Settings”对话框，如图 2-17 所示。

①确保下拉列表中选择的是“JTAG”接口。

②点击“Detect”按钮，JLink 仿真器将自动检测目标板上处理器的型号和 ID。如果 JLink 仿真器硬件正常，JZ2440_V3 开发板工作正常，则列表框中会显示出检测到的目标板处理器 ID：0x0032409D，正是三星 S3C2440 处理器的 ID。

（5）点击程序的“Target|Connect”菜单项，注意观察 LOG 窗口里的提示信息，确保连接正常（出现“Connected successfully”提示表明连接成功；如果提示连接失败，可以采用开发板断电重新上电、拔掉 JLink 的 USB 线再插上、降低 JTAG 的速度等方式重新尝试连接），如图 2-18 所示。

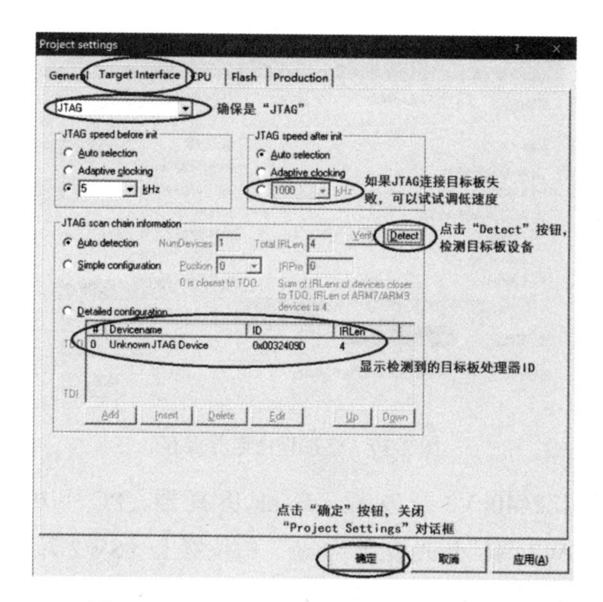

图 2-17　“Target Interface”选项卡的配置

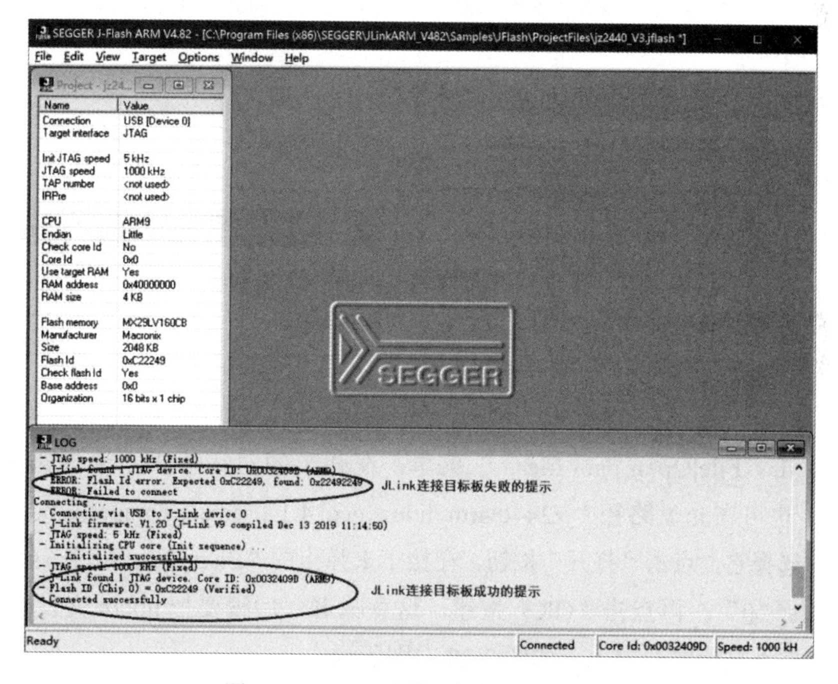

图 2-18　JLink 连接目标板的提示信息

（6）单击程序的“File\Save project”菜单项，将 JLINK 配置的工程命名为“jz2440_jflash.jflash”并保存，如图 2-19 所示，至此 JLINK 仿真器驱动安装和配置完毕。

2.3.2.2　使用 J-Flash 烧写 UBoot 到 NOR Flash

通过上一节的准备工作，已经配置好了 J-Flash，接下来就可以使用它来烧写裸机文件到 JZ2440 开发板上了，这里以 UBoot.bin 文件为例展示烧写的过程和方法。需要注意的是，使用 J-Flash 烧写 JZ2440 开发板 NOR Flash 的前提是 NOR Flash 已清空。

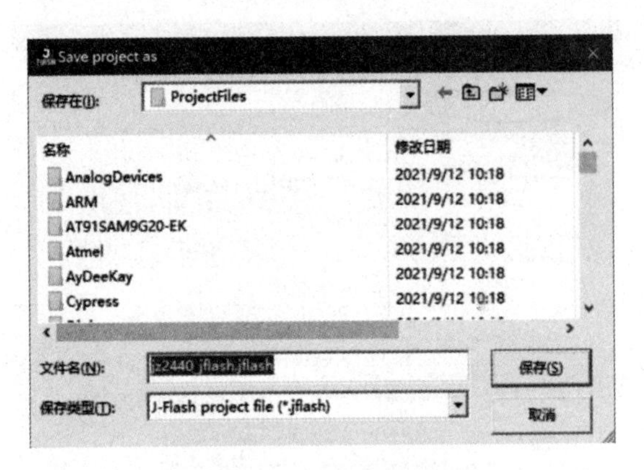

图 2-19 将工程命名并保存

（1）首先确保 JZ2440_V3 开发板、JLink 仿真器、PC 主机之间连接正常，将 JZ2440_V3 开发板的 SW2 两档开关拨到“Nor”的位置上（SW2 开关可以选择 NOR Flash 启动方式还是 NAND Flash 启动方式，这里采用 NOR Flash 启动方式）。打开 J-Flash，选择上一节配置好的工程“jz2440_jflash.jflash”文件，点击“start j-flash”按钮，进入 J-Flash，如图 2-20 左图所示。

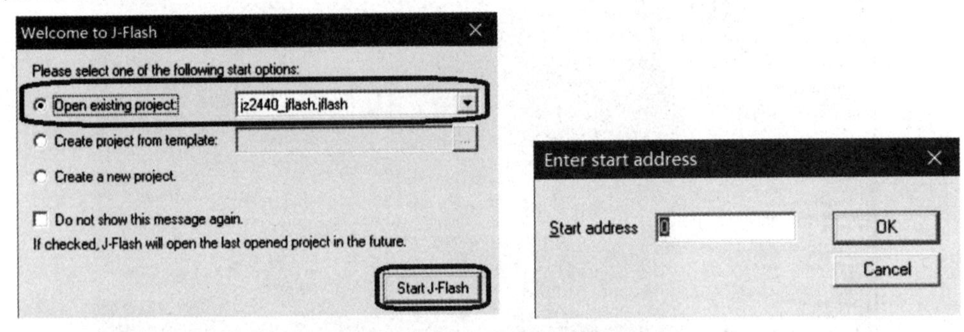

图 2-20 J-Flash 进行 uboot 烧写（一）

（2）点击“File|Open data file ...”菜单，在弹出的对话框中，选择第 8 章生成的 uboot 文件，也可在光盘路径“jz2440\arm_linux_gcc_4.1.1_create_images\u-boot.bin”找到 uboot 文件，选择它，点击“打开”按钮，在接下来弹出的“Enter Start Address”对话框中，输入起始地址“0”，再点击“OK”按钮，这意味着，后续要把 uboot 文件烧写到 NOR Flash 的从 0 地址开始的位置上，如图 2-20 右图所示。

（3）点击“Target|Connect”菜单，JLink 连接 JZ2440 开发板，如果 LOG 窗口出现“Connected successfully”的提示，表明连接成功，就可以进行下一步的烧写了；否则检查连接或 J-Flash 的配置。

（4）点击“Target|Program & Verify”菜单，随后弹出对话框，确定“在编程前是否需要先擦除 flash”，点击“是”按钮，进行 Flash 的擦除、编程烧写、校验，完毕后弹出对话框提示整个烧写的耗时时间，如图 2-21 所示。

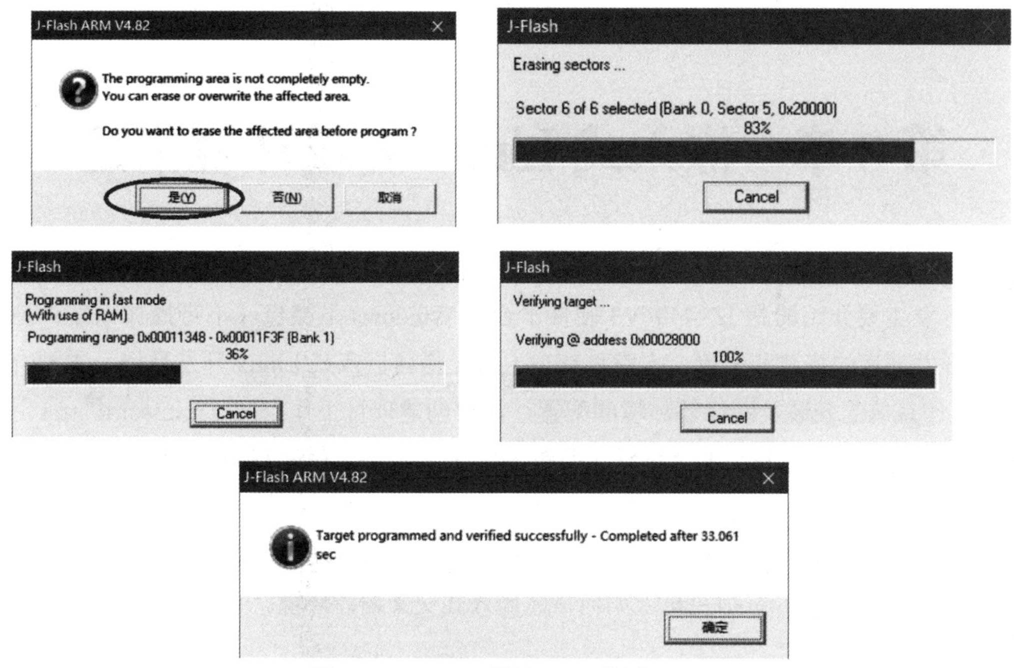

图 2-21　J-Flash 进行 uboot 烧写（二）

（5）关闭 J-Flash 软件，将 MicroUSB 线连接开发板的“COM”接口和主机的 USB 接口，打开串口调试助手，选择虚拟出来的串口，给开发板复位重启，在虚拟串口的终端串口中观看 UBoot 启动过程，验证烧写正确，如图 2-22 所示。

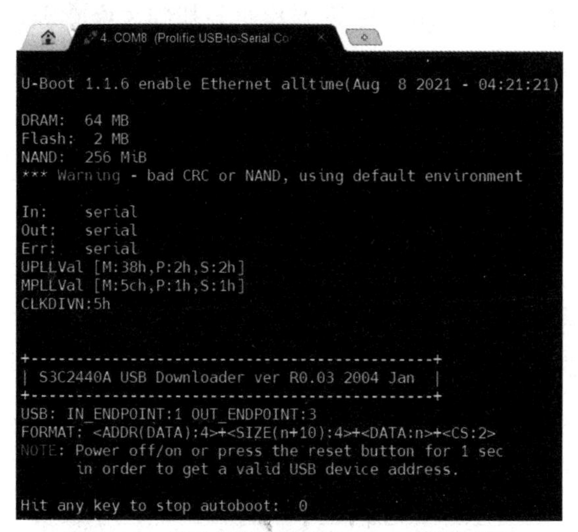

图 2-22　串口终端里观察 UBoot 正常运行

第 3 章　嵌入式 Linux 开发环境搭建

上一章主要介绍的是 JZ2440_V3 硬件平台与 Windows 下裸机（不带操作系统的应用开发）开发环境的搭建和配置，本章将在宿主机上搭建嵌入式 Linux 开发环境，主要介绍 Linux 操作系统的安装及网络等环境的配置，如何创建项目工作空间，minicom、tfpt、nfs 等相关服务的安装和配置，交叉编译工具链的制作。如果读者对 Linux 系统比较熟悉，可以根据自身的情况选择跳过本章的某些小节。

下面介绍 S3C2440 ARM9 开发板（ARM9 的 S3C2410、ARM11 的 S3C6410 等类似），在 ubuntu16.04.4（64 bit）宿主机上如何搭建嵌入式交叉编译环境。

3.1　安装 Linux 操作系统

目前，主流的 Linux 操作系统有 Canonical 的 Ubuntu、Novell 的 OpenSuse 以及 RedHat 的 Fedora。Ubuntu 无论是在消费者当中或者商业领域都拥有非常好的口碑，成为最受欢迎的 Linux 发行版本。OpenSuse 凭借其业务基础风靡欧洲，现在也已经开始进入美国市场。至于 RedHat，凭借 Fedora，已经发展成为社区 Linux 操作系统中的龙头企业。

本书选用 ubuntu16.04.4 LTS 作为开发环境，16.04 表明该产品于 2016 年 4 月发布，Xenial Xerus 是其代号，LTS 表明是长期支持版本，官方会提供长达 5 年的技术支持（包括常规更新 /Bug 修复 / 安全升级），一直到 2021 年 4 月，其稳定性一直备受业内人士推崇，采用 4.15.0 版的 Linux 内核，有桌面版和服务器版本之分，这里安装的是桌面版。

安装 ubuntu16.04.4 的宿主机，其性能要求如下：

① 2 GHz 双核处理器及以上，推荐 Intel 2 代酷睿多核处理器及以上。

②内存大于 2 GB，推荐高于 4 GB 及以上。

③硬盘大于 25 GB，推荐高于 40 GB。

现在大家使用的主机基本都能达到这个配置，当然，如果自己的主机配置不差，可以先在宿主机上安装 Windows 系统，然后在 Windows 系统中安装一个虚拟机工作站，再在虚拟机工作站上安装 Linux 系统。这样就可以在 Windows 中使用 Linux，避免在两个系统间切换时反复关机、重启。对于初学者，为了方便实验调试和文档交换，推荐采用这种方式。

笔者的机器配置如下：

① CPU：2 个 64 位的 Intel Xeon E5 2680V3 处理器，单个 CPU 是 12 核 24 线程，3.6 GHz。

②内存：32 GB。

③硬盘：8 TB。

④独立的硬盘安装分区：80 GB 以上。

⑤ Windows 10 专业版 21H1。

直接在宿主机上安装 Ubuntu 和在宿主机的虚拟机工作站上安装 Ubuntu，这两种安装方式只是在形式上有所不同，对用户使用 Linux 操作系统和进行嵌入式系统应用开发几乎没有影响，开发过程也完全一样。下面首先介绍虚拟机工作站的安装方式。

3.1.1　在 Windows 中安装虚拟机

安装前需要注意 VMware 的版本不能低于 12，推荐使用 VMware Workstation 14 Pro，安装过程中某些机器会出现错误提示“此主机支持 Intel VT-x，但 Intel VT-x 处于禁用状态”的问题，需要在本机 BIOS 里面（开机后按下 Delete 键或 F9 键，具体看自己机器屏幕提示）开启该功能，如图 3-1 所示。

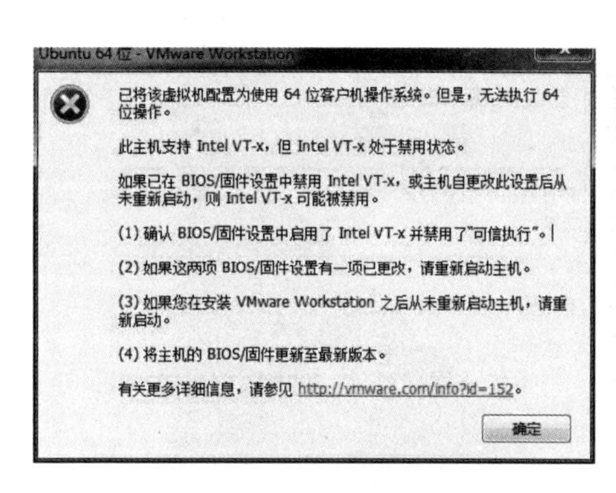

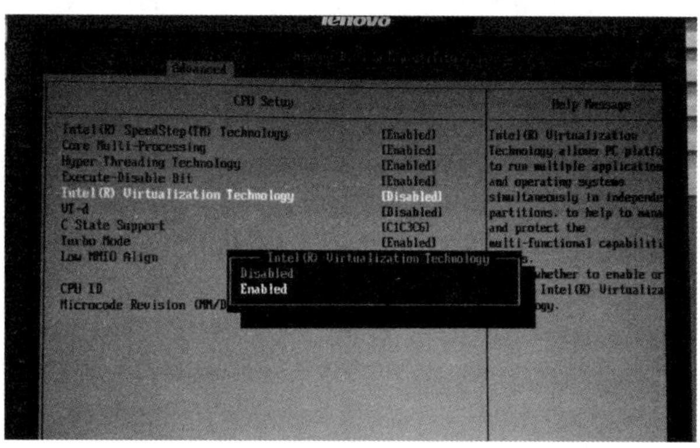

图 3-1　BIOS 里面开启支持 Intel 虚拟化技术功能

在安装光盘根目录下的名为“安装软件”的文件夹下有虚拟机工作站软件 VMware Workstation Pro.v14.1.2 及 64 位桌面版 ubuntu16.04.4 的安装映像 ubuntu-16.04.4-desktop-amd64.iso。首先安装 VMware Workstation 虚拟机工作站，鼠标双击 VMware-workstation-full-14.1.2-8497320.exe，选择典型安装（Typical Installation）。接下来就是按照提示一步一步地安装，直到遇到提示要求输入序列号（License Key），找到序列号，并粘贴输入，如图 3-2 所示。余下的安装完毕，就可以运行桌面上的 VMware Workstation 图标，进入虚拟机环境。

下面主要介绍一下在 VMware14 虚拟机工作站中新建一个虚拟机以及在虚拟机上安装 ubuntu16.04.4 系统的过程。

（1）运行虚拟机工作站，如图 3-3 所示。

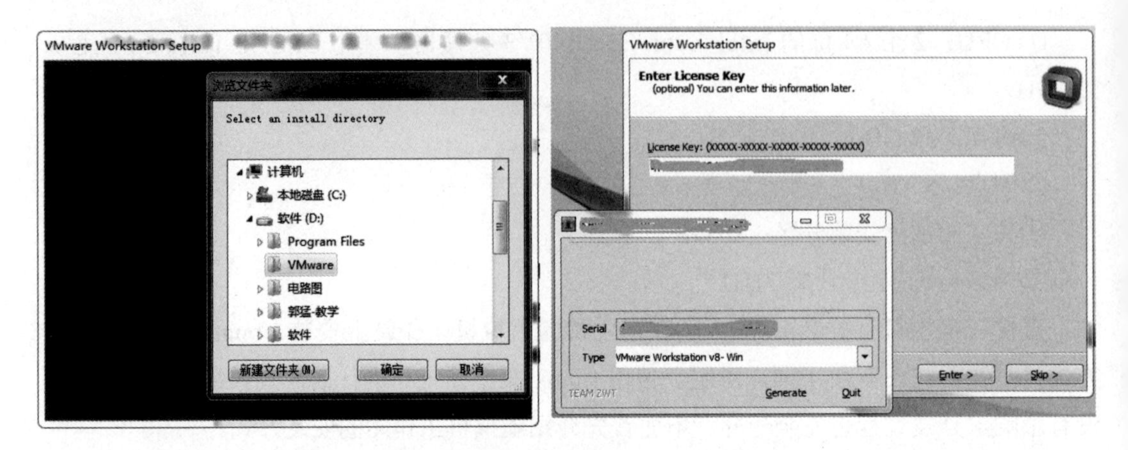

图 3-2　VMware 虚拟机的安装 —— 输入 License Key

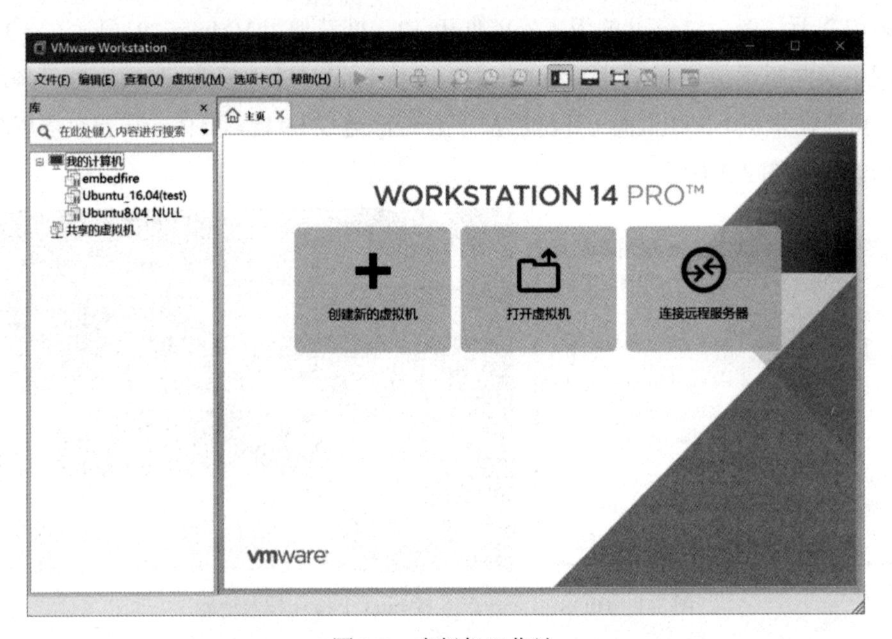

图 3-3　虚拟机工作站

（2）点击“创建新的虚拟机”的图标，出现如图 3-4 所示的左侧界面，选择“自定义（高级）”，点击“下一步（N）”，在出现的右侧界面中，选择虚拟机硬件兼容性：Workstation 14.x。

（3）点击“下一步（N）”，在出现的图 3-5 界面中，选中“安装程序光盘映像文件（ISO）”，单击右边的“浏览”按钮，在弹出的“浏览 ISO 映像”对话框中，选中所要安装系统的光盘映像文件 ubuntu-16.04.4-desktop-amd64.iso，点击“打开（O）”按钮，完成选择。

（4）点击“下一步（N）”按钮，接下来设置用户名和密码，如图 3-6 所示。在“自定义（高级）”安装方式下，这里设置的用户名和密码并没有应用到 Ubuntu 主机，所以可随意填写。

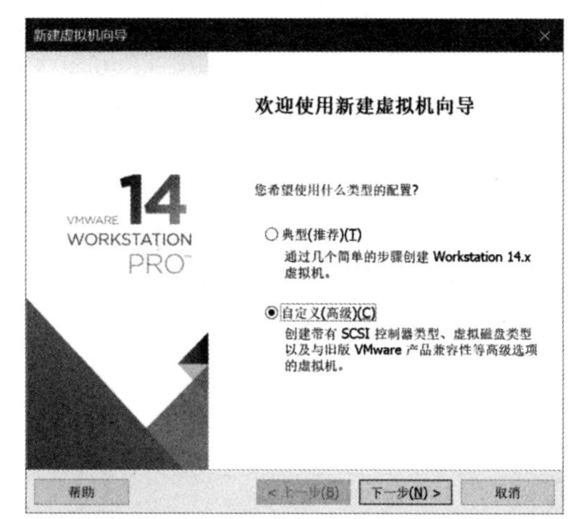

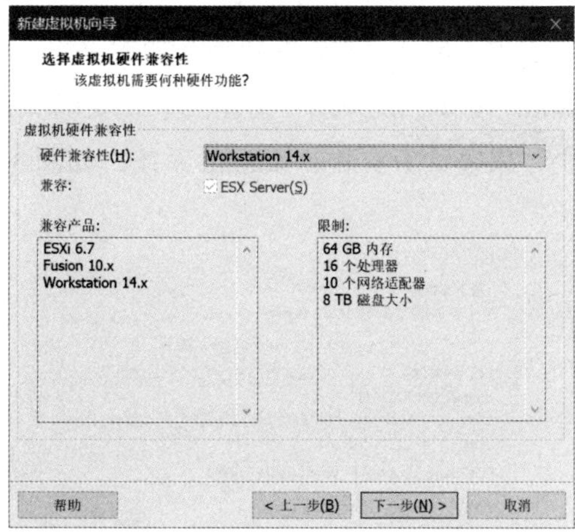

图 3-4　新建虚拟机向导

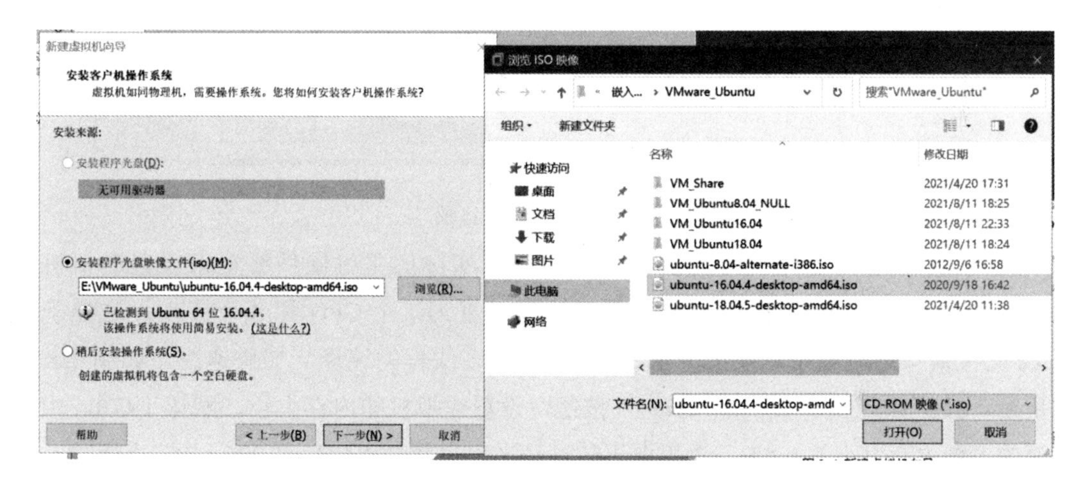

图 3-5　选择 Ubuntu 安装镜像文件

图 3-6　设置 Ubuntu 系统的用户名和密码

（5）单击“下一步（N）”按钮，设置虚拟机的名称，默认为“Ubuntu 64 位”，可以根据自己的喜好设置为“Ubuntu_16.04（JZ2440）”，再单击“浏览（R）”按钮，设置Ubuntu的安装目录，如笔者将Ubuntu安装在E盘的“VMware_Ubuntu\VM_Ubuntu_16.04_JZ2440”文件夹下。要确保该目录所在的磁盘有足够的空间（最好80 GB以上）来容纳新安装的ubuntu系统，如图3-7所示。

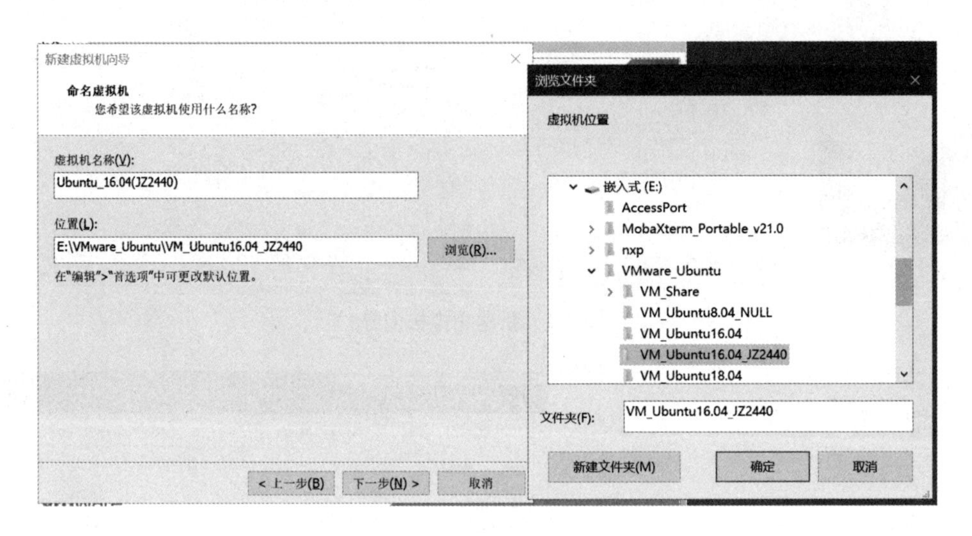

图3-7　设置安装目录

（6）点击“下一步（N）”按钮，根据自己实际的主机硬件配置来设置虚拟机的CPU个数和每个CPU的核心数，笔者在这里设置为1个CPU和8个核心，这样子在make交叉编译的时候可以用上“-j”选项来进行多线程的编译，加快速度，如图3-8左图所示。接下来点击“下一步（N）”按钮，设置虚拟机的内存大小，默认1 GB，由于主流的电脑内存大小是8 GB，这里取不超过一半，也就是4 GB，4 096 MB，如图3-8右图所示。

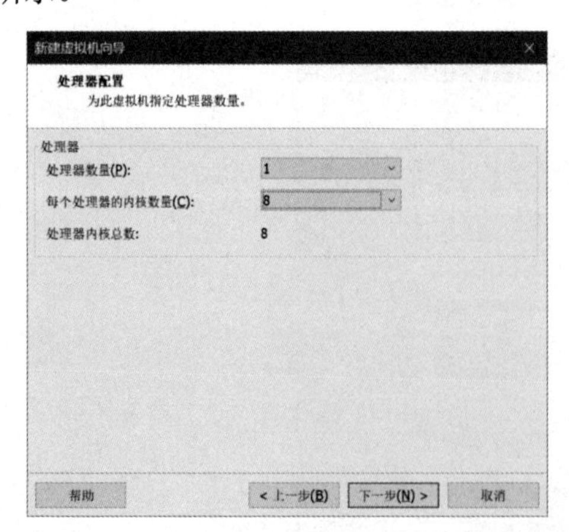

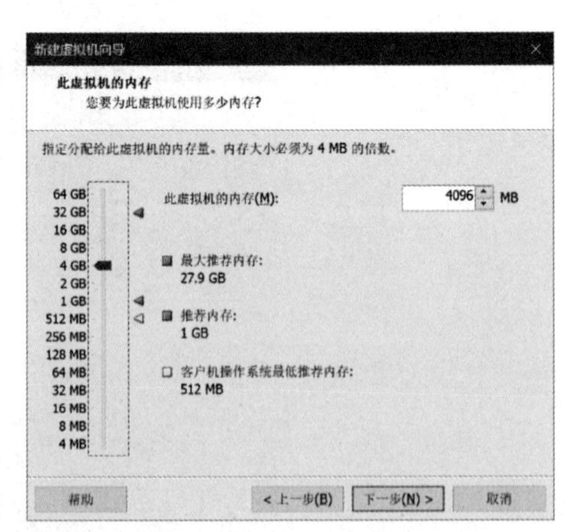

图3-8　设置虚拟机处理器、内存大小

（7）点击“下一步（N）”按钮，设置虚拟机的上网方式，如图3-9图所示。由于笔者的Windows主机和JZ2440开发板都通过RJ45网线连接到家用路由器上，也就是说

Windows 主机、JZ2440 开发板两者是在同一个局域网子网之内，借助于路由器（网关）来访问 Internet 的，这就可以选择“使用桥接网络”的方式，保证将来的 Ubuntu 主机也和 Windows 主机、JZ2440 开发板都在同一个局域网子网之内，并借助路由器来上网。如果没有这样的路由器，可以选择“使用网络地址转换（NAT）”的方式，可以使 Ubuntu 主机上网，但此时的 Ubuntu 主机和 Windows 主机 IP 地址不在同一个局域网内。

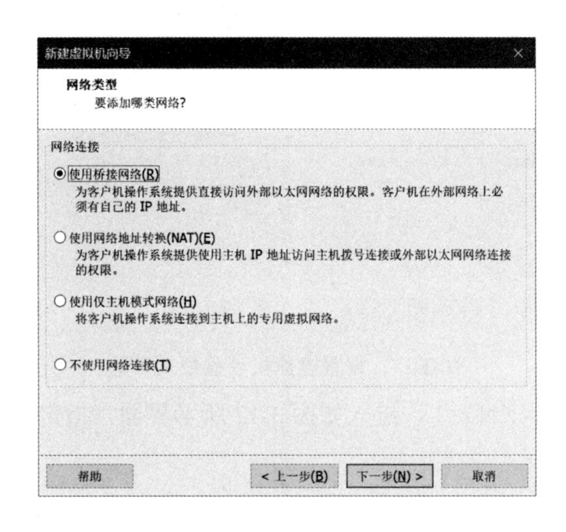

图 3-9　设置虚拟机的网络连接方式

（8）点击“下一步（N）”按钮，设置虚拟机的磁盘控制器和磁盘类型。由于是虚拟的硬件，这里的设置并不影响实际的系统性能，按照默认设置即可，如图 3-10 所示。

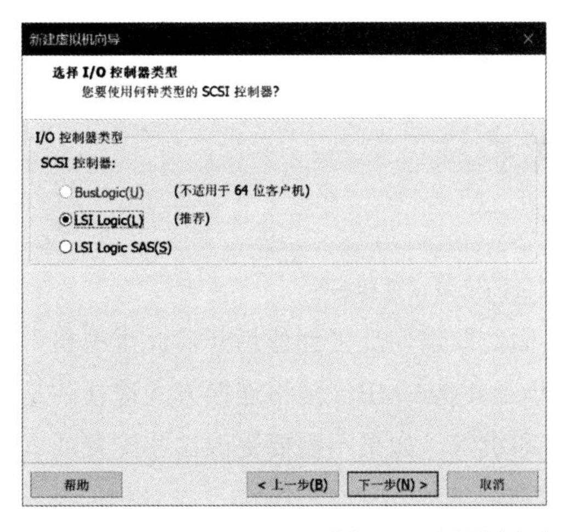

图 3-10　设置虚拟机磁盘控制器和磁盘类型

（9）点击“下一步（N）”按钮，选择“创建新虚拟机磁盘”，为虚拟机添加新的虚拟硬盘。点击“下一步（N）”按钮，设置虚拟机占用的最大硬盘空间，默认 20 GB，如果安装虚拟机目录的主机硬盘分区容量够大，可以适当设大一些，如 80 GB，免得开发过程受硬盘空间的限制，尤其是后面编译 QT、FFMPEG、OPENCV 的时候需要较大空间，如果空间不够，可能会出错。同时选择“将虚拟磁盘拆分成为多个文件”，这样不会造成VM_Ubuntu_16.04_JZ2440安装目录下的单个虚拟机文件过大，如图3-11所示。

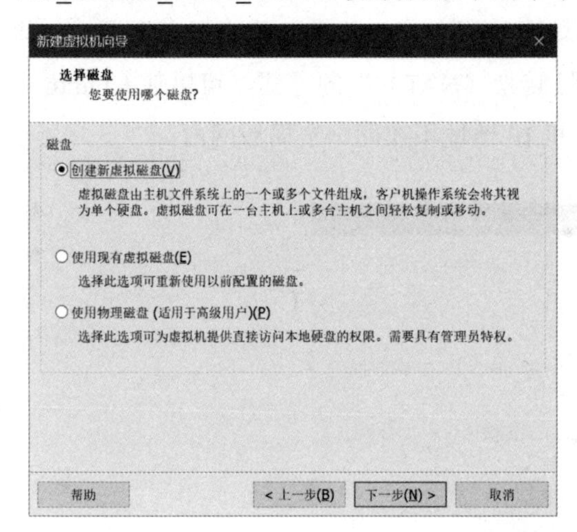

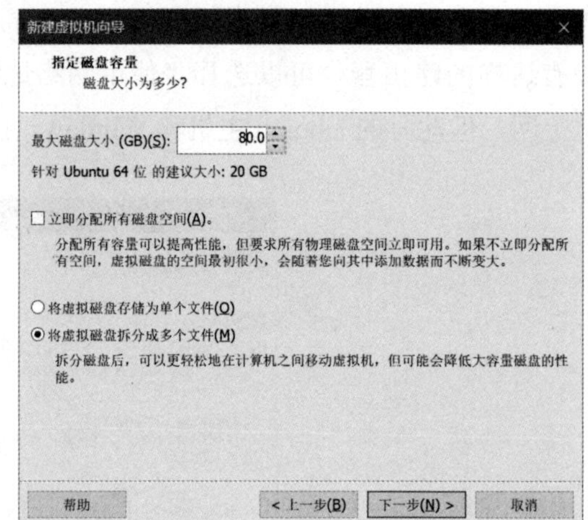

图3-11　设置虚拟机硬盘最大容量

（10）单击“下一步（N）”，进入如图3-12所示界面，指定虚拟机安装文件和位置，按默认即可。

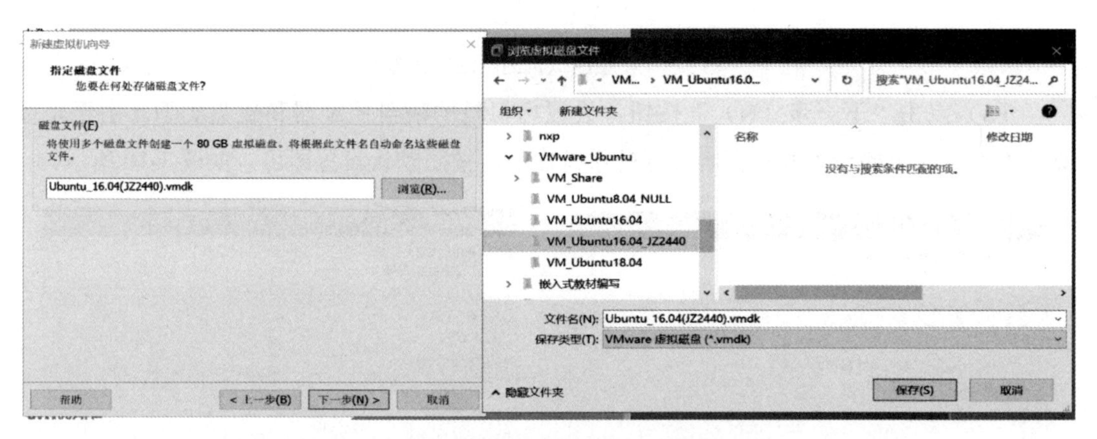

图3-12　设置虚拟机磁盘文件的安装位置和名字

（11）单击Next，进入如图3-13所示的界面，取消勾选“创建后开启此虚拟机”，可以看到，现在的硬盘容量是80 GB，内存大小是4 096 MB，网络连接方式选择的是桥接模式，还有CD/DVD驱动、USB控制器、打印机等，如果不需要更改这些配置或者增加其他的硬件设备，到这一步就可以单击“完成”。

如果还要更改配置（如改变内存大小）或者增加一个硬件设备（如串口），那就单击“自定义硬件”，这时会出现如图3-14所示的“硬件”配置界面，读者可根据实际情况自定义配置。

比如，在Ubuntu虚拟机中增加一个串口设备。单击“添加（A）...”选项，在弹出的“添加硬件向导”对话框中（如图3-15左图所示），选择添加“串行端口”，单击“完成”。返回到“硬件”对话框，选中新添加的串口“串行端口 2”，在右侧“使用物理串行端口”那一栏选择“COM1”，单击“关闭”（如图 3-15 右图所示）。就为虚拟机增加了一个串口设备，这个设备使得虚拟机系统可以使用宿主机的物理串口 COM1 与目标机进行通信。

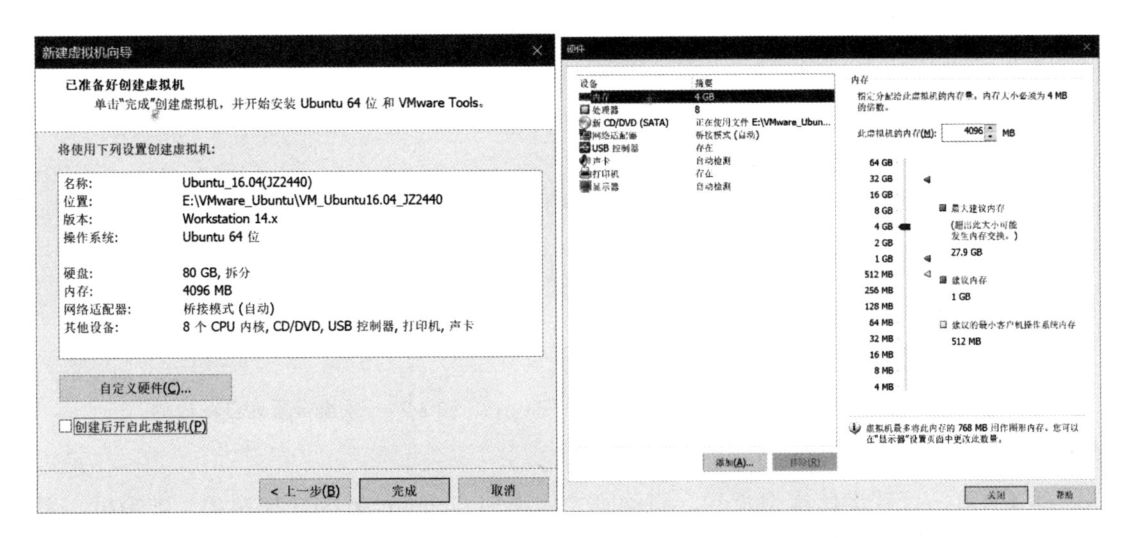

图 3-13　配置向导完成界面　　　　图 3-14　自定义硬件

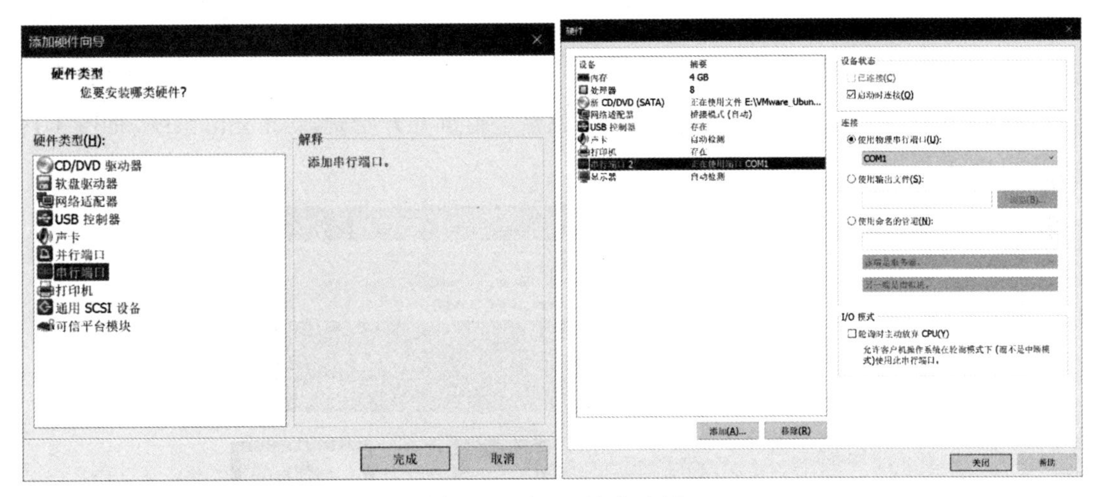

图 3-15　串口添加与配置

其他的几项配置（USBController、Display、Processors）一般都不用更改，单击图 3-13 界面中的“完成”即可完成新建虚拟机的过程，就可以进入 ubuntu16.04.4 系统的安装。

注意，刚配置完毕的新的虚拟机，但还未启动时，VMware 软件会默认添加系统光驱和软驱，需要点击“编辑虚拟机设置”，确保在最终的“自定义硬件”对话框里，删掉系统自动添加的光驱 CD/DVD（IDE），如图 3-16 所示；同时将软盘设置为自动检测，或者干脆删掉软盘，如图 3-17 所示。

图 3-16　删掉 CD/DVD（IDE）　　　　图 3-17　软盘设置为自动检测

3.1.2　在虚拟机上安装 Ubuntu

（1）点击“开启此虚拟机”，启动刚才新建的 Ubuntu_16.04（JZ2440）虚拟机，忽略系统找不到软驱的提示，随后出现的是选择安装语言的界面，如图 3-18 所示。在该界面里用鼠标进行语言的选择，默认为 English，当然也可以选择中文（简体）。选中以后鼠标点击“安装 Ubuntu”按钮，就会进入下一步，即进入安装界面，默认没有勾选选项，直接点击“继续”按钮，进行下一步安装：清除整个磁盘并开始安装 Ubuntu 系统，如图 3-19 所示。

图 3-18　选择安装 Ubuntu 语言

提示：在 VMware 界面下，可以通过同时按下“Ctrl”和“Alt”键，在虚拟机和其他 Windows 软件之间来回切换。

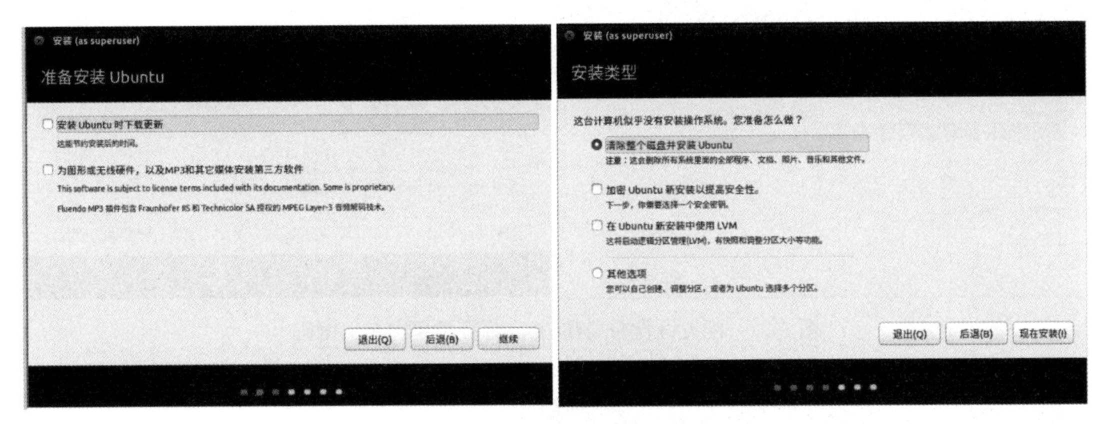

图 3-19　安装 Ubuntu 主界面

（2）点击“现在安装”，系统弹出提示，确认是否需要格式化硬盘。这里只是虚拟机里的硬盘，并不是我们 Windows 主机的硬盘分区，所以直接“继续”，之后设置当前所在的时区，系统自动检测为中国上海，不需要修改的话，点击“继续”，如图 3-20 所示。

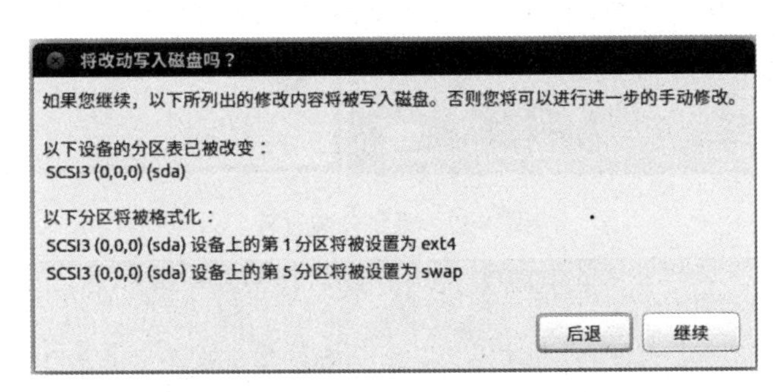

图 3-20　格式化硬盘提示和设置时区

（3）接下来进行键盘布局的设置，由于选择了中文（简体）语言，这里键盘布局默认就是汉语，点击“继续”之后，继续设置 Ubuntu 主机的计算机名，并设置系统登录时的用户名和密码。为了方便记忆和操作，笔者这里设置的用户名为“a1”，密码为“1”，如图 3-21 所示。

（4）接着就是点击“继续”，开始 Ubuntu 系统、应用程序等的安装。这些过程都是自动的，只是需要等待一些时间，最后出现“安装完成”的提示，点击“现在重启”，整个系统就安装完成了，如图 3-22 所示。

（5）重启系统，如果出图 3-23 的登录对话框，表明 Ubuntu 安装成功！输入登录密码“1”，点击回车键，登入 ubuntu16.04.4。

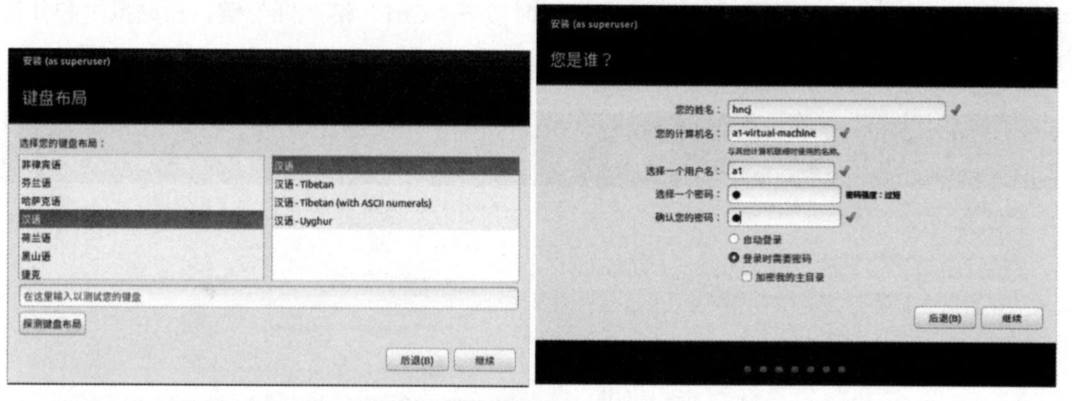

图 3-21　配置键盘布局和 Ubuntu 登录用户名、密码

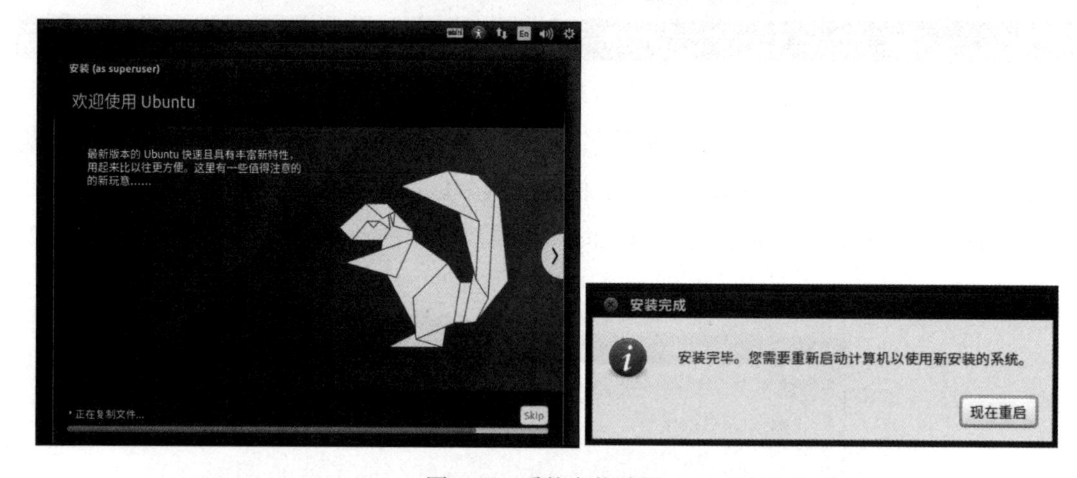

图 3-22　系统安装过程

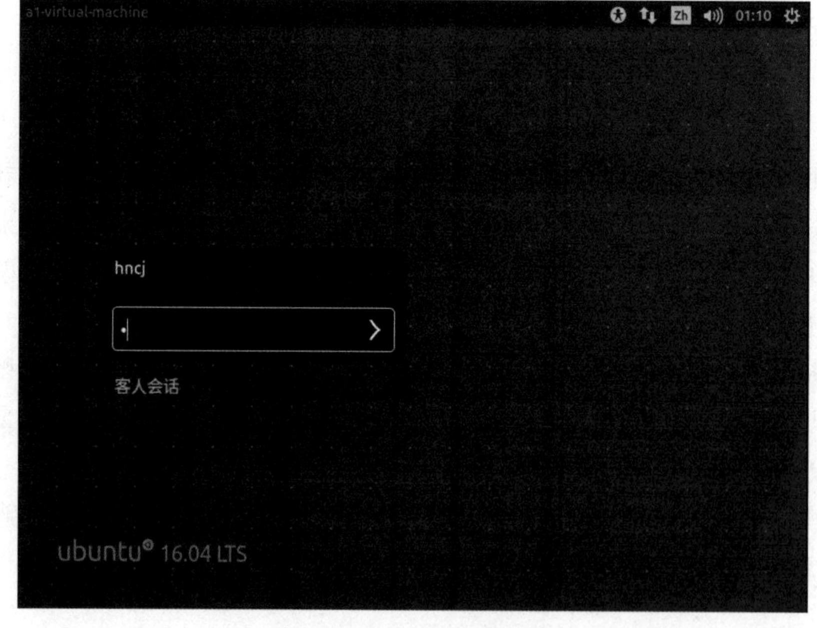

图 3-23　Ubuntu 登录界面

3.2　宿主机 Ubuntu 系统中基本环境的配置与安装

Ubuntu 操作系统安装完以后，现在还只是一个没有安装相关开发工具的“干净”系统。工欲善其事，必先利其器，所以首先需要配置系统的网络（包括 IP 地址、网关、DNS 服务器等）、更换软件源、更新系统、安装一些基本的工具（包括一些编译工具、调试工具、程序库等），搭建和配置好开发环境，为后续的开发做准备。这些过程，笔者接下来将一一介绍。

3.2.1　网络配置

Linux 系统的网络，以实现 Linux 系统接入 Internet，以下载开发过程中需要的各种开发工具的源码包或者其他相关资源。

虚拟机有 Bridged（网络桥接）方式（如图 3-24 所示）、NAT 方式、Host-only（仅主机）方式以及 Custom（自定义）方式 4 种网络连接方式。一般来说，后面两种方式用户很少用到，这里只介绍一下前两种方式的使用场合和配置方法。不管是哪一种方式，都会涉及主机系统（笔者主机对应 Windows 10 系统）、ARM 开发板、虚拟机系统（Linux/Ubuntu16.04 主机）3 方面的设置。

图 3-24　选择 Bridged 连接方式

3.2.1.1　Bridged 桥接方式

如果你的主机处在一个以太网（局域网）中，这种方法是将你的虚拟机接入网络的最简单的方法。虚拟机就像一台新增加的、与真实主机有着同等物理地位的计算机，桥接模式可以享受所有可用的网络服务，包括文件服务、打印服务等。

当虚拟机配置成网络桥接的方式时，要实现 Ubuntu 系统连入 Internet，需要设置 Ubuntu 虚拟机系统的 IP 和 Windows 系统的 IP 在同一个网段（同一个局域网子网内）。

如笔者的 Windows 主机的 IP 为 192.168.8.95，网络网关（路由器）IP 为 192.168.8.1，子网掩码为 255.255.255.0，那么 Ubuntu 系统的 IP 就要设置成 192.168.8. X（$X = 2 \sim 254$），由网络知识可知，主机 IP 和子网掩码“相与”的结果为 192.168.8.0，也就是都处在同一个局域网子网内。具体操作包括以下几步。

①设置 Windows 的 IP 地址为 192.168.8.95。

② VMware 中设置新安装的 Ubuntu_16.04（JZ2440）虚拟机的网络连接方式为桥接模式，如图 3-24 所示。

③在 Ubuntu 系统的启动栏中点击“系统设置”按钮 或者点击右上角的按钮 ，并执行“系统设置”→“网络”，在弹出的“网络”对话框中，选择“有线”方式，点击“选项（O）...”按钮，在弹出的“正在编辑有线连接 1”对话框的“IPv4 设置”选项卡中，“方法（M）”修改为“手动”，点击“添加”并设置 Ubuntu 的 IP 地址为 192.168.8.97，子网掩码和网关的设置与 Windows 主机下面的一样，如图 3-25 所示。

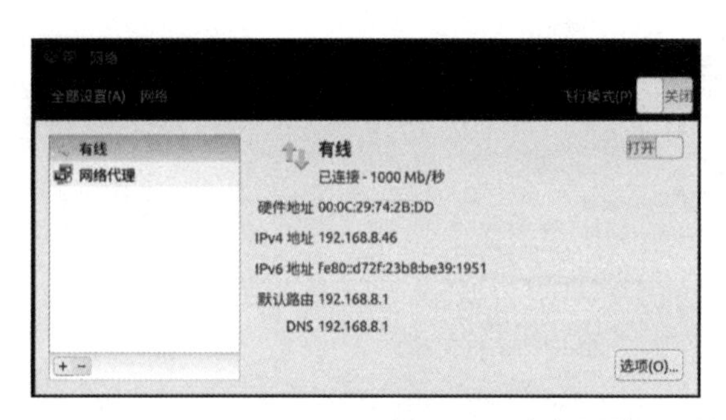

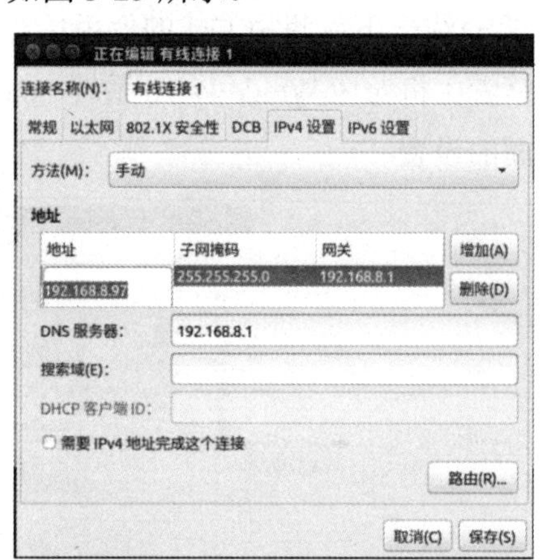

图 3-25　手动配置 IP、子网掩码和网关

这样设置以后在 Ubuntu 中启动火狐浏览器，看看是不是可以连入 Internet，也可以通过终端中输入 ifconfig、ping 命令来查看 Ubuntu 主机 IP 地址、测试网络联通，如图 3-26 所示。如果没有出现“Destination Host Unreachable”，并返回的有 icmp 的 seq、ttl 和 time，就表明 ping 通了（网络联通了）。

3.2.1.2　NAT 方式

NAT（Network Address Translation）模式可以方便地使 Ubuntu 虚拟机连接到 Internet，代价是桥接模式下的其他功能都不能享用。使用这种模式的配置相当简单，只要 Windows 主机能够连接到 Internet，在 VMware 中将 Ubuntu 虚拟机的网络连接方式设置为 NAT，然后将网络设置为“自动（DHCP）仅地址” 方式，这时 ubuntu 系统就可以接入 Intenet 了。在 NAT 方式中，Ubuntu 主机的 IP 地址是通过 DHCP 自动获取的，所以其 IP 地址不固定。如图 3-27 所示。

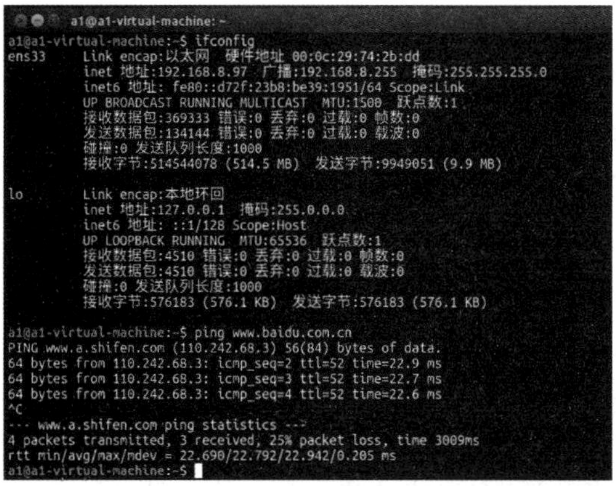
a1@a1-virtual-machine: ~
a1@a1-virtual-machine:~$ ifconfig
ens33 Link encap:以太网 硬件地址 00:0c:29:74:2b:dd
inet 地址:192.168.8.97 广播:192.168.8.255 掩码:255.255.255.0
inet6 地址: fe80::d72f:23b8:be39:1951/64 Scope:Link
UP BROADCAST RUNNING MULTICAST MTU:1500 跃点数:1
接收数据包:369333 错误:0 丢弃:0 过载:0 帧数:0
发送数据包:134144 错误:0 丢弃:0 过载:0 载波:0
碰撞:0 发送队列长度:1000
接收字节:514544078 (514.5 MB) 发送字节:9949051 (9.9 MB)
lo Link encap:本地环回
inet 地址:127.0.0.1 掩码:255.0.0.0
inet6 地址: ::1/128 Scope:Host
UP LOOPBACK RUNNING MTU:65536 跃点数:1
接收数据包:4510 错误:0 丢弃:0 过载:0 帧数:0
发送数据包:4510 错误:0 丢弃:0 过载:0 载波:0
碰撞:0 发送队列长度:1000
接收字节:576183 (576.1 KB) 发送字节:576183 (576.1 KB)
a1@a1-virtual-machine:~$ ping www.baidu.com.cn
PING www.a.shifen.com (110.242.68.3) 56(84) bytes of data.
64 bytes from 110.242.68.3: icmp_seq=2 ttl=52 time=22.9 ms
64 bytes from 110.242.68.3: icmp_seq=3 ttl=52 time=22.7 ms
64 bytes from 110.242.68.3: icmp_seq=4 ttl=52 time=22.6 ms
^C
--- www.a.shifen.com ping statistics ---
4 packets transmitted, 3 received, 25% packet loss, time 3009ms
rtt min/avg/max/mdev = 22.690/22.792/22.942/0.205 ms
a1@a1-virtual-machine:~$

图 3-26 ifconfig 查看 ubuntu 主机 ip 地址、ping 命令测试

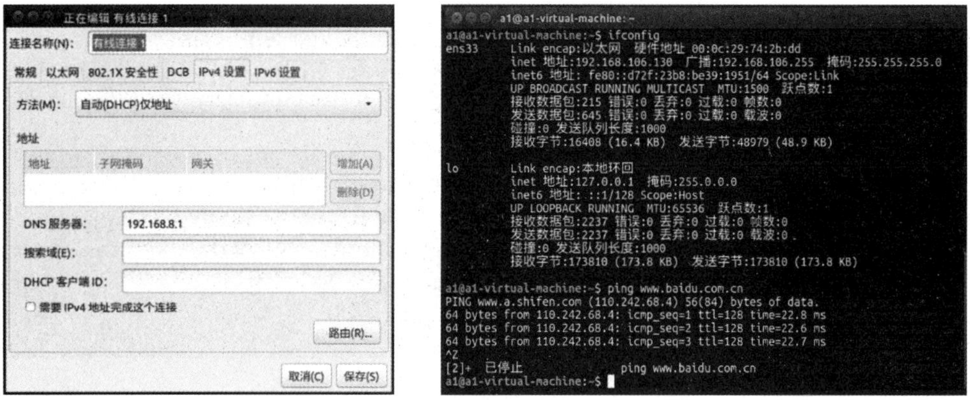
正在编辑 有线连接 1
连接名称(N): 有线连接 1
常规 以太网 802.1X 安全性 DCB IPv4 设置 IPv6 设置
方法(M): 自动(DHCP)仅地址
地址
地址 子网掩码 网关
增加(A)
删除(D)
DNS 服务器: 192.168.8.1
搜索域(E):
DHCP 客户端 ID:
需要 IPv4 地址完成这个连接
路由(R)...
取消(C) 保存(S)
a1@a1-virtual-machine: ~
a1@a1-virtual-machine:~$ ifconfig
ens33 Link encap:以太网 硬件地址 00:0c:29:74:2b:dd
inet 地址:192.168.106.130 广播:192.168.106.255 掩码:255.255.255.0
inet6 地址: fe80::d72f:23b8:be39:1951/64 Scope:Link
UP BROADCAST RUNNING MULTICAST MTU:1500 跃点数:1
接收数据包:215 错误:0 丢弃:0 过载:0 帧数:0
发送数据包:645 错误:0 丢弃:0 过载:0 载波:0
碰撞:0 发送队列长度:1000
接收字节:16408 (16.4 KB) 发送字节:48979 (48.9 KB)
lo Link encap:本地环回
inet 地址:127.0.0.1 掩码:255.0.0.0
inet6 地址: ::1/128 Scope:Host
UP LOOPBACK RUNNING MTU:65536 跃点数:1
接收数据包:2237 错误:0 丢弃:0 过载:0 帧数:0
发送数据包:2237 错误:0 丢弃:0 过载:0 载波:0
碰撞:0 发送队列长度:1000
接收字节:173810 (173.8 KB) 发送字节:173810 (173.8 KB)
a1@a1-virtual-machine:~$ ping www.baidu.com.cn
PING www.a.shifen.com (110.242.68.4) 56(84) bytes of data.
64 bytes from 110.242.68.4: icmp_seq=1 ttl=128 time=22.8 ms
64 bytes from 110.242.68.4: icmp_seq=2 ttl=128 time=22.6 ms
64 bytes from 110.242.68.4: icmp_seq=3 ttl=128 time=22.7 ms
^Z
[2]+ 已停止 ping www.baidu.com.cn
a1@a1-virtual-machine:~$

图 3-27 配置自动（DHCP）地址模式

在嵌入式 Linux 开发中，如果宿主机 Linux 系统需要连接 Internet，那么可以按照上面介绍的方法将虚拟机设置成 Bridged 方式或者 NAT 方式；但是，如果要实现宿主机 Linux 系统和目标机进行网络通信的话，最好将虚拟机的网络连接方式配置成 Bridged 桥接方式，然后设置开发板目标机的 IP 与宿主机上 Linux 系统的 IP 在同一个网段，这样 Windows 主机、Linux 主机、目标机的 IP 地址都在同一个局域网子网之内。

3.2.2 实际项目工作区目录的安排

在为目标机开发及定制软件的过程中，最好在宿主机上规划一个综合的、容易管理和使用的目录结构，方便管理、组织各种软件包和项目组件，表 3-1 是本书范例使用的目录安排方式，读者可以根据自身的情况修改此目录结构。

这个项目工作区要放在何处，由个人决定，笔者将它放在 Ubuntu 用户主目录（/home/a1）下，为了与其他项目的目录分开（主要是区别不同的目标机或开发板），笔者新建了一个子目录（jz2440）来存放该工作区，图 3-28 是目录结构。

表 3-1　本书范例所用的项目工作区目录安排方式

目录	内容说明
crosstool	存放交叉编译工具链以及 libc 程序库
bare_metal	存放裸机程序的工作目录，包括 LED、按键、Flash、LCD 等
uboot	存放 Uboot 源代码，移植、配置、交叉编译 uboot
linux_kernel	存放 Linux 内核源代码，移植、配置、交叉编译内核
busybox	存放 Busybox 源代码，配置、交叉编译创建根文件系统
rootfs	为目标机 Linux 内核挂载的文件系统，主要是网络文件系统 nfs、yaffs 等
image	在此存放为目标机交叉编译好的各种镜像文件，如 Uboot、Linux 内核、根文件系统的镜像文件。其子目录 tftpboot 用来作为 tftp 服务器的工作目录
vm_tools	存放 VMware 的 VMware Tools 工具
tmp	存放临时文件

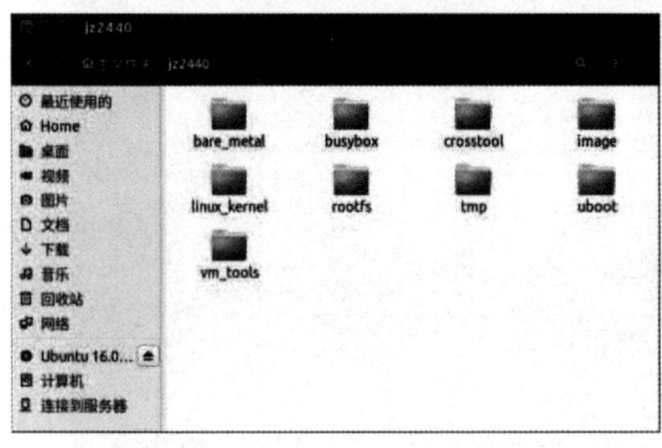

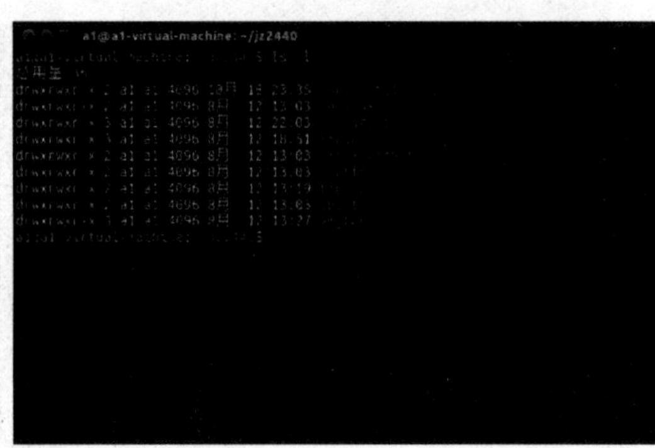

图 3-28　项目工作区目录

如何创建这些目录？Ubuntu 操作系统提供了图形界面操作和命令行操作两种方式。图形界面操作方式类似于 Windows，简单易懂，但功能有限，对于我们学习嵌入式开发的人员，尽量多使用命令行的操作方式。

相信只要接触过 Linux 的读者对于 mkdir 这个命令一定不陌生。举例来说，要在 home/a1 目录下面创建 jz2440 目录，只需要打开终端，敲入以下命令：

```
mkdir /home/a1/jz2440
```

现在读者肯定知道该如何在 jz2440 目录下面创建 uboot 以及其他子目录了。键入以下操作命令：

```
cd /home/a1/jz2440
mkdir crosstool bare_metal uboot linux_kernel busybox rootfs image vm_tools tmp
```

3.2.3　VMware Tools 安装和应用

为了方便以后在 Windows 宿主机和虚拟机 Ubuntu 之间进行文本信息、文件的复制和粘贴，需要做如下操作：首先在 Ubuntu16.04 虚拟机打开的时候，在 VMWare 虚拟机的“虚拟机”菜单下，点击“安装 VMware Tools…”，在 Ubuntu 里面会弹出安装包，如图 3-29 所示。

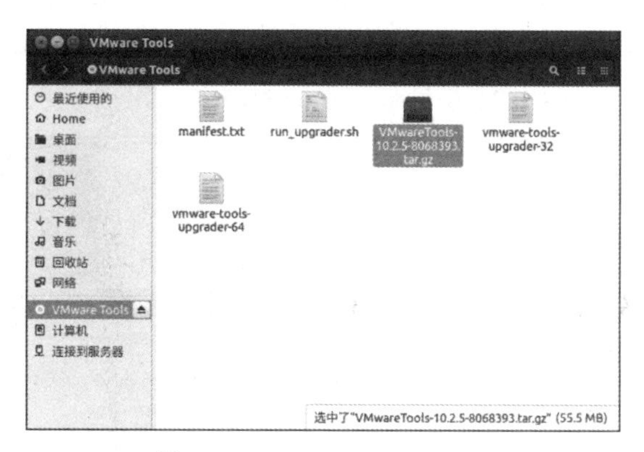

图 3-29　install VMware Tools

将 VMwareTools-10.2.5-8068393.tar.gz 文件复制到 /home/a1/jz2440/vm_tools 文件夹下进行解压（提示，在终端中可以按下 tab 键补全命令名、参数、目录名等）。

```
cp /media/a1/VMware\ Tools/VMwareTools-10.2.5-8068393.tar.gz  /home/a1/jz2440/vm_tools/
cd /home/a1/jz2440/vm_tools
tar -xzvf VMwareTools-10.2.5-8068393.tar.gz
```

进入展开之后的 vmware-tools-distrib 目录，然后执行编译操作：

```
cd vmware-tools-distrib
sudo ./vmware-install.pl（sudo 表示 "superuser do"，使得普通用户 a1 借用 root 的权限。）
```

在 Linux 系统下，所有的操作都有明确的权限要求，如安装软件需要系统管理员权限、普通用户只能在自己所属的目录下创建文件等。sudo 表示“superuser do”，它加在命令之前，使得普通用户 a1 能够借用 root 的权限（不用切换到 root 用户）来执行特权的操作。

开始安装，会出现如图 3-30 所示的提示，输入“yes”，处理安装 open-vm-tools 包。

```
a1@a1-virtual-machine:~/jz2440/vm_tools/vmware-tools-distrib$ sudo ./vmware-inst
all.pl
open-vm-tools packages are available from the OS vendor and VMware recommends
using open-vm-tools packages. See http://kb.vmware.com/kb/2073803 for more
information.
Do you still want to proceed with this installation? [no] yes
```

图 3-30　VMware Tools 提示安装 open-vm-tools 包

接下来一直按回车键，直到最终的安装完毕。重启 Ubuntu 虚拟机后就可以在终端窗口里面粘贴文本了。

为了以后章节里面方便修改文档以及 Windows 主机与虚拟机 Ubuntu 之间进行文件交换，下面来设置虚拟机的共享文件夹。首先找到光盘中附带的 VM_Share\Ubuntu_16.04\jz2440 目录，将其拷贝到虚拟机的安装目录（E 盘的“VMware_Ubuntu\VM_Share\Ubuntu_16.04”文件夹）下。点击“虚拟机”菜单的“设置”项，弹出“虚拟机设置”对话框，点击“选项”选项卡，找到“共享文件夹”，在右边的“文件夹共享”里设置为“总是启用”，点击“添加”按钮，将 VM_Share\Ubuntu_16.04\jz2440 目录添加进去，如图 3-31

所示。随后按照默认设置，如果操作正确，那么我们就能在 Ubuntu 的 /mnt/hgfs/jz2440 下看到 VM_Share\Ubuntu_16.04\jz2440 目录和里面的内容了。

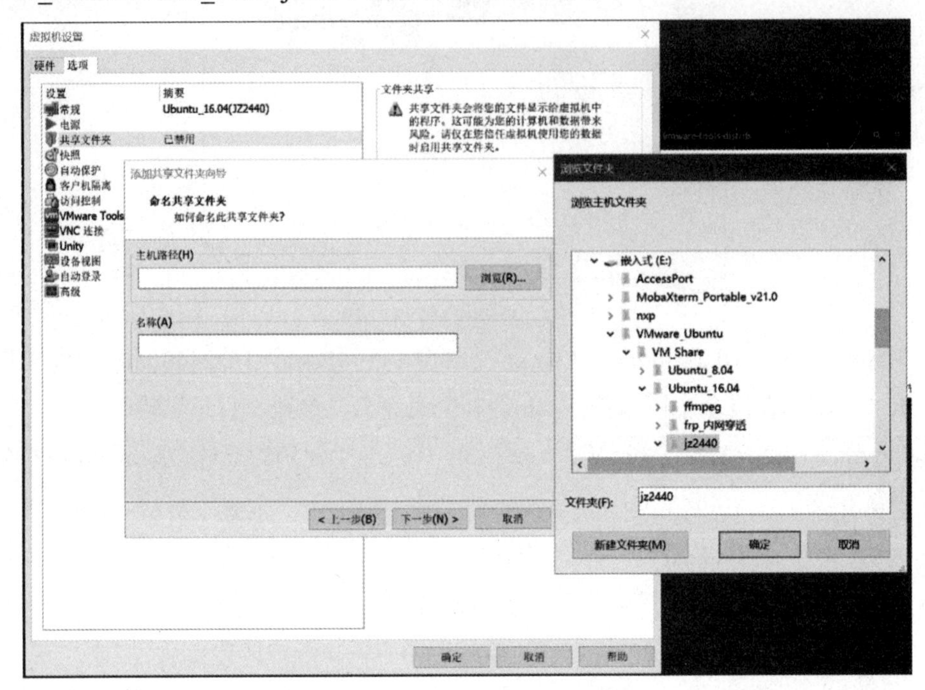

图 3-31　虚拟机共享文件夹设置

3.2.4　为 Ubuntu 系统更换国内的软件源

在国内使用 Ubuntu 系统自身的软件源，更新速度过慢，最好是更换国内的软件源，推荐使用阿里云的软件源或者清华大学、中国科学技术大学的软件源。操作如下：

首先备份系统自身的软件源：

```
sudo cp /etc/apt/sources.list /etc/apt/sources_bak.list
sudo gedit /etc/apt/sources.list
```

清空原内容，添加中国科学技术大学的软件源：

```
# 中国科学技术大学软件源
deb http://mirrors.ustc.edu.cn/ubuntu/ xenial main restricted universe multiverse
deb-src http://mirrors.ustc.edu.cn/ubuntu/ xenial main restricted universe multiverse
deb http://mirrors.ustc.edu.cn/ubuntu/ xenial-security main restricted universe multiverse
deb-src http://mirrors.ustc.edu.cn/ubuntu/ xenial-security main restricted universe multiverse
deb http://mirrors.ustc.edu.cn/ubuntu/ xenial-updates main restricted universe multiverse
deb-src http://mirrors.ustc.edu.cn/ubuntu/ xenial-updates main restricted universe multiverse
deb http://mirrors.ustc.edu.cn/ubuntu/ xenial-backports main restricted universe multiverse
deb-src http://mirrors.ustc.edu.cn/ubuntu/ xenial-backports main restricted universe multiverse
```

预发布软件源，不建议启用
deb http://mirrors.ustc.edu.cn/ubuntu/ xenial-proposed main restricted universe multiverse
deb-src http://mirrors.ustc.edu.cn/ubuntu/ xenial-proposed main restricted universe multiverse

保存之后，退出 gedit 文本编辑器，准备更新升级 Ubuntu 软件。

3.2.5 更新 Ubuntu 软件

配置好 Ubuntu 系统的网络，就可以对系统里的软件进行更新，以获取最新的软件列表并安装或更新升级了。其实前面我们安装完虚拟机，并且联网成功，启动 Ubuntu 之后系统就会自动搜索更新并提醒我们更新升级，可以先关闭，不升级。在更新了国内的软件源之后，使用下面的命令来升级更新 Ubuntu 软件：

```
sudo apt-get update          （更新获取软件源提供的软件列表）
sudo apt-get upgrade         （更新软件）
```

或者对于 16.04 以及更高版本的 Ubuntu，直接使用 apt 命令：

```
sudo apt update              （更新获取软件源提供的软件列表）
sudo apt upgrade             （更新软件）
```

图 3-32 显示了使用 apt update 更新软件并 apt upgrade 升级的情况。

```
a1@a1-virtual-machine: ~
(正在读取数据库 ... 系统当前共安装有 214459 个文件和目录。)
正准备解包 .../util-linux_2.27.1-6ubuntu3.10_amd64.deb  ...
正在将 util-linux (2.27.1-6ubuntu3.10) 解包到 (2.27.1-6ubuntu3.4) 上 ...
正在处理用于 mime-support (3.59ubuntu1) 的触发器 ...
正在处理用于 man-db (2.7.5-1) 的触发器 ...
正在处理用于 ureadahead (0.100.0-19) 的触发器 ...
正在设置 util-linux (2.27.1-6ubuntu3.10) ...
正在安装新版本配置文件 /etc/cron.weekly/fstrim ...
正在处理用于 systemd (229-4ubuntu21.27) 的触发器 ...
(正在读取数据库 ... 系统当前共安装有 214459 个文件和目录。)
正准备解包 .../mount_2.27.1-6ubuntu3.10_amd64.deb  ...
正在将 mount (2.27.1-6ubuntu3.10) 解包到 (2.27.1-6ubuntu3.4) 上 ...
正在处理用于 man-db (2.7.5-1) 的触发器 ...
正在设置 mount (2.27.1-6ubuntu3.10) ...
(正在读取数据库 ... 系统当前共安装有 214459 个文件和目录。)
正准备解包 .../libsystemd0_229-4ubuntu21.31_amd64.deb  ...
正在将 libsystemd0:amd64 (229-4ubuntu21.31) 解包到 (229-4ubuntu21.27) 上 ...
正在处理用于 libc-bin (2.23-0ubuntu11.3) 的触发器 ...
正在设置 libsystemd0:amd64 (229-4ubuntu21.31) ...
正在处理用于 libc-bin (2.23-0ubuntu11.3) 的触发器 ...
(正在读取数据库 ... 系统当前共安装有 214459 个文件和目录。)
正准备解包 .../ifupdown_0.8.10ubuntu1.4_amd64.deb  ...
[###.....................................................]
```

图 3-32　apt 软件更新升级

在 Debian、Ubuntu 等 Linux 发行版中，通常使用 deb（debian）形式的软件包，可以使用命令 dpkg 来安装：

```
sudo dpkg -i xxxx.deb        （使用 dpkg 手动安装 xxxx 包的命令）
```

dpkg 是一个底层的 deb 包管理工具，主要用于对已下载到本地和已经安装的软件包进行管理。在它之上的 apt（Advanced Package Tool）包管理工具，其功能更加丰富并且使用方便，apt 能够自动从软件源指定的软件仓库中搜索、安装、升级、卸载软件，并能自动解决安装软件时的模块及依赖问题。

若是使用 apt 工具安装某个软件，直接使用如下命令即可，它会自动下载并安装软件：

```
sudo apt-get install xxxx        （xxxx 是软件名）
```

高版本 Ubuntu 使用：

```
sudo apt install xxxx            （xxxx 是软件名）
```

apt install 相比较于 apt-get install，在安装过程中有进度条提示，推荐使用该命令。

另外，Ubuntu 也可以通过安装盘 DVD 光盘来升级的方法，使用 sudo apt-cdrom add 的命令更新 /etc/apt/source.list 文件，添加 CDROM 安装源。

3.2.6 安装一些相关工具和程序库

在 Ubuntu 宿主机上需要安装 bison（语法分析器）、flex（词法分析器）、build-essential（C/C++ 编译环境，包括编译 C/C++ 程序需要的软件包、相关工具等）、patch（Linux 下的补丁工具）、libncurses5-dev 库（调用 ncurses 图形库时需要用的，比如在执行 make menuconfig 时必须安装这个库）、libc6-i386（64 位 Ubuntu 上运行 32 位的软件所必需的库）等软件包，安装命令如下。

```
sudo apt install bison flex build-essential patch libncurses5-dev libc6-i386
```

这一部分的操作也可以暂时不做，在后面的操作中如果遇到缺失软件包的报错提示时，再根据提示来安装相应的包也是可以的。

3.2.7 配置 Ubuntu 宿主机下的 TFTP 服务器

TFTP 是简单文件传输协议，基于 UDP 协议而实现，它可以看作是一个 FTP 的简化版本，与 FTP 相比，它的最大区别在于没有用户管理的功能。它的传输速度快，可以通过防火墙，使用方便、快捷，因此在嵌入式的文件传输中被广泛采用。

同 FTP 一样，TFTP 分为客户端和服务器端两种。通常，首先在宿主机上安装并开启 TFTP 服务器端服务，设置好 TFTP 的根目录内容（也就是供客户端下载的文件），接着在目标机上开启 TFTP 的客户端程序。这样，把目标机和宿主机相连，并且配置好 IP、子网掩码和默认网关之后，就可以通过 TFTP 传输文件了。

下面介绍如何在 Ubuntu16.04 下面安装配置以及使用 TFTP 服务器。

（1）安装 tftpd-hpa（服务端）、tftp-hpa（客户端）。

```
sudo apt-get install tftpd-hpa tftp-hpa
```

（2）配置 tftpd-hpa，键入如下命令：

```
#sudo gedit /etc/default/tftpd-hpa
```

输入以下内容并保存：

```
TFTP_USERNAME = "tftp"
TFTP_DIRECTORY = "/home/a1/jz2440/image/tftpboot"
TFTP_ADDRESS = "0.0.0.0:69"
TFTP_OPTIONS = "-l -c -s"
```

其中：TFTP_DIRECTORY 用来指定 tftp 的服务目录，即 /home/a1/jz2440/image/

tftpboot。TFTP_OPTIONS 是选项，-c 是可以上传文件的参数，-s 是指定 tftpd-hpa 服务目录，即 TFTP_DIRECTORY 设定的目录。

（3）建立 TFTP 服务器文件目录（这个目录就是在第 2 步中 TFTP_DIRECTORY 设置的值），并且更改其权限，命令如下（读者需要根据自己的设置修改命令）：

```
mkdir /home/a1/jz2440/image/tftpboot
chmod 777 /home/a1/jz2440/image/tftpboot -R
```

（4）重新启动服务。

```
sudo service tftpd-hpa restart
```

该命令没有输出提示，执行后直接返回表明服务成功启动，如图 3-33 所示。

```
a1@a1-virtual-machine: ~/jz2440
a1@a1-virtual-machine:~/jz2440$ sudo service tftpd-hpa restart
a1@a1-virtual-machine:~/jz2440$ 
```

图 3-33　tftp 服务启动成功

3.3　在主机 Linux 系统中建立交叉编译环境

在第 1 章的概述中已经介绍了交叉编译、交叉编译工具链，以及制作交叉编译工具链的几种方法。

这里使用的交叉编译工具链是 arm-linux-gcc-4.4.3-glibc-2.9，由广州友善之臂公司构建，这里直接把做好的工具链压缩包复制到 crosstool 工作目录下，解压缩使用：

```
cd /mnt/hgfs/jz2440/learn/Linux 系统移植构建 _JZ2440/crosstool
tar -xjvf arm-linux-gcc-4.4.3-glibc-2.9.tar.bz2 -C /home/a1/jz2440/crosstool/
cd /home/a1/jz2440/crosstool/arm-linux-gcc-4.4.3/bin
```

进入 arm-linux-gcc-4.4.3/bin 目录下，可以看到系统创建好的交叉编译工具链，前缀是“arm-linux-”，以此来和宿主机的 gcc 相互区分，如图 3-34 所示。

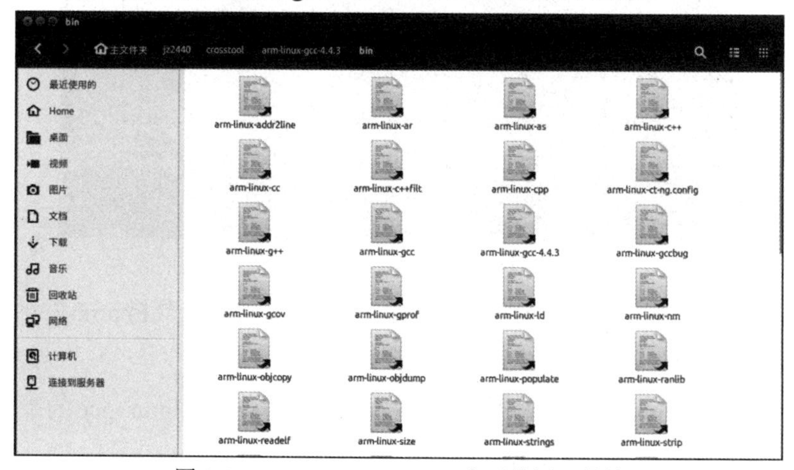

图 3-34　arm-linux-gcc-4.4.3 交叉编译工具链

3.3.1 使用交叉编译工具链

想要使用交叉编译工具链，还需要在 Ubuntu 主机中配置环境变量 PATH，以方便使用交叉编译命令。首先打开 /etc/bash.bashrc 文件：

```
sudo gedit /etc/bash.bashrc
```

在 /etc/bash.bashrc 文件末尾，新加入一行：

```
export PATH = $PATH:./:/home/a1/jz2440/crosstool/arm-linux-gcc-4.4.3/bin
```

意思是设置 PATH 环境变量，把交叉编译工具链的目录位置加入进去，如图 3-35 所示。

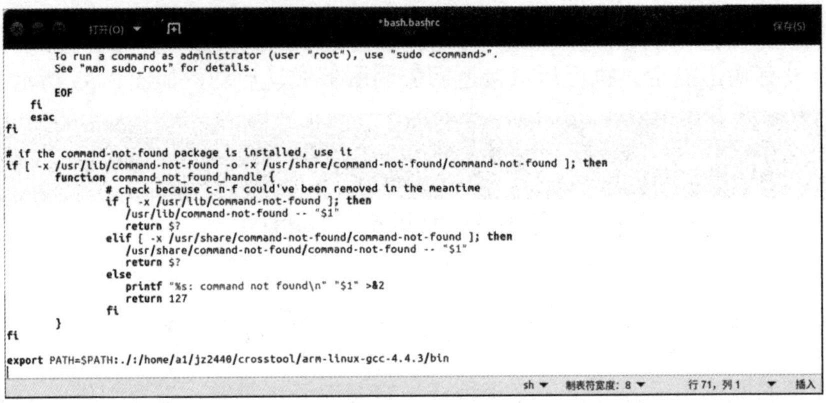

```
打开(O) ▼    *bash.bashrc    保存(S)
        To run a command as administrator (user "root"), use "sudo <command>".
        See "man sudo_root" for details.

        EOF
    fi
    esac
fi

# if the command-not-found package is installed, use it
if [ -x /usr/lib/command-not-found -o -x /usr/share/command-not-found/command-not-found ]; then
        function command_not_found_handle {
                # check because c-n-f could've been removed in the meantime
                if [ -x /usr/lib/command-not-found ]; then
                   /usr/lib/command-not-found -- "$1"
                   return $?
                elif [ -x /usr/share/command-not-found/command-not-found ]; then
                   /usr/share/command-not-found/command-not-found -- "$1"
                   return $?
                else
                   printf "%s: command not found\n" "$1" >&2
                   return 127
                fi
        }
fi

export PATH=$PATH:./:/home/a1/jz2440/crosstool/arm-linux-gcc-4.4.3/bin
sh ▼  制表符宽度: 8 ▼  行 71, 列 1  ▼  插入
```

图 3-35　在 /etc/bash.bashrc 文件中设置 PATH 环境变量

保存，退出，为了让新的 PATH 环境变量生效，可以打开新终端，在里面输入命令“echo $PATH”，查看环境变量 PATH 当前的值，看看是否配置正确，如图 3-36 所示。

```
a1@a1-virtual-machine: ~
a1@a1-virtual-machine:~$ echo $PATH
/home/a1/bin:/home/a1/.local/bin:/usr/local/sbin:/usr/local/bin:/usr/sbin:/usr/b
in:/sbin:/bin:/usr/games:/usr/local/games:/snap/bin:./:/home/a1/jz2440/crosstool
/arm-linux-gcc-4.4.3/bin
a1@a1-virtual-machine:~$ gcc -v
Using built-in specs.
COLLECT_GCC=gcc
COLLECT_LTO_WRAPPER=/usr/lib/gcc/x86_64-linux-gnu/5/lto-wrapper
Target: x86_64-linux-gnu
Configured with: ../src/configure -v --with-pkgversion='Ubuntu 5.4.0-6ubuntu1~16
.04.12' --with-bugurl=file:///usr/share/doc/gcc-5/README.Bugs --enable-languages
=c,ada,c++,java,go,d,fortran,objc,obj-c++ --prefix=/usr --program-suffix=-5 --en
able-shared --enable-linker-build-id --libexecdir=/usr/lib --without-included-ge
ttext --enable-threads=posix --libdir=/usr/lib --enable-nls --with-sysroot=/ --e
nable-clocale=gnu --enable-libstdcxx-debug --enable-libstdcxx-time=yes --with-de
fault-libstdcxx-abi=new --enable-gnu-unique-object --disable-vtable-verify --ena
ble-libmpx --enable-plugin --with-system-zlib --disable-browser-plugin --enable-
java-awt=gtk --enable-gtk-cairo --with-java-home=/usr/lib/jvm/java-1.5.0-gcj-5-a
md64/jre --enable-java-home --with-jvm-root-dir=/usr/lib/jvm/java-1.5.0-gcj-5-am
d64 --with-jvm-jar-dir=/usr/lib/jvm-exports/java-1.5.0-gcj-5-amd64 --with-arch-d
irectory=amd64 --with-ecj-jar=/usr/share/java/eclipse-ecj.jar --enable-objc-gc -
-enable-multiarch --disable-werror --with-arch-32=i686 --with-abi=m64 --with-mul
tilib-list=m32,m64,mx32 --enable-multilib --with-tune=generic --enable-checking=
release --build=x86_64-linux-gnu --host=x86_64-linux-gnu --target=x86_64-linux-g
nu
Thread model: posix
gcc version 5.4.0 20160609 (Ubuntu 5.4.0-6ubuntu1~16.04.12)
a1@a1-virtual-machine:~$
```

图 3-36　查看 PATH 环境变量以及主机编译工具链的版本

另外，可以使用“gcc -v”命令分别查看主机 gcc 和交叉编译工具链 arm-linux-gcc 的版本，如图 3-34 所示，主机的 gcc（本地工具链）版本为 5.4.0。

同理，使用“arm-linux-gcc -v”命令查看交叉编译工具链 arm-linux-gcc 的版本，如图 3-37 所示，交叉编译工具链版本为 4.4.3。

```
a1@a1-virtual-machine: ~
a1@a1-virtual-machine:~$ arm-linux-gcc -v
Using built-in specs.
Target: arm-none-linux-gnueabi
Configured with: /opt/FriendlyARM/mini2440/build-toolschain/working/src/gcc-4.4.3/configure --build=i386-build_r
edhat-linux-gnu --host=i386-build_redhat-linux-gnu --target=arm-none-linux-gnueabi --prefix=/opt/FriendlyARM/too
lschain/4.4.3 --with-sysroot=/opt/FriendlyARM/toolschain/4.4.3/arm-none-linux-gnueabi//sys-root --enable-languag
es=c,c++ --disable-multilib --with-arch=armv4t --with-cpu=arm920t --with-tune=arm920t --with-float=soft --with-p
kgversion=ctng-1.6.1 --disable-sjlj-exceptions --enable-__cxa_atexit --with-gmp=/opt/FriendlyARM/toolschain/4.4.
3 --with-mpfr=/opt/FriendlyARM/toolschain/4.4.3 --with-ppl=/opt/FriendlyARM/toolschain/4.4.3 --with-cloog=/opt/F
riendlyARM/toolschain/4.4.3 --with-mpc=/opt/FriendlyARM/toolschain/4.4.3 --with-local-prefix=/opt/FriendlyARM/to
olschain/4.4.3/arm-none-linux-gnueabi//sys-root --disable-nls --enable-threads=posix --enable-symvers=gnu --enab
le-c99 --enable-long-long --enable-target-optspace
Thread model: posix
gcc version 4.4.3 (ctng-1.6.1)
a1@a1-virtual-machine:~$
```

图 3-37　查看 arm 交叉编译工具链的版本

3.3.2　测试交叉编译工具链

有了 gcc 编译工具链，就可以用它来编译 c 源程序了。首先创建 hello.c 源文件，经过宿主机的 gcc 和交叉编译工具链的 arm-linux-gcc 编译生成不同的二进制执行文件。

（1）将交叉编译工具链的所在路径添加入系统环境变量 PATH。

用“echo $PATH”命令检查是否设置正确。

（2）编写 hello.c 源文件，并用宿主机 gcc 编译和运行。

在终端里面键入：

```
cd /home/a1/jz2440/tmp
gedit hello.c
```

在打开的 gedit 窗口里，键入 hello.c 源代码：

```
#include <stdio.h>
#include <stdlib.h>
int main(void)
{
    printf ("hello,world!\n");
    return 0;
}
```

保存，退出 gedit，在终端里先使用宿主机的 gcc 对 hello.c 源文件编译：

```
gcc -o hello hello.c
file hello
```

用“file”命令查看生成的 hello 二进制执行文件，可以看到如图 3-38 所示信息。

```
a1@a1-virtual-machine: ~/jz2440/tmp
a1@a1-virtual-machine:~/jz2440/tmp$ gcc -o hello hello.c
a1@a1-virtual-machine:~/jz2440/tmp$ ls hello* -l
-rwxrwxr-x 1 a1 a1 8600 10月 20 18:28 hello
-rw-rw-r-- 1 a1 a1   98 8月  12 22:52 hello.c
a1@a1-virtual-machine:~/jz2440/tmp$ file hello
hello: ELF 64-bit LSB executable, x86-64, version 1 (SYSV), dynamically link
ed, interpreter /lib64/ld-linux-x86-64.so.2, for GNU/Linux 2.6.32, BuildID[s
ha1]=af83225f7c37ca2abfe89e140565dcaeab3aa6b7, not stripped
a1@a1-virtual-machine:~/jz2440/tmp$
```

图 3-38　file 命令查看宿主机 hello 的类型

用宿主机 gcc 产生的就是 x86 体系的二进制代码，当然可以在宿主机 Ubuntu 里面运行它了，在终端里键入 ./hello, 运行结果如图 3-39 所示。

```
a1@a1-virtual-machine: ~/jz2440/tmp
a1@a1-virtual-machine:~/jz2440/tmp$ ./hello
hello,world!
a1@a1-virtual-machine:~/jz2440/tmp$
```

图 3-39　宿主机 hello 运行结果

在 Ubuntu 宿主机里，可以使用“ldd hello”命令查看 hello 文件（gcc 默认是动态链接）的库依赖，如图 3-40 所示。可以看到，动态链接生成的 hello 程序依赖于库文件 linux-vdso.so.1、libc.so.6 以及 ld-linux-x86-64.so.2，其中的 libc.so.6 就属于 C 标准代码库 glibc，hello 程序就是调用了它的 printf 库函数。

```
a1@a1-virtual-machine: ~/jz2440/tmp
a1@a1-virtual-machine:~/jz2440/tmp$ ldd hello
        linux-vdso.so.1 =>  (0x00007ffee6d1f000)
        libc.so.6 => /lib/x86_64-linux-gnu/libc.so.6 (0x00007f801b9c6000)
        /lib64/ld-linux-x86-64.so.2 (0x00007f801bd90000)
a1@a1-virtual-machine:~/jz2440/tmp$
```

图 3-40　ldd 命令查看 hello 依赖的库

（3）用交叉编译工具 arm-linux-gcc 编译和运行。

对刚才同一个 hello.c 源文件，使用交叉编译工具 arm-linux-gcc 编译。在终端里输入以下命令：

```
sudo apt install lib32stdc++6 lib32z1（这两个软件包必须安装，否则交叉编译时会报错）
arm-linux-gcc -o arm-hello hello.c
file arm-hello
./arm-hello
```

分别是采用交叉编译工具 gcc 来编译 hello.c 文件，生成 arm-hello 二进制执行文件；并采用 file 命令来查看它的类型 ARM，当然它是不能在宿主机 Ubuntu 环境下运行的，如图 3-41 所示。

```
a1@a1-virtual-machine: ~/jz2440/tmp
a1@a1-virtual-machine:~/jz2440/tmp$ arm-linux-gcc -o arm-hello hello.c
a1@a1-virtual-machine:~/jz2440/tmp$ ls *hello*
arm-hello  hello  hello.c
a1@a1-virtual-machine:~/jz2440/tmp$ file arm-hello
arm-hello: ELF 32-bit LSB executable, ARM, EABI5 version 1 (SYSV), dynamically linked, interpre
ter /lib/ld-linux.so.3, for GNU/Linux 2.6.32, not stripped
a1@a1-virtual-machine:~/jz2440/tmp$ ./arm-hello
bash: ./arm-hello: cannot execute binary file: 可执行文件格式错误
a1@a1-virtual-machine:~/jz2440/tmp$
```

图 3-41　交叉编译链 arm-linux-gcc 编译和运行的结果

对于交叉编译环境，可以使用“arm-linux-objdump-x arm-hello | grep NEEDED”命令查看 arm-hello 文件（动态链接）的库依赖，如图 3-42 所示。可以看到，动态链接生成的 arm-hello 程序依赖于 arm-linux-gcc 交叉编译工具链的 glibc 库文件 libc.so.6。

对于近几年来的流行开发板（如三星 4412、荔枝派 Zero 等）和 Ubuntu16.04 嵌入式交叉编译环境的搭建，和上述流程基本类似，不过在具体细节上更简化了。

```
a1@a1-virtual-machine: ~/jz2440/tmp
a1@a1-virtual-machine:~/jz2440/tmp$ arm-linux-objdump -x arm-hello | grep NEEDED
  NEEDED           libc.so.6
a1@a1-virtual-machine:~/jz2440/tmp$
```

图 3-42 arm-linux-objdump 命令查看 arm-hello 依赖的库

3.4 交叉编译的基础知识

在 3.3 节里面我们已经见到了程序的编译方法和过程，PC 宿主机上的编译工具链为 as、gcc、ld、objcopy 等，编译产生的宿主机 x86 架构的可执行程序，相应地在 ARM 平台，使用交叉编译工具链，比如 arm-linux-as、arm-linux-gcc、arm-linux-ld、arm-linux-objcopy 等，交叉编译产生 arm 架构的程序。arm-linux-gcc、arm-linux-ld 等交叉编译工具与 gcc、ld 等主机编译工具的使用方法是类似的，很多选项都是一样的。

3.4.1 arm-linux-gcc

一个C/C++文件需要经过预处理（Preprocessing）、编译（Compilation）、汇编（Assembly）和链接（Linking）4 个步骤才能产生可执行文件，通常简称为“编译和链接”，如图 3-43 所示。

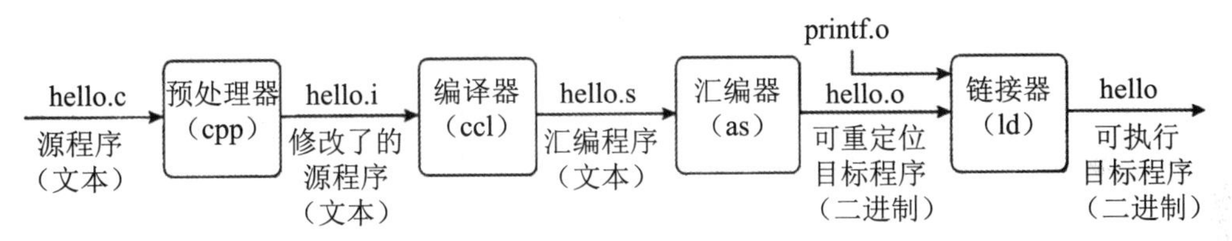

图 3-43 编译系统处理过程

（1）预处理阶段。

在 C/C++ 源文件中，以 # 开头的命令被称为预处理命令，如“#include”、宏定义命令“#define”、条件编译命令“#if”和“#ifdef”等。

预处理是将预处理命令“#include”包含的文件插入原文件中、将定义的宏展开、根据条件编译命令选择要编译使用的代码，最后将这些处理后的结果输出到一个 .i 文件中并等待进一步处理。

交叉编译预处理将用到 arm-linux-cpp 工具。

（2）编译阶段。

编译就是把C/C++代码（比如上述的 .i 文件）翻译成汇编代码，交叉编译使用 ccl 工具。

（3）汇编阶段。

将前面产生的汇编代码翻译成一定格式的机器码，生成可重定位的目标程序（里面的地址都是逻辑地址），在 Linux 上一般表现为 ELF 格式的目标文件（OBJ 文件），用到工具为 arm-linux-as。

目标文件主要有 3 种类型：

①可重定位文件。可重定位文件包含二进制代码和数据，里面的地址都是逻辑地址，可以与其他可重定位目标文件合并起来，链接之后生成可执行的目标文件或共享的目标文件。静态链接库也属于此类文件。

②共享的目标文件。共享的目标文件分为两种：第一种情况链接器可以将它和其他可重定位文件和共享目标文件一起处理，生成另外一个目标文件；第二种情况动态链接器（Dynamic Linker）可将它与某个可执行文件以及其他共享目标一起组合，创建进程映像。

③可执行文件。可执行文件包括二进制代码和数据，它可以被操作系统创建进程并执行，里面的地址都是实际的物理地址。

汇编程序生成的实际上是第一种类型的目标文件。对于后两种还需要其他的一些处理后才能得到，这就是链接程序的工作了。

（4）链接阶段。

链接就是将上面生成的 OBJ 文件和系统库的 OBJ 文件、库文件连接起来，最终生成在特定平台上的可执行文件，用到的工具为 arm-linux-ld。

根据开发人员指定的库文件的链接方式的不同，链接处理可分为两种。

①静态链接。静态链接方式，函数的代码将从其所在的静态链接库中被拷贝到最终的可执行程序中。这样该程序在被执行时这些代码将被装入该进程的虚拟地址空间中。静态链接库实际上是一个目标文件的集合，其中的每个文件都含有库中相关函数的代码（静态链接将链接库的代码复制到可执行程序中，使得可执行程序体积变大）。

②动态链接。动态链接方式，将共享的函数代码放到动态链接库或共享对象的某个目标文件中。链接程序此时所做的只是在最终的可执行程序中记录下共享对象的名字以及其他少量的登记信息。在执行时，动态链接库的全部内容将被映射到运行时相应进程的虚地址空间。动态链接程序将根据可执行程序中记录的信息找到相应的共享函数代码，因此可执行程序体积变小。

在上一节中，我们使用 gcc/arm-linux-gcc 就可以完成包含上述 4 个阶段的编译过程。gcc（arm-linux-gcc 也是一样的）使用的命令语法如下：

```
gcc [ 选项 ] 输入的文件 input_file
```

表 3-2 列出了 gcc 命令常用的选项。

表 3-2　gcc 命令常用选项

选项和格式	功能说明
-v	查看 gcc 编译器的版本，显示 gcc 执行时的详细过程
-o file	指定输出文件为 file，如果没有 -o 选项，则默认输出 a.out 文件
-E	只进行预处理，不再编译

续表

选项和格式	功能说明
-S	只进行编译，不再汇编
-c	进行预处理、编译和汇编，不再链接
-g	调试选项，以操作系统的本地格式产生调试信息，供 GDB 使用
-O1	编译优化，-O 后面跟优化的等级数字 0 ~ 3，数字越大，优化程度越高，但优化程度过高，可能会导致程序不正常运行
-lfilename	链接名为 libfilename 的库文件
-nostdlib	不链接系统标准启动文件和标准库文件，只链接指定的文件。常用于编译内核、bootloader、裸机程序等不需要启动文件、标准库文件的程序
-static	使用静态库进行链接，生成的程序包含运行所需的全部库，可以直接运行，体积较大
默认	默认完成编译系统过程的 4 个阶段；默认使用动态链接库进行链接，生成的程序在执行时需要加载所需的动态库才能运行。生成的程序体积较小，必须依赖所需的动态库，否则无法执行
-shared	使用该选项将生成共享的库文件（OBJ 文件），可以和其他库文件（OBJ 文件）链接产生可执行文件
-Idir	在头文件的搜索路径列表中添加 dir 目录
-Ldir	在库文件的搜索路径列表中添加 dir 目录

头文件的搜索方法：如果以“#include <>”包含文件，则只在标准库目录开始搜索（包括使用 -Idir 选项定义的目录）；如果以“#include "filename"”包含文件，则先从用户的工作目录开始搜索，再搜索标准库目录（包括使用 -Idir 选项定义的目录）。

对于上一节的“hello.c”文件，使用“arm-linux-gcc -o arm-hello hello.c”1 条命令就完成了以上编译的 4 个阶段。也可以用 arm-linux-gcc 分别来实现这 4 个阶段：

```
arm-linux-gcc -E -o hello.i hello.c
arm-linux-gcc -S -o hello.s hello.i
arm-linux-gcc -c -o hello.o hello.s
arm-linux-gcc -o arm-hello hello.o
```

如果执行命令：

```
arm-linux-gcc -v -o arm-hello hello.o
```

可以看到程序的编译链接过程，如图 3-44 所示。从链接过程分析，链接将汇编生成的 OBJ 文件、系统库的 OBJ 文件、库文件链接起来，crt1.o、crti.o、crtbegin.o、crtend.o、crtn.o 这些都是 gcc 加入的系统标准启动文件，它们的加入使最后出来的可执行文件比原来大了很多。

图 3-44 里的 -lc 含义：链接 glibc 库文件，其中的 libc.so.6 文件中实现了 printf 等函数。

```
a1@a1-virtual-machine: ~/jz2440/tmp
a1@a1-virtual-machine:~/jz2440/tmp$ arm-linux-gcc -v -o arm-hello hello.o
Using built-in specs.
Target: arm-none-linux-gnueabi
Configured with: /opt/FriendlyARM/mini2440/build-toolschain/working/src/gcc-4.4.3/configure --build=i386-build_redhat-l
inux-gnu --host=i386-build_redhat-linux-gnu --target=arm-none-linux-gnueabi --prefix=/opt/FriendlyARM/toolschain/4.4.3
--with-sysroot=/opt/FriendlyARM/toolschain/4.4.3/arm-none-linux-gnueabi//sys-root --enable-languages=c,c++ --disable-mu
ltilib --with-arch=armv4t --with-cpu=arm920t --with-tune=arm920t --with-float=soft --with-pkgversion=ctng-1.6.1 --disab
le-sjlj-exceptions --enable-__cxa_atexit --with-gmp=/opt/FriendlyARM/toolschain/4.4.3 --with-mpfr=/opt/FriendlyARM/tool
schain/4.4.3 --with-ppl=/opt/FriendlyARM/toolschain/4.4.3 --with-cloog=/opt/FriendlyARM/toolschain/4.4.3 --with-mpc=/op
t/FriendlyARM/toolschain/4.4.3 --with-local-prefix=/opt/FriendlyARM/toolschain/4.4.3/arm-none-linux-gnueabi//sys-root -
-disable-nls --enable-threads=posix --enable-symvers=gnu --enable-c99 --enable-long-long --enable-target-optspace
Thread model: posix
gcc version 4.4.3 (ctng-1.6.1)
COMPILER_PATH=/home/a1/jz2440/crosstool/arm-linux-gcc-4.4.3/bin/../libexec/gcc/arm-none-linux-gnueabi/4.4.3/:/home/a1/j
z2440/crosstool/arm-linux-gcc-4.4.3/bin/../libexec/gcc/:/home/a1/jz2440/crosstool/arm-linux-gcc-4.4.3/bin/../lib/gcc/ar
m-none-linux-gnueabi/4.4.3/../../../../arm-none-linux-gnueabi/bin/
LIBRARY_PATH=/home/a1/jz2440/crosstool/arm-linux-gcc-4.4.3/bin/../lib/gcc/arm-none-linux-gnueabi/4.4.3/:/home/a1/jz2440
/crosstool/arm-linux-gcc-4.4.3/bin/../lib/gcc/:/home/a1/jz2440/crosstool/arm-linux-gcc-4.4.3/bin/../lib/gcc/arm-none-li
nux-gnueabi/4.4.3/../../../../arm-none-linux-gnueabi/lib/:/home/a1/jz2440/crosstool/arm-linux-gcc-4.4.3/bin/../arm-none
-linux-gnueabi//sys-root/lib/:/home/a1/jz2440/crosstool/arm-linux-gcc-4.4.3/bin/../arm-none-linux-gnueabi//sys-root/usr
/lib/
COLLECT_GCC_OPTIONS='-v' '-o' 'arm-hello' '-march=armv4t' '-mtune=arm920t' '-mfloat-abi=soft'
 /home/a1/jz2440/crosstool/arm-linux-gcc-4.4.3/bin/../libexec/gcc/arm-none-linux-gnueabi/4.4.3/collect2 --sysroot=/home
/a1/jz2440/crosstool/arm-linux-gcc-4.4.3/bin/../arm-none-linux-gnueabi//sys-root --eh-frame-hdr -dynamic-linker /lib/ld
-linux.so.3 -X -m armelf_linux_eabi -o arm-hello /home/a1/jz2440/crosstool/arm-linux-gcc-4.4.3/bin/../arm-none-linux-gn
ueabi//sys-root/usr/lib/crt1.o /home/a1/jz2440/crosstool/arm-linux-gcc-4.4.3/bin/../arm-none-linux-gnueabi//sys-root/us
r/lib/crti.o /home/a1/jz2440/crosstool/arm-linux-gcc-4.4.3/bin/../lib/gcc/arm-none-linux-gnueabi/4.4.3/crtbegin.o -L/ho
me/a1/jz2440/crosstool/arm-linux-gcc-4.4.3/bin/../lib/gcc/arm-none-linux-gnueabi/4.4.3 -L/home/a1/jz2440/crosstool/arm-
linux-gcc-4.4.3/bin/../lib/gcc -L/home/a1/jz2440/crosstool/arm-linux-gcc-4.4.3/bin/../lib/gcc/arm-none-linux-gnueabi/4.
4.3/../../../../arm-none-linux-gnueabi/lib -L/home/a1/jz2440/crosstool/arm-linux-gcc-4.4.3/bin/../arm-none-linux-gnueab
i//sys-root/lib -L/home/a1/jz2440/crosstool/arm-linux-gcc-4.4.3/bin/../arm-none-linux-gnueabi//sys-root/usr/lib hello.o
 -lgcc --as-needed -lgcc_s --no-as-needed -lc -lgcc --as-needed -lgcc_s --no-as-needed /home/a1/jz2440/crosstool/arm-li
nux-gcc-4.4.3/bin/../lib/gcc/arm-none-linux-gnueabi/4.4.3/crtend.o /home/a1/jz2440/crosstool/arm-linux-gcc-4.4.3/bin/..
/arm-none-linux-gnueabi//sys-root/usr/lib/crtn.o
a1@a1-virtual-machine:~/jz2440/tmp$
```

图 3-44　hello.c 编译后的链接过程

对于多个源文件的编译链接过程，以下列的 main.c 和 sub.h、sub.c 文件为例：

```
//file: main.c
#include <stdio.h>
#include "sub.h"
int main(void)
{
int i;
    printf("Main Function!\n");
    sub_fun();
    return 0;
}

//file: sub.h
void sub_fun(void);

//file :sub.c
#include <stdio.h>
#include "sub.h"
void sub_fun(void)
{
```

```
    printf("Sub Function!\n");
}
```

采用 gcc（arm-linux-gcc 也是一样）命令先编译生成 .o 目标文件：

```
gcc -c -o main.o main.c
gcc -c -o sub.o sub.c
```

再把生成的 .o 目标文件（OBJ 文件）链接成可执行的文件 main_sub：

```
gcc -o main_sub main.o sub.o
```

如果运行，可得到：

```
$ ./main_sub
Main Function!
Sub Function!
```

3.4.2　其他命令

arm-linux-ld 用于将多个目标文件、库文件链接成可执行文件。该命令常使用"-T"选项，来指定裸机程序代码段、数据段、bss 段的起始地址，也可以用它来指定一个链接脚本文件，在链接脚本文件中进行更复杂的设置。

arm-linux-objcopy 命令常用于文件格式的转换，比如将 ELF 格式的可执行文件转换为 bin 二进制文件。其命令格式如下：

```
arm-linux-objcopy [ 选项 ] input_file output_file
```

表 3-3 列出了 arm-linux-objcopy 命令常用的选项。

表 3-3　arm-linux-objcopy 命令常用选项

选项和格式	功能说明
-I bfdname	用来指明源文件的格式，bfdname 是 BFD 库中描述的标准格式名。如果不用该选项，会自己分析源文件的格式
-O bfdname	使用指定的格式来输出的目标文件，bfdname 是 BFD 库中描述的标准格式名
-S	不从源文件中复制重定位信息和符号信息到输出的目标文件中
-g	不从源文件中复制调试符号到输出的目标文件中

arm-linux-objdump 命令用于显示二进制文件信息，常用来进行反汇编。其命令格式如下：

```
arm-linux-objdump [ 选项 ] obj_file...
```

表 3-4 列出了 arm-linux-objdump 命令常用的选项。

表 3-4　arm-linux-objdump 命令常用选项

选项和格式	功能说明
-b bfdname	用来指明目标文件的格式，bfdname 是 BFD 库中描述的标准格式名。如果不用该选项，会自己分析识别文件格式
-d 或 -D	反汇编

续表

选项和格式	功能说明
-f	显示目标文件的整体头部摘要信息
-h	显示目标文件各个段的头部摘要信息
-m	指定反汇编目标文件使用的处理器架构

3.5 Makefile

前面章节在编译程序时，每个源文件都使用编译命令直接编译、链接，如果源文件内容有变动，就需要重新再敲一遍命令，当文件很多的时候，非常不便。对于实际的工程，往往有众多的文件，再使用这种方法，就不合适了。要解决这个问题，最好的方式就是把工程的编译规则写下来，让编译器自动加载该规则进行编译。

解决方法就是使用 make 和 Makefile，这两个工具是搭配使用的：

（1）make 工具：它可以帮助我们找出项目里面修改变更过的文件，并根据依赖关系，找出受修改影响的其他相关文件，然后对这些文件按照规则进行单独的编译，这样一来，就能避免重新编译项目的所有的文件。

（2）Makefile 文件：上面提到的编译规则、依赖关系主要定义在 Makefile 文件中，在定义好文件的依赖关系之后，make 工具就能精准地进行编译。

（3）make 命令会根据文件更新的时间戳来决定哪些文件需要重新编译，这可以避免编译已经编译过的、没有变化的程序，大大提高编译效率。

当工程复杂度再上一个台阶的时候，编写 Makefile 也很麻烦，可以使用 CMake、autotools 等工具来帮忙生成 Makefile。实际上 Windows 系统下很多 IDE 工具内部也是使用类似 Makefile 的方式组织工程文件的，只不过被图形界面所遮蔽，对用户不可见而已。

关于 Makefile 的详细使用可参考《跟我一起写 Makefile》一书（https://wiki.ubuntu.org.cn/跟我一起写Makefile）或GNU官方的make说明文档《GNU Make 使用手册》（https://www.gnu.org/software/make/manual）。

3.5.1 Makefile 规则

Makefile 文件包含一系列的规则，其格式如下：

```
#Makefile 规则的格式
目标 (target) ... : 依赖 (prerequisites) ...
<TAB> 命令 (command)
    ...
    ...
```

Makefile 文件里使用 # 作为一行的注释。

目标（target）就是一个目标文件，可以是 OBJ 文件，也可以是执行文件，还可以是一个标签（label），对于标签这种特性，在后续的“伪目标”章节中会有叙述。

依赖（prerequisites）就是要生成该目标所需要依赖的文件或别的目标。

命令（command）就是 make 生成该目标时所执行的命令或动作（可以是任意的 Shell 命令）。一个规则可以包含多个命令，每个命令占一行。需要注意在每行命令前要使用 TAB 键，不能使用空格代替 TAB。

比如最简单的 Makefile 文件，内容如下：

```
hello:hello.c
    gcc -o hello hello.c
clean:
    rm -f hello
```

其定义了两个目标或两个规则，目标 hello 依赖于 hello.c 文件，如果 hello.c 文件存在，并且没有编译过或者编译过但已发生了改动，则执行 gcc -o hello hello.c 的编译链接命令，生成目标 hello 文件；目标 clean 没有依赖，其作用就是清除编译生成的 hello 文件。

在终端执行 make 命令时，make 命令会找到 Makefile 文件的第一个目标 / 规则作为默认目标，生成目标 hello；或者执行 make hello 命令时，make 命令会找到 Makefile 文件的“hello”目标 / 规则，也生成目标 hello。如果执行 make clean，则清除编译生成的 hello 文件，如图 3-45 所示。

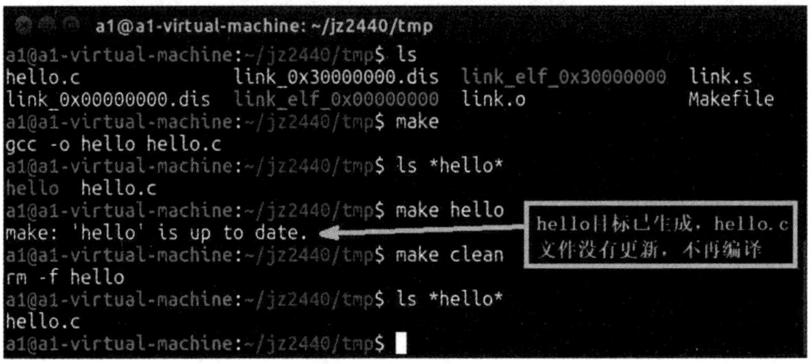

```
a1@a1-virtual-machine: ~/jz2440/tmp
a1@a1-virtual-machine:~/jz2440/tmp$ ls
hello.c              link_0x30000000.dis  link_elf_0x30000000  link.s
link_0x00000000.dis  link_elf_0x00000000  link.o               Makefile
a1@a1-virtual-machine:~/jz2440/tmp$ make
gcc -o hello hello.c
a1@a1-virtual-machine:~/jz2440/tmp$ ls *hello*
hello  hello.c
a1@a1-virtual-machine:~/jz2440/tmp$ make hello
make: 'hello' is up to date.
a1@a1-virtual-machine:~/jz2440/tmp$ make clean
rm -f hello
a1@a1-virtual-machine:~/jz2440/tmp$ ls *hello*
hello.c
a1@a1-virtual-machine:~/jz2440/tmp$
```

hello目标已生成，hello.c文件没有更新，不再编译

图 3-45　执行 make 命令

前面在最简单的 Makefile 文件中编写的目标，在 make 看来都是目标文件，例如在执行 make hello 命令的时候，由于在当前目录下还没有 hello 文件，所以会去执行 hello 目标的命令，期待执行后能得到名为 hello 的同名文件。如果当前目录下已有 hello 文件，并且 hello 目标文件和依赖文件 hello.c 都存在且是最新的，那么 make hello 就不会被正常执行了，这会引起误会。

为了避免这种情况，Makefile 使用“.PHONY”前缀来区分目标代号和目标文件，将这种目标代号称为“伪目标”，PHONY 本意就是假的意思。也就是说，只要我们不想生成目标文件，就应该把它定义成伪目标。

如果在以上 Makefile 文件的目录下创建一个名为 clean 的文件，那么当执行“make clean”时，clean 的命令并不会被执行，如图 3-46 所示。由于我们原意执行 make clean 命令是清除编译产生的 hello 文件，而不是生成 clean 目标文件，所以 clean 最好定义为伪目标。

```
a1@a1-virtual-machine: ~/jz2440/tmp
a1@a1-virtual-machine:~/jz2440/tmp$ ls
hello    link_0x00000000.dis  link_elf_0x00000000  link.o  Makefile
hello.c  link_0x30000000.dis  link_elf_0x30000000  link.s
a1@a1-virtual-machine:~/jz2440/tmp$ touch clean
a1@a1-virtual-machine:~/jz2440/tmp$ ls
clean    link_0x00000000.dis  link_elf_0x30000000  Makefile
hello    link_0x30000000.dis  link.o
hello.c  link_elf_0x00000000  link.s
a1@a1-virtual-machine:~/jz2440/tmp$ make clean
make: 'clean' is up to date.
a1@a1-virtual-machine:~/jz2440/tmp$ ls
clean    link_0x00000000.dis  link_elf_0x30000000  Makefile
hello    link_0x30000000.dis  link.o
hello.c  link_elf_0x00000000  link.s
a1@a1-virtual-machine:~/jz2440/tmp$
```


图 3-46　clean 是目标文件时的执行结果

在终端里键入命令：“gedit Makefile”，修改 Makefile 内容，将 clean 定义为“.PHONY:clean”，再重新执行 make clean，这次就可以正常清除 hello 文件了，如图 3-47 所示。

```
a1@a1-virtual-machine: ~/jz2440/tmp
a1@a1-virtual-machine:~/jz2440/tmp$ gedit Makefile
a1@a1-virtual-machine:~/jz2440/tmp$ cat Makefile
hello:hello.c
        gcc -o hello hello.c
.PHONY:clean
clean:
        rm -f hello

a1@a1-virtual-machine:~/jz2440/tmp$ make clean
rm -f hello
a1@a1-virtual-machine:~/jz2440/tmp$ ls
clean    link_0x00000000.dis  link_elf_0x00000000  link.o  Makefile
hello.c  link_0x30000000.dis  link_elf_0x30000000  link.s
a1@a1-virtual-machine:~/jz2440/tmp$
```


图 3-47　clean 是目标代号（伪目标）时的执行结果

另外，还需要注意的是，Makefile 有一条默认的规则：当找不到 xxx.o 文件时，就会查找目录下的同名 xxx.c 文件使用 ccl 自动进行编译。因此，上面的 Makefile 文件也可以改写为图 3-48 的形式，效果都是一样的。

Makefile内容：

```
hello:hello.o
.PHONY:clean
clean:
  rm -f hello
```

```
a1@a1-virtual-machine: ~/jz2440/tmp
a1@a1-virtual-machine:~/jz2440/tmp$ ls
clean    link_0x00000000.dis  link_elf_0x00000000  link.o  Makefile
hello.c  link_0x30000000.dis  link_elf_0x30000000  link.s
a1@a1-virtual-machine:~/jz2440/tmp$ cat Makefile
hello:hello.o
.PHONY:clean
clean:
        rm -f hello

a1@a1-virtual-machine:~/jz2440/tmp$ make hello
cc    -c -o hello.o hello.c
cc   hello.o   -o hello
a1@a1-virtual-machine:~/jz2440/tmp$ ls
clean    hello.o              link_elf_0x00000000  link.s
hello    link_0x00000000.dis  link_elf_0x30000000  Makefile
hello.c  link_0x30000000.dis  link.o
a1@a1-virtual-machine:~/jz2440/tmp$
```


图 3-48　Makefile 默认规则

对于实际的工程，有多个 C 源文件、头文件，比如 3.4.1 章节的 main.c、sub.c、sub.h 三个文件，可以编写 Makefile，进行多个源文件的编译。在终端里键入以下命令：

```
cd /home/a1/jz2440/tmp
rm *
gedit main.c sub.c sub.h
```

删掉 tmp 目录下的所有文件，创建 main.c、sub.c、sub.h 文件，输入对应的文件内容并保存退出，如图 3-49 所示。

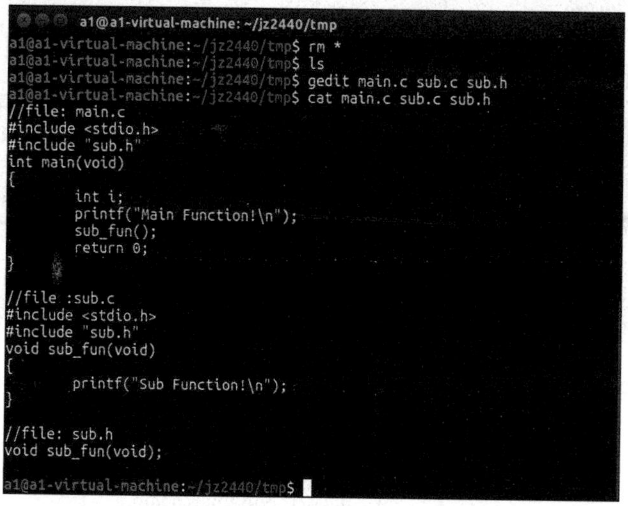

```
a1@a1-virtual-machine: ~/jz2440/tmp
a1@a1-virtual-machine:~/jz2440/tmp$ rm *
a1@a1-virtual-machine:~/jz2440/tmp$ ls
a1@a1-virtual-machine:~/jz2440/tmp$ gedit main.c sub.c sub.h
a1@a1-virtual-machine:~/jz2440/tmp$ cat main.c sub.c sub.h
//file: main.c
#include <stdio.h>
#include "sub.h"
int main(void)
{
        int i;
        printf("Main Function!\n");
        sub_fun();
        return 0;
}

//file :sub.c
#include <stdio.h>
#include "sub.h"
void sub_fun(void)
{
        printf("Sub Function!\n");
}

//file: sub.h
void sub_fun(void);

a1@a1-virtual-machine:~/jz2440/tmp$
```

图 3-49　创建 main.c、sub.c、sub.h 文件并输入内容

接着在终端里输入命令：

```
gedit Makefile
```

继续创建 Makefile 文件，并输入以下内容，保存后退出：

```
#Makefile
hello:main.o sub.o
    gcc -o hello main.o sub.o
sub.o:sub.c sub.h
    gcc -c -o sub.o sub.c
main.o:main.c
    gcc -c -o main.o main.c
.PHONY:clean
clean:
    rm -f hello *.o
```

执行“make”命令，会自动编译生成 hello 目标文件，如图 3-50 所示。

分析一下 Makefile 的规则调用次序，当执行“make”命令后，按照默认的第一个规

则目标 1，找依赖文件“main.o”，如果找不到，则按照“main.o”的规则 2，找到依赖的“main.c”并编译生成目标“main.o”。之后再返回上一层的规则，也就是 1 再找第一个目标的依赖文件“sub.o”，找不到，则按照“sub.o”的规则 3，找到依赖的“sub.c、sub.h”并编译生成目标“sub.o”。再返回到上一层规则 1，此时目标“hello”的两个依赖文件都已经准备好了，再执行编译命令 4 生成目标“hello”，如图 3-51 所示。

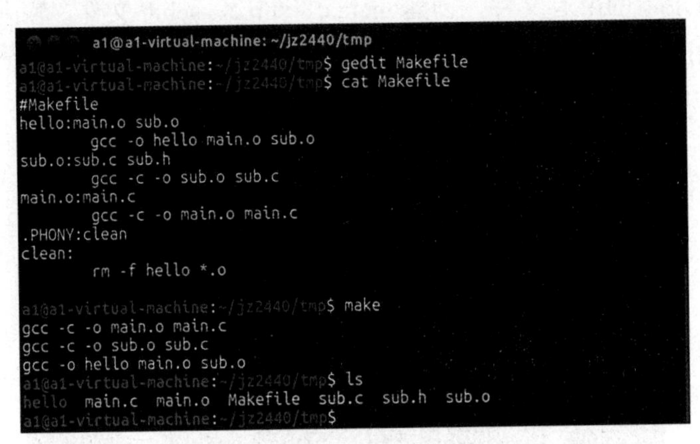

图 3-50 创建 Makefile 并 make 编译

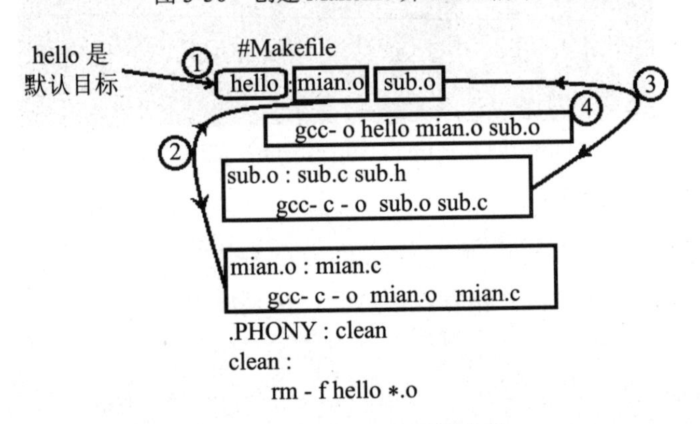

图 3-51 Makefile 的调用次序

3.5.2 Makefile 使用变量

Makefile 中的变量（延时赋值），有点像 C 语言的宏定义，在引用变量的地方使用变量值进行替换。变量的命名可以包含字符、数字、下划线，区分大小写，定义变量的方式有以下四种：

“变量名 = 值”：给变量延时赋值，该变量只有在被调用的时候，才会被赋值。

“变量名 := 值”：给变量直接赋值，与延时赋值相反，使用直接赋值的话，变量的值定义时就已经确定了。

“变量名 ?= 值”：若变量的值为空，则进行赋值，通常用于设置默认值。

“变量名 += 值”：给变量追加赋值，可以往变量后面增加新的内容。

当使用变量时，采用如下的方法：

```
$（变量名）
```

看下面 Makefile 使用变量的例子，来体会这四种方式的不同，主要是延时赋值“=”的变量，相当于宏定义的符号，在使用到该延时赋值变量的时候再将宏展开和替换：

```
VAR_A = A                        # 延时赋值，相当于定义符号 VAR_A equ A
VAR_B = $(VAR_A)                 #VAR_B equ $(VAR_A),VAR_A=A
VAR_C := $(VAR_A)                #VAR_C=A
VAR_A += B                       #VAR_A=A B
VAR_D ?= D                       #VAR_D=D
.PHONY:check
check:
    @echo "VAR_A:" $(VAR_A)      # 输出 VAR_A:A B
    @echo "VAR_B:" $(VAR_B)      #VAR_B=$(VAR_A)=A B, 输出 VAR_B:A B
    @echo "VAR_C:" $(VAR_C)      # 输出 VAR_C:A
    @echo "VAR_D:" $(VAR_D)      # 输出 VAR_D:D
```

执行“make”命令之后，得到下面的打印结果：

```
VAR_A:A B
VAR_B:A B
VAR_C:A
VAR_A:D
```

3.5.3　Makefile 使用自动化变量

Makefile 中还有其他自动化变量，见表 3-5。

表 3-5　Makefile 中的自动化变量

符号	意义
$@	匹配目标文件
$%	与 $@ 类似，但 $% 仅匹配“库”类型的目标文件
$<	依赖中的第一个目标文件
$^	所有的依赖目标，如果依赖中有重复的，只保留一份
$+	所有的依赖目标，即使依赖中有重复的也原样保留
$?	所有比目标要新的依赖目标

3.5.4　Makefile 使用分支

在 Makefile 中使用条件分支的语法如下：

```
ifeq(arg1, arg2)              # 如果 arg1==arg2，执行分支 1
```

```
分支 1
else                          # 否则执行分支 2
分支 2
endif
```

条件分支会比较括号内的参数“arg1”和“arg2”的值是否相同，如果相同，执行分支 1 的内容；否则执行分支 2 的内容，参数 arg1 和 arg2 可以是变量或者是常量。

改写 3.5.1 章节里的 Makefile 文件内容，使用变量、自动化变量、分支来切换编译器，实现主机 gcc 编译和 arm-linux-gcc 的交叉编译。其内容如下：

```
#Makefile，定义变量 ARCH 默认为 x86，使用 gcc 编译器，否则使用 arm 编译器
ARCH ?= x86
TARGET = hello
CFLAGS = -I.                          # 头文件目录为当前目录
DEPS = sub.h
OBJS = main.o sub.o
# 根据输入的 ARCH 变量来选择编译器：ARCH=x86，使用 gcc; 否则使用 arm-linux-gcc
ifeq ($(ARCH),x86)
CC = gcc
else
CC = arm-linux-gcc
endif
# 目标文件
$(TARGET): $(OBJS)
    $(CC) -o $@ $^ $(CFLAGS)
#*.o 文件的生成规则
# “%”是一个通配符，功能类似“*”，如“%.o”表示所有以“.o”结尾的文件；
# “%.c”表示所有 c 语言源文件
%.o: %.c $(DEPS)
    $(CC) -c -o $@ $< $(CFLAGS)
# 伪目标
.PHONY: clean
clean:
    rm -f *.o $(TARGET)
```

该 Makefile 文件使用了“$@”“$^”“$<”自动化变量。“$@”表示规则的目标文件名；“$^”表示所有依赖的名字，名字之间用空格隔开；“$<”表示第一个依赖的文件

名。“%”是通配符，相当于 shell 命令中的“*”，代表任意字符。

在使用 make 命令时，后面可以给定变量 ARCH 的值：x86 或 arm，make 会根据不同的值，切换不同的编译器。对比下面两个不同的操作：

make clean	make clean
make ARCH=arm	make 或 make ARCH=x86
结果为 arm 交叉翻译：	结果为宿主机 x86 编译：
arm-linux-gcc-c-o main.o main.c-l	gcc-c-o main.o main.c-l
arm-linux-gcc-c-o sub.o sub.c-l	gcc-c-o sub.o sub.c-l
arm-linux-gcc-c-o hello main.o sub.c-l	gcc-c-o hello main.o sub.c-l

以执行 make 命令为例，来分析一下整个过程：

①变量 ARCH 为默认的“x86”，TARGET 为“hello”，CFLAGS 为“-I.”，DEPS 为“sub.h”， OBJS 为“main.o sub.o”，CC 为“gcc”。

② make 命令按默认规则，执行第一个规则：

```
$(TARGET):$(OBJS)
    $(CC)-o$@$^$(CFLAGS)
```

相当于：

```
hello main.o sub.o
    gcc-o$@$^$(CFLAGS)
```

③对于目标 hello 的每一个依赖的 .o 文件，都按照“%.o”的规则来执行，也就是规则：

对“main.o”而言，相当于：

```
%.o.%.c. sub.h
    gcc-c-o main.o main.c-l
```

对“sub.o”而言，相当于：

```
sub.o:sub.c sub.h
    gcc-c-o sub.o sub.c-l
```

生成 main.o 和 sub.o 后，目标 hello 的依赖满足，执行 gcc -o hello main.o sub.o -I. 命令进行编译，产生 hello 目标文件。

3.5.5　Makefile 使用函数

在 Makefile 中调用函数的方法跟调用变量类似，以“$()”或“${}”符号包含函数名和参数，具体语法如下：

```
$( 函数名 参数 ) 或者使用 ${ 函数名 参数 }
```

其中，函数名和参数之间要用空格或 Tab 隔开，如果有多个参数，参数之间用逗号隔开，常见的包括文件类、字符串类以及 shell 命令函数、foreach 循环函数等。详细的使用方法请参考相关的文献。

现在，有了这些基础和准备工作，读者就可以正式开始嵌入式 Linux 开发了。在下一章中将讲述嵌入式 Linux 环境下的裸机程序开发；在第 2 篇章嵌入式 Linux 系统开发中，笔者将详细介绍怎样部署嵌入式 Linux 系统，如 U-boot 的烧写、内核以及文件系统的移植等，带领读者进一步深入地熟悉嵌入式 Linux 的开发过程。

第二篇　嵌入式 Linux 系统移植

本篇内容

★ BootLoader 移植

★ Linux 内核与移植

★根文件系统移植

本篇目标

★了解 BootLoader 的原理以及 U-Boot 的移植过程

★掌握 Linux 内核的编译，配置及安装过程

★ 掌握根文件系统的制作、移植过程

★学会挂载及使用 NFS、YAFFS2 文件系统

本篇实例

★实例一：u-boot-1.1.6 的移植

★实例二：3.4.2 内核移植

★实例三：根文件系统制作

★实例四：NFS 文件系统挂载

★实例五：YAFFS2 文件系统挂载

★实例六：嵌入式 helloWorld

第 4 章　BootLoader 移植

本书前 3 章主要介绍在宿主机上建立基本的软硬件开发环境，有了交叉编译工具链，我们就可以利用它交叉编译系统的源代码包，搭建我们自己的嵌入式 Linux 系统了。从嵌入式 Linux 系统的基本组成上，需要有 BootLoader、Linux 内核、Shell、根文件系统等，得益于 Linux 系统的开放性，这些东西都可以找到源代码经过裁剪修改移植到目标机系统上。

对于计算机系统来说，从开机上电到操作系统启动需要一个引导过程。嵌入式系统同样离不开引导程序，在有 Linux 的嵌入式操作系统中，叫作 Bootloader，它的主要功能在于加载启动整个 Linux 系统。本章首先介绍 Bootloader 的一些基础知识，然后重点针对 U-Boot 的移植及使用做详细介绍，需要读者熟悉前面的 ARM 汇编和接口技术等基础知识。

4.1　BootLoader 基础知识

一个嵌入式 Linux（版本 2.x/3.x，无设备树）系统从软件的角度来看通常可以分为四个层次：

①引导加载程序，包括固化在固件（firmware）中的 Boot 代码（可选）和 BootLoader 两大部分。

② Linux 内核，特定于嵌入式目标板的定制内核以及内核的启动参数等。

③文件系统，包括根文件系统和建立于 Flash ROM 设备之上的文件系统。里面包含了 Linux 系统能够运行所必需的应用程序、库等。通常用 nfs 网络文件系统来作为调试阶段的根文件系统，在系统成熟稳定之后，再使用 jffs、yaffs 之类的 rom 文件系统。

④用户应用程序，特定于用户的应用程序。有时在用户应用程序和内核层之间可能还会包含一个嵌入式 GUI（图形用户界面）。常用的嵌入式 GUI 有 MiniGUI、Qt、LVGL 等。

引导加载程序是系统加电后运行的第一段软件代码。PC 机中的引导加载程序由 BIOS（其本质就是一段固件固化程序）和位于硬盘 MBR 中的 OS BootLoader（比如 LILO 和 GRUB 等）一起组成。BIOS 在完成硬件检测和资源分配后，将硬盘 MBR 中的 BootLoader 读到系统的 RAM 中，然后将控制权交给 OS BootLoader。BootLoader 的主要运行任务就是将 OS 内核映象从硬盘上读到 RAM 内存中，然后跳转到内核的入口点去运行，也即开始启动操作系统。

而在嵌入式系统中，通常并没有像 BIOS 那样的固件程序（有的嵌入式 CPU 也会内嵌一段短小的启动程序），因此整个系统的加载启动任务就完全由 BootLoader 来完成。比如在一个基于 ARM9 的嵌入式系统中，系统在上电或复位时通常都从地址 0x00000000 处开始执行，而在这个地址处安排的通常就是系统的 BootLoader 程序。

简单地说，BootLoader 就是在操作系统内核运行之前运行的一个裸机程序。通过这段程序，可以初始化硬件设备、初始化异常处理、建立内存空间的映射等，从而将系统的软硬件环境带到一个合适的状态，以便为最终调用操作系统内核准备好正确的环境。

前面也介绍过，因为嵌入式硬件的特殊性，嵌入式领域没有通用的 BootLoader。不同的 CPU 体系结构都有不同的 BootLoader。有些 BootLoader 也支持多种体系结构的 CPU。除了依赖于 CPU 的体系结构外，BootLoader 实际上也依赖于具体的目标机的配置。也就是说，对于两个不同的目标机而言，即使它们是基于同一种 CPU 而构建的，要想让运行在一块板子上的 BootLoader 程序也能运行在另一块板子上，通常都需要修改 BootLoader 的源程序，这就要求开发人员在了解 BootLoader 工作原理的基础上，根据自己的开发板的硬件结构，自行完成 BootLoader 设计与实现。

4.1.1 BootLoader 的安装媒介和烧写方式

通常来说，系统上电或复位后，所有的 CPU 通常都会从某个由 CPU 制造商预先设定的地址上取指令。例如，本书所使用的 S3C2440 处理器，它复位时从地址 0x00000000 读取第一条指令。而基于 CPU 构建的嵌入式系统通常都将某种类型的固态存储设备（比如 EEPROM 或 FLASH ROM 等）映射到这个预先安排的第一条指令的地址上，以便系统上电复位后能够从预先准备好的 ROM 里读取程序并执行。

对于大部分的含有 CPU 的嵌入式系统，固态存储设备的空间分布都与图 4-1 类似。如 JZ2440_V3 开发板含有 256 MB 的 NAND Flash，其上的 BootLoader、内核、文件系统的分布也是参考上图。对于本书所讲述章节的内容，采用 3.4.2 版本的 Linux 内核，NAND Flash 上的系统映射情况如表 4-1 所示。

BootLoader 引导加载	Boot Parameters Boot 参数	Kernel 系统内核	Boot File System 根文件系统

图 4-1　典型的固态存储设备的空间分布图

表 4-1　JZ2440_V3 的 NAND Flash 文件映射表

文件	起始地址	实际大小 / 字节	预设大小 / 字节
BootLoader	0x0	192 KB	0x40000 / 256 KB
BootLoader 参数	0x40000	450 ~ 1 000 KB	0x20000 / 128 KB
内核 uImage	0x60000	2 306 KB	0x400000 / 4 MB
根文件系统	0x4600000	8.5 MB	0xFBA0000 / 251 MB
用户的其他文件系统		46.2MB	

从表 4-1 可以看出，BootLoader 程序占据着 0x0 位置，也就是说，在系统上电后，CPU 将首先执行 BootLoader 程序。需要注意的是，虽然 BootLoader 大小远远超过了 4 KB，但是在 NAND Flash 启动模式的时候，S3C2440 只允许前 4 KB（0x0 ~ 0x0FFF）的内容装入内存运行，需要首先初始化系统 SDRAM 以及代码重定位到 SDRAM 后，才能继续执行 BootLoader。

如何将 BootLoader 烧写到 Flash 中，不同的系统有不同的方式，具体分为以下几种。

（1）使用编程器将 BootLoader 烧写到 Flash 中。

将 BootLoader 写入 Flash 芯片，然后将烧写完毕的 Flash 插入板子上，这是针对 Flash 还没有插入板子的情形。编程器是对非易失性存储介质（ROM）和其他电可编程设备进行编程的工具。传统的编程器，需要把 Flash 从电路板上取下来，插到编程器的接口上，以完成擦除和烧写。现在的编程器发展的方向是 ISP（In-System Programming，在系统编程），就是指电路板上的空白器件可以编程写入最终用户代码，而不需要从电路板上取下器件。

（2）使用裸机的 Flash 烧写程序和 ARM 仿真器。

先将编译后的 Flash 烧写程序加载到 SDRAM 中，运行该 Flash 烧写程序，在指定 Flash 烧写的起始地址后，Flash 烧写程序将从电脑上把编译好的 Bootloader 映像（通常也加载到 SDRAM 内存的一块缓冲区）烧写到 Flash 的指定位置。

（3）使用 Bootloader。

这是针对 Bootloader 已经驻留在 Flash 的情形，可以通过 Bootloader 自己更新或烧写 Bootloader。Bootloader 之所以具有这种功能，是由 Bootloader 的分段执行特性决定的，当 Bootloader 在 Flash 中执行时，主要是把自身剩余的代码复制到 SDRAM 中，然后进入 SDRAM 运行后就可以反过来更新 Flash 中的 BootLoader 映像了。如果 Bootloader 不分段一直在 Flash 中执行，同时又更新 Flash 中的数据，这样将造成逻辑错误。

（4）处理器支持从内部 BootROM 启动。

有些厂商为了方便用户下载代码和调试，在其处理器内部集成了一个小的 ROM，事先固化一小段代码。因为容量有限，代码的功能有限，一般只是初始化串口，然后等待从串口输入数据。这样，串口线实际上就成了编程器的硬件连接了。比如，Cirrus Logic 的 EP93XX 系列，它内部集成了一个 BootROM，固化代码初始化串口，支持从串口下载数据。那么在宿主机上只需要相应地开发一个相同串口协议的下载程序，就可以完成 Bootloader（EP93XX 系列使用的是 Redboot）烧写到 Flash 里，然后从 Flash 启动，再由 Redboot 进行后面的工作。因为 Redboot 实现了串口传输协议和 TFTP 协议，就可以通过 RS-232 和 Ethernet 完成大的映象文件如内核和文件系统的下载固化。这样，从硬件上电，到最后系统启动的所有环节就都很清晰了。类似如 STM32F10x 系列，在芯片出厂时，厂家预先烧写了一个 BootLoader 到特定的 ROM（也被称为系统存储器）中。这个 BootLoader（类似于 ISP）的主要任务就是通过 UART1 串口下载程序到内置 Flash 里。使用时，先配置芯片从系统存储器启动，上电运行 BootLoader，下载和烧写用户自己的程序（当然也可以是用户自己的 BootLoader 程序）到内置 Flash，然后再配置为从内置 Flash 启动就可以正常工作了。

（5）处理器不支持从 BootROM 启动。

还有些厂商为了节省 ROM 空间、提高集成度，不支持从 BootROM 启动模式，比如三星公司的 S3C2410/2440 等。有一种简单的方法就是采用 JTAG 下载线作为编程器的硬件连接，完成其 Bootloader 的烧写。在 Windows 环境下，针对 JTAG 硬件连接，编程器的软件有 J-Flash（前面的 2.3 章节有介绍）、SJF、Flash Programmer 等，还有百问网公司 Easy Open Jtag 编程器自带的 OFlash，以及 Linux 版本的 J-Flash 等。

随着技术的进步，现在很多的高档 ARM 处理器，比如三星的 Exynos 4412、荔枝派的全志 V3S 或树莓派 4B 的博通 BCM2711 等，都支持 SD 卡或 TF 卡启动方式，完全可以将包括 BootLoader 在内的整个系统做到 SD/TF 卡上，通过诸如 Win32DiskImager 之类的烧写软件或者 Linux 下的 dd 命令，就可以完成系统镜像文件到 SD/TF 卡的烧写，更加方便系统的构建。

4.1.2 BootLoader 的启动过程

BootLoader 的启动过程可以分为单阶段（Single-Stage）和多阶段（Multi-Stage）两种。通常多阶段的 BootLoader 能提供更为复杂的功能及更好的可移植性。从固态存储设备上启动的 BootLoader 大多都是 2 个阶段的启动过程，即启动过程可以分为 stage 1（阶段 1）和 stage 2（阶段 2）两部分。依赖于 CPU 体系结构的代码（如硬件设备初始化等）通常都放在阶段 1 中，并调用阶段 2 的代码，阶段 1 往往用汇编语言来实现；而阶段 2 则通常用 C 语言来实现，这样可以实现更复杂的功能，而且有更好的可读性和可移植性。

4.1.2.1 stage 1 的启动过程

阶段 1 主要完成系统入口的定义，设置异常向量表、CPU 工作模式和工作频率以及一些寄存器的值和堆栈空间等，还要完成代码从 Flash ROM 到 RAM 的搬运过程，通常包括以下步骤（以执行的先后顺序）。

（1）硬件设备初始化。

屏蔽所有的中断、设置 CPU 的速度和时钟频率、RAM 初始化、初始化 LED、关闭 CPU 内部指令 / 数据 Cache 等。

（2）为加载 BootLoader 的 stage 2 代码准备 RAM 空间。

除了阶段 2 可执行映像的大小外，还必须把堆栈空间也考虑进来，必须确保所安排的地址范围的确是可读写的 RAM 空间。

（3）拷贝 BootLoader 的 stage 2 代码部分到 RAM 空间中。

（4）设置好堆栈。

（5）跳转到 stage 2 的 C 程序入口点。

在 stage 1 进行的硬件初始化操作并不是都必须进行的，比如初始化 LED/ 点亮开发板上的指示灯。甚至于拷贝 BootLoader 的 stage 2 部分到 RAM 空间中，这一步也不是必需的，因为不同于 NAND Flash，在 NOR Flash 等存储设备里的 BootLoader，完全可以在上面直接运行代码，只不过与在 RAM 中执行的相比较起来，速度要大为降低。

4.1.2.2 stage 2 的启动过程

stage 2 主要完成一系列的初始化，包括 Flash、内存映射、环境变量及外围设备等，最后启动内核或者进入命令行模式，以获取用户输入的命令，与用户进行交互，通常包括以下步骤（以执行的先后顺序）。

（1）初始化本阶段要使用到的硬件设备。

①初始化至少一个串口，以便和终端用户进行 I/O 输出信息。

②初始化定时器等。

（2）检测系统内存映射（memory map）。

①内存映射的描述。

②内存映射的检测。

所谓检测内存映射，就是确定目标板上使用了多少内存，内存地址空间是什么。

（3）将内核映像和根文件系统映像从 Flash 上读到 RAM 空间中。

①规划内存占用的布局：内核映像和根文件系统所占用的内存范围。

②从 Flash 上拷贝映象文件到 RAM，如果压缩，需要解压。

将根文件系统映像复制到 RAM，这不是必需的，这取决于根文件系统的类型及内核访问它的方法。

（4）为内核设置启动参数。

①标记列表（tagged list）的形式来传递启动参数，启动参数标记列表以标记 ATAG_CORE 开始，以标记 ATAG_NONE 结束。

②嵌入式 Linux 系统中，通常需要由 BootLoader 设置的常见启动参数有 ATAG_CORE、ATAG_MEM、ATAG_CMDLINE、ATAG_RAMDISK、ATAG_INITRD。

（5）调用内核的条件。将内核存放在适当的位置之后，直接跳到它的入口点即可调用内核。不过在调用内核之前，下列条件要满足。

① CPU 寄存器的设置：

- R0 = 0；
- R1 =机器类型 ID，ID 可以参见：Linux/arch/arm/tools/mach-types；
- R2 =启动参数标记列表在 RAM 中起始基地址。

② CPU 工作模式：

- 必须禁止中断（IRQs 和 FIQs）；
- CPU 必须 SVC 模式。

③ Cache 和 MMU 的设置：

- MMU 必须关闭；
- 指令 Cache 可以打开也可以关闭；
- 数据 Cache 必须关闭。

后面会以 U-Boot 的启动为例，深入学习 BootLoader 的启动原理和过程。

4.1.3 BootLoader 工作模式

BootLoader 一般有两种工作模式，“启动加载”（bootloading）模式和“下载”（down loading）模式，这种区别仅对于开发人员才有意义。从最终用户的角度看，BootLoader 的作用就是用来加载操作系统，而并不存在所谓的启动加载模式与下载工作模式的区别。

（1）启动加载模式：这种模式也称为“自主”（Autonomous）模式，即 BootLoader 从目标机上的某个固态存储设备上将操作系统加载到 RAM 中运行，整个过程并没有用户的介入。这种模式是 BootLoader 的正常工作模式，因此在嵌入式产品发布的时候，BootLoader 显然必须工作在这种模式下。

（2）下载模式：在这种模式下，目标机上的 BootLoader 将通过串口或网络连接等通信手段从宿主机下载文件，比如下载内核映像和根文件系统映像文件等。从主机下载的文件通常首先被 BootLoader 保存到目标机的 RAM 中，然后再被 BootLoader 写到目标机上的 Flash 类固态存储设备中。BootLoader 的这种模式通常在第一次安装内核与根文件系统时被使用；此外，以后的系统更新也会使用 BootLoader 的这种工作模式。工作于这种模式下的 BootLoader 通常都会向它的终端用户提供一个简单的命令行接口。

在后面将要介绍的 U-Boot，通常同时支持以上两种工作模式，而且允许用户在这两种模式之间进行切换。U-Boot 在启动时处于正常的启动加载模式，但是它会延时一段时间（通常是几秒，用户可以自行设置）等待用户按下任意键而将 U-Boot 切换到命令行接口从而进入下载模式。如果在这段时间内用户没有按键，U-Boot 就开始自动引导内核。

4.1.4 BootLoader 与宿主机之间进行文件传输所用的通信设备及协议

最常见的情况就是，目标机上的 BootLoader 通过串口与宿主机之间进行文件传输，传输协议通常是 Xmodem/Ymodem/Zmodem 协议中的一种。但是，串口传输的速度是非常慢的，因此通过以太网连接并借助 TFTP 协议来下载较大的文件是个更好的选择。

此外，在谈及这个话题时，宿主机所用的软件也要考虑。比如，在通过以太网连接和 TFTP 协议来下载文件时，宿主机必须有一个软件用来提供 TFTP 服务，这部分的配置过程和方法，在 3.2.6 章节宿主机 Linux 系统下安装和配置 TFTP 服务器已经介绍过了。

4.2 U-Boot 以及移植

U-Boot（Universal BootLoader，通用引导加载程序）被认为是功能最多、最具弹性以及开发最积极的 BootLoader，它是遵循 GPL 条款的开放源码项目，目前由 DENX Software Engineering（位于德国慕尼黑之外）的 Wolfgang Denk 所维护，并且受到各种开发者的支援。

之所以在 BootLoader 前面加 Universal，主要体现在以下两个方面：一是在操作系统的支持方面，U-Boot 不仅仅支持嵌入式 Linux 系统的引导，它还支持 NetBSD、VxWorks、QNX、RTEMS、ARTOS、LynxOS、Android 等嵌入式操作系统；二是在处理器支持方面，U-Boot 除了支持 PowerPC 系列的处理器外，还能支持 MIPS、x86、ARM、NIOS、XScale 等诸多常用系列的处理器。这两个特点正是 U-Boot 项目的开发目标，即支持尽可能多的嵌入式处理器和嵌入式操作系统。就目前来看，U-Boot 对 PowerPC 系列处理器支持最为丰富，对 Linux 的支持最完善。

此外，U-Boot 还具备使用 TFTP 通过网络连线从 IDE 或 SCSI 磁盘、从 USB 以及从各式各样的 flash 设备启动内核的能力。U-Boot 支持一系列的文件系统，包括 Cramfs（Linux、ext2（Linux）、FAT（Microsoft）以及 JFFS2、YAFFS2、UBIFS（Linux）。

后期的 U-Boot 其源码目录、编译形式与 Linux 内核很相似，事实上，不少 U-Boot 源码就是根据相应的 Linux 内核源程序进行简化而形成的，尤其是一些设备的驱动程序，这从 U-Boot 源码的注释中也得到了体现。U-Boot 也支持 make menuconfig 命令来进行菜单化配置。

U-Boot 源码包及最新版本可以从 https://ftp.denx.de/pub/u-boot/ 下载。

U-Boot 官网上下载的是官方的 U-Boot 源码，但是我们一般不会直接使用 U-Boot 官方源码，U-Boot 官方源码是给半导体芯片厂商准备的。半导体芯片厂商会下载官方 U-Boot 源码，然后将自家相应的芯片移植进去，也就是说半导体芯片厂商会自己维护一个版本的 U-Boot，例如 IMX6U 芯片厂商 NXP 就会维护一个自己的 U-Boot 版本，半导体芯片厂商维护的 U-Boot 版本主要针对自家评估板。如果商家自己制作开发板就需要修改芯片厂商官方的 U-Boot，使其支持开发板厂商生产的评估板。这三种 U-Boot 的关系如表 4-2 所示。这里使用 U-Boot 官方的 uboot-1.1.6.tar.bz2 源码包和百问网提供的补丁包 u-boot-1.1.6_jz2440.patch 来构建 JZ2440_V3 开发板的 BootLoader，首先对 U-Boot 工程目录进行分析。

表 4-2　三种不同的 U-Boot 之间的区别

U-Boot 种类	描述
官方 U-Boot	U-Boot 官方维护开发的版本，版本更新快，基本包含所有常用架构和类型的 CPU 以及公版开发板
半导体芯片厂商 U-Boot	半导体芯片厂商维护的版本，专门针对自家的芯片以及公版开发板，在对自家芯片以及公版开发板的支持上要比官方做得好
开发板厂商 U-Boot	开发板厂商在半导体厂商提供的 U-Boot 基础上加入了对自家开发板（非公版）的支持

4.2.1　U-Boot 源码结构

从官网下载 u-boot-1.1.6 的源码包，解压以后就可以看到全部的 U-Boot 源代码，期顶层目录说明如表 4-3 所示。

表 4-3 U-Boot 顶层目录说明

目录	特性	解释说明
board	平台依赖	存放电路板相关的目录文件，例如：RPXlite(mpc8xx)、smdk2410(arm920t) 和 sc520_cdp(x86) 等目录
cpu	平台依赖	存放 CPU 相关的目录文件，例如：mpc8xx、ppc4xx、arm720t、arm920t、xscale、i386 等目录
lib_ppc	平台依赖	存放对 PowerPC 体系结构通用的文件，主要用于实现 PowerPC 平台通用的函数
lib_avr32	平台依赖	avr32 系统结构通用的文件
lib_arm	平台依赖	存放对 ARM 体系结构通用的文件，主要用于实现 ARM 平台通用的函数
lib_i386	平台依赖	存放对 X86 体系结构通用的文件，主要用于实现 X86 平台通用的函数
include	通用	存放头文件和开发板配置文件，所有开发板的配置文件都在 configs 目录下
common	通用	U-Boot 的命令实现大多在 common 目录下。在该目录下命令的代码文件都是以“cmd_”开头的。每一个文件都是一个命令实现的代码文件，而且文件名和命令名称是相关的，例如 cmd_nand.c 是实现 nand 命令的文件
lib_generic	通用	通用库函数的实现
net	通用	存放网络的程序，包括 BOOTP 协议、TFTP 协议、RARP 协议和 NFS 文件系统的实现
fs	通用	存放文件系统的程序
post	通用	存放上电自检程序
drivers	通用	通用的设备驱动程序，主要有以太网接口的驱动
disk	通用	硬盘接口程序
rtc	通用	RTC（实时时钟）的驱动程序
dtt	通用	存放数字温度测量器或者传感器的驱动
nand_spl	通用	NAND Flash Boot 的程序
examples	应用例程	一些独立运行的应用程序的例子，例如 hello_world
tools	工具	存放制作 S-Record 或者 U-Boot 格式的映像等工具，例如 mkimage、crc 等。其中的 mkimage 工具，务必复制到系统 /usr/bin 目录下，或者将 U-Boot 的 tools 目录添加到系统 PATH 环境变量中。该工具可以生成 U-Boot 格式的 uImage 内核文件，以配合 U-Boot 使用
doc	文档	存放开发帮助使用文档

整个 U-Boot 文件夹下所包含的文件非常多，对于特定的开发板，配置编译过程只需要其中部分程序，因此，我们对 U-Boot 源代码进行移植修改的时候，只要针对自己使用的 CPU 和开发板进行特定修改就可以了。具体来说，由于 JZ2440_V3 开发板使用的处理器是 S3C2440，而 U-Boot 下已提供了实验平台 smdk2410（smdk 是 Samsung MCU Development Kit 的简称）。由于 ARM 处理器复杂程度，以及使用、学习、开发的难度远远超过一般的单片机，厂商往往会自己先推出一套该芯片的样板，即所谓的公板，以方便使用者学习开发和应用研究。smdk2410 即是三星公司 S3C2410 的公板，市面上常见的 2410/2440 开发板的源头都是这个公板，因此我们可以借鉴这个平台的设计，针对自己实

验平台的特定部分进行相应修改。

4.2.2　JZ2440_V3 开发板的 U-Boot 配置过程

U-Boot 源码包的 README 文档中广泛地说明了 U-Boot 的用法，它还探讨了源码的布局、可用的构建选项、U-Boot 的命令集以及 U-Boot 特有的环境变量。如果要深入探讨 U-Boot，可以参考该 README。

这里使用 U-Boot 官方的 uboot-1.1.6.tar.bz2 源码包和百问网提供的补丁包 u-boot-1.1.6_jz2440.patch 来构建 JZ2440_V3 开发板的 BootLoader，操作分 5 个步骤，如下。

（1）将官网的压缩包 uboot-1.1.6.tar.bz2 和 jz2440 开发板的 u-boot-1.1.6 补丁包复制到工作区的 uboot 目录下：

```
cd  ~/jz2440/uboot
cp  /mnt/hgfs/jz2440/learn/Linux 系统移植构建 _JZ2440/uboot/ u-boot-1.1.6.tar.bz2 ./
cp  /mnt/hgfs/jz2440/learn/Linux 系统移植构建 _JZ2440/uboot/ u-boot-1.1.6_jz2440.patch ./
```

（2）在工作区 uboot 目录下，解压压缩包 uboot-1.1.6.tar.bz2，并进入该目录，打补丁。

```
cd  ~/jz2440/uboot
tar  -xjvf u-boot-1.1.6.tar.bz2
cd  u-boot-1.1.6
patch  -p1 < ../u-boot-1.1.6_jz2440.patch
```

（3）执行 make 100ask24x0_config 命令，配置 JZ2440_V3 开发板。

```
make 100ask24x0_config
```

（4）执行 gedit include/configs/100ask24x0.h 命令，找到第 57 行，修改 U-Boot 的 mtd 分区默认设置。

```
gedit include/configs/100ask24x0.h
```

找到 MTDPARTS_DEFAULT，修改 mtd 分区默认值：

```
#define MTDPARTS_DEFAULT "mtdparts=nandflash0:256k@0(bootloader)," \
                    "128k(params)," \
                    "2m(kernel)," \
                    "-(root)"
```

将第 59 行的 kernel 分区，从默认的 2 MB 大小：

```
"2m(kernel)," \
```

修改为 4 MB 大小，以支持超过 2 MB 大小的 Linux-3.4.2 内核：

```
"4m(kernel)," \
```

（5）执行 make 命令，交叉编译，生成 elf 格式的 u-boot 以及 u-boot.bin 二进制镜像文件。

```
make
```

（6）将 u-boot.bin 文件复制出来，使用 J-Flash 和 JLink 将其烧写到 NOR Flash。

参照 2.3.2.2 章节的操作方法，烧写接好 USB 转串口线，重启开发板，在串口终端里面看到 U-Boot 启动时的提示信息，说明 U-Boot 的烧写和运行成功。

4.2.3 U-Boot 的 make 命令分析

上一节我们在 U-Boot 配置时键入命令进行 U-Boot 的编译。这里来看看 make 编译的时候的大致过程。

（1）make 100ask24x0_config 命令分析。

make 命令会在当前目录下搜索执行 Makefile 文件。在 U-Boot 顶层目录下的 Makefile 中可以看到如下代码：

```
SRCTREE := $(CURDIR)
…
MKCONFIG := $(SRCTREE)/mkconfig
…
100ask24x0_config:unconfig
    @$(MKCONFIG) $(@:_config=) arm arm920t 100ask24x0 NULL s3c24x0
```

假定在 U-Boot-1.1.6 的根目录下编译，则其中的 MKCONFIG 就是 U-Boot 顶层目录下的 mkconfig 脚本文件。@$(MKCONFIG) 就是前面定义的 MKCONFIG 的值，也就是 U-Boot 顶层目录的 mkconfig 文件。$(@:_config=) 的意思就是把 make 100ask24x0_config 命令中的 _config 给去掉，保留 100ask24x0。

所以“make 100ask24x0_config”实际上就是执行如下命令：

```
./mkconfig 100ask24x0 arm arm920t 100ask24x0 NULL s3c24x0。
```

而 mkconfig 这个脚本做的工作如下，

➢ 创建到平台 / 开发板相关的头文件的链接，如下所示：

```
ln -s asm-$2 asm
ln -s arch-$6 asm-$2/arch
ln -s proc-armv asm-$2/proc
```

➢ 建立 include/config.mk 文件，如下内容：

```
echo "ARCH = $2" >> config.mk
echo "CPU = $3" >> config.mk
echo "BOARD = $4" >> config.mk
echo "VENDOR = $5" >> config.mk
echo "SOC = $6" >> config.mk
```

➢ 建立 include/config.h，如下内容：

```
echo "#include <configs/$1.h>" >>config.h
```

在这里 $1-$6 的值分别是：100ask24x0 arm arm920t 100ask24x0 NULL s3c24x0。

所以执行了 make 100ask24x0_config 之后，就生成了相应的 config.mk 和 config.h 两个文件。在 config.mk 文件中，定义了相应硬件信息：“ARCH CPU BOARD VENDOR SOC”，在 config.h 文件中，包含了相应硬件的头文件 100ask24x0.h，位于 include/configs 目录下，所以在移植的时候需要将 smdk2410.h 复制一份为 100ask24x0.h。

这样，U-Boot 的配置文件已经生成，为后面的 make / make all 的命令做好准备。

（2）make 或者 make all 命令。

经过上一步生成的 config.mk 文件，直接被 include 到 Makefile 中并使用，其定义如下：

```
include $(obj) include/config.mk
export ARCH CPU BOARD VENDOR SOC
```

这样可以直接选择需要编译的模块，例如：

```
LIBS += cpu/$(CPU)/$(SOC)/lib$(SOC).a
LIBS += lib_$(ARCH)/lib$(ARCH).a
LIBBOARD = board/$(BOARDDIR)/lib$(BOARD).a
```

上一步生成的 config.h 被 include/common.h 所包含，而它有包含了相应硬件的头文件：common.h 包含了 config.h，而 config.h 又包含了 100ask24x0.h。

除了在源程序中使用这些头文件的定义之外，U-Boot 还有一个脚本通过解 common.h 以及其包含的所有头文件信息，来生成配置信息如下形式：

```
CONFIG_BAUDRATE = 115200
CONFIG_NETMASK = "255.255.255.0"
CONFIG_DRIVER_DM9000 = y
CONFIG_ARM920T = y
CONFIG_RTC_S3C24X0 = y
CONFIG_CMD_ELF = y
```

而头文件的定义的形式如下，对比可以看出脚本的工作原理。

```
#define CONFIG_BAUDRATE 115200
#define CONFIG_NETMASK 255.255.255.0
#define CONFIG_DRIVER_DM9000 1          /* We have a DM9000 on-board */
#define CONFIG_ARM920T 1                /* This is an ARM920T Core */
#define CONFIG_RTC_S3C24X0 1
#define CONFIG_CMD_ELF 1
```

通过这样，uboot 可以自动得到一个模块选择的配置功能。如果我们需要添加什么定义或者功能，也可以在相应的头文件中加入定义实现。

现在，配置已经得到，就看最后的编译流程。编译分为五大部分，分别如下：

① $(SUBDIRS) 工具，例子等，包括目录：tools、examples、api_examples。

② $(OBJS)，第一个值是启动模块 cpu/arm920t/start.o。

③ $(LIBBOARD) 板子支持模块 board/smdk2410/libsmdk2410.a。

④ $(LIBS) 其他模块，有以下模块：cpu/arm920t/libarm920t.a、cpu/arm920t/s3c24x0/libs3c24x0.a、lib_arm/libarm.a、fs/jffs2/libjffs2.a、fs/yaffs2/libyaffs2.a、net/libnet.a、disk/libdisk.a、drivers/bios_emulator/libatibiosemu.a、drivers/mtd/libmtd.a、drivers/net/libnet.a、drivers/net/phy/libphy.a、drivers/net/sk98lin/libsk98lin.a、drivers/pci/libpci.a、common/libcommon.a。

⑤ $(LDSCRIPT) 链接脚本，实际为 board/100ask24x0/u-boot.lds 文件。

编译完成这五部分，链接成 elf 格式的 u-boot 文件，最后通过 objcopy -O binary 命令将 elf 格式转换成为 raw binary 格式的文件 u-boot.bin，就可以烧到板子上使用了。

4.3 U-Boot 使用

将 U-Boot 烧写到目标机的 Flash 之后，用 USB 转串口线将目标机与宿主机连接起来，运行串口终端，再打开开发板电源，如果 U-Boot 烧写成功，会看到下面的提示信息，如图 4-2 所示。

```
4. COM8 (Prolific USB-to-Serial Co...
U-Boot 1.1.6 enable Ethernet alltime(Aug  8 2021 - 04:21:21)

DRAM:  64 MB
Flash:  2 MB
NAND:  256 MiB
In:    serial
Out:   serial
Err:   serial
UPLLVal [M:38h,P:2h,S:2h]
MPLLVal [M:5ch,P:1h,S:1h]
CLKDIVN:5h


+---------------------------------------------+
| S3C2440A USB Downloader ver R0.03 2004 Jan  |
+---------------------------------------------+
USB: IN_ENDPOINT:1 OUT_ENDPOINT:3
FORMAT: <ADDR(DATA):4>+<SIZE(n+10):4>+<DATA:n>+<CS:2>
NOTE: Power off/on or press the reset button for 1 sec
      in order to get a valid USB device address.

Hit any key to stop autoboot:  0
dm9000 i/o: 0x20000000, id: 0x90000a46
DM9000: running in 16 bit mode
MAC: 08:00:3e:26:0a:5b
could not establish link

##### 100ask Bootloader for OpenJTAG #####
[n] Download u-boot to Nand Flash
[o] Download u-boot to Nor Flash
[c] Re-scan Nor Flash
[u] Copy bootloader from nand to nor
[v] Copy bootloader from nor to nand
[k] Download Linux kernel uImage
[j] Download root_jffs2 image
[y] Download root_yaffs image
[d] Download to SDRAM & Run
[z] Download zImage into RAM
[g] Boot linux from RAM
[f] Format the Nand Flash
[s] Set the boot parameters
[b] Boot the system
[r] Reboot u-boot
[q] Quit from menu
Enter your selection:
```

图 4-2　U-Boot 启动提示

从图 4-2 的提示信息可以知道，U-Boot 首先会打印出版本信息“U-Boot 1.1.6”，然后提示与硬件有关信息：DRAM 内存大小为 64 MB、NOR Flash 大小为 2 MB、NAND Flash 大小为 256 MB 等。U-Boot 刚启动时会有一个可设定的计时器在输出的最后一行开始倒数计时。如果在所设定的秒数内未按下任何键，U-Boot 就会根据预设的配置开始引导内核；如果在该时间之内有按键按下，将会显示开发板厂商百问网提供的快捷操作菜单提示，其中中括号“[n]”之内的“n”代表的是该操作的快捷键，其他类似：

```
##### 100ask Bootloader for OpenJTAG #####
[n] Download u-boot to NAND Flash（通过 DNW 下载 u-boot 到 NAND Flash，"n" 是快捷键）
[o] Download u-boot to NOR Flash （通过 DNW 下载 u-boot 到 NOR Flash，"o" 是快捷键）
[c] Re-scan NOR Flash （重新扫描 NOR Flash，得到 NOR Flash 的容量，"c" 是快捷键）
[u] Copy bootloader from nand to nor（将 u-boot 从 NAND Flash 复制到 NOR Flash，"u" 是快捷键）
[v] Copy bootloader from nor to nand（将 u-boot 从 NOR Flash 复制到 NAND Flash，"v" 是快键）
[k] Download Linux kernel uImage（通过 DNW 下载 uImage 内核到 NAND Flash，"v" 是快键）
[j] Download root_jffs2 image（通过 DNW 下载 jffs2 文件系统到 NAND Flash，"j" 是快键）
[y] Download root_yaffs image（通过 DNW 下载 yaffs 文件系统到 NAND Flash，"y" 是快键）
[d] Download to SDRAM & Run（通过 DNW 下载裸机程序到 SDRAM 并运行，"d" 是快键）
[z] Download zImage into RAM（通过 DNW 下载 zImage 内核到 SDRAM，"z" 是快键）
[g] Boot linux from RAM （启动 SDRAM 中的 Linux 内核，"g" 是快键）
[f] Format the NAND Flash （格式化 NAND Flash，"f" 是快键）
[s] Set the boot parameters （设置启动参数，"s" 是快键）
[b] Boot the system （启动 Linux 内核，"b" 是快键）
[r] Reboot u-boot （重启 u-boot，"r" 是快键）
[q] Quit from menu （退出该菜单，"q" 是快键）
Enter your selection: （进入你的选择，输入相应的快键）
```

其实这些操作可以看作是官方 U-Boot 命令的组合，方便用户使用。如果不想进行这些操作，可以输入“q”退出快捷菜单，进入 U-Boot 的命令行模式（也就是下载模式），这时出现命令提示：

```
OpenJTAG>
```

可以在命令提示符的后面输入一定的命令来完成基本的操作，比如配置目标机的 ip

地址，通过 tftp 的方式下载内核和根文件系统等，下面来具体介绍这些基本的 U-Boot 命令。

4.3.1 U-Boot 命令

在命令行提示符后面输入 help 可以查看 U-Boot 的所有命令。

```
OpenJTAG> help
?          - alias for 'help'
autoscr  - run script from memory
base       - print or set address offset
bdinfo    - print Board Info structure
boot       - boot default, i.e., run 'bootcmd'
bootd      - boot default, i.e., run 'bootcmd'
bootelf   - Boot from an ELF image in memory
bootm     - boot application image from memory
bootp      - boot image via network using BootP/TFTP protocol
bootvx    - Boot vxWorks from an ELF image
chpart     - change active partition
cmp        - memory compare
coninfo   - print console devices and information
cp          - memory copy
crc32      - checksum calculation
date        - get/set/reset date & time
dcache     - enable or disable data cache
echo        - echo args to console
erase       - erase FLASH memory
flinfo      - print FLASH memory information
fsinfo      - print information about filesystems
fsload      - load binary file from a filesystem image
go           - start application at address 'addr'
help        - print online help
icache      - enable or disable instruction cache
iminfo     - print header information for application image
imls        - list all images found in flash
itest       - return true/false on integer compare
loadb      - load binary file over serial line (kermit mode)
loads      - load S-Record file over serial line
```

```
loadx      - load binary file over serial line (xmodem mode)
loady      - load binary file over serial line (ymodem mode)
loop       - infinite loop on address range
ls         - list files in a directory (default /)
md         - memory display
menu       - display a menu, to select the items to do something
mm         - memory modify (auto-incrementing)
mtdparts   - define flash/nand partitions
mtest      - simple RAM test
mw         - memory write (fill)
nand       - NAND sub-system
nboot      - boot from NAND device
nfs        - boot image via network using NFS protocol
nm         - memory modify (constant address)
ping       - send ICMP ECHO_REQUEST to network host
printenv   - print environment variables
protect    - enable or disable FLASH write protection
rarpboot   - boot image via network using RARP/TFTP protocol
reset      - Perform RESET of the CPU
run        - run commands in an environment variable
saveenv    - save environment variables to persistent storage
setenv     - set environment variables
sleep      - delay execution for some time
suspend    - suspend the board
tftpboot   - boot image via network using TFTP protocol
usbslave   - get file from host(PC)
version    - print monitor version
```

U-Boot 对每个命令提供了辅助说明，在使用某个命令之前可以通过查看这些辅助说明来了解该命令的用法，比如想知道 mw 内存填充命令的作用及使用方法，便可以输入 help mw 来查看：

```
OpenJTAG> help mw
mw[.b, .w, .l]  address  value  [count]
    - write memory
```

当 U-Boot 在命令之后附加 [.b, .w, .l] 表达式时，代表需要根据所调用的命令版本在命令之后附加相应的字符串。例如，mw 命令的三个版本 mw.b、mw.w 和 mw.l 分别可用于内存改写 / 填充 byte、word 和 long 类型的数据。

U-Boot 对自变量的格式有严格的要求。它会将大部分的自变量视为十六进制的数值。以 cp 命令为例，这代表源位置、目的地址和字节计数等参数都必须是十六进制的数值，无须再为这些数值前置或附加任何特殊的符号，例如 0x 前缀或 h 后缀。比如，如果源地址是 0x40000000，只要键入 40000000 即可（当然加上 0x 前缀也是可以的）。

U-Boot 允许使用简化的命令子串来代替该命令。举例来说，tftp 可以代替 tftpboot 命令，因为以 tftp 起头的命令只有 tftpboot；但是 lo 不可以代替 loads，因为有四个命令以这两个字母起头：loadb、loads、loady 和 loop。

4.3.2 U-Boot 命令使用实例

虽然 U-Boot 的命令较多，但实际上我们只需要关注于开发过程中常用到的命令即可，熟悉这些命令的作用、参数、用法等，下面通过实例进行说明。

4.3.2.1 网络传输 tftpboot 和 nfs 命令

（1）tftpboot 命令。

```
OpenJTAG> help tftpboot
tftpboot  [loadAddress]  [bootfilename]
```

这条命令是使用 TFTP 协议，按照二进制文件格式进行网络传输并下载指定的文件。要使用该命令，必须配置好相关的环境变量。主要是 serverip 和 ipaddr（serverip 和 ipaddr 的 IP 地址要在同一个网段内，参看下一小节“设置环境变量”）。

第一个参数 loadAddress 是下载到的内存地址。

第二个参数是要下载的文件名称，该文件必须放在宿主机的 TFTP 服务器相应的目录下。

在嵌入式 Linux 开发时使用 tftpboot 命令就是通过 tftp 方式从宿主机的 tftp 服务器根目录中下载内核或者文件系统映像。比如将内核映像文件 uImage 放在宿主机的 tftp 服务器根目录（在 ~/jz2440/image/tftpboot 目录）下：

```
a1@a1-virtual-machine:~/jz2440/image/tftpboot$ ls -l uImage
-rw-rw-r-- 1 a1 a1 2306032 8 月 28 23:03 uImage
```

若 loadAddress 为 0x30007FC0，则敲入“tftp 0x30007FC0 uImage”这条命令，这时 U-Boot 就会从宿主机上下载 uImage 文件，将其放在目标机以 0x30007FC0 为首地址的 RAM 内存区中。下面就是笔者在开发过程中执行“tftp 0x30007FC0 zImage”命令后输出的内容：

```
OpenJTAG> tftp 0x30007FC0 uImage
dm9000 i/o: 0x20000000, id: 0x90000a46
DM9000: running in 16 bit mode
MAC: 08:00:3e:26:0a:5b
```

```
could not establish link
TFTP from server 192.168.8.97; our IP address is 192.168.8.11
Filename 'uImage'.
Load address: 0x30007fc0
Loading: #################################################################
         #################################################################
         #################################################################
         #################################################################
         #################################################################
         #################################################################
         #############################################################
done
Bytes transferred = 2306032 (232ff0 hex)
```

这里最后一行还可以看到下载文件的大小，这个参数很有用，如果要将这个文件写到 NAND Flash 中，就必须知道文件的大小，那时就需要使用这个参数。

（2）nfs 命令。

```
OpenJTAG> help nfs
nfs  [loadAddress]  [host ip addr:bootfilename]
```

这条命令是使用 nfs 协议进行网络传输并下载指定的文件。和 tftpboot 命令类似，要使用该命令，必须配置好相关的环境变量 serverip 和 ipaddr，宿主机需要配置好并启动 NFS 服务器（参见第 8 章）。

该命令的两个参数，第一个参数 loadAddress 是下载到的内存地址；第二个参数指定要下载的文件存放的位置。比如下面的 nfs 命令：

```
nfs  0x30000000  192.168.8.97:/home/a1/jz2440/rootfs/nfs/fs_Qt5.2.yaffs2
```

该命令将 IP 地址为 192.168.8.97 的宿主机上，指定位置为 /home/a1/jz2440/rootfs/nfs 目录下的 fs_Qt5.2.yaffs2 文件，通过 nfs 协议传输到开发板内存为 0x30000000 的地址空间上。

4.3.2.2　mtdparts 命令

MTD 全称是“Memory Technology Device”，意思为“内存技术设备”，是 Linux 的存储设备中的一个子系统。在 Linux 内核中，引入 MTD 层为 NOR Flash 和 NAND Flash 设备提供统一的接口。MTD 将文件系统与底层 FLASH 存储器进行了分离。mtdparts 命令就是对 MTD 设备的分区进行操作的命令。

```
OpenJTAG> help mtdparts
mtdparts
    - list partition table
```

```
mtdparts delall
   - delete all partitions
mtdparts del part-id
   - delete partition (e.g. part-id = nand0,1)
mtdparts add <mtd-dev> <size>[@<offset>] [<name>] [ro]
   - add partition
mtdparts default
   - reset partition table to defaults
-----
```

可以看出，mtdparts 命令有 5 种情况，下面分别介绍一下：

（1）“mtdparts”，查看 mtd 设备分区信息，OpenJTAG> mtdparts。

```
device nand0 <nandflash0>, # parts = 4
 #: name          size          offset        mask_flags
 0: bootloader    0x00040000    0x00000000    0
 1: params        0x00020000    0x00040000    0
 2: kernel        0x00400000    0x00060000    0
 3: root          0x0fba0000    0x00460000    0

active partition: nand0,0 - (bootloader) 0x00040000 @ 0x00000000

defaults:
mtdids  : nand0=nandflash0
mtdparts: mtdparts=nandflash0:256k@0(bootloader),128k(params),4m(kernel),-(root)
```

执行不加参数的“mtdparts”命令，列出所有的 mtd 设备分区信息，这里列出了 JZ2440_V3 开发板上 NAND Flash 所有分区的信息，包括分区名字 name、分区大小 size、分区的起始地址 offset 等。可以看到该开发板的 NAND Flash 设备是 nand0，分为 4 个分区，0#bootloader 分区、1#boot 参数 params 分区、2# 内核 kernel 分区、3# 根文件系统 root 分区，其中 kernel 分区存放的是 Linux 内核，起始地址是 0x00060000，大小是 0x00400000。这部分要和表 4-1 的内容对应起来。

（2）“mtdparts del part-id”，删除 mtd 设备指定的分区，OpenJTAG> mtdparts del nand0,2。

```
OpenJTAG> mtdparts
device nand0 <nandflash0>, # parts = 3
 #: name          size          offset        mask_flags
```

```
0: bootloader        0x00040000    0x00000000    0
1: params            0x00020000    0x00040000    0
2: root              0x0fba0000    0x00460000    0

active partition: nand0,0 - (bootloader) 0x00040000 @ 0x00000000

defaults:
mtdids  : nand0=nandflash0
mtdparts: mtdparts=nandflash0:256k@0(bootloader),128k(params),4m(kernel),-(root)
```

执行“mtdparts del nand0,2”命令不会输出提示信息，将删掉 NAND Flash 的 2# 分区也就是 kernel 分区，所以再次执行 mtdparts 命令时，会显示剩下的 3 个分区。

（3）“mtdparts add <mtd-dev> <size>[@<offset>] [<name>] [ro]”，给 mtd-dev 设备添加指定的分区，分区的名字为 name、大小 size、起始地址 offset，ro 可选，表明只读分区，OpenJTAG> mtdparts add nand0 0x00400000@0x00060000 kernel。

```
OpenJTAG> mtdparts
device nand0 <nandflash0>, # parts = 4
 #: name              size          offset        mask_flags
 0: bootloader        0x00040000    0x00000000    0
 1: params            0x00020000    0x00040000    0
 2: kernel            0x00400000    0x00060000    0
 3: root              0x0fba0000    0x00460000    0

active partition: nand0,0 - (bootloader) 0x00040000 @ 0x00000000

defaults:
mtdids  : nand0=nandflash0
mtdparts: mtdparts=nandflash0:256k@0(bootloader),128k(params),4m(kernel),-(root)
```

执行“mtdparts add nand0 0x00400000@0x00060000 kernel”命令不会输出提示信息，将向 NAND Flash 的添加 2# 分区也就是 kernel 分区，大小 0x00400000，起始地址 0x00060000，所以再次执行 mtdparts 命令时，会显示 4 个分区。

（4）“mtdparts delall”，删除 mtd 设备的所有分区，OpenJTAG> mtdparts delall。

```
OpenJTAG> mtdparts
mtdparts variable not set, see 'help mtdparts'
no partitions defined
```

```
defaults:
mtdids  : nand0=nandflash0
mtdparts: mtdparts=nandflash0:256k@0(bootloader),128k（params),4m（kernel),-（root)
```

执行“mtdparts delall”命令不会输出提示信息，将删掉 mtd 设备的所有分区，所以再执行 mtdparts 命令时，会提示没有定义的分区。

（5）“mtdparts default”，恢复 mtd 设备的默认分区，OpenJTAG> mtdparts default。

```
OpenJTAG> mtdparts
device nand0 <nandflash0>, # parts = 4
 #: name                size            offset          mask_flags
 0: bootloader          0x00040000      0x00000000      0
 1: params              0x00020000      0x00040000      0
 2: kernel              0x00400000      0x00060000      0
 3: root                0x0fba0000      0x00460000      0

active partition: nand0,0 - (bootloader) 0x00040000 @ 0x00000000

defaults:
mtdids  : nand0=nandflash0
mtdparts: mtdparts=nandflash0:256k@0(bootloader),128k(params),4m(kernel),-(root)
```

之前执行“mtdparts”命令时，都会输出默认的分区提示信息：

```
defaults:
mtdids: nand0=nandflash0
mtdparts: mtdparts=nandflash0:256k@0(bootloader),128k(params),4m(kernel),-(root)
```

这告诉我们 NAND Flash 默认就是 4 个分区：bootloader 分区起始地址为 0，大小是 256 k；boot 参数分区大小是 128 k；kernel 分区大小 4 m，最后是根文件系统分区。

执行“mtdparts default”命令不会输出提示信息，将恢复 mtd 设备的默认分区，所以再执行 mtdparts 命令时，会显示 NAND Flash 的默认分区信息。

4.3.2.3 nand 命令

```
OpenJTAG> help nand
nand info              - show available NAND devices
nand device [dev]      - show or set current device
nand read[.jffs2]      - addr off|partition size
nand write[.jffs2]    - addr off|partiton size - read/write `size' bytes starting
```

```
    at offset 'off' to/from memory address 'addr'
nand read.yaffs addr off size - read the 'size' byte yaffs image starting
    at offset 'off' to memory address 'addr'
nand write.yaffs addr off size - write the 'size' byte yaffs image starting
    at offset 'off' from memory address 'addr'
nand read.raw addr off size - read the 'size' bytes starting
    at offset 'off' to memory address 'addr', without oob and ecc
nand write.raw addr off size - write the 'size' bytes starting
    at offset 'off' from memory address 'addr', without oob and ecc
nand erase [clean] [off size] - erase 'size' bytes from
    offset 'off' (entire device if not specified)
nand bad - show bad blocks
nand dump[.oob] off - dump page
nand scrub - really clean NAND erasing bad blocks (UNSAFE)
nand markbad off - mark bad block at offset (UNSAFE)
nand biterr off - make a bit error at offset  (UNSAFE)
nand lock [tight] [status] - bring nand to lock state or display locked pages
nand unlock [offset] [size] - unlock section
```

nand 下面列了很多的子命令，如 nand info、nand read、nand write、nand erase、nand bad 等。这些命令都是用来操作 NAND Flash 的。分别解释如下：

（1）OpenJTAG> nand info。

```
Device 0: NAND 256MiB 3,3V 8-bit, sector size 128 KiB
```

执行 nand info 命令，输出上面一行，列出了 JZ2440_V3 开发板上 NAND Flash 的容量、扇区大小等信息。

（2）OpenJTAG> nand bad。

```
Device 0 bad blocks:
    00ac0000
    011c0000
    03f80000
    05d00000
    093e0000
    0b320000
    0e180000
    0fe00000
```

执行 nand bad 命令，用来列出目标机 / 开发板上 NAND Flash 的所有坏块（不同的开发板坏块位置不同，因此显示不同）。坏块被做上了标记，今后不再参与存储。

（3）OpenJTAG> nand erase 0x60000 0x400000。

```
NAND erase: device 0 offset 0x60000, size 0x400000
Erasing at 0x440000 -- 100% complete.
OK
```

nand erase 命令是用来擦除一片 NAND Flash 区的，第一个参数是待擦除区域的起始地址，第二个参数是待擦除区域的大小。比如执行“nand erase 0x60000 0x400000”命令以后会将 NAND Flash 的从 0x60000 开始，大小为 0x400000 的这一块内容擦除掉。由之前的 mtdparts 命令返回的分区信息可知，NAND Flash 从 0x60000 开始大小为 0x400000 的这一块空间其实就是 kernel 分区，所以也可以换成命令“nand erase kernel”，效果是一样的。

（4）OpenJTAG> nand write 0x30007FC0 0x60000 0x400000。

```
NAND write: device 0 offset 0x60000, size 0x400000
4194304 bytes written: OK
```

nand write 命令又可以细分为命令 nand write.jffs2、nand write.yaffs、nand write.raw。nand write 命令就是 nand write.jffs2 命令的缩写。nand write 会计算 ECC 并将其烧录到 OOB 中。nand write.yaffs 不计算 ECC，因为 yaffs image 中自带了含 ECC 的 OOB 数据，直接将其烧录到 OOB 区即可。nand write.raw 不计算 ECC，也不烧写 OOB。nand write 命令用来将内存中的内容写到 NAND Flash，第一个参数是待写内容在内存中的起始地址，第二个参数指定待写 NAND Flash 的起始地址，第三个参数是待写 NAND Flash 区域的大小。不过要注意每次在写 NAND Flash 之前都要先擦除。

举例来说，在执行了“tftp 0x30007FC0 uImage”和“nand erase 0x60000 0x400000”命令后，再执行“nand write 0x30007FC0 0x60000 0x400000”便会将内核 uImage 写到 NAND Flash 的从 0x60000 开始，大小为 0x400000 的区域。这里的 0x400000 参数就是参考内核的大小写的，通过 tftpboot 命令能够得到 uImage 文件的大小（如 0x232FF0），那么在擦除 NAND Flash 时就要擦除一片比该文件大的区域，而且这块区域的大小必须是 NAND Flash 的块大小（JZ2440_V3 的是 128 KB）的整数倍，为了方便，这里直接使用了 0x400000，也就是 kernel 分区的大小，因此，命令“nand write 0x30007FC0 kernel”，效果是一样的。

（5）OpenJTAG> nand read 0x30007FC0 0x60000 0x400000。

```
NAND read: device 0 offset 0x60000, size 0x400000
4194304 bytes read: OK
```

nand read 命令与 nand write 命令的参数是同样的意思，只不过 nand read 与 nand write 的操作相反，nand read 是将 NAND Flash 指定区域的内容读到内存中。同理，命令“nand read 0x30007FC0 kernel”，效果是一样的。

4.3.2.4 go 命令

```
OpenJTAG> help go
go addr [arg ...]
   - start application at address 'addr'
     passing 'arg' as arguments
```

go 命令用于跳到指定的地址处执行程序，因此可以用来执行裸机应用程序。第一个参数是要执行程序的入口地址。第二个可选参数是传递给程序的参数，可以不用。

使用 go 命令也可以用来引导内核，比如在执行完 tftp 0x30008000 zImage 命令以后，内核映像已经在内存的 0x30008000 地址了，这时我们执行 go 0x30008000 这条命令，U-Boot 就会跳到这个地址开始执行，实现了内核的引导。

4.3.2.5 boot 命令

U-Boot 的本职工作是引导启动 Linux 内核，所以 U-Boot 有相关的 boot 引导命令用于启动 Linux，常用的 boot 有关的命令有 bootm 和 boot。

（1）bootm 命令：用于启动 Linux 内核的 uImage 镜像文件。

```
OpenJTAG> help bootm
bootm [addr [arg ...]]
   - boot application image stored in memory
        passing arguments 'arg ...'; when booting a Linux kernel,
        'arg' can be the address of an initrd image
```

bootm 命令可以引导存储在内存中的 uImage 内核映像。这些内存包括 RAM 和可以永久保存的 Flash。第一个参数 addr 是内核映像的地址，这个内核映像必须转换成 U-Boot 支持的 uImage 格式。第二个参数对于引导 Linux 内核有用，通常作为 U-Boot 格式的 RAMDISK 映像存储地址；也可以是传递给 Linux 内核的参数（缺省情况下传递 bootargs 环境变量给内核）。

（2）boot 命令：用于启动 Linux 系统，会读取环境变量 bootcmd 来启动 Linux。

JZ2440_V3 开发板的 U-Boot，默认的环境变量 bootcmd 取值为：

```
bootcmd=nand read.jffs2 0x30007FC0 kernel; bootm 0x30007FC0
```

因此，boot 命令会读取环境变量 bootcmd，首先执行 nand read 命令将 NAND Flash 上的 kernel 分区内容（里面存放 uImage 内核镜像）读取到内存 0x30007FC0 开始的地址空间上，然后使用 bootm 命令启动 Linux 内核。

4.3.2.6 printenv 命令

```
OpenJTAG> help printenv
printenv
```

```
    - print values of all environment variables
printenv name ...
    - print value of environment variable 'name'
```

printenv 命令用来打印显示环境变量，可以打印全部环境变量，也可以只打印参数中列出的环境变量。

4.3.2.7　setenv 命令

```
OpenJTAG> help setenv
setenv name value ...
    - set environment variable 'name' to 'value ...'
setenv name
    - delete environment variable 'name'
```

setenv 命令可以设置 / 修改环境变量。第一个参数是环境变量的名称。第二个参数是要设置的值，如果没有第二个参数，表示删除这个环境变量。

4.3.2.8　saveenv 命令

saveenv 命令将环境变量写到 NAND Flash 中，重启开发板之后，该环境变量的值还是 saveenv 命令保存的值。

4.3.3　U-Boot 引导内核

使用 U-Boot 引导内核有以下两种方式。

4.3.3.1　网络引导方式

这种方式跟无盘工作站有点类似，在开发板上不需要配置较大的存储介质。U-Boot 通过以太网接口远程下载 Linux 内核映像或者文件系统，整个系统都运行在 RAM 中。

使用这种方式的前提条件就是开发板 / 目标机有串口、以太网接口或者其他网络接口。串口一般作为控制台，以太网接口作为通用的网络接口，一般的目标机都可以配置 10/100M 以太网接口。另外，需要在服务器上配置启动相关的网络服务。U-Boot 下载文件可以通过 TFTP 或 NFS 网络协议。TFTP 服务为 U-Boot 客户端提供文件下载功能，把内核映像和其他文件放在宿主机的 tftpboot 目录下，这样 U-Boot 可以通过简单的 TFTP 协议远程下载内核映像到内存。

利用 tftpboot 和 bootm/go 命令，可实现 U-Boot 通过 tftp 下载引导内核的操作过程了。下面两条命令组合起来用于下载和引导启动 zImage 内核：

```
tftp 0x30008000 zImage
go 0x30008000
```

或者，下面两条命令组合起来用于下载和引导启动 uImage 内核：

```
tftp 0x30007FC0 uImage
bootm 0x30007FC0
```

4.3.3.2 Flash启动方式

大多数嵌入式系统上都使用Flash ROM存储介质。Flash有很多类型，包括NOR Flash、NAND Flash等。其中，NAND Flash容量大价格低，便于构建和保存系统。JZ2440_V3使用U-Boot从NAND Flash引导启动zImage内核，可以使用以下两条命令：

```
nand read 0x30008000 kernel
go 0x30008000
```

或者，使用下面两条命令引导启动uImage内核：

```
nand read 0x30007FC0 kernel
bootm 0x30007FC0
```

4.4 U-Boot的环境变量

4.4.1 查看环境变量

U-Boot启动和执行之后，可以通过设定适当的环境变量来对U-Boot进行配置。U-Boot环境变量的使用与Unix shell（例如bash）中环境变量的使用非常类似。可以使用printenv命令查看当前目标系统上环境变量的值。下面是JZ2440_V3开发板上环境变量的内容：

```
OpenJTAG> printenv
bootcmd = nand read.jffs2 0x30007FC0 kernel; bootm 0x30007FC0
bootdelay = 2
baudrate = 115200
ethaddr = 08:00:3e:26:0a:5b
netmask = 255.255.255.0
mtdids = nand0 = nandflash0
mtdparts = mtdparts = nandflash0:256k@0(bootloader),128k(params),4m(kernel),-(root)
ipaddr = 192.168.8.11
serverip = 192.168.8.97
filesize = 3421EC0
bootargs = noinitrd root = /dev/mtdblock3 init = /linuxrc console = ttySAC0,115200 mem =
64M
stdin = serial
stdout = serial
stderr = serial
partition = nand0,0
mtddevnum = 0
```

```
mtddevname = bootloader
Environment size: 475/131068 bytes
```

表 4-4 列出了各个环境变量的含义及作用。

表 4-4　U-Boot 环境变量的解释说明

环境变量	解释说明
bootdelay（启动时延）	定义执行自动引导内核的等候秒数。U-Boot 执行完以后，如果在 bootdelay 时间内按下一个键，就进入前面所说的 U-Boot 下载模式，在该模式下执行一些 U-Boot 命令，修改环境变量等；如果在 bootdelay 时间内未按下一个键，则开始引导内核
baudrate	串口控制台的波特率
bootfile	定义默认的下载文件名，比如将其设为 zImage，那么在使用 tftpboot 命令时，如果没有写第二个参数，就会默认为 zImage
fileaddr	定义下载文件存到内存中的起始地址，比如将其设为 0x30008000，那么在使用 tftpboot 命令时，如果没有写第一个参数，就会默认为 0x30008000
bootcmd（启动命令）	定义自动引导内核时执行的几条命令，可以参考“U-Boot 引导内核”（4.3.3 小节）中提供的命令。如“nand read 0x30007FC0 kernel; bootm 0x30007FC0”，这里有两条 U-Boot 命令，中间需要用“；”号隔开
bootargs（启动参数）	定义传递给 Linux 内核的命令行参数，常见的有两种挂接根文件系统的方式。默认的为挂载方式，“root=/dev/mtdblock3 init=/linuxrc console=ttySAC0,115200 mem=64M”，告诉内核系统根文件系统在 Nand Flash 的 3# 分区上，将自动识别和挂载该分区的文件系统，内核启动后首先执行的第一个进程是 /linuxrc，控制台是开发板的串口 0，内存大小 64 MB；另一种为 NFS 根文件系统挂载方式，“root=/dev/nfs rw nfsroot=192.168.8.97:/home/a1/jz2440/rootfs/nfs”，告诉内核系统通过 nfs 的方式挂载根文件系统，根文件系统放在 IP 地址为 192.168.8.97 的宿主机（该机器必须配置了 NFS 服务）的 /home/a1/jz2440/rootfs/nfs 目录下
stdin	定义标准输入设备，一般是串口
stdout	定义标准输出设备，一般是串口
stderr	定义标准错误显示设备，一般是串口
ethaddr	定义以太网接口的 MAC 地址
netmask	定义以太网接口的掩码
serverip	定义 tftp 服务器端的 IP 地址，就是宿主机的 IP
ipaddr	定义本地的 IP 地址，需要与宿主机的 IP 设在同一个网段

4.4.2　设置环境变量

使用 setenv 命令可以用来修改或者添加相应的环境变量。下面举例说明环境变量的配置。

（1）设置 TFTP 服务器的 IP 地址：

```
setenv serverip 192.168.8.97
```

（2）设置本地 IP 地址：

```
setenv ipaddr 192. 168.8.11
```

（3）设置启动命令：

①nand flash 启动方式：

```
setenv bootcmd nand read 0x30008000 0x60000 0x400000\; go 0x30008000          (zImage)
setenv bootcmd nand read 0x30007FC0 0x60000 0x400000\; bootm 0x30007FC0  (uImage)
```

②网络 tftp 启动方式：

```
setenv bootcmd tftp 0x30008000 zImage\; go 0x30008000          (zImage)
setenv bootcmd tftp 0x30007FC0 uImage\; bootm 0x30007FC0   (uImage)
```

（注意"；"号前面的"\"号，这是告诉U-Boot不要将"；"号当成特殊符号处理）

（4）设置启动参数：

```
setenv bootargs noinitrd root=/dev/nfs nfsroot=192.168.8.97:/home/a1/jz2440/rootfs/nfs init=/linuxrc console=ttySAC0,115200
```

4.4.3 保存环境变量

环境变量修改完以后可以通过 saveenv 命令来保存环境变量：

```
OpenJTAG> saveenv
Saving Environment to NAND...
Erasing Nand Environment...OK

Writing new Environment Variables to Nand...done
```

第 5 章 Linux 内核与移植

Linux 系统由 Linus Torvalds（林纳斯·托瓦兹）于 1991 年发布在新闻组的 V0.01 内核发展而来，由于它在发布之初就免费并自由传播，支持多用户、多任务及多线程，且兼容 POSIX 标准，使得它支持运行当时主流系统 Unix 的一些工具软件，吸引了众多的使用者和开发者，逐渐发展壮大至今。当人们说 Linux 系统时，其含义往往是指采用 Linux 内核的操作系统。Linux 内核负责控制硬件、管理文件系统、进程管理、网络通信等，但它本身并没有给用户提供必要的工具和应用软件。

由于 Linux 内核本身是开源的，所以一些人和厂商在其规则之下，基于 Linux 内核搭配各种各样系统管理软件或应用工具软件，往往还带有图形化的桌面，从而组成一套完整可用的操作系统，如 Debian、Ubuntu、deepin、fedora、RHEL 和 CentOS 等，我们称这样的系统为 Linux 发行版（distribution）。完整的 Linux 系统就如同汽车，Linux 内核构成其最为关键的引擎，不同的发行版就类似于使用相同引擎的不同车型。

所谓 Linux 内核移植就是把 Linux 操作系统针对具体的目标机做必要裁剪之后，安装到目标机使其正确地运行起来。这个概念目前在嵌入式开发领域应用比较广泛。嵌入式 Linux 移植是指对 Linux 经过小型化裁剪后，能够固化在容量只有几 K 字节或几十 K 字节的存储器芯片或单片机中，应用于特定嵌入式场合的专用 Linux 操作系统。

本章将从嵌入式 Linux 内核组成与配置、移植、交叉编译的相关知识入手，介绍内核移植中可能涉及的一些概念和基础。通过在 JZ2440_V3 开发平台上进行内核配置、移植、交叉编译的实践来向读者展现具体的 Linux 内核移植方法、过程和详细步骤。

5.1 Linux 内核基本介绍

现代的 CPU 通常实现了不同的工作模式，以 ARM 为例，实现了 7 种工作模式：用户模式（usr）、系统模式（sys）、管理模式（svc）、中断模式（irq）、快速中断模式（fiq）、数据访问中止模式（abt）、未定义指令模式（und）。除了用户模式之外，其他 6 个模式被称为特权模式，即 ARM 处于特权模式时可以比用户模式使用更多的硬件资源和特权指令。

x86 也实现了 4 个不同的级别：Ring0 ~ Ring3。Ring0 下，可以执行特权指令，在 Ring3 则有很多限制。

Linux 系统则利用这一特性，使用了其中两级来分别运行 Linux 内核与应用程序，这样使操作系统本身得到充分的保护。用户代码运行在用户模式，内核代码运行在特权模式。用户空间和内核空间是程序执行的两种不同状态，我们可以通过“系统调用”和“硬件中断”来完成用户空间到内核空间的转移。

因此，从整体上去看 Linux 操作系统的体系结构，可以分为 User Space（用户空间）和 Kernel Space（内核 / 系统空间）两个层次，如图 5-1 所示。

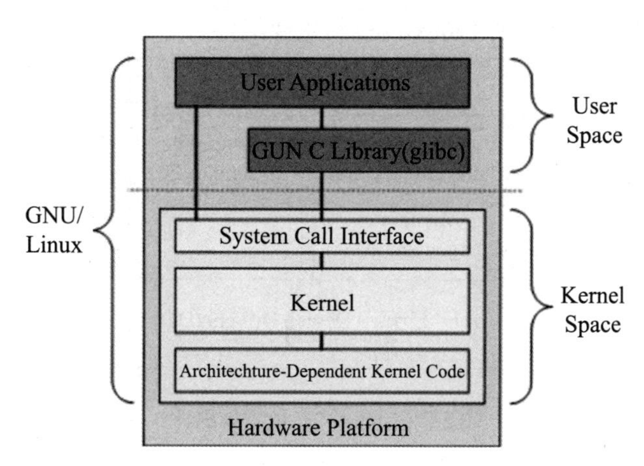

图 5-1 Linux 系统基本体系结构图

最上面是 User Space（或应用程序），这是用户应用程序执行的地方。User Space 之下是 Kernel Space，Linux 内核正是位于这里。GNU C Library（glibc）也在用户空间，它提供了连接内核的 System Call Interface（系统调用接口），还提供了在用户空间的应用程序和内核之间进行转换的机制。这点非常重要，因为内核和用户空间的程序使用的是不同的保护地址空间。每个用户空间的进程都使用自己的虚拟地址空间，而内核则占用单独的地址空间。

Linux 内核可以进一步划分成 3 层。最上面是 System Call Interface（系统调用接口），它实现了一些基本的功能，例如 open、read 、write 和 close 等。系统调用接口之下是内核，更准确地说，是独立于体系结构的内核代码，这些代码是 Linux 所支持的所有处理器体系结构所通用的。在这些代码之下是 Architechture-Dependent Kernel Code（依赖于体系结构的代码），构成了通常被称为 BSP（Board Support Package，板级支持包）的部分，这些代码针对特定体系结构的处理器和平台的代码。

5.1.1 Linux 内核的属性

Linux 属于宏内核，实现了很多重要的体系结构属性，内核被划分为多个子系统。Linux 也可以看作是一个整体，因为它会将所有这些基本服务都集成到内核中。这与微内核的体系结构不同，微内核会提供一些基本的服务，例如通信、I/O、内存和进程管理，更具体的服务都是插入微内核层中的。

Linux 内核在内存和 CPU 使用方面具有较高的效率，并且非常稳定。对于 Linux 来说，最为难得的是在这种内核大小逐渐庞大和复杂性越来越高的前提下，依然具有良好的可移植性。Linux 编译后可在众多处理器和具有不同体系结构以及需求的平台上良好运行。一个例子是 Linux 可以在具有内存管理单元（MMU）的处理器上运行，也可以在那些不提供 MMU 的处理器上运行。Linux2.6 版本以后的内核提供了对非 MMU 处理器的支持。

5.1.2 Linux 内核的主要子系统

现在使用图 5-2 来具体说明 Linux 内核的主要组件。

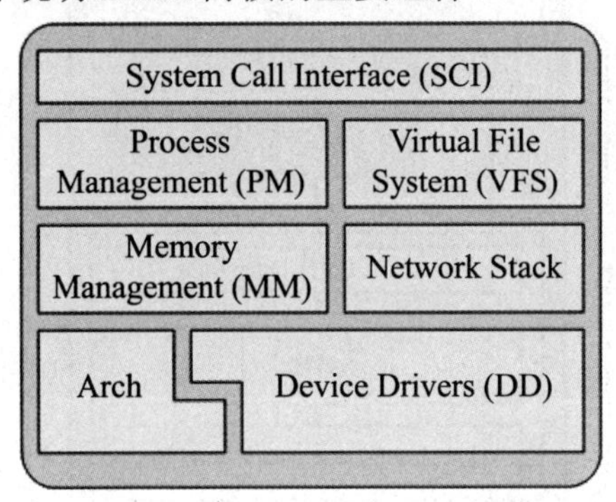

图 5-2 Linux 内核的主要组件

5.1.2.1 系统调用接口（System Call Interface，SCI）

所谓系统调用，就是内核提供的、功能十分强大的一系列的系统函数。这些系统调用函数是在内核中实现的，再通过一定的方式提供给用户调用，一般都通过门陷入（gate trap，使用软中断）实现，因此，系统调用是用户程序和内核交互的接口。正如前面讨论的一样，这个接口依赖于体系结构，甚至在相同的处理器家族内也是如此。在内核源码包的 kernel 目录中可以找到 SCI 的实现，并在 arch 目录中找到依赖于体系结构的部分。

5.1.2.2 进程管理（Process Management，PM）

进程管理的重点是进程的执行。在内核中，这些进程称为线程，代表了单独的处理器虚拟化（线程代码、数据、堆栈和 CPU 寄存器）。在用户空间，通常使用进程这个术语，不过 Linux 实现并没有区分这两个概念（进程和线程）。内核通过 SCI 提供了 API 应用程序编程接口来创建一个新进程（fork、exec 或 POSIX 函数），停止进程（kill、exit），并在它们之间进行通信和同步（signal 或者 POSIX 机制）。

进程管理还包括处理活动进程之间共享 CPU 的需求，以此给用户造成众多进程并行执行的错觉。进程管理分为两个不同的部分，其中一个涉及调度策略，另外一个涉及上下文切换。根据进程的不同分类 Linux 采用不同的调度策略：对于实时进程，采用 FIFO 或者 Round Robin（时间片轮转算法）的调度策略；对于普通进程，则需要区分交互式和批处理式的不同。传统 Linux 调度器提高交互式应用的优先级，使得它们能更快地被调度。而 RSDL（Rotating Staircase Deadline Scheduler，旋转楼梯截止时间调度算法）和 CFS（Completely Fair Schedule，完全公平的调度算法）等新的调度器的核心思想是“完全公平”。

这个设计理念不仅大大简化了调度器的代码复杂度，还为各种调度需求的提供了更完美的支持。可以在内核源码包 kernel 目录中找到进程管理的源代码，在 arch 目录中可以找到依赖于体系结构的源代码。

5.1.2.3 内存管理（Memory Management，MM）

内核管理的另一个重要资源是内存。为了提高效率，如果由硬件管理虚拟内存，内存是按照所谓的内存页方式进行管理的（对于大部分体系结构来说都是 4 KB）。Linux 包括了管理可用内存的方式，以及物理和虚拟映射所使用的硬件机制。

不过内存管理要管理的可不止 4 KB 缓冲区。Linux 提供了对 4 KB 缓冲区的抽象，例如 slab 分配器。这种内存管理模式使用 4 KB 缓冲区为基数，然后从中分配结构，并跟踪内存页使用情况，比如哪些内存页是满的，哪些页面没有完全使用，哪些页面为空，这样就允许该模式根据系统需要来动态调整内存使用。

为了支持多个用户使用内存，有时会出现可用内存被消耗光的情况。为解决这个问题，页面可以移出内存并放入磁盘中，这个过程称为交换，因为页面会被从内存交换到硬盘上。内存管理的源代码可以在内核源码包的 mm 目录中找到。

5.1.2.4 虚拟文件系统（Virtual File System，VFS）

虚拟文件系统（VFS）在 Linux 内核中是非常有用的，因为它为文件系统提供了一个通用的接口抽象。VFS 在 SCI 和内核所支持的文件系统之间提供了一个交换层，参见图 5-3。

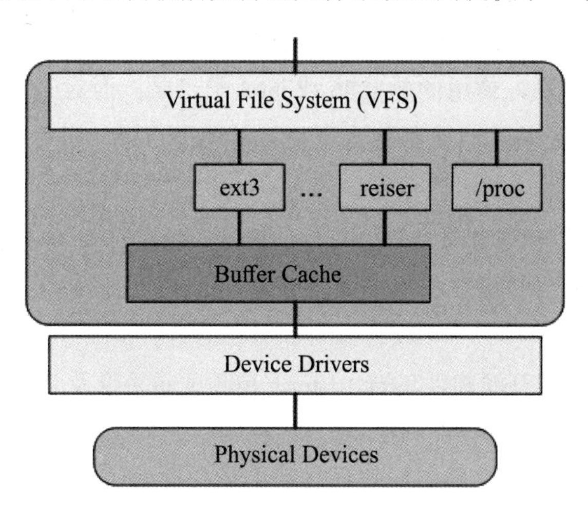

图 5-3 VFS 虚拟文件系统示意图

在 VFS 上面，是对诸如 open、close、read 和 write 之类的 POSIX 标准函数的一个通用 API 抽象。在 VFS 下面是文件系统抽象，它定义了上层函数的实现方式。它们是各种给定的文件系统（如 Ext2/3/4、FAT、NFS、Yaffs、JFFS 等超过 50 种）的插件。文件系统的源代码可以在内核源码包 fs 目录中找到。

文件系统层之下是缓冲区缓存，它为文件系统层提供了一个通用的函数集（与具体文件系统无关）。这个缓存层通过将数据保留一段时间，优化了对物理设备的访问。缓冲区缓存之下是设备驱动程序，它实现了特定物理设备的接口。

5.1.2.5 网络协议栈（Network Stack）

网络协议栈在设计上遵循网络协议本身的分层体系结构。例如 Internet Protocol（IP）是传输协议（通常称为传输控制协议或 TCP）下面的核心网络层协议，TCP 上面是 socket 层，它是通过 SCI 进行调用的。

socket 层是网络子系统的标准 API，它为各种网络协议提供了用户接口。从原始帧访问到 IP 协议数据单元（PDU），再到 TCP 和 User Datagram Protocol （UDP），socket 层提供了一种标准化的方法来管理连接，并在各个终点之间移动数据。内核中网络源代码可以在内核源码包 net 目录中找到。

5.1.2.6 设备驱动（Device drivers，DD）

Linux 内核中有大量代码都在设备驱动程序中，有了设备驱动，才能确保众多的硬件设备正常运转。Linux 源码包提供了设备驱动程序子目录 drivers，这个目录又进一步划分为各种支持设备，例如 Bluetooth、I2C、serial 等。设备驱动程序的代码可以在这些分类的子目录中找到。

5.1.2.7 依赖体系结构的代码（Arch）

尽管 Linux 很大程度上独立于所运行的硬件体系结构，但是有些要素则必须考虑体系结构才能正常操作并实现更高效率。内核源码包 arch 子目录包含了内核源代码中依赖于体系结构的部分，其中包括各种特定于体系结构的子目录（共同组成了 BSP）。对于一个典型的 x86 桌面系统来说，使用的是 i386 或 ia64 子目录；而对于嵌入式系统来说，则是 arm 子目录。每个体系结构子目录都包含了很多其他子目录，每个子目录都关注内核中的一个特定方面，如引导、内核、内存管理等。

5.1.2.8 Linux 内核的一些有用特性

如果 Linux 内核的可移植性和效率还不够好，Linux 还提供了其他一些特性，它们无法划分到上面的分类中。

作为一个操作系统和开源软件集合，Linux 是测试新协议及其增强的良好平台。Linux 支持大量网络协议，包括典型的 TCP/IP，以及高速网络的扩展（大于 1 Gigabit Ethernet [GbE] 和 10 GbE）。Linux 也可以支持诸如流控制传输协议（SCTP）之类的协议，它提供了很多比 TCP 更高级的特性（是传输层协议的接替者）。

Linux 还是一个动态内核，支持动态添加或删除软件组件，被称为动态可加载内核模块，它们可以在引导时根据需要（当前特定设备需要这个模块）或在任何时候由用户插入。

Linux 的一个增强是可以用作其他操作系统的操作系统（称为系统管理程序）。Linux 对内核进行了修改，称为基于内核的虚拟机（KVM）。这个修改为用户空间启用了一个新的接口，它可以允许其他操作系统在启用了 KVM 的内核之上运行。除了运行 Linux 的其他实例之外，微软的 Windows 也可以进行虚拟化。唯一的限制是底层处理器必须支持新的虚拟化指令。

5.1.3 Linux 内核版本

Linux 内核的版本经历了几次变化，有好几种表述的方式。

第一种方式用于 1.0 版本之前（包括 1.0）。第一个版本是 0.01，紧接着是 0.02、0.03、0.10、0.11、0.12、0.95、0.96、0.97、0.98、0.99 和之后的 1.0。

第二种方式用于 1.0 之后到 2.6，数字有三部分“A.B.C”，A 代表主版本号，B 代表次版本号，C 代表较小的末版本号。只有在内核发生很大变化时（比如 1994 年 3 月发布的 1.0，1996 年 6 月发布的 2.0），A 才变化。可以通过数字 B 来判断 Linux 是否稳定，B 为偶数代表稳定版，B 为奇数代表开发版。C 代表一些 bug 修复，安全更新，新特性和驱动的次数。以版本 2.4.0 为例，2 代表主版本号，4 代表次版本号，0 代表改动较小的末版本号。在版本号中，序号的第二位为偶数的版本表明这是一个可以使用的稳定版本，如 2.2.5，而序号的第二位为奇数的版本一般有一些新的东西加入，是个不一定很稳定的测试版本，如 2.3.1。这样稳定版本来源于上一个测试版升级版本号，而一个稳定版本发展到完全成熟后就不再发展。

第三种方式从 2004 年 2.6.0 版本开始，使用一种“time-based”的方式。在 2011 年 7 月发布 3.0 版本之前，是“A.B.C.D”的格式，前两个数字 A.B 即“2.6”保持不变，C 随着新版本的发布而增加，D 代表一些 bug 修复、安全更新、添加新特性和驱动的次数。以 2.6.22.6 版本为例，2 为主版本号，6 为次版本号（稳定版本），22 为修订号，末尾的 6 表示这是 2.6.22 版本的第 6 个升级版本。3.0 版本之后是“A.B.C”格式，A 还是代表主版本号，B 随着新版本的发布而增加，C 代表一些 bug 修复、安全更新、新特性和驱动的次数。第三种方式中不再使用偶数代表稳定版，奇数代表开发版这样的命名方式了，举个例子：3.7.0 代表的不是开发版，而是稳定版。

4.0 版本的内核（2015 年 4 月）发布后，则延续 3.0 版本的命名格式，只是将主版号变更为 4；5.0 版本（2019 年 3 月发布）及之后的内核，也继续遵循之前的 3.0 版本的规则。

涉及嵌入式设备的设计与开发时，通常倾向于使用较新的官方内核。一般来说新版本内核会支持更多的新硬件、提供更好的安全保护机制、修订之前的 bug 等；老版本的内核往往经过实践检验稳定性更可靠，相应的学习资料也更丰富，开发板厂商的支持也更多，便于初学者学习使用。另外，对于嵌入式开发者会选定某个稳定版本的 Linux 内核，甚至在产品的整个生命周期（或至少首次发行期间）内不再更换。本书的读者定位是嵌入式 Linux 开发的初学者，因此选择 3.4.2 版本的内核，这也是 JZ2440_V3 开发板厂商百问网支持的版本。

5.2 Linux 内核源码

Linux 内核的起源可追溯到 1991 年芬兰大学生 Linus Torvalds 编写和第一次公布 Linux 的日子。尽管到目前为止 Linux 系统早已远远发展到了 Torvalds 本人之外的范围，但 Torvalds 仍保持着对 Linux 内核的控制权，并且是 Linux 名称的唯一版权所有人。自发布 Linux 0.12 版起，Linux 就一直依照 GPL（通用公共许可协议）、自由软件许可协议进行授权。可供使用的 Linux 内核版本不止一种，官方 Linux 内核源码可以到 http://www.kernel.org/ 下载。

5.2.1 Linux 内核源码组织

解压 Linux 内核源码压缩包，将得到内核源码。内核源码很复杂，包含多级目录，形成一个庞大的树状结构，通常称为 Linux 源码目录树。进入源码所在目录，可以看到目录树顶层通常包含的目录和文件，见表 5-1 所示。

表 5-1 Linux 内核源码目录树顶层说明

目录 / 文件	特性	解释说明
arch	平台依赖	存放各种与硬件体系结构相关的代码，每种体系结构一个相应的目录，每个目录下都包括了该体系结构相关的代码，包括内存管理、启动代码、浮点数仿真等。在每个体系结构目录下通常都有： — boot 内核需要的特定平台代码 — kernel 体系结构特有的代码 — lib 通用函数在特定体系结构的实现 — math-emu 模拟 FPU 的代码，在 ARM 中，使用 mach-xxx 代替 — mm 特定体系结构的内存管理实现 — include 特定体系的头文件
block	平台依赖	部分块设备驱动程序
crypto	通用	常用加密和散列算法（如 AES、SHA 等），还有一些压缩和 CRC 校验算法
Documentation	文档	关于内核各部分的通用解释和相关说明文档，包括驱动编写等
drivers	平台依赖	设备驱动程序源码，每个不同的设备驱动占用对应的子目录。驱动源码在 Linux 内核源码中占了很大比例，常见外设几乎都有可参考源码，对驱动开发而言，该目录非常重要。该目录包含众多驱动，目录按照设备类别进行分类，如 char、block、input、i2c、spi、pci、usb 等
firmware	平台依赖	保存用于驱动第三方设备的固件
fs	通用	提供对各种文件系统的支持，如 fat、ext2、ext3、ext4、ubifs、nfs、sysfs 等
include	平台依赖	内核相关的头文件，以及与各体系结构相关的头文件也都放在这个目录下的各个体系结构目录中
init	通用	内核初始化代码，包括 main 函数也是在这个目录下实现的
ipc	通用	进程间通信的代码
kernel	通用	内核的最核心部分，包括进程调度、定时器等，和平台相关的一部分代码放在 arch/$(ARCH)/kernel 目录下

续表

目录 / 文件	特性	解释说明
lib	通用	各种库文件代码
mm	通用	内存管理代码，和平台相关的一部分代码放在 arch/$(ARCH)/mm 目录下
net	通用	网络相关代码，实现了各种常见的网络协议
samples	通用	一些示例代码
scripts	通用	用于配置内核文件的脚本文件，如 menuconfig 脚本
security	通用	存放系统安全性相关代码，主要是一个 SELinux 的模块
sound	平台依赖	常用音频设备的驱动程序等
tools	通用	一些常用工具，如性能剖析、自测试等
usr	通用	用户的代码，这里是 cpio（用来建立、还原备份档的工具程序，它可以加入、解开 cpio、img 或 tra 备份档内的文件）相关实现
virt	通用	提供虚拟机技术（KVM 等）的支持
COPYING	文件	GNU GPL V2 版权声明
CREDITS	文件	主要贡献者名单
Kbuild	文件	Kbuild、Kconfig 、Makefile、scripts 合起来用于内核编译的配置文件、脚本等
Kconfig	文件	内核源码树每个目录下都包含一个 Kconfig 文件，用于描述所在目录源代码相关的内核配置菜单，各个目录的 Kconfig 文件构成了一个分布式的内核配置数据库。通过 make menuconfig 命令配置内核的时候，从 Kconfig 文件读取菜单，配置完毕保存到文件名为 .config 的内核配置文件中，供 Makefile 文件在编译内核时使用
.config	隐藏文件	内核配置完毕保存到 .config 配置文件中，供编译内核时使用
MAINTAINERS	文件	维护人员名单以及如何提交内核更改的说明
Makefile	文件	顶层目录下的 Makefile 用于指定内核版本、系统体系架构、采用的编译器和编译选项等。在编译内核时，顶层 Makefile 会按规则递归历遍内核源码的所有子目录下的 Makefile 文件，完成各子目录下内核模块的编译；在内核源码的子目录中，几乎每个子目录都有相应的 Makefile 文件，管理着对应目录下的代码，用于对该目录的文件或者子目录按配置的要求进行编译控制
README	文件	内核帮助文档，介绍了硬件环境要求、如何安装内核源码（解压、打补丁等）、编译内核所需要的软件、如何编译内核、如果出现了 bug 错误如何记录和调试等
REPORTING-BUGS	文件	bug 上报的指南

在以上目录结构中，Linux 内核主要分为特定于体系结构的部分和与体系结构无关的部分。在 Linux 启动的第一阶段，内核与体系结构相关部分（arch 目录下）首先执行，在这部分它要做的工作有：内核解压缩、解压缩内核重定位；内存硬件初始化检测；参数表的分析；初始化页表目录的制作等工作，然后把控制权转给内核中与系统结构无关部分。所以操作系统内核移植中要改动的代码主要集中在与体系结构相关的启动初始化部分。

从上面的目录结构介绍可知，如果要添加新的开发板或者寻找体系结构相关的文件首先就是到 arch 目录下去寻找。在 arch 目录中可以看到有许多子目录，它们往往是用芯片命名的，表示是针对该芯片体系结构的代码。为 ARM 系列芯片编译内核，就应修改 ARM 目录下的相关文件。

Linux 内核源码数量很庞大，解压后大约好几百兆字节，要能在如此庞大的源码中找到有效代码，熟悉 Linux 源码目录树的结构是基本要求。

5.2.2 定位与开发板相关的代码

当拿到一块开发板和厂商提供的内核源码时，如何在内核源码树中快速找到与这块开发板相关的源代码，是很多初学者都曾遇到过的问题。如果对内核源码结构有大概的了解，要完成这些事情并不困难，通常可按照基础代码、驱动代码和其他代码等方面来梳理。

5.2.2.1 基础代码

Linux 移植通常分为体系结构级别移植、处理器级别移植和板级移植，各级别移植的难易程度差异很大，工作量和调试方式也各不相同。一般的产品开发人员所进行的内核移植通常都是板级移植，是这几个级别中最简单的。

从代码层面来看，通常把能让一个开发板最小系统运行起来的代码称为基础代码，这部分代码通常包含体系结构移植代码、处理器核心代码以及板级支持包的部分代码。厘清了这部分代码，对于了解和掌握整个开发板相关代码具有重要意义。

确定开发板名称和默认配置文件。例如，对于三星公司的 S3C2410 公版，其对应的默认内核配置文件为 arch/arm/configs/s3c2410_defconfig。通常来说，一个开发板的内核默认配置文件名称与开发板的名称相同或者有关联。确定了配置文件后，可用任何文本编辑器打开该配置文件，可以对配置的选项进行查看；或者进行 make menuconfig 配置，进入配置界面查看。

确定对应的主板文件。在 ARM Linux 移植代码中，每个开发板通常都有一个对应的主板文件，在 arch/arm/mach-xxx/ 目录下。大多数主板文件都以“board-”开头，采用“board-xxx.c”这样的文件名，例如 arch/arm/mach-omap2/board-apollon.c；也有以“mach-”开头的，如 arch/arm/mach-s3c24xx/mach-smdk2440.c。通常来说，一个开发板的主板文件名称与开发板的名称相同或者有关联。

如果遇到名称特征不是很明显、不能确定的情况，则建议打开默认配置文件，找到“CONFIG_MACH_XXX = y”这一行，确定主板对应的配置开关变量。然后打开 arm/arm/mach -xxx/Makefile 文件，根据配置开关变量来确定主板文件。例如 arch/arm/mach-pxa/Makefile 文件中有如下内容：

```
obj-$(CONFIG_ARCH_LUBBOCK)+= lubbock.o
obj-$(CONFIG_MACH_MAINSTONE)+= mainstone.o
obj-$(CONFIG_MACH_ZYLONITE300)+= zylonite.o zylonite_pxa300.o
obj-$(CONFIG_MACH_ZYLONITE320)+= zylonite.o zylonite_pxa320.o
```

可以看到，这几个主板文件命名都既不是以“board-”开头，也不是以“mach-”开头，对于这种情况，通过 Makefile 文件来确定一下是比较好的做法。特别是对于主板开关变量对应非单一文件的，更需要查看 Makefile 来确定关联文件，否则有可能遗漏某个文件，造成代码阅读理解上的障碍。如 CONFIG_MACH_ ZYLONITE300 对应着 zylonite.c 和 zylonite_pxa300.c 两个 C 文件。

5.2.2.2　驱动代码

Linux 内核源码中接近一半的代码量是设备驱动，对某一个特定开发板的系统而言，驱动也占据很大的比例，底层开发的很大一部分是驱动相关工作。掌握从众多驱动中找到正确的驱动源码文件，并根据产品的实际需求进行修改调整的方法，能有效促进产品开发的进度。

Linux 内核源码树 drivers 目录很复杂，包含了各种外设的驱动。对嵌入式 Linux 开发而言，通常需要关注的驱动目录如表 5-2 所示。

表 5-2　常见驱动目录

目录	解释说明
drivers/hwmon	硬件监测相关驱动，如温度传感器、风扇监测等
drivers/i2c	I2C 子系统驱动，各 I2C 控制器的驱动在 i2c/busses 目录下
drivers/input	输入子系统驱动目录
drivers/input/keyboard	非 HID 键盘驱动，如 GPIO 键盘、矩阵键盘等
drivers/input/touchscreen	触摸屏驱动，如处理器的触摸屏控制器驱动、外扩串行触摸屏控制器驱动、串口触摸屏控制器驱动等
drivers/leds	LED 子系统和驱动，如 GPIO 驱动的 LED。遵循 LED 子系统的驱动，可通过 /sys/class/leds 进行访问
drivers/mfd	MFD（Multifunction device，多功能器件）驱动，如果一个器件能做多种用途，通常需要借助 MFD 来完成。例如 am3352 的 adc 接口，可同时做 adc 和触摸屏控制器，所以需要实现 MFD 接口驱动
drivers/misc	杂项驱动，特别需要关注 drivers/misc/eeprom/ 目录，提供了 i2c 和 spi 接口的 EEPROM 驱动范例，所驱动的设备可通过 /sys 系统访问
drivers/mmc	sd/mmc 卡驱动目录
drivers/mtd	MTD 子系统和驱动，包括 NAND、oneNAND 等。注意，UBI 的实现也在 MTD 中
drivers/mtd/nand	NAND FLASH 的 MTD 驱动目录，包括 NAND 的基础驱动和控制器接口驱动
drivers/net	网络设备驱动，包括 MAC、PHY、CAN、USB 网卡、无线、PPP 协议等
drivers/net/phy	以太网 PHY 驱动，像 marvell、micrel 和 smsc 的一些 PHY 驱动
drivers/rtc	RTC 子系统和 RTC 芯片驱动
drivers/spi	SPI 子系统和 SPI 控制器驱动，含 GPIO 模拟 SPI 的驱动
drivers/tty/serial	串口驱动，包括 8250 串口以及各处理器内部串口驱动实现
drivers/usb	USB 驱动，包括 USB HOST、Gadget、USB 转串口以及 OTG 等支持

续表

目录	解释说明
drivers/video	Video 驱动，包括 Framebuffer 驱动、显示控制器驱动和背光驱动等。
drivers/video/backlight	背光控制驱动
drivers/video/logo	Linux 内核启动 LOGO 图片目录
drivers/watchdog	看门狗驱动，包括软件看门狗和各种硬件看门狗驱动实现

熟悉各类驱动在源码树中的大概位置，能帮助我们在开发过程中快速进行驱动源码查找和定位。一个系统到底用了哪些代码，与系统本身外设相关，也与开发板的配置文件相关。

5.2.2.3 其他代码

还有一些代码是系统必需的代码，但在实际开发过程中通常很少需要进行关注，例如文件系统的实现代码、网络子系统的实现代码等。对这部分代码和开发板的关联性，需要根据板子的配置文件来确认。

5.2.3 配置内核及方法

Linux 内核源代码支持二十多种体系结构的处理器，还有各种各样的驱动程序等选项。因此，在编译之前必须根据特定平台配置内核源代码。Linux 内核有上千个配置选项，配置相当复杂，所以 Linux 内核源代码组织了一个友好的配置系统。

配置系统主要包含 Makefile、Kconfig 和配置工具。它可以生成内核配置菜单，方便内核配置。配置界面是通过配置工具来生成的，配置工具通过 Makefile 编译执行，配置选项则是通过各级目录的 Kconfig 文件定义。顶层目录的 Makefile 是整个内核配置编译的核心文件，整体管理 Linux 内核的配置编译，负责组织目录树中子目录的编译管理，其定义了配置和编译的规则，还可以设置体系结构和版本号等；Kconfig 文件是 Linux2.6 内核引入的配置文件，是内核配置选项的源文件。内核源码中的 Documentation/kbuild/kconfig-language.txt 文档有详细说明；配置工具包括配置命令解释器（对配置脚本中使用的配置命令进行解释）和配置用户界面（提供基于字符界面、基于 ncurses 图形界面以及基于 Xwindows 图形界面的用户配置界面，各自对应于 make config、make menuconfig 和 make xconfig 命令）。

对内核进行配置的方法有好几种，而且配置时需要对许多选项进行选择。不管用哪种方法来配置，或者选择哪些配置选项，在配置好之后，内核都会产生 .config 文件，这个文件包含了所有设定选项的全部细节。

常用的配置内核主要有以下五种方法。

（1）make config 命令。

通过命令界面询问是否需要配置，依次要求设定每个配置选项，并会根据 .config 配置文件设定各选项的预设值。

（2）make oldconfig 命令。

通过命令界面，自动载入 .config 配置文件。当遇到先前没有设定过的选项时，才会要求你手动设定（而 make config 却会要求你手动设定所有的选项）。

（3）make xxx_defconfig 命令。

这里的 xxx_defconfig 是开发板默认配置文件，比如运行 make s3c2410_defconfig 命令，内核配置系统将自动调用三星 s3c2410 公版的配置文件 s3c2410_defconfig（在 arch/arm/configs 目录下），并且将该文件中各选项的配置存储到 .config 文件中去，下次执行 make menuconfig 时就会载入这些配置。

（4）make menuconfig 命令。

显示配置菜单的形式，同 make config 一样，会根据 .config 文件来设定预设值。使用该命令，需要先用命令“sudo apt install libncurses5-dev”安装 ncurses 库。ncurses 是一套编程库，它提供了一系列的函数以便使用者调用它们去生成基于文本的图形用户界面。

（5）make xconfig 命令。

显示 X Window 配置菜单，它同样会根据 .config 文件来设定预设值。

以上五种方法当中，只有少数开发者会使用 make config 来设定内核配置。多数开发者会使用 make xxx_defconfig、make menuconfig 命令来建立默认的配置、调整修改已有的配置。本书接下来将介绍 make menuconfig 进行内核配置的选项和使用方法。

5.2.4　图形化配置内核

在 Linux 源码的顶层目录运行 make menuconfig，便会出现如图 5-4 所示的图形化配置菜单。

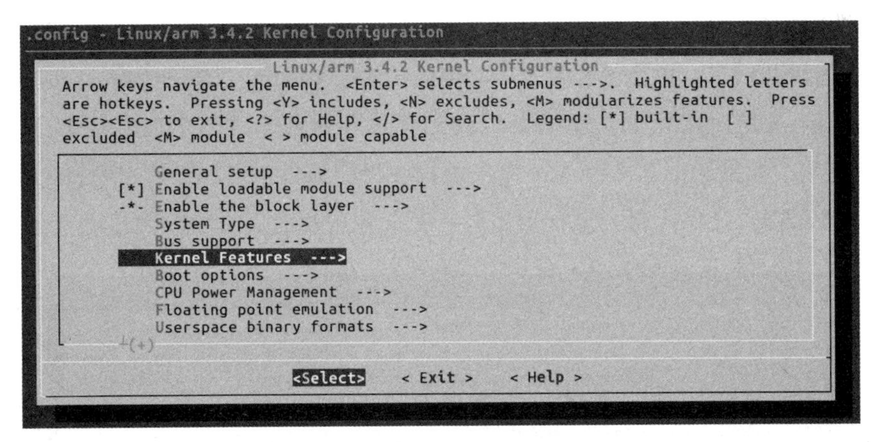

图 5-4　内核配置选项主菜单

上图显示的是一个主菜单，主菜单中还包含了很多子菜单，通过敲键盘的↑、↓键可以选择不同的子菜单，再敲回车键，进入这些子菜单，可以看到该子菜单下的一些功能选项，如进入 General setup 这个子菜单，便可以看到如图 5-5 所示的界面。

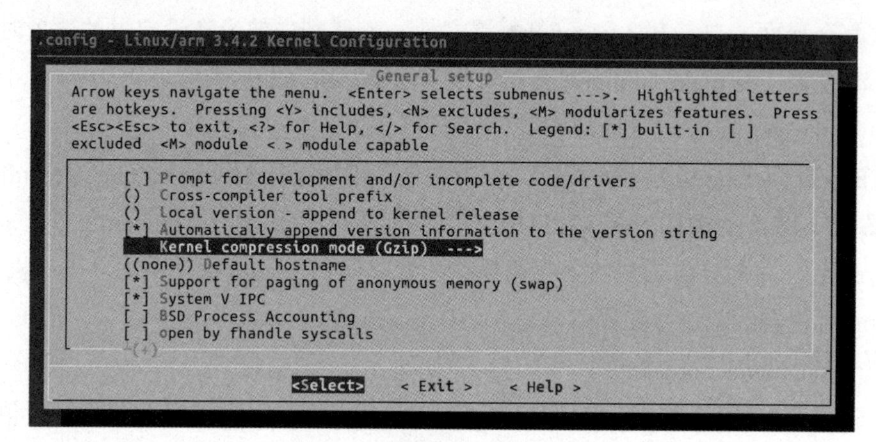

图 5-5　内核配置选项子菜单

在对各个选项进行配置时，有三种方式，它们分别代表的含义如下：

Y：将该功能编译进内核；

N：不将该功能编译进内核；

M：将该功能编译成可以在需要时动态插入到内核中的模块。

至于某个选项具体配置成哪一种方式，可以通过空格键进行选取。所有选项前都有一个括号，有的是中括号，有的是尖括号，还有圆括号。用空格键选择时可以发现，中括号里要么是空，要么是“*”，而尖括号里可以是空，也可以是“*”和“M”，这表示中括号对应的项要么不要，要么编译到内核里；尖括号则多一样选择，可以编译成模块；而圆括号的内容是要你在所提供的几个选项中选择一项或者是要求你输入新的内容。

如果不清楚某个选项的具体含义，可以在该选项选中的时候按下“？”问号键，会显示出该选项的帮助信息。以图 5-5 中“BSD Process Accounting”选项为例，按下问号键之后，弹出如图 5-6 所示的帮助信息，可以看到该选项对应于“CONFIG_BSD_PROCESS_ACCT”配置项，如果选中它（= y），用户级程序将能够指示内核（通过特殊的系统调用）将进程记账信息写入文件：每当进程退出时，有关该进程的信息将由内核追加到文件中。

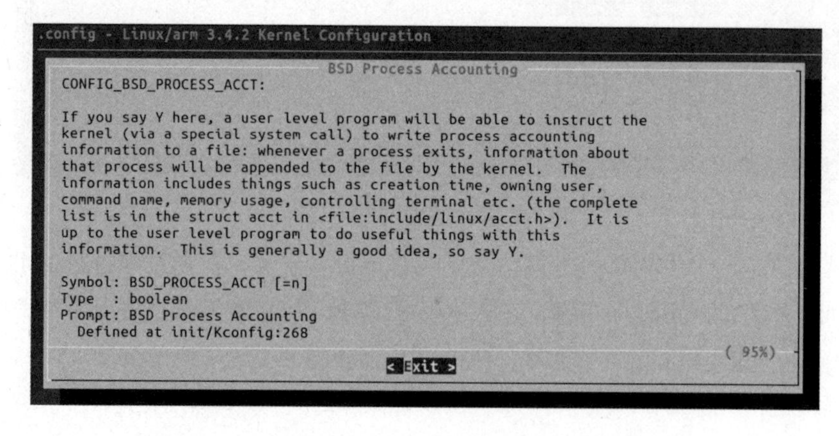

图 5-6　“BSD Process Accounting”选项的帮助说明

内核配置好后，可以通过 Esc 键或是 Exit 选项离开内核配置菜单。内核配置系统将会提示是否要储存新的配置。选择 Yes，离开内核配置系统的时候，会将新的配置储存到新的 .config 文件。这除了会建立 .config 文件外，也会建立一些的头文件和符号链接。选择 No，离开内核配置系统的时候，并不会储存任何变更。

打开“.config”文件，可以看到该文件的内容就是给各个配置项赋值。以图 5-6 的“CONFIG_BSD_PROCESS_ACCT”配置项为例，如果在图 5-5 中选中了“[*] BSD Process Accounting”，那么在“.config”中将会看到该项被赋值为“= y”，如图 5-7 所示。

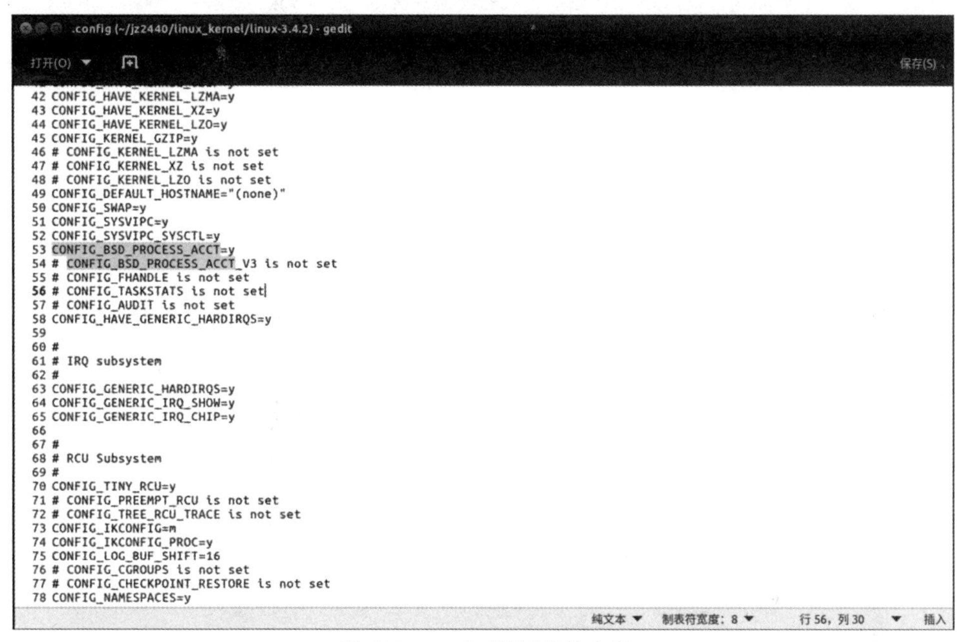

图 5-7　.config 配置文件内容

大家一定会好奇，这些配置选项和配置菜单是怎么组织起来的。在内核源码树每个目录下都包含一个 Kconfig 文件，用于描述所在目录源代码相关的内核配置菜单，各个目录的 Kconfig 文件构成了一个分布式的内核配置数据库。通过 make menuconfig 或 make xconfig 命令配置内核的时候，从 Kconfig 文件读取菜单，配置完毕保存到文件名为 .config 的内核配置文件中，供 Makefile 文件在编译内核时使用。

（1）Kconfig 基本语法。

图 5-8 所示内容摘自内核源码包系统架构目录 arch/arm/Kconfig 文件，是一个比较典型的 Kconfig 文件片段，包含了 Kconfig 的基本语法。

①子菜单。

通过 menu 和 endmenu 来定义一个菜单，图 5-8 所示 Kconfig 定义了一个“Userspace binary formats”菜单，里面又通过“config ARTHUR”语句定义了一个配置项“ARTHUR”，后面的“depends on !AEABI”说明其依赖于“!AEABI”，也就是 AEABI 配置项。菜单在界面中用“--->”表示有下一级内容，“Userspace binary formats”菜单及其内容如图 5-9 所示。

```
Kconfig (~/jz2440/linux_kernel/linux-3.4.2/arch/arm) - gedit
打开(O) ▼                                                    保存(S)
2259            Extension.
2260
2261 endmenu
2262
2263 menu "Userspace binary formats"
2264
2265 source "fs/Kconfig.binfmt"
2266
2267 config ARTHUR
2268         tristate "RISC OS personality"
2269         depends on !AEABI
2270         help
2271           Say Y here to include the kernel code necessary if you want to run
2272           Acorn RISC OS/Arthur binaries under Linux. This code is still very
2273           experimental; if this sounds frightening, say N and sleep in peace.
2274           You can also say M here to compile this support as a module (which
2275           will be called arthur).
2276
2277 endmenu
2278
2279 menu "Power management options"
2280
2281 source "kernel/power/Kconfig"
2282
2283 config ARCH_SUSPEND_POSSIBLE
2284         depends on !ARCH_S5PC100
2285         depends on CPU_ARM920T || CPU_ARM926T || CPU_SA1100 || \
2286                 CPU_V6 || CPU_V6K || CPU_V7 || CPU_XSC3 || CPU_XSCALE
2287         def_bool y
                                   纯文本 ▼   制表符宽度：8 ▼   行 2263，列 1 ▼   插入
```

图 5-8　arch/arm/Kconfig 文件内容

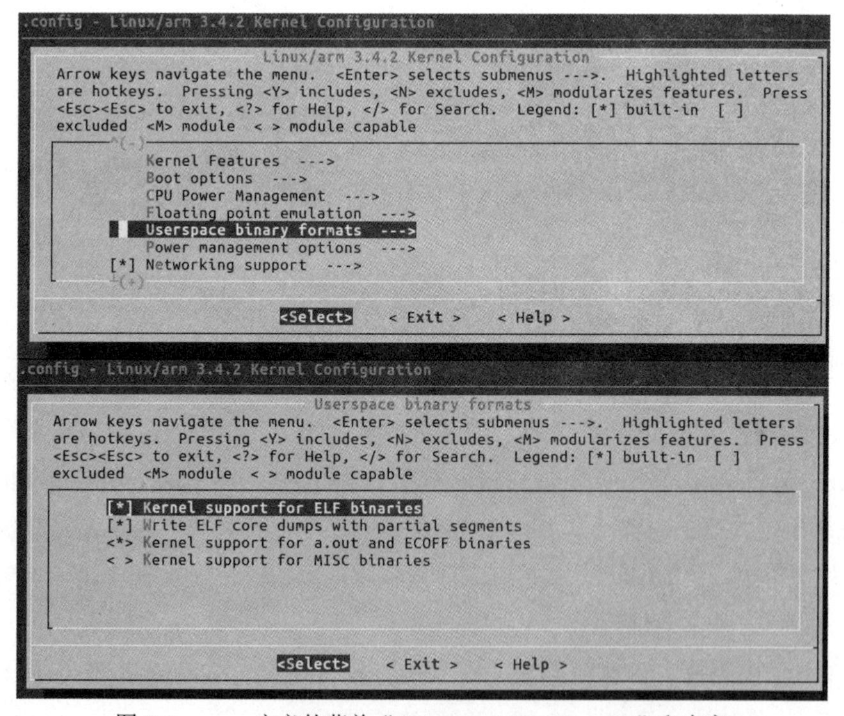

图 5-9　menu 定义的菜单“Userspace binary formats”和内容

菜单的菜单项由 config 语句来定义，随后的“tristate”“depends on”“help”等都是该菜单项的属性。每一个 config 语句表示一个配置项的开始，后面紧跟着的是配置项的名称，再往下几行定义了该配置项的属性：如选项名是什么、依赖什么、选中这个后同时会选择什么等。看下面的一个例子：

“HID Devices”菜单中定义了菜单项 HID，定义如下：

```
config HID
    tristate "Generic HID support"
    depends on INPUT
    default y
    ---help---
     A human interface device (HID) is a type of computer device that
     …（内容较多，省略）
```

这几行语句定义了一个 tristate（三态：Y、N、M）选项，在 .config 中的配置变量名称为 CONFIG_HID，选项名（菜单显示内容）为“Generic HID support”，依赖于配置项“INPUT”，只有在依赖的配置项生效时（INPUT = y），该菜单项才会出现在内核配置界面中并起作用。其默认属性 default 为 y，所以该选项默认为选中生效，也就是配置项 HID = y 或者配置变量 CONFIG_HID = y。在内核配置界面的实际表现为

```
{*}     Generic HID support
```

help 引出帮助信息，在内核配置界面，选择选项后，通过按下？键可以查看帮助信息。

“HID Devices”菜单中还定义了菜单项 HIDRAW，如下：

```
config HIDRAW
    bool "/dev/hidraw raw HID device support"
    depends on HID
    ---help---
    Say Y here if you want to support HID devices (from the USB)
    …（内容较多，省略）
```

这几行语句定义了一个 bool（布尔：Y、N）选项，在 .config 文件中的配置变量名称为 CONFIG_HIDRAW，选项名（菜单显示内容）为“/dev/hidraw raw HID device support”，依赖于配置项“HID”。由于 HID = y，同时没有设置其默认属性 default，所以该选项为空。在内核配置界面的实际表现为：

```
[ ]     /dev/hidraw raw HID device support
```

②属性。

类型定义：每个菜单项都必须定义类型，可选类型有 bool、tristate、string、hex 和 int，各类型描述如表 5-3 所列。

表 5-3　菜单项类型和说明

类型	解释说明	示例
bool	布尔型，可能值为 0 或者 1，只有选中与不选中两种状态	config HIDRAW bool "/dev/hidraw raw HID device support" [ ]/dev/hidraw raw HID device support

续表

类型	解释说明	示例
tristate	三态型，可能值为 0、1 或者 2，有选中、内核模块和不选 3 种状态	config USB_HID tristate "USB Human Interface Device (full HID) support" < > USB Human Interface Device (full HID) support
string	字符串，用于填入字符串，如设置交叉编译器，或者内核命令行参数等	config CMDLINE string "Default kernel command string" ( ) Default kernel command string
hex	十六进制，常用于填写地址信息	config ZBOOT_ROM_TEXT hex "Compressed ROM boot loader base address" default "0" (0 × 0) Compressed ROM boot loader base address
int	整型，用于填写数目，如 CPU 处理器个数、系统频率 Hz 数等	config DEFAULT_MMAP_MIN_ADDR int "Low address space to protect from user allocation" depends on MMU default 4096 (4096) Low address space to protect from user allocation

③目录层次迭代。

通过 source 可以直接引用其他目录的 Kconfig 文件，形成新的菜单项或者子菜单，这样方便每个目录独立管理各自的配置内容。图 5-8 中“Userspace binary formats”菜单使用 source“fs/Kconfig.binfmt”，就是直接引用目录 fs 的 Kconfig.binfmt 文件，以便形成更多菜单（项），对应的就是图 5-9 中下方的 4 个菜单项内容。

“fs/Kconfig.binfmt”文件的内容如下：

```
config BINFMT_ELF
    bool "Kernel support for ELF binaries"
    depends on MMU && (BROKEN || !FRV)
    default y
    ---help---
     ELF (Executable and Linkable Format) is a format for libraries and
     …（内容较多，省略）

config COMPAT_BINFMT_ELF
    bool
    depends on COMPAT && BINFMT_ELF

config ARCH_BINFMT_ELF_RANDOMIZE_PIE
    bool

config BINFMT_ELF_FDPIC
```

```
    bool "Kernel support for FDPIC ELF binaries"
    default y
    depends on (FRV || BLACKFIN || (SUPERH32 && !MMU))
    help
     ELF FDPIC binaries are based on ELF, but allow the individual load
     …（内容较多，省略）

config CORE_DUMP_DEFAULT_ELF_HEADERS
    bool "Write ELF core dumps with partial segments"
    default y
    depends on BINFMT_ELF && ELF_CORE
    help
     ELF core dump files describe each memory mapping of the crashed
     …（内容较多，省略）

config BINFMT_FLAT
    bool "Kernel support for flat binaries"
    depends on !MMU && (!FRV || BROKEN)
    help
     Support uClinux FLAT format binaries.

config BINFMT_ZFLAT
    bool "Enable ZFLAT support"
    depends on BINFMT_FLAT
    select ZLIB_INFLATE
    help
     Support FLAT format compressed binaries

config BINFMT_SHARED_FLAT
    bool "Enable shared FLAT support"
    depends on BINFMT_FLAT
    help
     Support FLAT shared libraries
```

```
config HAVE_AOUT
     def_bool n

config BINFMT_AOUT
    tristate "Kernel support for a.out and ECOFF binaries"
    depends on HAVE_AOUT
    ---help---
      A.out (Assembler.OUTput) is a set of formats for libraries and
      …（内容较多，省略）

config OSF4_COMPAT
    bool "OSF/1 v4 readv/writev compatibility"
    depends on ALPHA && BINFMT_AOUT
    help
      Say Y if you are using OSF/1 binaries (like Netscape and Acrobat)
      …（内容较多，省略）

config BINFMT_EM86
    tristate "Kernel support for Linux/Intel ELF binaries"
    depends on ALPHA
    ---help---
      Say Y here if you want to be able to execute Linux/Intel ELF
      …（内容较多，省略）

config BINFMT_SOM
    tristate "Kernel support for SOM binaries"
    depends on PARISC && HPUX
    help
      SOM is a binary executable format inherited from HP/UX.  Say
      …（内容较多，省略）

config BINFMT_MISC
    tristate "Kernel support for MISC binaries"
```

```
---help---
If you say Y here, it will be possible to plug wrapper-driven binary
…（内容较多，省略）
```

根据图 5-8 “arch/arm/Kconfig” 文件的内容，“Userspace binary formats” 菜单定义了 “ARTHUR”配置项或菜单项，又通过“source “fs/Kconfig.binfmt””命令，包含了从“BINFMT_ELF” 到 “BINFMT_MISC” 的 14 个配置项或菜单项，那为什么图 5-9 中只显示出了 4 个菜单项呢？

根据第一个配置项 “ARTHUR” 的定义，它依赖于配置项 !AEABI，只有 AEABI = n 时候才生效。可以在内核配置菜单中按下 “/” 键，进行搜索，输入配置项名称 AEABI，敲回车搜索结果，如图 5-10 所示。可以看到配置项 AEABI = y，ARTHUR 配置项的依赖无效，因此 ARTHUR 配置项对应的菜单项 “RISC OS personality” 就不能显示出来了。

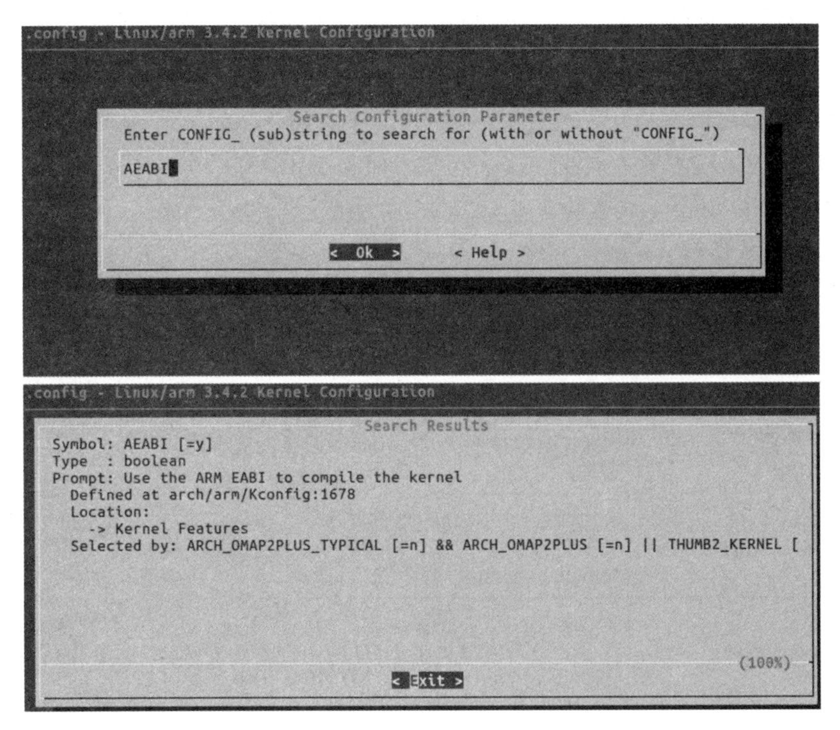

图 5-10　搜索查看配置项 “AEABI”

同样的道理，从“BINFMT_ELF”到“BINFMT_MISC”的 14 个配置项中，只有“BINFMT_ELF”、“CORE_DUMP_DEFAULT_ELF_HEADERS”、“BINFMT_AOUT”和“BINFMT_MISC”这 4 个配置项的依赖有效，所以这 4 个配置项对应的菜单项才能显示出来。

（2）菜单配置项和配置项变量。

通过 config 定义的菜单配置项，在内核配置后会产生一个以 “CONFIG_” 开头的配置项变量，保存在 .config 文件中，该配置项变量可在 Makefile 中或者源代码中使用。

例如：“config BAR” 将会产生一个开关变量 CONFIG_BAR，在 Makefile 中可以这

么使用：

```
obj-$(CONFIG_BAR) += file_bar.o
在源代码中可用这个开关变量来进行一些条件处理，例如：
#if defined (CONFIG_BAR)
    实际处理代码
#endif
```

如果定义的 BAR 是三态变量，则还可以根据需要这样使用：

```
#if defined (CONFIG_BAR) || defined (CONFIG_BAR_MODULE)
    实际处理代码
#endif
```

5.2.5 内核配置选项介绍

Linux 内核配置菜单比较复杂，下面对一些比较重要的配置界面进行介绍，更多的详细配置，建议进行实际操作。另外，由于 Linux 内核版本差异，实际看到的内核配置界面可能与这里的介绍有所差异。

图 5-4 所示的内核配置主界面，实际包含了如表 5-4 所列的各项一级菜单。

表 5-4 配置界面主菜单（一级菜单）的类别和功能

配置界面主菜单	解释说明
Code maturity level options --->	代码成熟度选项：用于包含一些正在开发的或者不成熟的代码、驱动程序，一般不用设置。3.4.2 内核没有该项
General setup --->	内核通用配置选项，包括交叉编译工具链前缀、支持内存页交换 swap 功能、SystemV 进程间通信、本地版本、内核压缩模式、config.gz 支持、内核 log 缓冲区大小、initramfs 以及更多的内核运行特性支持等。除非熟悉其中的内容，否则不要改动
Loadable module support --->	可加载模块支持，一般需要选中：Enable loadable module support（使能可加载模块支持）、Module unloading（模块卸载）、Automatic kernel module loading（内核通过运行 modprobe 自动加载所需的模块）
Enable the block layer --->	块设备层，用于设置块设备的一些参数，比如是否支持大于 2 TB 的块设备、是否支持大于 2 TB 的文件、设置 I/O 调度器等。一般使用默认值即可
System Type --->	系统类型，用于选择 CPU 的架构、开发板类型等
Bus support --->	PCMCIA/CardBus 总线的支持，对于 JZ2440 开发板，不用设置
Kernel Features --->	用于设置内核的一些参数，比如是否支持内核抢占（有利于实时性）、是否支持 EABI、是否支持动态修改系统时钟（timer tick）等
Boot options --->	内核启动选项，比如设置默认的命令行参数等，一般不用修改
CPU Power Management --->	包括 CPU 频率的调整、CPU 空闲电源管理的支持等
Floating point emulation --->	浮点运算仿真功能，当前的 Linux 还不支持硬件浮点运算，所以要选择一个浮点运算仿真器

续表

配置界面主菜单	解释说明
Userspace binary formats --->	用户空间可执行文件格式，一般都选择支持 ELF、a.out 格式
Power management options --->	电源管理选项，JZ2440 开发板可选择“Suspend to RAM and standby”以支持电源管理
Networking support --->	网络协议选项，一般都选择“Networking support”以支持网络功能，选择“Packet socket”以支持 socket 接口功能，选择“TCP/IP networking”以支持 TCP/IP 网络协议。通常可以在选择“Networking support”之后，使用默认配置即可
Device Drivers --->	设备驱动程序，几乎包含了 Linux 的所有驱动程序
File systems --->	文件系统，可以选择要支持的文件系统，比如 EXT2/3/4、JFFS2 等
Profiling support --->	对系统的活动进行分析，仅供内核开发者使用，3.4.2 内核没有该项
Kernel hacking --->	调试内核时的各种选项
Security options --->	安全选项，一般使用默认配置即可
Cryptographic API --->	加密选项
Library routines --->	库程序，比如 CRC32 检验函数、zlib 压缩函数等。不包含在内核源码中的第三方内核模块可能需要这些库，可以全不选，内核中若有其他部分依赖它，会自动选上
Load an Alternate Configuration File	载入一个指定的配置文件，默认是 .config 文件
Save an Alternate Configuration File	保存为指定的配置文件，默认是 .config 文件

一级菜单下的每一项几乎都有复杂的下级子菜单，各自的配置选项也很丰富，每项的意义也各不相同，如果逐一进行描述，将会是一件非常烦琐的事。在实际产品开发中，并不需要完全了解内核的每一个配置项，通常只需要了解其中一些相关项即可。

5.2.6　构建内核映像

Linux 内核源码也是通过 make 工具和 Makefile 进行编译的。Linux 内核中的 Makefile 以及与 Makefile 直接相关的文件 5 类，如表 5-5 所示。

表 5-5　Linux 内核 Makefile 文件分类

名称	描述
顶层 Makefile	它是所有 Makefile 文件的核心，从总体上控制着内核的编译、链接
.config	配置文件，在配置内核时生成。所有 Makefile 文件都是根据 .config 来决定编译使用哪些文件
arch/$(ARCH)/Makefile	对应体系结构的 Makefile，它用来决定哪些体系结构相关的文件参与内核的生成，并提供一些规则来生成特定格式的内核镜像
scripts/Makefile.*	Makefile 共同的通用规则、脚本等
Kbuild Makefiles	各级子目录下的 Makefile，被称为 Kbuild Makefile。相对简单，被上一层 Makefile 调用来编译当前目录下的文件

概括来说，这些文件的作用如下：

（1）配置文件 .config 中定义了一系列的变量，Makefile 将结合它们来决定哪些文件被编进（built-in）内核、哪些文件被编成模块、涉及哪些子目录。

（2）顶层 Makefile 和 arch/$(ARCH)/Makefile 决定根目录下哪些子目录、arch/$(ARCH) 目录下哪些文件和子目录将被编进内核。

（3）各级子目录下的 Makefile 决定所在目录下哪些文件将被编进内核，哪些文件将被编成内核模块（往往是驱动程序模块），进入哪些子目录继续调用它们的 Makefile。

（4）顶层 Makefile 和 arch/$(ARCH)/Makefile 设置了可以影响所有文件的编译、链接选项：CFLAGS、MLAGS、LDFLAGS、ARFLAGS。

（5）各级子目录下的 Makefile 中可以设置能够影响当前目录下所有文件的编译、链接选项：EXTRA_CFLAGS、EXTRA_AFLAGS、EXTRA_LDFLAGS、EXTRA_ARFLAGS；还可以设置可以影响某个文件的编译选项：CFLAGS_$@，AFLAGS_$@。

（6）顶层 Makefile 按照一定的顺序组织文件，根据链接脚本 arch/$(ARCH)/kernel/vmlinux.lds 生成内核映象文件 vmlinux。

对于初学者，不必深究这些文件内容的具体细节，只要了解各自分工和作用即可。

5.2.6.1 顶层 Makefile，需要设置交叉编译环境

准备交叉编译环境是 Linux 内核移植的前提条件。在本章中直接使用前面章节构建好的的 arm-linux-gcc-4.4.3-glibc-2.9 交叉编译工具链。

修改内核顶层目录下的 Makefile 文件中的硬件体系结构和交叉编译工具。将体系结构（ARCH）改为硬件平台的架构 ARM，交叉编译工具指定为前面构建的交叉编译工具链。如下所示：

```
ARCH                    ?=
CROSS_COMPILE           ?=
```

改为

```
ARCH                    ?= arm
CROSS_COMPILE           ?= arm-linux-
```

5.2.6.2 子目录的 Makefile

大部分内核中的 Makefile 都是使用 Kbuild 组织结构的 Kbuild Makefile。Kbuild 即 kernel build，用于编译 Linux 内核文件。Kbuild 对 Makefile 进行了功能上的扩充，使其在编译内核文件时更加高效、简洁。关于 Kbuild Makefile 更多的知识可以参考内核帮助文档 Documentation/kbuild/makefiles.txt。

在内核源码的子目录中，几乎每个子目录都有相应的 Kbuild Makefile 文件，管理着对应目录下的编译控制。对该目录的文件或者子目录的编译控制，在 Kbuild Makefile 中有两种表示方式，一种是默认选择编译，用 obj-y 表示，如：

```
obj-y  += usb-host.o          # 默认编译 usb-host.c 文件
obj-y  += gpio/               # 默认编译 gpio 目录
```

另一种表示则与内核配置选项相关联，编译与否以及编译方式取决于内核配置，例如：

```
obj-$(CONFIG_WDT)  += wdt.o     # wdt.c 编译控制
obj-$(CONFIG_PCI)  += pci/      # pci 目录编译控制
```

这里是否编译 wdt.c 文件，或者以何种方式编译，取决于内核配置后的配置项变量 CONFIG_WDT 值：如果在配置菜单中设置为 [*]，即 CONFIG_WDT = y，则静态编译到内核；如果配置为 [M]，即 CONFIG_WDT = m，则编译为 wdt.ko 模块，否则不编译。

除了有 obj-y 之外，还有 obj-m、lib-y 等形式：

obj-y 用来定义哪些文件被编进内核；

obj-m 用来定义哪些文件被编译成可加载模块（Loadable module）；

lib-y 用来定义哪些文件被编成库文件。

另外需要说明：受控目标是一个目录，obj-y 并不直接决定受控目录的文件以及子目录的文件，仅仅是与受控目录 Kbuild Makefile 交互，实际编译控制在受控子目录的 Kbuild Makefile 中。例如“obj-y += gpio/”，最终受控目标 gpio 目录下哪些文件被编译，完全取决于 gpio 目录下的 Kbuild Makefile。同理，“obj-$ (CONFIG_PCI) += pci/”也是一样的，Kbuild Makefile 通过这种方式实现递归向下访问各级目录。

5.2.6.3 内核编译基本命令

- make mrproper：清理全部文件，包括 .config 和一些备份文件。
- make clean：清理生成文件，但会保留 .config 和一些模块文件。
- make xxx_defconfig：生成包含默认选项的 .config 文件。比如使用三星 S3C2410 公版的默认配置为 make s3c2410_defconfig。
- make oldconfig：在旧的 .config 基础上生成新的 .config。如果只想在原来内核配置的基础上修改一些小地方，会省去不少麻烦。
- make config：基于文本的最为传统的配置界面，不推荐使用。
- make menuconfig：基于文本菜单的配置界面，字符终端下推荐使用。
- make xconfig：基于图形窗口模式的配置界面，Xwindow 下推荐使用。这三个配置命令，目的都是生成一个 .config 文件，其中 make xconfig 的界面最为友好，如果可以使用 Xwindow，就用这个最好，界面美观比较方便也好设置。如果不能使用 Xwindow，那么就使用 make menuconfig。界面虽然比 xconfig 的差一点，但总比 make config 的好多了。
- make：默认编译。
- make zImage：编译生成压缩的内核二进制文件，也会用 make bzImage 替代。执行 make zImage 内核编译命令之后会生成两个文件，一个是 Image，另一个是 zImage，其中 Image 为内核映像文件，而 zImage 为内核的映像压缩文件，为了保证压缩过的内核镜像能够在内存中运行，zImage 自带有解压缩代码。

➢ make uImage：编译生成符合 U-Boot 格式的压缩的内核二进制文件。uImage 是 U-Boot 专用的映像文件，它是在 zImage 之前加上一个长度为 64 字节的附加信息（可参考 U-Boot 源码 <include/image.h> 文件的 image_header_t 数据结构定义），用来解释这个内核的版本、加载位置、生成时间、大小等信息；在 64 字节附加信息之后的部分与 zImage 文件没区别。

需要注意的是，生成 uImage 需要 U-Boot 的 mkimage 工具，使用时需要将 U-Boot 源码目录下的 tools/mkimage 文件复制到系统 /usr/bin 目录下，或者将 U-Boot 源码目录下的 tools 子目录添加到系统 PATH 环境变量中。

在 U-Boot-1.1.6 下，通过 bootm 命令来引导 uImage 映像文件启动内核；可以使用 go 命令来引导 zImage 映像文件启动内核。

➢ make distclean：在进行安装之前要特别注意，如果你需要清理内核的源码，让它回复到配置设定、依存关系建立或编译之前的初始状态，就使用 make distclean 命令，但务必在执行此命令之前，将内核的配置文件备份起来，因为 make distclean 会清除前面这几个阶段所产生的文件，包括 .config 文件、所有的目标文件以及内核映像。

内核配置完成，输入 make 命令即可开始编译内核。如果没有修改 Makefile 文件并指定 ARCH 和 CROSS_COMPILE 参数，则须在命令行中指定：

```
$ make  ARCH = arm  CROSS_COMPILE = arm-linux-
```

目前大多数 PC 主机都是多核处理器，为了加快编译进度，可以开启多线程编译，在 make 的时候加上“-jN”即可，N 的值为处理器的线程数目。例如对于 Intel 的 I7-4770 4 核 8 线程处理器，可将 N 设置为 8：

```
$ make  uImage  ARCH = arm  CROSS_COMPILE = arm-linux-  -j8
```

采用多线程编译的优点是能加快编译进度，缺点是如果内核中有错误，某个编译线程遇到错误终止了编译，而其他编译线程却还在继续，出错线程的错误提示通常会被其他编译线程的输出信息淹没，不利于排查。对于这种情况，则建议改为单线程编译，直到错误排除。

如果编译不出错，编译完成会生成 vmlinux、Image、zImage 等文件，各文件说明如表 5-6 所示。

表 5-6　内核编译生成文件说明

文件	解释说明
vmlinux	未经压缩、带调试信息和符号表的内核文件，elf 格式
arch/arm/boot/compressed/vmlinux	经过压缩后的 vmlinux，并加入了解压头的 elf 格式文件
arch/arm/boot/Image	将 Linux 源码树顶层目录下的 vmlinux 去除调试信息、注释和符号表等，只包含内核代码和数据后得到的非 elf 格式文件

续表

文件	解释说明
arch/arm/boot/zImage	经过 objcopy 处理，能直接下载到内存中执行的内核映像文件
arch/arm/boot/uImage	经过 mkimage 工具处理，相当于在 zImage 文件之前加上一个长度为 64 字节的附加信息

5.2.6.4　内核构建的基本流程

make zImage 命令执行的步骤大致如下：

（1）根据内核配置生成文件 .config。

（2）将内核的版本号存储在 include/linux/version.h。

（3）生成指向 include/asm-$(ARCH) 的符号链接。

（4）更新所有编译所需的文件：附加的文件由 arch/$(ARCH)/Makefile 指定。

（5）递归向下访问所有在下列变量中列出的目录：init-*、core*、drivers-*、net-*、libs-*，并编译生成目标文件。这些变量的值可以在 arch/$ (ARCH)/Makefile 中扩充。

（6）链接所有的目标文件，在源代码树顶层目录中生成 vmlinux。最先链接的是在 head-y 中列出的文件，该变量由 arch/$(ARCH)/Makefile 赋值。

（7）最后完成具体架构的特殊要求，并生成最终的启动镜像。

5.2.7　构建和安装模块

如果内核中有配置为 <M> 的模块或者驱动，需要在编译内核后再通过 make modules 命令编译这些模块或者驱动：

```
$ make ARCH = arm CROSS_COMPILE = arm-linux- modules -j8
```

编译得到的内核模块文件以“.ko”结尾，这些可以通过 insmod 命令插入运行的内核中。有的模块编译得到单一的“.ko”文件，且不依赖于其他模块，这样的模块可以直接用 insmod 命令插入系统而不会出现错误。有的模块则可能编译后得到多个“.ko”文件，或者依赖于其他模块文件，且各文件插入还有顺序要求，这就是常说的模块依赖。对于这样的情况，用 insmod 命令手工尝试得到依赖关系，然后按顺序插入也是可以的，但不推荐这样做，毕竟很麻烦。建议编译模块后，再通过 make modules_install 命令安装模块，可将编译得到的全部模块安装到某一目录下，并且还会生成模块之间的依赖关系文件 modules.dep。根据依赖关系文件，就可以用 modprobe 命令进行模块自动安装，而不用手工逐一加载各个模块。

make modules_install 命令用来安装内核模块。内核模块默认将被安装到宿主机的 /lib/modules 目录。一般在使用交叉开发环境的情况下，并不是希望将刚构建的内核模块安装到 /lib/modules 目录，因为这样会干扰宿主机自身的系统。因此往往需要将它们安装到另一个指定的目录。可以使用下面的 make modules_install 命令：

```
make INSTALL_MOD_PATH= / 你要安装的目录 / modules_install
```

命令中的INSTALL_MOD_PATH变量就是用来指定模块的安装路径。

使用make modules命令构建内核模块，这个阶段的构建时间耗费与选择构建成模块（而不是链接成主内核映像的一部分）的内核选项的数量有很大的关系，不过很少会长过构建内核映像的时间。同构建内核映像一样，倘若内核的配置不符合目标系统的需要，或是内核选项有问题，这个阶段也可能会构建失败。

内核映像和内核模块都构建好后，代表着内核镜像文件已经准备好，可以为开发板进行烧写内核的工作。不过，在进行烧写之前要注意，如果需要清理内核的源码，让它回复到配置设定、依存关系建立或编译之前的初始状态，可以使用make distclean命令，但务必在执行此命令之前，将内核的配置文件备份起来，因为make distclean会清除前面这几个阶段所产生的文件，包括.config文件、所有的目标文件以及内核映像。

5.3 Linux内核移植实例

上一节中，笔者对Linux内核移植的过程、步骤及相关的命令等进行了介绍，相信读者朋友对Linux内核的移植有了个大致的了解。实践是检验真理的唯一标准，在这一小节中，笔者将在JZ2440_V3开发板上实际操作Linux内核的移植过程。

5.3.1 配置编译内核的过程

这里我们使用Linux官方的linux-3.4.2.tar.bz2内核源码包和厂商提供的补丁包linux-3.4.2_jz2440.patch来构建JZ2440_V3开发板的Linux内核，操作分几个步骤，如下：

（1）将官网的内核源码包linux-3.4.2.tar.bz2和JZ2440_V3开发板的linux-3.4.2_jz2440.patch补丁包文件复制到工作区的linux_kernel目录下：

```
cd ~/jz2440/linux_kernel
cp /mnt/hgfs/jz2440/learn/Linux系统移植构建_JZ2440/linux_kernel/ linux-3.4.2.tar.bz2./
cp /mnt/hgfs/jz2440/learn/Linux系统移植构建_JZ2440/linux_kernel/linux-3.4.2_jz2440.patch./
```

（2）解压内核源码包，并进入该目录，打补丁：

依次执行以下命令：

```
tar -jxvf linux-3.4.2.tar.bz2
cd linux-3.4.2
patch -p1 < ../linux-3.4.2_jz2440.patch
```

（3）修改顶层目录的Makefile，指定ARCH硬件平台的架构，CROSS_COMPILE交叉编译工具链：

```
gedit Makefile
```

设置下面两行：

```
ARCH                    ?= arm
```

```
CROSS_COMPILE              ?= arm-linux-
```

这两行表示接下来将对嵌入式ARM系统上使用的Linux内核进行交叉编译，用的是广州友善之臂公司提供的arm-linux-gcc-4.4.3-glibc-2.9交叉编译工具链。友善之臂公司在制作这款交叉编译工具时指定了最低内核版本（2.6.32）的限制，如果Linux内核版本过低，编译启动内核时会出现“FATAL: kernel too old”的错误信息，无法启动。我们使用的是Linux3.4.2较高版本的内核，交叉编译以及实测使用都是没问题的。

（4）复制config_ok文件一份为.config：

```
copy config_ok .config
```

config_ok文件是百问网为JZ2440_V3开发板提供的Linux内核默认的配置文件，在打补丁之后自动创建生成的。

（5）配置内核，使用ARM EABI方式编译内核：

config_ok给定的默认配置已经比较完善了，里面选中以ARM EABI方式编译内核。

① ABI：Application Binary Interface（ABI）for the ARM Architecture，是指二进制应用程序接口，ABI描述了应用程序和操作系统之间或其他应用程序之间的低级接口。各个架构的机器，如arm32、arm64、x86、x86_64、riscv都有自己的ABI。

② EABI：Embedded application binary interface，是指嵌入式ABI。EABI指定了文件格式、数据类型、寄存器使用、堆积组织优化和在一个嵌入式软件中的参数的标准约定。开发者可使用自己的汇编语言，也可使用EABI作为与兼容的编译器生成的汇编语言的接口。

在32位的arm中，ABI有两种：OABI和EABI。OABI（Old Application Binary Interface）是arm对于ABI规范的比较老的实现；EABI（Embedded Application Binary Interface）是arm对于ABI规范的比较新的实现（出现在2005年）。arm-linux-gcc-4.4.3-glibc-2.9交叉编译工具链支持EABI方式，这里选择EABI方式编译内核，也是为了支持后续的高版本应用程序（如Qt5.6）的交叉编译。

执行命令：

```
make menuconfig
```

配置Linux内核，进入Kernel Features ---> 菜单，选中以下菜单配置项：

```
[*] Use the ARM EABI to compile the kernel
```

（6）将U-Boot的mkimage工具复制到/usr/bin：

```
sudo cp ../../uboot/u-boot-1.1.6/tools/mkimage /usr/bin
```

因为生成内核镜像文件uImage，需要使用U-Boot的mkimage工具。

（7）打开“kernel/timeconst.pl”文件，修改因宿主机perl版本升级的bug，运行命令：

```
gedit kernel/timeconst.pl
```

找到第373行，将“if (!defined (@val)) {”修改为“if (! (@val)) {”，否则编译时会报错。

（8）编译内核，生成内核镜像文件：

执行 make uImage -j8 命令，编译生成目标机的内核映像文件 uImage，该文件在 arch/arm/boot 目录下，如图 5-11 所示。

```
a1@a1-virtual-machine: ~/jz2440/linux_kernel/linux-3.4.2/arch/arm/boot
a1@a1-virtual-machine:~/jz2440/linux_kernel/linux-3.4.2/arch/arm/boot$ ls -l
总用量 9072
drwxrwxr-x 2 a1 a1    4096 6月   9  2012 bootp
drwxrwxr-x 2 a1 a1    4096 8月  28 23:03 compressed
drwxrwxr-x 3 a1 a1    4096 6月   9  2012 dts
-rwxrwxr-x 1 a1 a1 4654820 8月  28 23:03 Image
-rw-rw-r-- 1 a1 a1    1274 6月   9  2012 install.sh
-rw-rw-r-- 1 a1 a1    3335 6月   9  2012 Makefile
-rw-rw-r-- 1 a1 a1 2306032 8月  28 23:03 uImage
-rwxrwxr-x 1 a1 a1 2305968 8月  28 23:03 zImage
```

图 5-11　交叉编译构建的内核镜像文件

5.3.2　从 NAND Flash 引导内核

在上一章中，我们介绍了将 U-Boot 烧写到 NAND Flash 中的方法，也在“U-Boot 命令使用实例”这一小节中提到了内核的 Flash 引导方式。这里将具体步骤列出来：

（1）将内核源码树中 arch/arm/boot 目录下的内核映像文件（uImage）拷贝到宿主机 tftp 服务器的工作目录（/home/a1/jz2440/image/tftpboot）下。

（2）启动 tftp 服务器：执行命令：

```
sudo service tftpd-hpa restart
```

（3）打开 JZ2440 开发板的电源（前提是 JZ2440_V3 已经烧写了 U-Boot），出现提示信息“Hit any key to stop autoboot: 2 ”时按下空格键，输入“q”退出快捷菜单，进入 BootLoader 的命令行环境。

（4）输入命令：tftp 0x30007FC0 uImage，将 uImage 通过 tftp 下载到起始地址为 0x30007FC0 的内存中，打印出如下信息就表示下载成功。

```
OpenJTAG> tftp 0x30007FC0 uImage
dm9000 i/o: 0x20000000, id: 0x90000a46
DM9000: running in 16 bit mode
MAC: 08:00:3e:26:0a:5b
could not establish link
TFTP from server 192.168.8.97; our IP address is 192.168.8.11
Filename 'uImage'.
Load address: 0x30007fc0
Loading: #################################################################
         #################################################################
         #################################################################
         #################################################################
         #################################################################
```

```
        ##########################################################################
        ######################################################################
    done
    Bytes transferred = 2306032 (232ff0 hex)
```

（5）输入命令：nand erase kernel，擦除NAND Flash用来存放内核的分区。

（6）输入命令：nand write 0x30007FC0 kernel，将存放在内存中的内核写到NAND Flash存放内核的分区中。由于内存中的内容掉电后就消失，要想在开发板下保存内核，就需要进行这一步烧写操作。

（7）配置内核从Flash启动，需要设置bootcmd环境变量，执行下面的命令：setenv bootcmd nand read 0x30007FC0 kernel\; bootm 0x30007FC0，然后执行saveenv命令保存该环境变量。

（8）重启目标板，看到如下的信息表示内核烧写及引导成功。

```
Hit any key to stop autoboot:  0
Booting Linux ...

NAND read: device 0 offset 0x60000, size 0x400000

Reading data from 0x45f800 -- 100% complete.
 4194304 bytes read: OK
## Booting image at 30007fc0 ...
   Image Name:   Linux-3.4.2
   Created:  2022-08-28  15:03:33 UTC
   Image Type: ARM Linux Kernel Image (uncompressed)
   Data Size:  2305968 Bytes = 2.2 MB
   Load Address: 30008000
   Entry Point:  30008000
   Verifying Checksum ... OK
   XIP Kernel Image ... OK

Starting kernel ...

Uncompressing Linux... done, booting the kernel.
Booting Linux on physical CPU 0
Linux version 3.4.2 (a1@a1-virtual-machine) (gcc version 4.4.3 (ctng-1.6.1)) #1 Sun Aug 28
```

```
23:03:27 CST 2022
    CPU: ARM920T [41129200] revision 0 (ARMv4T), cr = c0007177
    CPU: VIVT data cache, VIVT instruction cache
    Machine: SMDK2440
    Memory policy: ECC disabled, Data cache writeback
    CPU S3C2440A (id 0x32440001)
    S3C24XX Clocks, Copyright 2004 Simtec Electronics
    S3C244X: core 400.000 MHz, memory 100.000 MHz, peripheral 50.000 MHz
    CLOCK: Slow mode (1.500 MHz), fast, MPLL on, UPLL on
    Built 1 zonelists in Zone order, mobility grouping on.  Total pages: 16256
    Kernel command line: noinitrd root=/dev/mtdblock3 init=/linuxrc console=ttySAC0,115200
    （……后面还有很长，由于篇幅关系就不全贴出来了）
```

5.3.3 网络引导内核

由于 Flash 的寿命取决于烧写次数，因此烧写不能过于频繁，然而开发过程中经常需要改动内核，如果每次改动以后都要重新将它烧写到 Flash 中，这显然不是个可取的方法。回忆一下我们上一章提到的网络引导内核的方式，这种方式下，不需要反复烧写 Flash，每次只要将新生成的 zImage 文件复制到宿主机 tftp 服务器的工作目录下面，然后，目标机通过 tftp 方式将其下载到内存中再进行引导就可以了。具体步骤如下：

（1）将内核源码树中 arch/arm/boot 目录下的内核映像文件（uImage）拷贝到宿主机 tftp 服务器的根目录（/home/a1/jz2440/image/tftpboot）下。

（2）启动 tftp 服务器：执行命令：

```
sudo service tftpd-hpa restart
```

（3）打开 JZ2440 开发板的电源（前提是 JZ2440_V3 已经烧写了 U-Boot），出现提示信息“Hit any key to stop autoboot: 2 ”时按下空格键，输入“q”退出快捷菜单，进入 BootLoader 的命令行环境。

（4）配置内核为网络启动方式，需要设置 bootcmd 环境变量，执行下面的命令：setenv bootcmd tftp 0x30007FC0 uImage\; bootm 0x30007FC0，然后执行 saveenv 命令保存该环境变量。

（5）重启目标板，看到如下的信息表示内核从网络引导成功。

```
Hit any key to stop autoboot:  0
Booting Linux ...
dm9000 i/o: 0x20000000, id: 0x90000a46
DM9000: running in 16 bit mode
MAC: 08:00:3e:26:0a:5b
```

```
could not establish link
TFTP from server 192.168.8.97; our IP address is 192.168.8.11
Filename 'uImage'.
Load address: 0x30007fc0
Loading: #################################################################
         #################################################################
         #################################################################
         #################################################################
         #################################################################
         #################################################################
         #############################################################
done
Bytes transferred = 2306032 (232ff0 hex)
## Booting image at 30007fc0 ...
   Image Name:   Linux-3.4.2
   Created:  2022-08-28  15:03:33 UTC
   Image Type:   ARM Linux Kernel Image (uncompressed)
   Data Size:  2305968 Bytes =  2.2 MB
   Load Address: 30008000
   Entry Point:  30008000
   Verifying Checksum ... OK
   XIP Kernel Image ... OK

Starting kernel ...

Uncompressing Linux... done, booting the kernel.
Booting Linux on physical CPU 0
Linux version 3.4.2 (a1@a1-virtual-machine) (gcc version 4.4.3(ctng-1.6.1))#1 Sun Aug 28
23:03:27 CST 2022
CPU: ARM920T [41129200] revision 0 (ARMv4T), cr = c0007177
CPU: VIVT data cache, VIVT instruction cache
Machine: SMDK2440
Memory policy: ECC disabled, Data cache writeback
CPU S3C2440A (id 0x32440001)
```

```
S3C24XX Clocks, Copyright 2004 Simtec Electronics
S3C244X: core 400.000 MHz, memory 100.000 MHz, peripheral 50.000 MHz
CLOCK: Slow mode (1.500 MHz), fast, MPLL on, UPLL on
Built 1 zonelists in Zone order, mobility grouping on.  Total pages: 16256
Kernel command line: noinitrd root=/dev/mtdblock3 init=/linuxrc console=ttySAC0,115200
（……后面还有很长，由于篇幅关系就不全贴出来了）
```

至此，内核移植完毕。最后，需要说明的是本章裁剪的 Linux 内核基本上是使用 JZ2440_V3 开发板的出厂默认配置，其目的是让读者对嵌入式 Linux 内核的移植过程有个整体的框架性认识。在后续章节中，本书还将根据实例需要，增加一些驱动及修改配置，不过这些新的修改都是在本章所编译的内核的基础上进行。一般修改完内核的配置以后，都要重新执行 make 命令编译内核，但是这时执行的 make 命令只会对新加的功能或者改动进行编译，而不会重新编译整个内核。

第6章 根文件系统移植

到目前为止，JZ2440_V3开发板上已经成功移植了U-Boot和Linux3.4.2版本的内核，那么只剩下Linux系统启动期间所进行的最后一项内容，也就是挂载根文件系统，若系统不能从指定设备上挂载根文件系统，则会出错而退出启动。接下来本章将介绍在系统启动过程中如何挂载根文件系统，进而完成整个嵌入式Linux开发中的移植任务。本章首先介绍有关Linux根文件系统的相关概念和基础知识，然后通过实例着重介绍如何制作根文件系统、NFS/Yaffs2文件系统、文件系统的移植和访问等，最后在JZ2440_V3平台上运行简单的Hello World程序来测试搭建的整个嵌入式Linux开发环境。

6.1 文件系统概述

文件系统是操作系统中组织、存储和命名文件的一种基本结构，是操作系统中统一管理信息资源的一种方式，可以管理文件的存储、检索、更新，提供安全可靠的共享和保护手段，方便用户使用。它的存储媒质包括各种磁盘、U盘、SD/TF卡、光盘、FLASH等。

本节向读者简单介绍下Linux系统支持的文件系统以及常用的嵌入式Linux文件系统组织方式，然后针对开发中常用的NFS文件系统和Yaffs2文件系统做了简单的介绍，并通过实例操作展示如果移植和构建嵌入式的根文件系统。

6.1.1 Linux文件系统概述

6.1.1.1 Linux文件系统

Linux的一个最重要特点就是它能同时支持多种文件系统。在加载根文件系统之后可以自动或手动挂载其他的文件系统。因此，一个系统中可以同时存在多个不同的文件系统。这使得Linux非常灵活，能够与许多其他的操作系统共存。Linux支持的常见的文件系统有JFS、ReiserFS、Ext、Ext2/3/4、ISO9660、XFS、Minx、MSDOS、UMSDOS、VFAT、NTFS、HPFS、NFS、SMB、SysV、PROC等。随着时间的推移，Linux支持的文件系统数还会增加。

下面是关于它们的一些简单介绍：

（1）Ext2/3/4文件系统。

Linux最初是基于x86设计的，保存文件的物理设备是磁盘或者磁带。Linux最初用于管理磁盘文件的文件系统是基于Minix的，存在文件管理效率不高的问题；后来在

Minix 的基础上进行了扩展，设计了专门用于 Linux 的 Ext 扩展文件系统（Extended file system），并添加到内核中，作为 Linux 事实上的标准文件系统，Linux 的发布和安装都基于 Ext 文件系统。Ext 文件系统是 Linux 中使用最多的文件系统，因为它是专门为 Linux 设计的，拥有最快的速度和最小的 CPU 占用率。

Ext 扩展文件系统经过发展，历经第二代扩展文件系统（Ext2，the Second Extended file system）、第三代扩展文件系统（Ext3，Third Extended file system）和第四代扩展文件系统（Ext4，the fourth Extended file system），目前最新和流行最广的是 Ext4。Ext2 属于非日志型文件系统，而 Ext3/4 文件系统是日志型文件系统。日志型文件系统用独立的日志文件跟踪磁盘内容的变化，比传统文件系统安全。

Ext2 既可以用于标准的块设备（如硬盘），也被应用在软盘等移动存储设备上。它可以支持 256 字节的长文件名，其单一文件大小和文件系统本身的容量上限与文件系统本身的簇大小有关。在常见的 Intel x86 兼容处理器的系统中，簇最大为 4 KB，单一文件大小上限为 2 TB，而文件系统的容量上限为 6 384 GB。

Ext3 从 Ext2 发展而来，并且完全兼容 Ext2 文件系统，且比 Ext2 可靠。在文件大小、数量和文件名方面有如下限制：最大文件大小为 2 TB；最多支持 32 000 个子目录；最大文件数量为可变；最长文件名限制为 255 字节；最大卷大小为 16 TB；文件名允许的字符数为除 NUL 和“/”外的所有字节。整体上，Ext3 具有高可用性、数据的完整性、文件系统的速度、数据转换、多种日志模式（data = journal 模式，data = ordered 或者 data = writeback 模式）等特点。

Ext4 在 Ext3 的基础上进行了改进，修改了一部分重要的数据结构。Ext4 在性能和可靠性方面都有更好的表现，功能方面也更加丰富。Ext4 兼容 Ext3，从 Ext3 迁移到 Ext4，无需格式化磁盘或者重装系统。与 Ext3 相比，Ext4 具有以下特点：支持更大的文件系统和文件（支持最大文件大小为 16 TB，最大卷大小为 1 EB，支持无限数量的子目录）；Ext4 引入了现代文件系统中流行的 extents 概念，每个 extent 为一组连续的数据块，提高了不少效率；多块分配；延迟分配；快速 fsck；日志校验；无日志模式；在线碎片整理；支持更大的 inode；支持持久预分配；默认启用 barrier 等。

（2）FAT 文件系统。

DOS、Windows 和 OS/2 使用该文件系统，它使用标准的 DOS 文件名格式，不支持长文件名。

（3）VFAT 文件系统。

扩展的 DOS 文件系统，支持长文件名，被 MS Windows 9x/NT 所采用。

（4）ISO9660 文件系统。

CD-ROM 的标准文件系统。

（5）Minix 文件系统。

这是 Linux 采用 Minix 的文件系统，但其有一个致命的弱点：分区不大于 64MB，因此一般只用于软盘或 RAM Disk。

（6）SWAP 文件系统。

用于 Linux 磁盘交换分区的特殊文件系统。Linux 中 SWAP（磁盘交换分区）功能就是在内存不够的情况下，操作系统先把内存中暂时不用的数据，存到磁盘的交换空间，腾出内存来让别的程序运行，和 Windows 的虚拟内存（pagefile.sys）的作用是一样的。Linux 内核在引导过程时，它首先从 LILO 指定的设备上安装根文件系统，随后将加载 /etc/fstab 文件中列出的文件系统。/etc/fstab 指定了该系统中的文件系统的类型、安装位置及可选参数。

（7）NFS 文件系统。

NFS 文件系统全称是 Network File System，即网络文件系统，是一种分布式文件系统。它的作用是允许客户端主机可以访问访问服务器端文件，从用户角度看来，对这些远程的文件系统操作和本地的文件系统上操作并没有什么不同。它由 SUN 公司（已被甲骨文公司收购）开发，于 1984 年发布。NFS 是基于 UDP/IP 协议的应用，其实现主要是 RPC 机制（Remote Procedure Call，远程过程调用）。

6.1.1.2 嵌入式 Linux 文件系统

从文件组织结构上来说，嵌入式 Linux 文件系统与普通 PC/ 服务器 Linux 的文件系统是一样的，只是嵌入式 Linux 文件系统根据产品功能进行过裁剪，在内容多少和体积大小上不同。进行嵌入式 Linux 产品开发，构建一个合适的文件系统是不可或缺的，可以基于已有文件系统进行裁剪或者定制，也可以从头开始构建。

嵌入式文件系统往往都会被烧录在某一存储设备上。在嵌入式设备上很少使用大容量的 IDE、SATA 接口硬盘作为自己的存储设备，往往选用 ROM、Flash 闪存等作为它的主要存储设备。因此，在嵌入式设备上选用哪种文件系统格式与 Flash 闪存的特点是相关的。目前，主要在嵌入式 Linux 中使用的文件系统有 Ext2fs 文件系统、JFFS2 日志闪存文件系统、YAFFS 文件系统、ramfs、tmpfs、cramfs、ubifs 等。

为了对各类文件系统进行统一管理，Linux 引入了虚拟文件系统 VFS（Virtual File System），为各类文件系统提供一个统一的操作界面和应用编程接口。Linux 下的文件系统结构如图 6-1 所示。

Linux 支持如此之多的文件系统，开发者可以根据自己的需要选择适合的文件系统。在后面的实例操作中，将选用 NFS 文件系统和 Yaffs 文件系统这两种文件系统。下面将对这两种文件系统进行一些较详细的介绍。

（1）NFS 文件系统。

网络文件系统（NFS，Network File System）最早是 SUN 开发的一种文件系统。NFS 允许一个系统在网络上共享目录和文件。通过使用 NFS，用户和程序可以像访问本地文件一样访问远程系统上的文件，这样，本地工作站使用更少的磁盘空间，因为通常的数据可以存放在一台机器上而且可以通过网络访问到，这极大地简化了信息共享。

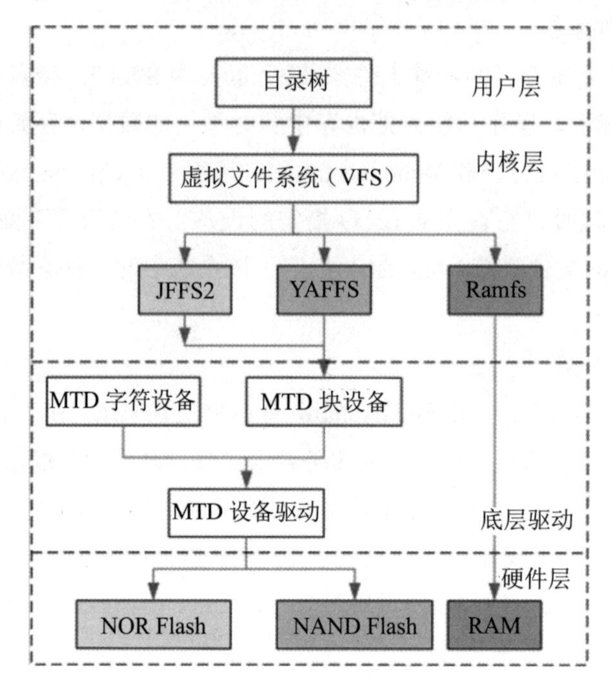

图 6-1　Linux 下的文件系统结构图

NFS 文件系统当前共 4 个大版本：

① NFSv1，仅在 SUN 公司内部使用，主要用于实验。

② NFSv2，1985 年发布，它定义了 NFS 是无状态协议，定义了文件锁、缓存以及缓存一致性。

③ NFSv3，1995 年发布，它在 NFSv2 上进行了大量的功能和性能的优化。

④ NFSv4，2000 年发布，最主要的特性是其将无状态协议变成有状态协议。随后是 2010 年的 v4.1，2016 年的 v4.2 版本。

Linux 系统支持 NFS，并且可以配置启动 NFS 网络服务。而网络文件系统的优点正好适合嵌入式 Linux 系统开发。目标板没有足够的存储空间，Linux 内核挂载网络根文件系统可以避免使用本地存储介质，快速建立 Linux 系统，这样可以方便运行和调试应用程序。如何配置 NFS 以及在开发过程中如何使用 NFS 在本章后续内容中有介绍。

（2）Yaffs 之类的嵌入式文件系统。

常见的可用于嵌入式根文件系统的文件系统类型有 JFFS/JFFS2、YAFFS/YAFFS2、UBIFS、Ramdisk、Cramfs 等，各类型的特性如表 6-1 所列。

① JFFS/JFFS2 文件系统。

Journalling Flash File System（闪存设备日志型文件系统，JFFS）是由瑞典的 Axis Communication AB 为嵌入式设备开发的文件系统。JFFS2 是 JFFS 的后继者，由 Red

Hat 重新改写而成，全名为 Journalling Flash File System Version 2（闪存日志型文件系统第 2 版），其功能就是管理在 MTD（Memory Technology Device）设备上实现的日志型文件系统。

表 6-1　常见的嵌入式文件系统和特性

类型	介质	可压缩性	可写性	掉电保存	存在于 RAM 中
Ramdisk 上的 Ext2	—	是	是	否	是
Cramfs	—	是	否	否	否
JFFS/JFFS2	NOR Flash	是	是	是	否
YAFFS/YAFFS2	NAND Flash	否	是	是	否
UBIFS	NAND Flash	是	是	是	否

JFFS2 是可以直接在 MTD 设备上实现日志结构的文件系统。JFFS2 会在安装的时候，扫描 MTD 设备的日志内容，并在 RAM 中重新建立文件系统结构本身，所以启动时间依赖于文件系统大小，时间通常比较长。JFFS2 还实现了 MTD 设备的“损耗平衡”和“数据压缩”等特性。

JFFS2 最初只支持 NOR Flash，后来也增加了 NAND Flash 支持，但是在 NAND Flash 上的表现不好，不推荐。

② YAFFS/YAFFS2 文件系统。

YAFFS（Yet Another Flash File System）是由 Aleph One 公司开发的，第一个在 GPL 协议下发布的、基于日志的、专门为 NAND Flash 存储器设计的、适用于大容量的存储设备的嵌入式文件系统。

YAFFS 是基于日志的文件系统，提供磨损平衡和掉电恢复的健壮性。它还为大容量的 Flash 芯片做了很好的调整，针对启动时间和 RAM 的使用做了优化。它适用于大容量的存储设备，已经在 Linux 和 WinCE 商业产品中使用。

YAFFS2 和 YAFFS 的主要差异在于页面读写尺寸的大小，YAFFS2 可支持到 2 KB 页面，远高于 YAFFS 的 512 B，因此对大容量 NAND Flash 更具优势。另外，YAFFS2 不再写 NAND Flash 的 Spare Area、sequenceNumber 用 29 bits 表示。

③ UBIFS 文件系统。

UBIFS 文件系统（Unsorted Block Image File System）是用于固态硬盘存储设备上，并与 LogFS 相互竞争，作为 JFFS2 的后继文件系统之一，真正开始于 2007 年，并于 2008 年 10 月第一次加入 Linux 2.6.27 稳定版内核。

UBIFS 最早在 2006 年由 IBM 与 Nokia 的工程师 Thomas Gleixner、Artem Bityutskiy 所设计，专门为了解决 MTD 设备所遇到的瓶颈，由于彼时 NAND Flash 容量暴涨，YAFFS 等都无法再有效管理 NAND Flash 的空间。UBIFS 通过 UBI 子系统处理与 MTD 设备之间的动作。与 JFFS2 一样，UBIFS 建构于 MTD 设备之上，因而与一般的块设备不兼容。

UBIFS 在设计与性能上均较 YAFFS2、JFFS2 更适合 MLC NAND Flash。

UBIFS 支持回写（write-back），写入的数据会被缓存，直到有必要写入时才写到 NAND，大大降低分散小区块数量并提高 I/O 效率。UBIFS 文件系统目录存储在 Flash 上，UBIFS 挂载时不需要扫描整个 Flash 的数据来重建文件目录，所以启动速度很快。另外，UBIFS 支持文件数据压缩，而且可选择性压缩部份文件，UBIFS 也是日志型文件系统，使用日志可减少对 Flash 的更新频率。

百问网为 JZ2440_V3 开发板提供了 YAFFS2 的支持。本书后面的实例开发中均采用 YAFFS2 文件系统作为 devfs（设备文件系统），为目标板节省了大量的 Flash 存储空间，在后续的章节中将会介绍如何制作 YAFFS2 文件系统以及将其移植到目标板的过程。

6.1.2 根文件系统

根文件系统（rootfs），它是 Linux 在初始化时加载的第一个文件系统，与前面介绍的文件系统是不同的概念。根文件系统包括根目录和真实的文件系统，根文件系统之所以在前面加一个”根”，说明它是加载其他文件系统的“根”，如果没有这个“根”的话，其他的文件系统也就没有办法进行加载，因为它包含系统引导和使其他文件系统得以挂载（mount）所必要的文件。

每台机器都有根文件系统，它包含系统引导和使其他文件系统得以 mount（挂载）所必要的文件，根文件系统应该有单用户状态所必须的足够的内容。例如，Linux 启动时必要的初始化文件（/sbin/init），此外根文件系统中还包括了许多的应用程序（在 /bin 目录下）等，还应该包括修复损坏系统、恢复备份等的工具。任何包括这些 Linux 系统启动所必须的文件都可以称为根文件系统。

在 Linux 内核启动的初始阶段，首先内核会初始化一个基于内存的文件系统，如 initramfs、initrd 等，然后以只读的方式去加载根文件系统（load rootfs），读取并且运行 /sbin/init 初始化文件，根据 /etc/inittab 配置文件完成系统的初始化工作（提示：/sbin/init 是一个二进制可执行文件，为系统的初始化程序，而 /etc/inittab 是它的配置文件），在初始化过程中，还会以读写的方式重新挂载根文件系统，在系统启动后，根文件系统就可用于存储数据了，存在根文件系统是 Linux 启动时的必要条件。

根文件系统或者可以认为是一组特定的目录结构，不同的目录里面存放了不同名称、不同用途的文件，方便系统及用户应用程序查找及调用。根文件系统中各顶层目录，均有其特殊的用法和目的。当前大多数的 Linux、Unix 发行版本都遵循 FHS（Filesystem Hierarchy Standard，文件系统层次标准）。表 6-2 列出了 Linux 根文件系统各顶层目录的完整清单。

嵌入式 Linux 根文件系统布局，建议还是按照 FHS 标准来安排，事实上，大多数嵌入式 Linux 都是这样做的。但是，嵌入式系统可能并不需要桌面 / 服务器那样庞大系统的全部目录，可以酌情对系统目录进行精简，以简化 Linux 的使用。如嵌入式 Linux 文件系统中通常不会放置内核源码，因而存放源码的 /usr/src 目录是不必要的，甚至连头文件也不需要，即 /usr/include 目录也不必要；所有与多用户环境有关的目录，例如 /home、/mnt、/opt 和 /root 都可以省略；有时候，如果将内核配置成不支持相应的虚拟文件系统，/proc 和 /sys 也可以省略；/usr 和 /var 这两个顶层目录，与根目录非常像，它们自己有预定的层次结构，但是 /bin、/dev、/etc、/lib、/proc、/sbin、/usr 这几个目录通常是不可或缺的。

表 6-2 根文件系统各顶层目录

目录	内容
bin	必要的用户命令（二进制文件）
boot	引导加载程序所使用的静态文件
dev	设备文件和其他特殊文件
etc	系统配置文件，包括启动文件
home	用户主目录
lib	必要的程序库（例如 C 程序库）以及内核模块
media	挂载点，用于可移除媒体，比如 U 盘
mnt	挂载点，用于临时挂载的文件系统
opt	附加的软件套件
proc	用于提供内核与进程信息的虚拟文件系统
root	root 用户的主目录
sbin	必要的系统管理员命令（二进制文件）
sys	系统信息与控制（总线、设备以及驱动程序）的虚拟文件系统
tmp	临时文件
usr	用户命令和工具，下分 usr/bin 和 usr/sbin 等目录
var	用于存放服务程序和工具程序的可变资料

6.2 制作根文件系统

所谓制作根文件系统，就是在目标机上创建各种目录，并在其中创建各种文件。比如在 /bin、/sbin 目录下存放各种可执行程序，在 /etc 目录下存放配置文件，在 /lib 目录下存放库文件，在 /dev 目录下存放各个设备文件等。

在嵌入式开发中，制作根文件系统往往采用三种方法：Busybox、Buildroot 和 Yocto。

使用 Busybox 构建文件系统，仅仅只是帮开发者构建好了一些常用的命令和文件，像 lib 库、/etc 目录下的一些文件都要自己动手创建，还需要自己去移植一些第三方软件和支持库，比如 alsa、iperf、mplayer 等，而且 Busybox 构建的根文件系统默认没有用户名（默认 root 用户）和密码设置。如果想做一个极简的文件系统，可以使用 Busybox 手工制作。

如果想要构建完整的根文件系统，使用 Buildroot 更为方便、高效，它不仅包含了

Busybox 的功能，而且里面还集成了各种软件，配置方法和内核配置类似，需要什么软件在配置菜单里就选择什么软件，不需要开发者自己动手移植。Buildroot 是一个自动化程度很高的系统，可以在里面配置、编译、交叉编译工具，配置、编译内核，配置编译 U-Boot、配置编译根文件系统。在编译某些 App 时，它会自动去下载源码、下载它的依赖库，自动编译这些程序。另外 Buildroot 的语法跟一般的 Makefile 语法类似，很容易掌握。

Yocto 构建根文件系统，软件庞大、过程复杂、耗费时间，使用较少。

下文将介绍使用 Busybox 工具制作根文件系统的具体方法，主要包括配置及编译 Busybox，创建根文件系统目录、设备文件及启动配置文件，以及添加常用的库等。

6.2.1 Busybox 工具

Busybox 最初是由 Bruce Perens 在 1996 年为 Debian GNU/Linux 安装盘编写的。其目标是在一张软盘上创建一个可引导的 GNU/Linux 系统，这可以用作安装盘和急救盘。一张软盘可以保存大约 1.44 MB 的内容，因此这里没有多少空间留给 Linux 内核以及相关的用户应用程序使用。

Busybox 是一个为构建内存有限的嵌入式系统和基于软盘系统的优秀工具。Busybox 是一个集成了三百多个最常用 Linux 命令和工具的软件。Busybox 包含了一些简单的工具，例如 ls、cat 和 echo 等，还包含了一些更强大、更复杂的工具，例如 grep、find、mount 及 telnet。有些人将 Busybox 称为 Linux 工具里的“瑞士军刀”。简单来说，Busybox 就好像是个大工具箱，它集成压缩了 Linux 的许多工具和命令，也包含了 Linux 系统自带的 shell。用户还可以根据自己的需要，决定到底要在 Busybox 中编译进哪几个应用程序的功能。这样的话，Busybox 的体积就可以进一步缩小了。由此可见，Busybox 对于嵌入式系统来说是一个非常有用的工具。

Busybox 可以将大约 3.5 MB 的工具包装成大约 200 KB。Busybox 的短小精悍说明了这样一个事实：很多标准 Linux 工具都有共同的功能部分。例如，很多基于文件的工具（比如 grep 和 find）都需要在目录中搜索文件的代码，当这些工具被合并到一个可执行程序中时，它们就可以共享这些相同的代码部分，这样可以产生更小的可执行程序。

Busybox 工具可以在 http://busybox.net/downloads 网站上获得。在本书后面的实例中，选用 1.22.1 版本。

6.2.2 Busybox 制作根文件系统实例

下面介绍以目标机挂载 nfs 根文件系统为目标，使用 Busybox 制作根文件系统的详细过程，描述如下。

（1）建立一个空根目录。

在前面 3.2.2 节介绍过，项目工作区目录中将根文件系统规划在 rootfs 目录下，首先创建一个名为 nfs 的子目录，就把它作为 JZ2440_V3 挂载 nfs 根文件的空根目录，接下来就在这个目录下建立根文件系统。

```
cd ~/jz2440/rootfs
mkdir nfs
```

（2）在 rootfs/nfs 目录下建立目标机根文件系统的目录结构，所用命令如下：

```
cd ~/jz2440/rootfs/nfs
mkdir bin dev etc lib proc sbin sys usr mnt tmp var
```

这样，就在根目录下创建一级目录 bin dev etc lib proc sbin sys usr mnt tmp var。

（3）创建设备文件。

首先了解一下 Linux 的设备以及设备节点文件的知识。Linux 中主要有 2 种类型的设备：字符设备（用“c/char”表示，无缓冲且只能顺序存取）、块设备（用“b/block”表示，有缓冲且可以随机存取）。每个设备都必须有主设备号、次设备号，主设备号相同的设备是同类设备（使用同一个驱动程序）。这些设备中，有些设备是对实际存在的物理硬件的抽象，而有些设备则是内核自身提供的功能（不依赖于特定的物理硬件，又称为虚拟设备）。每个设备在 /dev 目录下都有一个对应的设备节点文件。可以通过 cat /proc/devices 命令查看当前已经加载的设备驱动程序的主设备号，可以在 PC 宿主机上执行这个命令看看你的宿主机所拥有的设备文件，可以看到，Linux 有很多很多的设备文件，在嵌入式 Linux 中往往没有这么多的设备。

关于 Linux 的设备号，很多设备在 Linux 下已经有默认的主次设备号，如帧缓冲设备是 Linux 的标准字符设备，主设备号是 29，如果 Linux 下有多个帧缓冲设备，那么这些帧缓冲设备的次设备号就从 0 ~ 31（Linux 最多支持 32 个帧缓冲设备）进行编号，比如 fb0 对应的次设备号就是 0，fb1 为 1，依此类推。用户也可以创建自己的设备文件，用于自己编写的设备驱动程序，需要注意的是用户自己的设备号不能与一些标准的系统设备号重复。

“一切皆文件”是 Unix/Linux 的基本思想之一。不仅普通的文件，目录、硬件设备（字符设备、块设备）、网络设备（套接字）等在 Unix/Linux 中都被当作文件来对待。在 Linux 系统下，以文件的形式访问各种硬件外设，即通过读写某个设备对应的设备文件来操作该硬件设备。比如通过“/dev/fb0”文件来操作帧缓冲设备，通过“/dev/mtdblock3”可以访问 MTD 设备（Flash 存储器）的第 4 个分区。

设备文件的创建，可以使用三种方式：“mknod”命令手工创建、使用 devfs 文件系统、使用 udev 或 mdev。前者属于静态设备管理的方式，后两者属于动态设备管理的方式。

①“mknod”命令手工创建。

Linux 下创建设备节点的命令是 mknod，它的命令格式如下：

```
mknod Name { b | c } Major Minor
```

其中：Name 是设备名称，“b”或“c”用来指定设备的类型是块设备还是字符设备，Major 指定设备的主设备号，Minor 是次设备号。

②使用 devfs 文件系统。

Linux 2.3.46 内核引入 devfs，在内核配置时，可以通过配置选项 CONFIG_DEVFS_FS = y，用来将虚拟文件系统 devfs 挂接在 /dev 目录上，各个驱动程序注册时会在 /dev 目录下自动生成各种设备文件。这样可以在制作根文件系统时，免去一个一个手动创建设备文件的麻烦。

使用 devfs 比手动创建设备文件更便利，但它具有一些无法克服的缺点：不确定的设备映射、没有足够多的主 / 次设备号、设备命名不够灵活、内存消耗过大等，因此在 Linux 2.6.13 之后的版本中移除了 devfs，而使用 udev 机制来代替。

③使用 udev 或 mdev。

udev 是个用户程序（u 是指 user space，dev 是 device），它能够根据系统中硬件设备的状态动态地更新设备文件，包括设备文件的创建、删除等。使用 udev 机制也不需要在 /dev 目录下创建设备节点文件，它需要一些用户程序的支持（Busybox 中的 mdev 是 udev 的简化版，因此支持），并且 Linux 内核需要支持 sysfs 文件系统。它的操作相对复杂，但灵活性高。

因为后面要使用 mdev 自动创建 /dev 设备节点文件，而 mdev 是通过 Busybox 的 init 进程来启动的，在使用 mdev 构造 /dev 目录之前，init 进程至少要用到两个设备文件：/dev/console 和 /dev/null，因此这里先通过“mknod”命令手工创建这两个设备文件，必须是 root 权限，命令如下：

```
sudo mknod -m 600 dev/console c 5 1
sudo mknod -m 666 dev/null c 1 3
```

第一行是创建系统控制台设备 console，主设备号 5，次设备号 1。

第二行是创建空设备 null，任何写入都将被丢弃，任何读取都得到 EOF。

（4）准备启动配置文件。

Linux 启动所需要的配置文件有 etc/inittab、etc/init.d/rcS、etc/fstab 这三个文件。

① inittab 配置文件。

在创建这个文件之前先了解一下它的作用：Linux 内核引导完成以后，就启动系统的第一个进程 init，init 进程称为所有进程之父，进程号是 1，位于 sbin 目录下，对于 Busybox 构建的根文件系统，init 就对应于 Busybox 源码包的 init/init.c 文件。

init 进程需要读取 /etc/inittab 文件作为其行为指针，inittab 是以行为单位的描述性（非执行性）文本，每一个指令行都用来定义一个子进程，具有以下格式：

```
<id>:<runlevels>:<action>:<process>
```

对于 Busybox init 程序，其中各字段以及与其相关的说明如下：

➢ id：表示这个子进程所要使用的控制台（即标准输入、标准输出、标准错误设备）。如果省略，则使用与 init 进程一样的控制台。

➢ runlevels：无意义，可以省略。

➢ action：动作关键字。用于指定 init 进程如何控制对应的子进程（由 process 字段定义），也就是对其所实施的动作，参考表 6-3。

➢ process：所要执行的子进程 / 程序，可以是可执行的程序，也可以是 shell 脚本。如果 process 字段前有“-”字符，这个程序被称为“交互的”。

表 6-3　action 动作对应表

action 名称	执行条件	说明
sysinit	系统启动后最先执行	只执行一次，init 进程等待它结束之后才继续执行其他动作
wait	系统执行完 sysinit 进程之后	只执行一次，init 进程等待它结束之后才继续执行其他动作
once	系统执行完 wait 进程之后	只执行一次，init 进程不等待它结束
respawn	启动完 once 进程之后	init 进程监测发现子进程退出时，重新启动它
askfirst	启动完 respawn 进程之后	与 respawn 类似，不过 init 进程先输出“Please press Enter to activate this console.”等用户输入回车键之后才启动子进程
restart	Busybox 中配置了 CONFIG_FEATURE_USE_INITTAB，并且 init 进程接收到来自 SIGHUP 的信号时	先重新读取、解析 /etc/inittab 文件，再执行 restart 程序
shutdown	当系统关机时	即重启、关闭系统命令时
ctrlaltdel	按下 Ctrl+Alt+Del 组合键时	—

下面创建 inittab 文件，命令：gedit etc/inittab, 在文件中添加如下内容：

```
# /etc/inittab
# 系统启动阶段，执行 rcs 脚本
::sysinit:/etc/init.d/rcs
# sh 进程结束，又会重启 sh 进程
console::askfirst:-/bin/sh
# 按下 Ctrl+Alt+Del 之后执行的程序，但串口控制台中无法输入 Ctrl+Alt+Del 组合键
::ctrlaltdel:/sbin/reboot
# 重启、关机之前执行的程序：卸除 /etc/mtab 中记录的所有文件系统
::shutdown:/bin/umount -a -r
# 重启、关机之前执行的程序：关闭配置文件 /etc/fstab 中所有的交换空间
::shutdown:/sbin/swapoff -a
```

分析该配置文件，可以知道 init 进程首先执行 /etc/init.d/rcs 脚本文件，接下来就创建该文件。

② rcs 文件。

创建 rcs 文件，命令如下：

```
mkdir etc/init.d
gedit etc/init.d/rcs
```

在文件中添加如下内容：

```
#!/bin/sh
# 配置开发板的 IP 地址
ifconfig eth0 192.168.8.11
# 输出提示信息 "#mount all…"
echo "#mount all…"
# 挂载 /etc/fstab 文件中指定的所有文件系统
mount -a
# 创建 /dev/pts 目录，devpts 文件系统用于管理远程虚拟终端文件设备，对应此目录
mkdir /dev/pts
# 挂载 devpts 文件系统，用来支持远程网络连接（telnet）的虚拟终端
mount -t devpts devpts /dev/pts
# 设置内核，当有设备拔插时调用 /sbin/mdev
echo /sbin/mdev > /proc/sys/kernel/hotplug
# 使用 mdev 在 /dev 目录下生成内核支持的所有设备的节点文件
mdev -s
```

rcs 文件中，使用了 mdev（udev 的简化版本），通过读取内核信息来自动创建设备文件。mdev 可以初始化 /dev 目录、动态更新 /dev 目录，还支持热插拔，即接入、卸下设备时执行某些动作。使用 mdev，需要内核支持 sysfs 文件系统，为了减少对 Flash 的读写，还要支持 tmpfs 文件系统，因此确保内核已经配置了“CONFIG_SYSFS = y”和“CONFIG_TMPFS = y”两个配置项。

关闭 gedit 之后，更改该文件的权限，加上“x”可执行的属性：

```
chmod +x etc/init.d/rcs
```

rcs 文件中的“mount -a”命令，用来挂载 /etc/fstab 文件中定义的所有文件系统，接下来就是创建 fstab 文件。

③ fstab 文件。

首先来看看 /etc/fstab 文件的作用，该文件存放的是系统中的文件系统信息。当正确地设置了该文件，则可以通过“mount /directoryname”命令来加载一个文件系统，每种文件系统都对应一个独立的行，每行中的字段都有空格或 tab 键分开，同时 fsck、mount、umount 等命令都利用该程序。

fstab 文件格式如下：

```
fs_spec fs_file fs_type fs_options fs_dump fs_pass
```

➢ fs_spec：该字段定义希望加载的文件系统所在的设备或远程文件系统，对于 NFS 情况，格式一般为 <host>:<dir>，例如 IP 地址为 192.168.8.97 的宿主机挂载目录为 /home/a1/jz2440/rootfs/nfs/，使用“192.168.8.97:/home/a1/jz2440/rootfs/nfs/”来定义；对于 proc 文件系统，使用“proc”来定义。

➢ fs_file：该字段描述文件系统所希望加载的目录点，对于 swap 设备，该字段为 none；对于加载目录名包含空格的情况，用 40 来表示空格。

➢ fs_type：定义了该设备上的文件系统类型。

➢ fs_options：指定加载该设备的文件系统是需要使用的特定参数选项，多个参数由逗号分隔开来。对于大多数系统使用“defaults”就可以满足需要。

➢ fs_dump：该选项被“dump”命令使用来检查一个文件系统应该以多快频率进行转储，若不需要转储就设置该字段为 0。

➢ fs_pass：该字段被 fsck 命令用来决定在启动时需要被扫描的文件系统的顺序，根文件系统“/”对应该字段的值应该为 1，其他文件系统应该为 2。若该文件系统无需在启动时扫描则设置该字段为 0。

这里创建 fstab 文件，命令如下：

```
gedit etc/fstab
```

在该文件中添加如下内容，保存后关闭：

```
#device   mount-point   type    options    dump  fsck order
proc      /proc         proc    defaults   0     0
tmpfs     /tmp          tmpfs   defaults   0     0
sysfs     /sys          sysfs   defaults   0     0
tmpfs     /dev          tmpfs   defaults   0     0
```

这几个文件系统“proc、tmpfs、sysfs”说明：

proc 文件系统：虚拟文件系统，在 Linux 系统中被挂载于 /proc 目录下。里面的文件包含了很多系统信息，比如 CPU 负载、内存、网络配置和文件系统等。可以通过内部文本流来查看进程信息（正在运行的各个进程的 PID 号也以目录名形式存在 /proc 目录下）和机器的状态。比如执行“cat /proc/cpuinfo”命令查看 CPU、“cat /proc/meminfo”查看内存情况、“cat /proc/devices”查看注册的设备、“cat /proc/interrupts”查看中断资源等，还有大量的系统工具也通过 proc 文件系统来获取内核参数，例如 ps 查看进程命令等。

tmpfs 文件系统：虚拟内存文件系统，使用内存作为临时存储分区，掉电之后会丢失数据，用来存储临时生成信息。因为内存的访问速度高于 Flash，所以可以提高存储效率，避免对 Flash 频繁读写（Flash 寿命有限）。

sysfs 文件系统：虚拟内存文件系统，2.6 版本内核之前没有规定 sysfs 的标准挂载目录，但是在 2.6 之后就规定了要挂载到 /sys 目录下。相比于 proc 文件系统，使用 sysfs

导出内核数据的方式更为统一，并且组织的方式更好。新设计的内核机制应该尽量使用sysfs机制，而将proc保留给纯净的“进程文件系统”。通过sysfs，内核把实际连接到系统上的设备和总线组织成一个分级的文件，用户空间的程序可以利用这些信息以实现和内核的交互，该文件系统是当前系统上实际设备树的一个直观反应。前面提到的用户空间的udev机制，就是利用sysfs文件系统提供的信息来实现所有devfs的功能。

（5）利用Busybox安装命令工具。

使用Busybox创建bin、sbin目录下的命令和生成init进程。

①下载并解压Busybox。

下载busybox-1.22.1.tar.bz2（地址：http://busybox.net/downloads/busybox-1.22.1.tar.bz2），将下载的文件busybox-1.22.1.tar.bz2和Busybox的配置文件busybox1.22.1_config_ok复制到项目工作空间（/home/a1/jz2440/busybox）目录下；解压busybox-1.22.1.tar.bz2，并进入解压后的busybox-1.22.1目录。

```
cd ~/jz2440/busybox/
tar -xjvf busybox-1.22.1.tar.bz2
cd busybox-1.22.1
```

②修改Makefile，输入命令gedit Makefile，设置交叉编译环境：

```
ARCH                    ? = arm
CROSS_COMPILE           ? = arm-linux-
```

③配置Busybox。

首先使用配置文件“busybox1.22.1_config_ok”，然后在其基础上根据需要更改Busybox的配置：

```
cp ../busybox1.22.1_config_ok .config
make menuconfig
```

配置Busybox就是选择需要的命令。选择Shells里面的ash（图6-2）以及Init utilities里面的init（图6-3），一般情况下，执行了make defconfig命令以后，这两项已经被选择了，这里提出来只是希望引起大家的注意。

另外还需要注意的配置有以下几项：

➢ 第一项：选择编译共享库，如图6-4所示，Busybox Setting → Build Options →。

这里有必要解释一下两个选项：

第一个选项是“Build BusyBox as a static binary (no shared libs)”，含义是建立静态程序库，静态库就是一些目标文件的集合，以.a结尾。静态库在程序链接的时候使用，链接器会将程序中使用到函数的代码从库文件中拷贝到应用程序中。一旦链接完成，在执行程序的时候就不需要静态库了。由于每个使用静态库的应用程序都需要拷贝所用函数的代码，所以静态链接的文件会比较大，在存储资源比较紧张的嵌入式系统中常常不选用。

```
BusyBox 1.22.1 Configuration
 Arrow keys navigate the menu.  <Enter> selects submenus --->.
 Highlighted letters are hotkeys.  Pressing <Y> includes, <N> excludes,
 <M> modularizes features.  Press <Esc><Esc> to exit, <?> for Help, </>
 for Search.  Legend: [*] built-in  [ ] excluded  <M> module  < >

 [*] ash
 [*]     ash-compatible extensions
 [ ]     dle timeout variable
 [*]     ob control
 [*]     lias support
 [*]     uiltin getopt to parse positional parameters
 [*]     uiltin version of 'echo'
 [*]     uiltin version of 'printf'
 [*]     uiltin version of 'test'
 [*]    ' ommand' command to override shell builtins
 (+)

              <Select>    < Exit >    < Help >
```

图 6-2　选择 ash

```
BusyBox 1.22.1 Configuration
 Arrow keys navigate the menu.  <Enter> selects submenus --->.
 Highlighted letters are hotkeys.  Pressing <Y> includes, <N> excludes,
 <M> modularizes features.  Press <Esc><Esc> to exit, <?> for Help, </>
 for Search.  Legend: [*] built-in  [ ] excluded  <M> module  < >

 [*]  ootchartd
 [*]    ompatible, bloated header
 [*]    upport bootchartd.conf
 [*]  oweroff, halt, and reboot
 [*] init
 [*]    upport reading an inittab file
 [ ]      upport killing processes that have been removed from inittab
 [*]    un commands with leading dash with controlling tty
 [*]    nable init to write to syslog
 [*]    e _extra_ quiet on boot
 (+)

              <Select>    < Exit >    < Help >
```

图 6-3　配置 init

```
BusyBox 1.22.1 Configuration
 Arrow keys navigate the menu.  <Enter> selects submenus --->.
 Highlighted letters are hotkeys.  Pressing <Y> includes, <N> excludes,
 <M> modularizes features.  Press <Esc><Esc> to exit, <?> for Help, </>
 for Search.  Legend: [*] built-in  [ ] excluded  <M> module  < >

 [ ] Build BusyBox as a static binary (no shared libs)
 [ ]   uild BusyBox as a position independent executable
 [ ]  orce NOMMU build
 [*]  uild shared libbusybox
 [*]    roduce a binary for each applet, linked against libbusybox
 [*]    roduce additional busybox binary linked against libbusybox
 [*]  uild with Large File Support (for accessing files > 2 GB)
 (arm-linux-)  ross Compiler prefix
 ()   ath to sysroot
 ()   dditional CFLAGS
 ()   dditional LDFLAGS
 ()   dditional LDLIBS

              <Select>    < Exit >    < Help >
```

图 6-4　配置 Build Options

第二个选项是“Build shared libbusybox”，含义是建立共享库，共享库以 .so 结尾。共享库（share object，简称 so）在程序的链接时候并不像静态库那样拷贝使用函数的代码，而只是做些标记。然后在程序开始启动运行的时候，动态地加载所需模块，所以，共享库也被称为动态库，共享库链接出来的应用程序在运行的时候仍然需要共享库的支持。和静态链接相比，共享库链接出来的文件比静态库要小得多，这里选择建立共享库选项。

➢ 第二项：指定安装路径，如图 6-5 所示，Busybox Setting → Installation Options →。

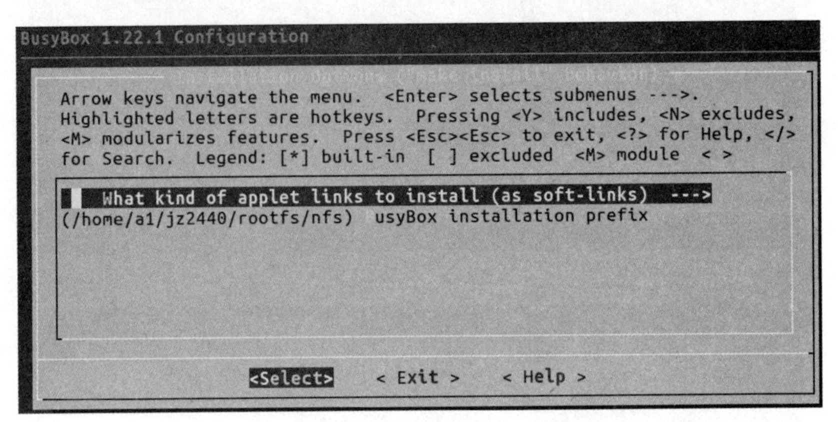

图 6-5 配置 Installation Options

“BusyBox installation prefix”对应“CONFIG_PREFIX”配置项，是 Busybox 编译后的安装路径，这里设置为 JZ2440_V3 挂载 nfs 根文件系统对应的主机目录“/home/a1/jz2440/rootfs/nfs”。

指定安装目录，如图 6-6 所示，Busybox Setting → General Configuration →。

```
BusyBox 1.22.1 Configuration
Arrow keys navigate the menu.  <Enter> selects submenus --->.
Highlighted letters are hotkeys.  Pressing <Y> includes, <N> excludes,
<M> modularizes features.  Press <Esc><Esc> to exit, <?> for Help, </>
for Search.  Legend: [*] built-in  [ ] excluded  <M> module  < >
^(-)
[*]     how verbose applet usage messages
[*]     tore applet usage messages in compressed form
[*]   upport --install [-s] to install applet links at runtime
[*] Don't use /usr
[ ]   nable locale support (system needs locale for this to work)
[*]   upport Unicode
[ ]     heck $LC_ALL, $LC_CTYPE and $LANG environment variables
v(+)
        <Select>    < Exit >    < Help >
```

图 6-6 配置 General Configuration

“Don’t use /usr”配置项生效，含义是 Busybox 编译后安装时，将安装在指定的安装路径 /home/a1/jz2440/rootfs/nfs 目录下的 bin 和 sbin 目录，而不是 usr/bin 或 usr/sbin 目录。

➢ 第三项：性能微调，如图 6-7 所示，Busybox Setting → Busybox Library Tuning →。

这里的配置项较多，重点介绍几个。“Tab completion”配置项，含义是 TAB 键补全功能，比如在控制终端上输入“ifc”后按下 TAB 键，它会自动补全“ifconfig”命令；“History saving”配置项，含义是 Shell 中的历史命令保存功能，用户可以使用“history”命令查看以往在 Shell 中输入的命令；“Username completion”和“Fancy shell prompts”配置项，含义是用户名补全功能，通过设置“PS1”环境变量，能够实现形如宿主机 Shell 中的命令行“user@hostname currentpath”提示字符串的功能。

```
BusyBox 1.22.1 Configuration
Arrow keys navigate the menu.  <Enter> selects submenus --->.
Highlighted letters are hotkeys.  Pressing <Y> includes, <N> excludes,
<M> modularizes features.  Press <Esc><Esc> to exit, <?> for Help, </>
for Search.  Legend: [*] built-in  [ ] excluded  <M> module  < >
[*]  ommand line editing
(1024) M ximum length of input
[*]    i-style line editing commands
(255) H story size
[*]   H story saving
[ ]     ave history on shell exit, not after every command
[*]     everse history search
[*]   Tab completion
[*]     sername completion
[*]    ancy shell prompts
[ ]     uery cursor position from terminal
[*] N n-POSIX, but safer, copying to special nodes
[ ]  ive more precise messages when copy fails (cp, mv etc)
(4)  opy buffer size, in kilobytes
        <Select>    < Exit >    < Help >
```

图 6-7　配置 Busybox Library Tuning

➢ 第四项：配置 mdev，如图 6-8 所示，Linux System Utilities →。

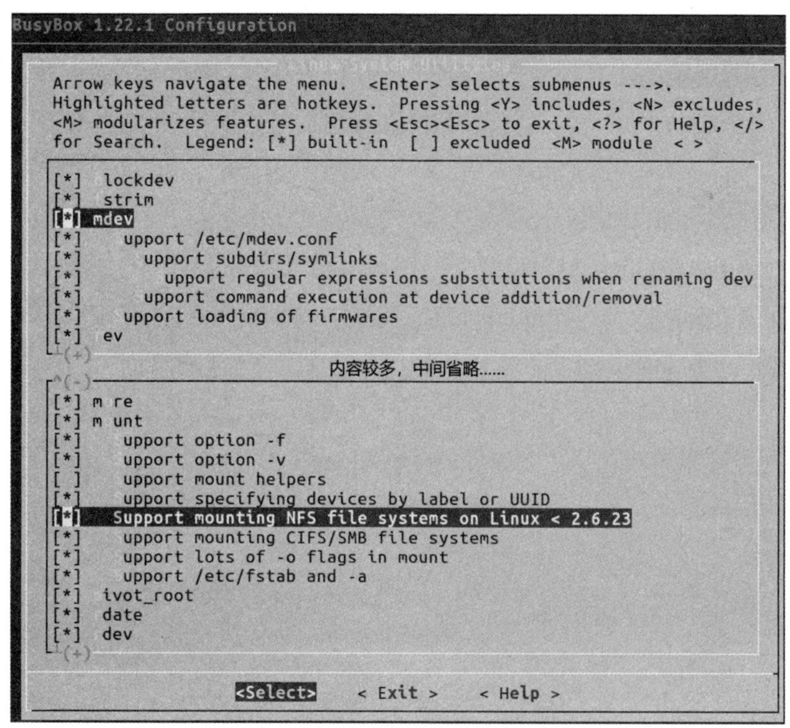

图 6-8　配置 Linux System Utilities

支持 mdev，这样便于系统自动创建 /dev 设备节点文件，并且可以支持热插拔设备。另外，还要选中 mount、umount 命令，并让 mount 命令支持 NFS 网络文件系统。

➢ 第五项：取消 taskset，如图 6-9 所示，Miscellaneous Utilities →。

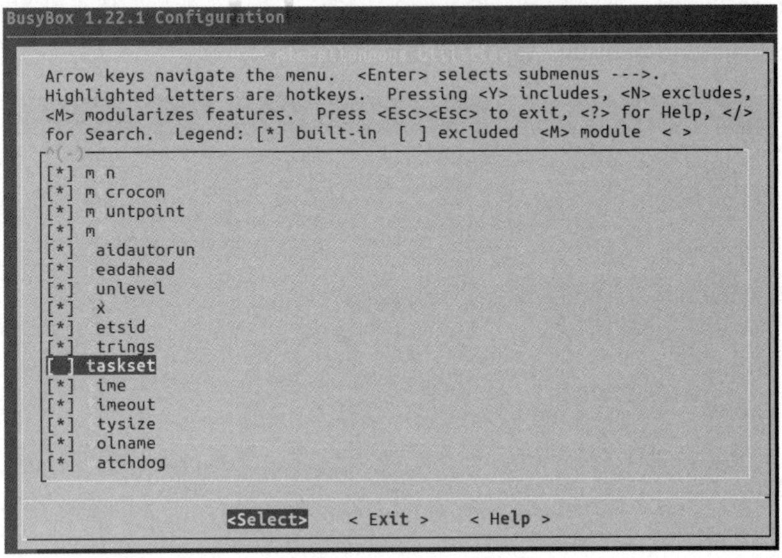

```
BusyBox 1.22.1 Configuration
 Arrow keys navigate the menu.  <Enter> selects submenus --->.
 Highlighted letters are hotkeys.  Pressing <Y> includes, <N> excludes,
 <M> modularizes features.  Press <Esc><Esc> to exit, <?> for Help, </>
 for Search.  Legend: [*] built-in  [ ] excluded  <M> module  < >
 ^(-)
 [*] m n
 [*] m crocom
 [*] m untpoint
 [*] m
 [*]  aidautorun
 [*]  eadahead
 [*]  unlevel
 [*]  x
 [*]  etsid
 [*]  trings
 [ ] taskset
 [*]  ime
 [*]  imeout
 [*]  tysize
 [*]  olname
 [*]  atchdog

        <Select>    < Exit >    < Help >
```

图 6-9　配置 Miscellaneous Utilities

其他的 Busybox 选项采用默认设置，配置完成后，保存退出。

④编译 Busybox。

```
make -j8
```

⑤安装 Busybox 中的工具到根文件系统。

Busybox 编译成功以后，将其编译生成的命令工具安装到根文件系统中，采用如下命令：

```
make CONFIG_PREFIX=/home/a1/jz2440/rootfs/nfs install
```

其中，CONFIG_PREFIX 用来指定安装路径，这里是 JZ2440_V3 挂载 nfs 根文件系统对应的主机目录 /home/a1/jz2440/rootfs/nfs。当然，如果 CONFIG_PREFIX 已经配置过，也可以直接使用 make install 命令进行安装。

若安装成功，会有如下信息：

```
--------------------------------------------------
You will probably need to make your busybox binary
setuid root to ensure all configured applets will
work properly.
--------------------------------------------------
```

安装完成后会在 /home/a1/jz2440/rootfs/nfs 目录下生成 linuxrc 文件，再去 bin 和 sbin 目录下看看，是不是多了很多文件，这些都是 Busybox 编译生成的命令工具。

（6）复制常用的库文件到 /rootfs/nfs/lib/ 目录下。

常用的库文件有些在宿主机的 /lib、/usr/lib 等目录下，但大多数在交叉编译器的安装路径中（在宿主机的 /home/a1/jz2440/crosstool/arm-linux-gcc-4.4.3/arm-none-linux-gnueabi/

lib 目录）。

下面列示的一些库文件及相应的符号链接，将这些库文件拷贝到 ~/jz2440/rootfs/nfs/lib 目录下，注意复制的时候要用 -a 或者 -d 参数，以拷贝符号链接。

```
cd /home/a1/jz2440/crosstool/arm-linux-gcc-4.4.3/arm-none-linux-gnueabi/lib
cp *.so* /home/a1/jz2440/rootfs/nfs/lib -d
```

至此，根文件系统创建成功。在以后的开发过程中可能还会需要添加别的库文件，根据需要到时候再添加。

6.3 开发板移植 NFS 根文件系统

前面介绍过 NFS 文件系统，在嵌入式 Linux 系统中配置启动 NFS 网络服务，能够适应开发板存储资源有限的特点，Linux 内核挂接网络根文件系统可以避免使用开发板本地存储介质，快速建立 Linux 系统，方便开发人员运行和调试应用程序。

6.3.1 NFS 文件系统简介

6.3.1.1 NFS 介绍

NFS（Network File System，网络文件系统）是 C/S 架构，NFS 服务器可以看作是一个文件服务器，它可以让 NFS 客户端的机器通过网络将远端的 NFS 服务器共享出来的目录挂载到自己的系统中，在客户端看来使用 NFS 服务器的远端文件就像是在使用本地文件一样。

NFS 运行在 SUN 的 RPC（Remote Procedure Call，远程过程调用）基础上，RPC 定义了一种与系统无关的方法来实现进程间通信。由此，NFS server 也可以看作是 RPC server。可以这么理解 RPC 和 NFS 的关系：NFS 是一个网络文件系统，而 RPC 负责信息的传输。正因为 NFS 是一个 RPC 服务程序，所以在使用它之前，先要映射好端口，该端口通过 rpcbind 设定。比如：某个 NFS client 发起 NFS 服务请求时，它需要先得到一个端口（port），所以它先通过 rpcbind 得到 port。

6.3.1.2 了解相关文件与命令

（1）/etc/exports。

对 NFS 的访问是由 exports 来批准的，它枚举了若干有权访问 NFS 服务器上文件系统的主机名。宿主机“/etc/exports”文件的原始内容如下：

```
# /etc/exports: the access control list for filesystems which may be exported
# to NFS clients.  See exports(5).
#
# Example for NFSv2 and NFSv3:
# /srv/homes  hostname1(rw,sync,no_subtree_check) hostname2(ro,sync,no_subtree_check)
#
```

```
# Example for NFSv4:
# /srv/nfs4   gss/krb5i (rw,sync,fsid=0,crossmnt,no_subtree_check)
# /srv/nfs4/homes  gss/krb5i (rw,sync,no_subtree_check)
#
```

该文件使用下面的格式行来共享某个目录：

```
<共享目录>客户端1（选项） [客户端2（选项） ...]
```

共享目录：NFS 服务器共享给 NFS 客户机的目录。

客户端：网络中可以访问此共享目录的客户机，用 IP 地址来表示，多个客户端以空格分隔。如果是“*”，表明任意 IP 地址的客户机。

选项：设置目录的访问权限、用户映射等，多个选项以逗号分隔。含义如表 6-4 所示。

表 6-4　/etc/exports 文件参数解析

选项	参数含义
rw	可读写权限
ro	只读权限
all_squash	所有访问用户都映射为匿名用户或用户组
no_all_squash（默认）	访问用户先与本机用户匹配，匹配失败后再映射为匿名用户或用户组
root_squash（默认）	将来访的 root 用户映射为匿名用户或用户组
no_root_squash	来访的 root 用户保持 root 账号权限
secure（默认）	限制客户端只能从小于 1 024 的 tcp/ip 端口连接服务器
insecure	允许客户端从大于 1 024 的 tcp/ip 端口连接服务器
subtree_check（默认）	若输出目录是一个子目录，则 nfs 服务器将检查其父目录的权限
no_subtree_check	即使输出目录是一个子目录，nfs 服务器也不检查其父目录的权限，这样可以提高效率
sync	资料同步写入内存与硬盘当中
async	资料会先暂存于内存当中，而非直接写入硬盘

比如，这里需要将宿主机上的 /home/a1/jz2440/rootfs/nfs 目录共享，供任意 IP 地址的客户机访问使用，可以添加如下一行：

```
/home/a1/jz2440/rootfs/nfs  *(rw,sync,no_root_squash,no_subtree_check)
```

（2）/sbin/exportfs。

exportfs 用于维护 NFS 的资源共享，可以通过它重新设定 /etc/exports 的共享目录，卸载 NFS Server 共享的目录或者重新共享等。这个命令的格式如下：

```
exportfs  [-aruv 参数 ]  [host:/path]
```

其中的参数如表 6-5 所示。

（3）/usr/sbin/showmount。

exportfs 命令用在 NFS Server 端，而 showmount 则主要用在 NFS Client 端，showmount 可以用来查看 NFS 共享的目录资源。这个命令的格式如下：

```
showmount [-ae 参数 ] [IP 或 hostname]
```

其中的参数如表 6-6 所示。

表 6-5 exportfs 命令的参数解析

参数	参数含义
-a	全部挂载（或卸载）/etc/exports 中的设定文件目录
-r	重新挂载中的设定文件目录
-u	卸载某一目录
-v	在 export 的时候，将共享的目录显示到屏幕上

表 6-6 showmount 命令的参数解析

参数	参数含义
-a	在屏幕上显示目前主机与客户端所连接的使用目录状态
-e	显示 IP 或 hostname 主机中 /etc/exports 里设定的共享目录

6.3.2 在 Linux 宿主机下配置 NFS 服务器

上一小节中我们对 NFS 文件系统的特点、原理以及文件结构等做了简单的介绍。本小节在此基础之上，将介绍 ubuntu16.04 宿主机下配置 NFS 服务器的具体实现步骤。

步骤如下所述。

（1）宿主机 ubuntu16.04 作为 NFS 服务器端，需安装相关工具。

① nfs-kernel-server（NFS 服务器程序）。

② nfs-common（NFS 客户端需要安装）。

③ rpcbind（用来 RPC 端口号映射）。

（2）安装 NFS 服务器程序。

```
sudo apt-get install nfs-kernel-server
```

运行上面的命令，运行结果如图 6-10 所示。

从提示信息可以看到，安装 nfs-kernel-server 时，apt 会自动安装 nfs-common 和 rpcbind，所以就不用再额外安装这两个工具了。

（3）配置 NFS 服务器。

安装完后需要配置先前提到的几个文件才能正确运行 NFS。

配置 /etc/exports，NFS 挂载目录及权限在 /etc/exports 文件中定义，使用“sudo gedit /etc/exports”命令编辑该文件。比如要让 IP 为 192.168.8.11 的客户机共享根目录中的 /home/a1/jz2440/rootfs/nfs 目录（该目录需用户自己创建），则在该文件末尾添加下面的语句：

```
/home/a1/jz2440/rootfs/nfs  192.168.8.11(rw,sync,no_root_squash,no_subtree_check)
```

或者

```
/home/a1/jz2440/rootfs/nfs  *(rw,sync,no_root_squash,no_subtree_check)
```

其意义如下：

第一句的意思是 IP 为 192.168.8.11 的 NFS 客户机能够共享 NFS 服务器 /home/a1/jz2440/rootfs/nfs 目录内容，且有读（r）写（w）权限。

第二句的意思是任何 IP 的 NFS 客户机都能够共享 NFS 服务器 /home/a1/jz2440/rootfs/nfs 目录内容，且有读（r）写（w）权限，自然包括 192.168.8.11，也包括宿主机本身。

更改了 /etc/exports 文件之后，需要运行“sudo exportfs -r”命令更新一下。

```
a1@a1-virtual-machine: ~/jz2440
a1@a1-virtual-machine:~/jz2440$ sudo apt install nfs-kernel-server
[sudo] a1 的密码:
正在读取软件包列表... 完成
正在分析软件包的依赖关系树
正在读取状态信息... 完成
下列软件包是自动安装的并且现在不需要了:
  libllvm5.0
使用'sudo apt autoremove'来卸载它(它们)。
将会同时安装下列软件:
  keyutils libnfsidmap2 libtirpc1 nfs-common rpcbind
建议安装:
  open-iscsi watchdog
下列【新】软件包将被安装:
  keyutils libnfsidmap2 libtirpc1 nfs-common nfs-kernel-server rpcbind
升级了 0 个软件包，新安装了 6 个软件包，要卸载 0 个软件包，有 0 个软件包未被升级
。
需要下载 468 kB 的归档。
解压缩后会消耗 1,847 kB 的额外空间。
您希望继续执行吗? [Y/n]
获取:1 http://mirrors.aliyun.com/ubuntu xenial/main amd64 libnfsidmap2 amd64 0.2
5-5 [32.2 kB]
获取:2 http://mirrors.aliyun.com/ubuntu xenial/main amd64 keyutils amd64 1.5.9-8
ubuntu1 [47.1 kB]
获取:3 http://mirrors.aliyun.com/ubuntu xenial-security/main amd64 libtirpc1 amd
64 0.2.5-1ubuntu0.1 [75.4 kB]
获取:4 http://mirrors.aliyun.com/ubuntu xenial-updates/main amd64 rpcbind amd64
0.2.3-0.2ubuntu0.16.04.1 [40.7 kB]
获取:5 http://mirrors.aliyun.com/ubuntu xenial-security/main amd64 nfs-common am
d64 1:1.2.8-9ubuntu12.3 [185 kB]
获取:6 http://mirrors.aliyun.com/ubuntu xenial-security/main amd64 nfs-kernel-se
rver amd64 1:1.2.8-9ubuntu12.3 [87.8 kB]
已下载 468 kB，耗时 5秒 (80.8 kB/s)
正在选中未选择的软件包 libnfsidmap2:amd64。
(正在读取数据库 ... 系统当前共安装有 217066 个文件和目录。)
正准备解包 .../libnfsidmap2_0.25-5_amd64.deb  ...
正在解包 libnfsidmap2:amd64 (0.25-5) ...
正在选中未选择的软件包 keyutils。
```

图 6-10　安装 nfs-kernel-server

（4）运行 NFS。

运行 NFS，必须同时运行 rpcbind 和 nfs-kernel-server。相关命令如下：

```
启动 rpcbind：sudo /etc/init.d/rpcbind start
启动 nfs-kernel-server：sudo /etc/init.d/nfs-kernel-server start
停止 rpcbind：sudo /etc/init.d/rpcbind stop
停止 nfs-kernel-server：sudo /etc/init.d/nfs-kernel-server stop
重启 rpcbind：sudo /etc/init.d/rpcbind restart
```

```
重启 nfs-kernel-server：sudo /etc/init.d/nfs-kernel-server restart
```

（5）测试 NFS。

宿主机先启动 NFS 服务，然后尝试挂载本机磁盘（将 /home/a1/jz2440/rootfs/nfs 挂载到 /mnt/nfs），测试之前要确保 /mnt/nfs 这个目录已经创建好。挂载之前 /home/a1/jz2440/rootfs/nfs 目录情况如图 6-11 所示，可以看到 /home/a1/jz2440/rootfs/nfs 目录已经按照 6.2.2 节的过程建立好了根文件系统，而 /mnt/nfs 目录下面没有任何文件。

```
a1@a1-virtual-machine: /mnt/nfs
a1@a1-virtual-machine:~/jz2440/rootfs/nfs$ ls -l
总用量 44
drwxrwxr-x 2 a1 a1 4096 8月  11 10:19 bin
drwxrwxr-x 2 a1 a1 4096 8月  11 14:50 dev
drwxrwxr-x 3 a1 a1 4096 8月  11 14:53 etc
drwxrwxr-x 2 a1 a1 4096 8月  11 14:56 lib
lrwxrwxrwx 1 a1 a1   11 8月  11 10:19 linuxrc -> bin/busybox
drwxrwxr-x 2 a1 a1 4096 8月  11 14:49 mnt
drwxrwxr-x 2 a1 a1 4096 8月  11 14:49 proc
drwxrwxr-x 2 a1 a1 4096 8月  11 10:19 sbin
drwxrwxr-x 2 a1 a1 4096 8月  11 14:49 sys
drwxrwxr-x 2 a1 a1 4096 8月  11 14:49 tmp
drwxrwxr-x 2 a1 a1 4096 8月  11 14:49 usr
drwxrwxr-x 2 a1 a1 4096 8月  11 14:49 var
a1@a1-virtual-machine:~/jz2440/rootfs/nfs$ sudo mkdir /mnt/nfs
[sudo] a1 的密码:
a1@a1-virtual-machine:~/jz2440/rootfs/nfs$ cd /mnt/nfs
a1@a1-virtual-machine:/mnt/nfs$ ls -l
总用量 0
a1@a1-virtual-machine:/mnt/nfs$
```

图 6-11　挂载 NFS 前的目录内容

①挂载。挂载 NFS 文件系统，命令如下：

```
sudo mount 127.0.0.1:/home/a1/jz2440/rootfs/nfs  /mnt/nfs
```

其中 127.0.0.1 代表本机，也可以直接用本机的 IP，如果宿主机 Linux 系统的 IP 是 192.168.8.97，则可以用下面的命令代替：

```
sudo mount 192.168.8.97: /home/a1/jz2440/rootfs/nfs  /mnt/nfs
```

如图 6-12 所示，挂载之后，/mnt/nfs 目录下就有了 /home/a1/jz2440/rootfs/nfs 目录下的内容。

```
a1@a1-virtual-machine: /mnt/nfs
a1@a1-virtual-machine:/mnt$ sudo mount 127.0.0.1:/home/a1/jz2440/rootfs/nfs /mnt
/nfs
a1@a1-virtual-machine:/mnt$ cd nfs
a1@a1-virtual-machine:/mnt/nfs$ ls -l
总用量 44
drwxrwxr-x 2 a1 a1 4096 8月  11 10:19 bin
drwxrwxr-x 2 a1 a1 4096 8月  11 14:50 dev
drwxrwxr-x 3 a1 a1 4096 8月  11 14:53 etc
drwxrwxr-x 2 a1 a1 4096 8月  11 14:56 lib
lrwxrwxrwx 1 a1 a1   11 8月  11 10:19 linuxrc -> bin/busybox
drwxrwxr-x 2 a1 a1 4096 8月  11 14:49 mnt
drwxrwxr-x 2 a1 a1 4096 8月  11 14:49 proc
drwxrwxr-x 2 a1 a1 4096 8月  11 10:19 sbin
drwxrwxr-x 2 a1 a1 4096 8月  11 14:49 sys
drwxrwxr-x 2 a1 a1 4096 8月  11 14:49 tmp
drwxrwxr-x 2 a1 a1 4096 8月  11 14:49 usr
drwxrwxr-x 2 a1 a1 4096 8月  11 14:49 var
a1@a1-virtual-machine:/mnt/nfs$
```

图 6-12　挂载 NFS 后的目录内容

②查看。showmount 命令可以看到挂载的目录：

```
a1@a1-virtual-machine:~$ showmount -a 127.0.0.1
All mount points on 127.0.0.1:
192.168.8.11:/home/a1/jz2440/rootfs/nfs
```

通过 df 命令也可以查看到当前挂载的 NFS，如图 6-13 所示。

```
a1@a1-virtual-machine: /mnt/nfs
a1@a1-virtual-machine:/mnt/nfs$ df
文件系统                                 1K-块       已用       可用 已用% 挂载点
udev                                  1977176          0    1977176    0% /dev
tmpfs                                  401592       6356     395236    2% /run
/dev/sda1                            78310344   24428096   49881276   33% /
tmpfs                                 2007952        212    2007740    1% /dev/shm
tmpfs                                    5120          4       5116    1% /run/lock
tmpfs                                 2007952          0    2007952    0% /sys/fs/cgroup
vmhgfs-fuse                        1669894140  661620420 1008273720   40% /mnt/hgfs
tmpfs                                  401592         68     401524    1% /run/user/1000
127.0.0.1:/home/a1/jz2440/rootfs/nfs 78310400   24428032   49881600   33% /mnt/nfs
a1@a1-virtual-machine:/mnt/nfs$
```

图 6-13 df 命令查看挂载 NFS 的信息

③卸载。umount 命令用来卸载 NFS，不过在执行该命令前一定要退出 /mnt/nfs 目录，否则会提示：“device is busy”。

```
sudo umount /mnt/nfs
```

至此，NFS 服务器已经安装、测试完成。如果从开发板启动挂载 NFS 根文件系统，就可以通过 NFS 访问宿主机上的内容。

6.3.3 目标机挂载 NFS 根文件系统

目标机要挂载 NFS 根文件系统，必须先给目标机开发板的 Linux 内核添加网卡的驱动。此类工作已经在前面移植 Linux 3.4.2 内核阶段通过打补丁完成了。JZ2440_V3 开发板使用 DM9000 网卡芯片，对应的驱动程序是“drivers/net/ethernet/davicom/dm9dev9000c.c”文件。还需要配置内核，添加上对 DM9000 网卡驱动的选择（通过打补丁也完成了）。

配置内核语句如下所示：

```
make menuconfig
```

增加对 DM9000 的支持：Device drivers ----> Network device support ---> Ethernet driver support ----> <*> DM9000 Support。配置界面如图 6-14 所示。

由于 NFS 是 C/S 模式，有了前面宿主机上的 NFS 服务器，还缺少开发板的 NFS 客户端配置，因此 JZ2440 开发板还需要添加内核对 NFS 根文件系统的支持，虽然这些配置工作也是在内核移植打补丁阶段做过了，但这里还是要写出来让大家看清楚。

在 JZ2440_V3 开发板上配置内核对 NFS 的支持，具体的操作过程如下：

（1）配置内核的以下几个选项。

①第一项：Boot options---> Default kernel command string。

该选项是配置默认内核命令行，配置界面如图 6-15 所示。可以修改该选项，将其改成：

```
root=/dev/nfs rw nfsroot=192.168.8.97:/home/a1/jz2440/rootfs/nfs ip=192.168.8.11 init=/linuxrc console=ttySAC0,115200 mem=64M
```

```
.config - Linux/arm 3.4.2 Kernel Configuration
                    Ethernet driver support
  Arrow keys navigate the menu.  <Enter> selects submenus --->.
  Highlighted letters are hotkeys.  Pressing <Y> includes, <N> excludes,
  <M> modularizes features.  Press <Esc><Esc> to exit, <?> for Help, </>
  for Search.  Legend: [*] built-in  [ ] excluded  <M> module  < >

      --- Ethernet driver support
      [ ]   Broadcom devices
      < >   Calxeda 1G/10G XGMAC Ethernet driver
      [ ]   Chelsio devices
      [ ]   Cirrus devices
      <*>   DM9000 support
      [ ]     Force simple NSR based PHY polling
      < >   Dave ethernet support (DNET)
      └(+)

              <Select>    < Exit >    < Help >
```

图 6-14　配置内核支持 DM9000 网卡

图 6-15　配置内核默认内核命令行选项

在此有必要对默认内核命令行选项说明一下。

- root=/dev/nfs rw 表示目标机系统挂载的文件系统为可以读写的 NFS 文件系统；
- nfsroot=192.168.8.97:/home/a1/jz2440/rootfs/nfs 表示 NFS 文件系统在宿主机（IP 地址是 192.168.8.97）上的 /home/a1/jz2440/rootfs/nfs 目录；
- ip=192.168.8.11 表示目标机或开发板的 IP，要和宿主机的 IP 地址在同一个网段之内；
- init=/linuxrc 内核启动后首先执行 /linuxrc，这就是前面使用 Busybox 制作好的根文件系统中的 linuxrc 文件；
- mem=64M 开发板的内存大小 64 MB；
- console=ttySAC0 表示 kernel 启动期间的信息全部输出到 ttySAC0 串口 0 上显示。

也可以使用默认的内核命令行字符串，不做改动，因为 U-Boot 在启动 Linux 内核的时候，会通过 bootargs 给内核传递启动的命令行参数，因此我们也可以通过修改 bootargs 来达到同样的目的。使用 U-Boot 的命令，效果是一样的：

```
OpenJTAG> set bootargs root=/dev/nfs rw nfsroot=192.168.8.97:/home/a1/jz2440/rootfs/nfs ip=192.168.8.11 init=/linuxrc console=ttySAC0,115200 mem=64M
OpenJTAG> save
```

该功能在内核的选项：Boot options---> Kernel command line type 里面做了支持，如图 6-16 所示，当前选项是“Use bootloader kernel arguments if available”。

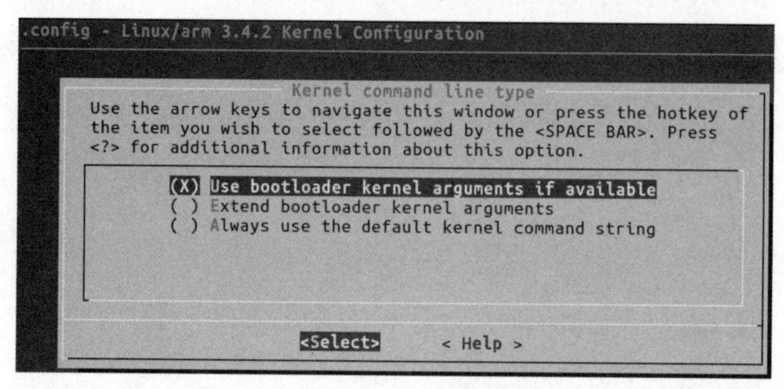

图 6-16　配置内核命令行类型（使用 U-Boot 的 bootargs 启动参数）

②第二项：Networking --->Networking options ---> 。

该选项配置网络环境，选中 IP: kernel level autoconfiguration 和 TCP/IP networking 两项界面如图 6-17 所示。

```
Networking options
Arrow keys navigate the menu.  <Enter> selects submenus --->.
Highlighted letters are hotkeys.  Pressing <Y> includes, <N> excludes,
<M> modularizes features.  Press <Esc><Esc> to exit, <?> for Help, </>
for Search.  Legend: [*] built-in  [ ] excluded  <M> module  < >

    <*> Packet socket
    <*> Unix domain sockets
    < >   UNIX: socket monitoring interface
    <M> Transformation user configuration interface
    <M> PF_KEY sockets
    [*] TCP/IP networking
    [*]   IP: multicasting
    [ ]   IP: advanced router
    [*]   IP: kernel level autoconfiguration
    [*]     IP: DHCP support
    [*]     IP: BOOTP support
    [ ]     IP: RARP support
    <M>   IP: tunneling
    < >   IP: GRE demultiplexer
    [ ]   IP: multicast routing
    [ ]   IP: ARP daemon support
    [ ]   IP: TCP syncookie support
    (+)

          <Select>    < Exit >    < Help >
```

图 6-17　配置网络环境

③第三项：File system ---> Network File System --->。

该选项配置内核的文件系统，选中 NFS client support、NFS client support for NFS version 3、Root file system on NFS 等项，使其支持 NFS 网络文件系统，界面如图 6-18 所示。

（2）重新编译内核，将刚刚新加的配置编译进内核。

（3）将新生成的内核映像烧写到 JZ2440_V3 开发板（参照 5.3.2 节从 NAND Flash 引导内核相关内容）或者使用网络下载、引导的方式启动 Linux 内核（参照 5.3.3 节网络引导内核相关内容）。

（4）确保 Ubuntu 宿主机上的根文件系统已经制作，内容（/home/a1/jz2440/rootfs/nfs

目录）完整，NFS 服务器已经开启。

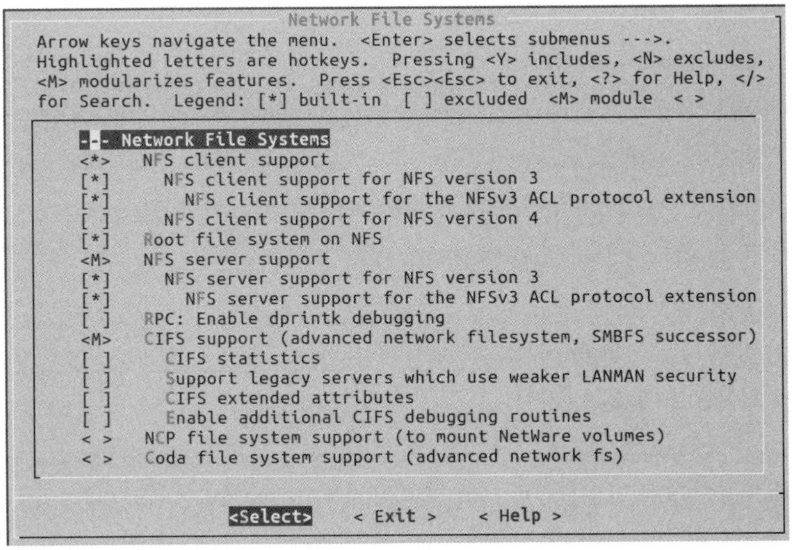

```
                    Network File Systems
  Arrow keys navigate the menu.  <Enter> selects submenus --->.
  Highlighted letters are hotkeys.  Pressing <Y> includes, <N> excludes,
  <M> modularizes features.  Press <Esc><Esc> to exit, <?> for Help, </>
  for Search.  Legend: [*] built-in  [ ] excluded  <M> module  < >

      --- Network File Systems
      <*>   NFS client support
      [*]     NFS client support for NFS version 3
      [*]       NFS client support for the NFSv3 ACL protocol extension
      [ ]     NFS client support for NFS version 4
      [*]   Root file system on NFS
      <M>   NFS server support
      [*]     NFS server support for NFS version 3
      [*]       NFS server support for the NFSv3 ACL protocol extension
      [ ]   RPC: Enable dprintk debugging
      <M>   CIFS support (advanced network filesystem, SMBFS successor)
      [ ]     CIFS statistics
      [ ]     Support legacy servers which use weaker LANMAN security
      [ ]     CIFS extended attributes
      [ ]     Enable additional CIFS debugging routines
      < >   NCP file system support (to mount NetWare volumes)
      < >   Coda file system support (advanced network fs)

                  <Select>    < Exit >    < Help >
```

图 6-18　配置文件系统

（5）接好各种连线，打开串口终端，重启开发板，看到如下信息表示挂载 NFS 文件系统成功。

```
……前面是 U-Boot 启动时打印的内容，这里省略掉了……


Hit any key to stop autoboot:  0
Booting Linux ...


NAND read: device 0 offset 0x60000, size 0x400000
 4194304 bytes read: OK
## Booting image at 30007fc0 ...
   Image Name: Linux-3.4.2
   Created: 2022-08-28  15:03:33 UTC
   Image Type: ARM Linux Kernel Image (uncompressed)
   Data Size: 2305968 Bytes =  2.2MB
   Load Address: 30008000
   Entry Point: 30008000
   Verifying Checksum ... OK
   XIP Kernel Image ... OK
```

```
Starting kernel ...
Uncompressing Linux... done, booting the kernel.
Booting Linux on physical CPU 0
Linux version 3.4.2 (a1@a1-virtual-machine)(gcc version 4.4.3(ctng-1.6.1)) #1 Sun Aug 28 23:03:27 CST 2022
CPU: ARM920T [41129200] revision 0 (ARMv4T), cr=c0007177
CPU: VIVT data cache, VIVT instruction cache
Machine: SMDK2440
Memory policy: ECC disabled, Data cache writeback
CPU S3C2440A (id 0x32440001)
S3C24XX Clocks, Copyright 2004 Simtec Electronics
S3C244X: core 400.000 MHz, memory 100.000 MHz, peripheral 50.000 MHz
……中间还有很多内核打印出来的内容，这里省略掉了……
TCP: cubic registered
NET: Registered protocol family 17
s3c-rtc s3c2410-rtc: setting system clock to 2000-01-13 12:20:58 UTC(947766058)
IP-Config: Guessing netmask 255.255.255.0
IP-Config: Complete:
     device=eth0, addr=192.168.8.11, mask=255.255.255.0, gw=255.255.255.255
     host=192.168.8.11, domain=, nis-domain=(none)
     bootserver=255.255.255.255, rootserver=192.168.8.97, rootpath=
ALSA device list:
 #0: S3C24XX_WM8976
VFS: Mounted root (nfs filesystem) on device 0:10.
Freeing init memory: 132K
#mount all…

Please press Enter to activate this console.
/ #
```

到挂载成功后的文件系统里面去看看，发现这些目录以及目录里面的文件都和宿主机上的 NFS 挂载的目录（/home/a1/jz2440/rootfs/nfs）内容是一样的，如图 6-19 所示，并且在宿主机上创建、修改、删除操作之后，在串口终端上可以同步显示出来（root 用户，uID 是 0；a1 用户，uID 是 1000）。

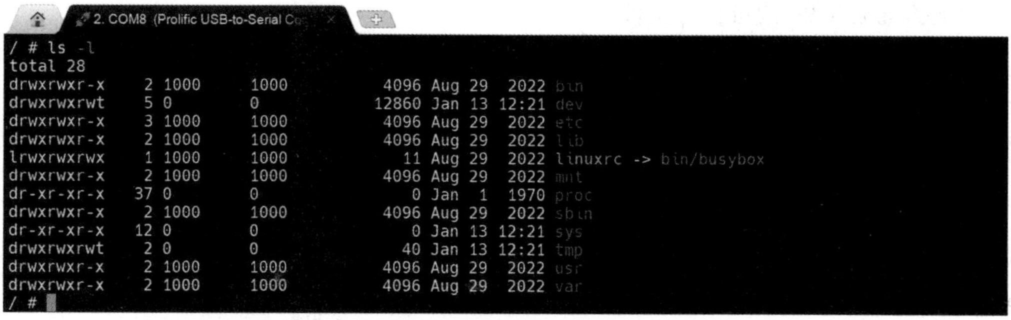
2. COM8 (Prolific USB-to-Serial Co
/ # ls -l
total 28
drwxrwxr-x 2 1000 1000 4096 Aug 29 2022 bin
drwxrwxrwt 5 0 0 12860 Jan 13 12:21 dev
drwxrwxr-x 3 1000 1000 4096 Aug 29 2022 etc
drwxrwxr-x 2 1000 1000 4096 Aug 29 2022 lib
lrwxrwxrwx 1 1000 1000 11 Aug 29 2022 linuxrc -> bin/busybox
drwxrwxr-x 2 1000 1000 4096 Aug 29 2022 mnt
dr-xr-xr-x 37 0 0 0 Jan 1 1970 proc
drwxrwxr-x 2 1000 1000 4096 Aug 29 2022 sbin
dr-xr-xr-x 12 0 0 0 Jan 13 12:21 sys
drwxrwxrwt 2 0 0 40 Jan 13 12:21 tmp
drwxrwxr-x 2 1000 1000 4096 Aug 29 2022 usr
drwxrwxr-x 2 1000 1000 4096 Aug 29 2022 var
/ #

图 6-19　开发板挂载的 nfs 文件系统内容

6.3.4　helloWorld 测试程序

现在开发板上已经有了 NFS 根文件系统，那么，接下来可以在这个文件系统中进行应用程序开发了，为了让读者对应用程序的开发有个最初的认识，这里通过最简单的 helloWorld 程序来展示。

前面介绍过挂载 NFS 文件系统就是为了开发方便，整个开发过程都在宿主机上进行，最后生成的可执行文件也放在宿主机上，不用烧写到目标机的 Flash 中，这样不但避免了反复擦写 Flash，也提高了开发效率。

下面看看具体的实验步骤。

（1）进入宿主机 /home/a1/jz2440/rootfs/nfs 目录，在该目录下新建一个目录，命名为 learn，进入该目录并创建 helloWorld 子目录：

```
mkdir /home/a1/jz2440/rootfs/nfs/learn
cd /home/a1/jz2440/rootfs/nfs/learn
mkdir helloWorld
cd helloWorld
```

（2）进入 helloWorld 目录，编辑生成 hello.c 文件。

```
gedit hello.c
```

在该文件中写入以下内容，保存退出：

```
#include <stdio.h>
int main(void)
{
    printf("Hello, World!\r\n");
    return 0;
}
```

（3）交叉编译 hello.c，可用如下命令：

```
arm-linux-gcc -o arm-hello hello.c
```

该命令的含义是使用交叉编译器 arm-linux-gcc 来编译 hello.c 文件，编译完成后，生成一个名为 arm-hello 的可执行文件。

（4）在 Windows 下打开串口终端，打开开发板的电源，根文件系统加载成功以后，在目标机中输入：

```
cd /learn/helloWorld
```

查看该目录下是否有 arm-hello 文件，如果有，说明成功挂载了在宿主机 /home/a1/jz2440/rootfs/nfs 目录下的根文件系统，而且已经成功地完成了第一次的应用开发。在串口终端里，执行 arm-hello 看看：

```
./arm-hello
```

就可以看到开发板执行 arm-hello 文件并输出：“Hello, World!”，这和主机上编写 helloWorld 并编译、执行的过程是一样的。

6.4 开发板移植 YAFFS2 根文件系统

在开发板上移植了 NFS 根文件系统，相当于快速建立了一个嵌入式 Linux 开发系统，让开发板可以像访问本地文件一样访问宿主机上的网络共享文件，方便测试、提高开发效率。在嵌入式系统开发完毕之后，接下来就要把文件系统和开发的应用程序一起烧写到 Flash 里面，比如把我们前面制作的根文件系统和 helloWorld 一起烧写到目标机的 Flash 中，让目标机完全脱离宿主机环境而运行这些系统和应用程序。

JZ2440 开发板自带 256 MB 的 NAND Flash，如果需要将根文件系统写入 NAND Flash，采用 YAFFS2 文件系统是个比较好的选择。

6.4.1 配置内核命令行参数

和移植 NFS 根文件系统类似，需要配置内核命令行参数，挂载 NFS 根文件系统时这个命令行参数如下：

```
root=/dev/nfs rw nfsroot=192.168.8.97:/home/a1/jz2440/rootfs/nfs ip=192.168.8.11 init=/linuxrc console=ttySAC0,115200 mem=64M
```

现在不挂载 NFS 文件系统，而是要将文件系统烧写到 Flash 中，然后挂载 Flash 中的文件系统。这时，这个命令行参数就要改成以下形式：

```
noinitrd root=/dev/mtdblock3 init=/linuxrc console=ttySAC0,115200 mem=64M
```

这行参数的解释说明：

关于“init=/linuxrc console=ttySAC0,115200 mem=64M”这部分参数，和 NFS 的一样，就没必要重复介绍了；

关键是“root=/dev/mtdblock3”，其中 mtdblock3 代表目标机 NAND Flash 的第 4 个分区（U-Boot 中使用“mtdparts”命令列出的对 JZ2440_V3 的 NAND Flash 分区信息，第 1 个是 BootLoader，第 2 个是 BootLoader 的参数，第 3 个是 kernel，第 4 个就是 rootfs），那么，这句的意思就是告诉内核要挂载在 NAND Flash 第 4 个分区中的根文件系统。

“noinitrd”：Linux 内核配置为支持 initrd（配置了选项 CONFIG_BLK_DEV_RAM 和 CONFIG_BLK_DEV_INITRD 时），引导进程首先装载内核和一个初始化的 ramdisk，然后内核将 initrd 转换成普通的 ramdisk，也就是读写模式的根文件系统设备。然后 /linuxrc 执行，再装载真正的根文件系统，之后 ramdisk 被卸载，最后执行启动序列，比如 /sbin/init。

选项 noinitrd 告诉内核不执行上面的步骤，即使内核配置、编译了 initrd。

现在重新配置一下内核，使用命令：

```
make menuconfig
```

在 Boot options --> Default kernel command string 中输入上面的命令行参数，如图 6-20 所示。

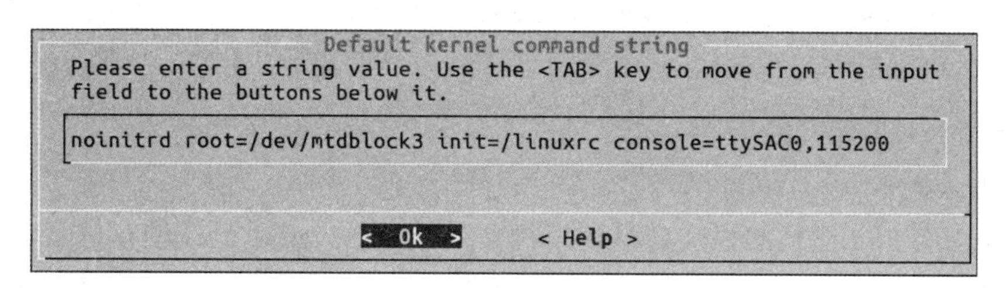

图 6-20　配置内核命令行参数

配置完内核以后保存退出，执行 make uImage 命令重新编译内核，生成内核映像 uImage。通过 U-Boot，将 uImage 内核烧写到 Nand Flash 中。

当然，也可以使用默认的字符串，不做改动。启动 U-Boot 进入命令行模式，通过修改 bootargs 来达到同样的效果，使用 U-Boot 的命令：

```
OpenJTAG> set bootargs noinitrd root=/dev/mtdblock3 init=/linuxrc console=ttySAC0,115200
OpenJTAG> save
```

6.4.2　制作 YAFFS2 文件系统

要制做 YAFFS2 文件系统，首先需要在宿主机中编译 YAFFS 源代码，生成安装工具 mkyaffsimage 和 mkyaffs2image 工具，其中 mkyaffsimage 是用来创建 yaffs1 镜像文件的，而 mkyaffs2image 工具则用来创建 yaffs2 镜像文件。

百问网为 JZ2440_V3 开发板提供了 YAFFS 源码包，打开虚拟机进入 ubuntu16.04 宿主机，将附带光盘目录中的“jz2440\learn\Linux 系统移植构建 _JZ2440\rootfs”下的“yaffs_source_util_larger_small_page_nand.tar.bz2”文件复制到 ubuntu16.04 宿主机的“/home/a1/jz2440/rootfs”目录下。

（1）解压缩 yaffs_source_util_larger_small_page_nand.tar.bz2。

```
cd /home/a1/jz2440/rootfs
tar -xjvf yaffs_source_util_larger_small_page_nand.tar.bz2
```

（2）进入“Development_util_ok/yaffs2/utils”子目录，执行 make 命令，生成

mkyaffs2image 工具，将其复制到宿主机的 /usr/local/bin 目录下。

上一步解压之后，在 /home/a1/jz2440/rootfs 目录下产生了“Development_util_ok”子目录，进入该目录的下下级目录“yaffs2/utils”，看到有 Makefile 文件，运行 make 命令，就会产生 mkyaffs2image 文件，将其 copy 到主机 /usr/local/bin 目录下。

```
cd Development_util_ok/yaffs2/utils
make
sudo cp ./mkyaffs2image /usr/local/bin
```

（3）使用 mkyaffs2image 工具制作 yaffs 文件系统。

这一步的前提：经验证，开发板挂载 nfs 根文件系统成功。返回到 /home/a1/jz2440/rootfs 目录，对 nfs 目录使用 mkyaffs2image 命令，制作出 yaffs2 文件系统镜像文件 fs_mini.yaffs2，可以用下面的命令：

```
cd /home/a1/jz2440/rootfs
mkyaffs2image nfs fs_mini.yaffs2
```

现在，YAFFS2 格式的根文件系统镜像文件 fs_mini.yaffs2 已经创建好了，接下来就是使用 U-Boot，通过 tftp 和 nand write.yaffs 命令，将其下载到开发板内存中，最终烧写到 NAND Flash 中。

6.4.3 将 Yaffs2 根文件系统烧写到 NAND Flash

烧写根文件系统的步骤与烧写内核的步骤一样，简单列出来，就不做解释了。

（1）将生成的镜像文件 fs_mini.yaffs2 拷贝到 tftp 服务器的根目录，并修改其权限。

```
cd ~/jz2440/rootfs
cp fs_mini.yaffs2 ../image/tftpboot
sudo chmod 666 ../image/tftpboot/fs_mini.yaffs2
```

（2）启动宿主机上的 tftp 服务器。

```
sudo service tftpd-hpa restart
```

（3）打开 JZ2440 开发板的电源（前提是 JZ2440_V3 已经烧写了 U-Boot 和 Linux 内核），出现提示信息“Hit any key to stop autoboot: 2 ”时按下空格键，输入“q”退出快捷菜单，进入 BootLoader 的命令行环境。

（4）通过 tftp 0x30008000 fs_mini.yaffs2 命令将 fs_mini.yaffs2 文件下载到内存的 0x30008000 地址：

```
OpenJTAG>tftp 0x30008000 fs_mini.yaffs2
dm9000 i/o: 0x20000000, id: 0x90000a46
DM9000: running in 16 bit mode
MAC: 08:00:3e:26:0a:5b
could not establish link
```

```
TFTP from server 192.168.8.97; our IP address is 192.168.8.11
Filename 'fs_mini.yaffs2'.
Load address: 0x30008000
Loading: #################################################################
         ### ...（文件系统有点大，省略过多的 ####）
done
Bytes transferred = 11147136 (aa1780 hex)
```

（5）擦除一片 NAND Flash 区域用来存放根文件系统（JZ2440_V3 开发板 NAND Flash 默认的 0x460000 是存放根文件系统的起始地址，也是 MTD 的第 4 个分区的起始地址；MTD 的第 4 个分区大小为 0xFBA0000；0xAA1780 是写入的根文件系统大小，读者要根据自己的开发板分区情况设置）。

```
nand erase 0x460000 0xFBA0000   或者   nand erase root
```

（6）将根文件系统写到 NAND Flash 中。

```
nand write.yaffs 0x30008000 0x460000 0xAA1780
```

（7）设置 bootargs 启动参数，配置内核从 Flash 启动。

```
set bootargs noinitrd root=/dev/mtdblock3 init=/linuxrc console=ttySAC0,115200
mem=64M
```

（8）重启目标板，运行 helloWorld。

如图 6-21 所示，开发板挂载 YAFFS2 根文件系统成功，可正常运行 arm-hello。

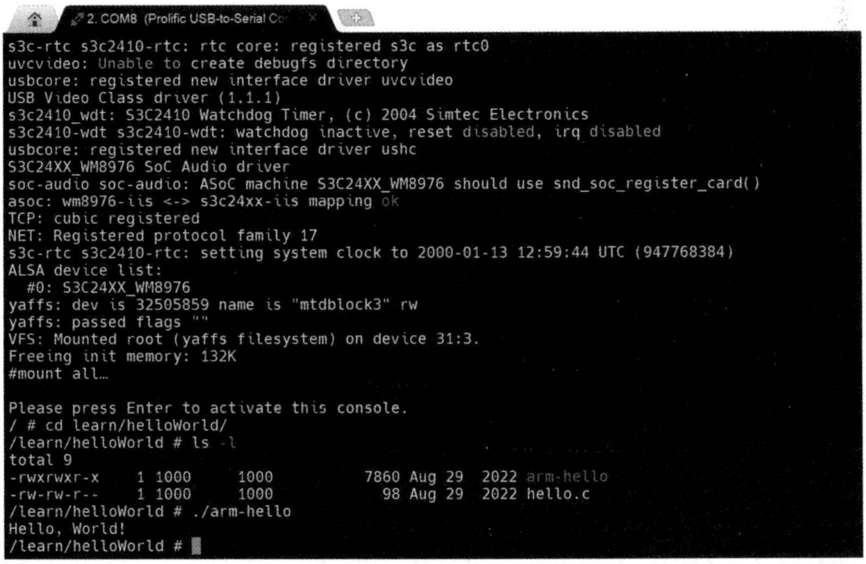

```
s3c-rtc s3c2410-rtc: rtc core: registered s3c as rtc0
uvcvideo: Unable to create debugfs directory
usbcore: registered new interface driver uvcvideo
USB Video Class driver (1.1.1)
s3c2410_wdt: S3C2410 Watchdog Timer, (c) 2004 Simtec Electronics
s3c2410-wdt s3c2410-wdt: watchdog inactive, reset disabled, irq disabled
usbcore: registered new interface driver ushc
S3C24XX_WM8976 SoC Audio driver
soc-audio soc-audio: ASoC machine S3C24XX_WM8976 should use snd_soc_register_card()
asoc: wm8976-iis <-> s3c24xx-iis mapping ok
TCP: cubic registered
NET: Registered protocol family 17
s3c-rtc s3c2410-rtc: setting system clock to 2000-01-13 12:59:44 UTC (947768384)
ALSA device list:
  #0: S3C24XX_WM8976
yaffs: dev is 32505859 name is "mtdblock3" rw
yaffs: passed flags ""
VFS: Mounted root (yaffs filesystem) on device 31:3.
Freeing init memory: 132K
#mount all…

Please press Enter to activate this console.
/ # cd learn/helloWorld/
/learn/helloWorld # ls -l
total 9
-rwxrwxr-x    1 1000     1000          7860 Aug 29  2022 arm-hello
-rw-rw-r--    1 1000     1000            98 Aug 29  2022 hello.c
/learn/helloWorld # ./arm-hello
Hello, World!
/learn/helloWorld #
```

图 6-21　目标机上运行 helloWorld

至此，部署嵌入式 Linux 系统的过程就告一段落，接下来，就是开发驱动及应用程序的时候了。从下一章节开始，将进入驱动开发基础实验部分。相信大家已经有了入门知识的铺垫，面对后续内容会更加容易上手。

第三篇　Linux 驱动开发

本篇内容

★ Linux 设备驱动概述

★简单设备驱动实例

★ Linux 设备驱动模型

★ GPIO、I2C 子系统

本篇目标

★了解 Linux 设备驱动的相关概念及开发基础

★掌握简单字符设备驱动的程序结构及设计流程

★学习嵌入式 Linux 中断机制及其驱动程序结构

★熟悉 GPIO、I2C 子系统，学会为自己的系统添加相应设备驱动程序

本篇实例

★实例一：LED 驱动及测试实例

★实例二：按键中断驱动及测试实例

★实例三：GPIO、I2C 实例

第 7 章　Linux 设备驱动概述

在前一篇中，我们介绍了开发嵌入式 Linux 的基本过程，本章在前一篇的基础上进行设备驱动程序的开发，使得目标板上的硬件资源为板上系统所用，这也是设备驱动的巨大贡献。本章首先介绍的是设备驱动的作用及其分类、驱动的基础知识，然后介绍应用程序的编写等。

7.1　Linux 设备和设备驱动

任何计算机系统的运行都是系统中软硬件相辅相成的结果，没有硬件的软件是空中楼阁，而没有软件的硬件则只是一堆的电子元器件而已。硬件是底层基础，是所有软件得以运行的平台，程序最终会通过硬件上的逻辑电路进行外设的输入 / 输出；软件则是具体应用的实现，根据不同的业务需求而设计。硬件一般是固定的，软件则很灵活，可以适应各种复杂多变的应用。从某种程度上来看，计算机系统的软件和硬件相互成就了对方。

但是，软硬件之间同样存在着悖论，那就是软件和硬件不应该互相渗透入对方的领地。为尽可能快速地完成设计，应用软件工程师不想也不必关心硬件，而硬件工程师也难有足够的闲暇和能力来顾及应用软件。譬如，应用软件工程师在调用套接字发送和接收数据包的时候，他不必关心网卡上的中断、寄存器、存储空间、I/O 端口、片选以及其他任何硬件词汇；在使用 scanf () 函数获取输入的时候，不用知道底层究竟是怎样把终端设备的操作转化成程序输入的。

也就是说，应用软件工程师需要看到一个没有硬件的纯粹的软件世界，硬件必须被透明地呈现给它。谁来实现硬件对应用软件工程师的透明化？这个光荣而艰巨的任务就由设备驱动来完成。

设备驱动，英文名为“Device Driver”，全称为“设备驱动程序”，是一种在应用程序和硬件设备之间通信的特殊程序，相当于硬件的接口，应用程序通过它识别硬件，通过向该接口发送、传达命令，对硬件进行具体的操作。通俗地讲，设备驱动就是“驱使硬件设备行动”。 每一种硬件都有其自身独特的语言，应用程序本身并不能识别，这就需要一个双方都能理解的“桥梁”，而这个“桥梁”，就是驱动程序。驱动与底层硬件直接打交道，按照硬件设备的具体工作方式操作，如读写设备寄存器，完成设备轮询、中断处理、DMA 通信、进行物理内存向虚拟内存的映射等，从而使得通信设备能收发数据，显示设备能显示文字和画面，存储设备能记录文件和数据等。

硬件如果缺少了驱动程序的“驱动”，那么它就无法理解应用层软件传达的命令而不能正常工作，本来性能非常强大的硬件设备就空有一身本领都无从发挥、毫无用武之地。因此，设备驱动享有“硬件的灵魂”、“硬件的主宰”和“硬件与应用软件之间的桥梁”等美誉。

由此可见，设备驱动对应用程序而言，透明化了硬件设备，是存在于应用程序和实际硬件设备间的软件层，是硬件设备和应用软件之间的沟通纽带。应用软件只需要调用系统软件的应用编程接口，而不用去详细地了解硬件设备的性能、参数等就可以让硬件去完成要求的工作。总之，驱动程序沟通着硬件和应用软件，使得整个计算机系统得以正常运行。

驱动的这种桥梁的角色允许驱动工程师严密地选择设备应该如何表现：不同的驱动可以提供不同的能力，甚至是同一个设备也可以提供不同的能力。实际的设备驱动设计应当是在许多不同考虑中的平衡。一个主要的考虑是：在给用户尽可能多的选项和编写驱动的时间、效率之间做出平衡，还需要保持事情简单以避免复杂化。例如，一个设备可能由不同的程序并发使用，驱动工程师有完全的自由来决定如何处理并发性。你能在设备上实现内存映射而不依赖它的硬件能力，或者你能提供一个用户库来帮助应用工程师在可用的原语之上实现新策略等。

7.1.1　设备驱动和操作系统

在没有操作系统的情况下，设备驱动的接口直接提交给应用软件工程师，应用软件没有跨越任何层次就可以直接访问设备驱动的接口。驱动包含的接口函数也与硬件的功能直接吻合，没有任何附加功能。一般地说在无操作系统时，整个计算机系统中的硬件资源、设备驱动和应用软件的关系如图 7-1 所示。

当系统中包含操作系统后，设备驱动会变得有些不同。

首先，无操作系统时设备驱动的硬件操作仍然是必不可少的，没有这一部分，设备驱动不可能与硬件打交道，也就是说在无操作系统时驱动所做的工作，在有操作系统时也是要做的。

其次，还需要将设备驱动融入操作系统内核。应用程序是通过调用操作系统的 API 来实现对硬件的操作的，所以设备驱动需要融入内核中。为了实现这种融合，必须在所有的设备驱动中设计面向操作系统内核的接口，这样的接口由操作系统规定，对一类设备而言结构一致，独立于具体的设备。不同的操作系统中定义的设备驱动架构是不一样的，要将设备驱动融入系统内核中，就需要按照操作系统给出的独立于设备的接口架构设计，如此这般，应用程序就可以使用统一的系统调用接口来访问各种设备。可以认为在操作系统环境下，设备驱动开发相当于：设备驱动开发＝硬件控制＋内核 API ＋内核驱动框架，其中内核的 API 包括并发 / 同步控制、阻塞 / 唤醒、中断底半部调度、内存和 I/O 访问等。

由此可见，当系统中存在操作系统时，设备驱动变成了连接硬件和内核的桥梁，操作系统的存在使得单一的“驱动硬件设备工作”变为操作系统与硬件交互的模块，它对外呈现为操作系统API，不再给应用软件工程师直接提供接口。因此，驱动工程师不仅需要牢固的硬件基础，如硬件的工作原理、寄存器设置等，还需要对驱动中所涉及的内核知识有良好的掌握，包括内核支持的API、内核驱动架构等，才能设计开发出好的设备驱动程序。也就是说设备驱动从无操作系统时的应用程序和硬件设备之间的桥梁转变成操作系统和硬件设备之间的沟通纽带，其结构关系如图7-2所示。

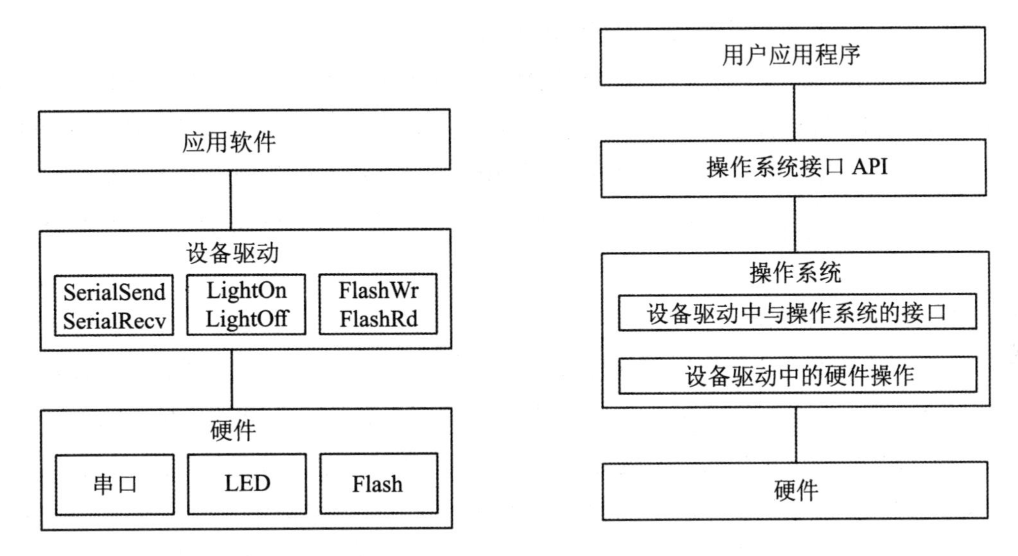

图7-1 无操作系统时硬件、驱动和应用软件的关系　　图7-2 硬件、驱动、操作系统和应用程序的关系

驱动是Linux系统中设备和用户之间的桥梁，在Linux系统中，访问设备必须通过设备驱动进行操作，用户程序是不能直接操作设备的。Linux系统中硬件、驱动和用户程序的关系如图7-3所示。

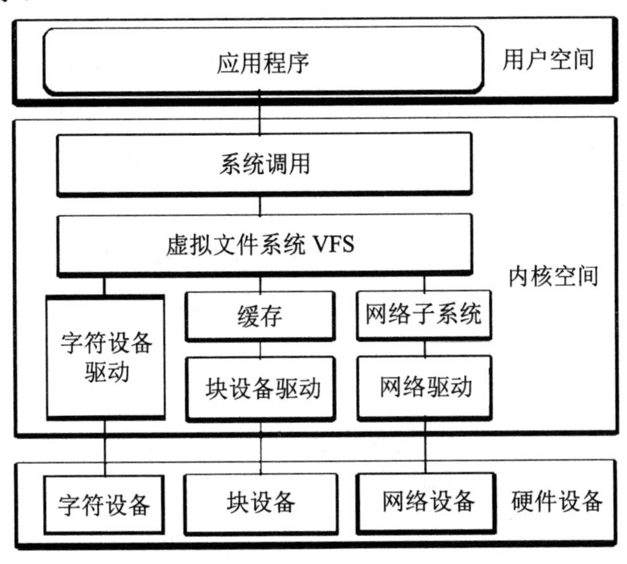

图7-3 Linux中设备、驱动和应用程序的关系图

驱动程序运行在 Linux 内核空间，用户应用程序只能通过内核提供的系统调用，由经 VFS 以及驱动程序才能访问和操作硬件，硬件设备传递的数据也必须经过驱动、VFS 和系统调用才能被用户应用程序接收。所以说，设备驱动是应用程序访问系统设备以及进行数据传递的桥梁和通道。

驱动程序与用户应用程序有很大不同，主要表现在以下 3 个方面。

（1）在程序组成和逻辑方面，用户应用程序一般都是由始至终完成某个任务，而驱动程序内部各方法之间相互独立，没有逻辑联系。

（2）在系统资源访问方面，内核模块运行在内核态，可以访问系统的任何资源，包括硬件，但是用户应用程序却不能直接访问系统硬件，只有借助驱动程序才能访问硬件。

（3）在出错危害性方面，用户应用程序出错或者崩溃一般不会引起内核崩溃，可以通过杀死应用程序进程终止，但是内核模块出错，有可能导致内核崩溃，一旦内核崩溃，只能复位系统。

7.1.2 Linux 设备和分类

多年来，随着嵌入式系统应用的持续升温，Linux 广泛应用于嵌入式领域，逐步成为通信、工业控制、消费电子等领域的主流操作系统，Linux 在嵌入式系统中的占有率与日俱增。这些采用 Linux 作为操作系统的设备中，无一例外都包含着多个 Linux 设备驱动。这些驱动程序在 Linux 内核里犹如一系列的“黑盒子”，使硬件响应定义好的内部编程接口，从而完全隐藏了设备工作的细节。Linux 系统中的设备驱动设计是嵌入式 Linux 开发中十分重要的部分，前面提到过，它要求开发者不仅要熟悉 Linux 的内核机制、驱动程序与用户级应用程序的接口关系、考虑系统中对设备的并发操作等，而且还要非常熟悉所开发硬件的工作原理。

以下来看一下 Linux 系统中的设备分类和特点。

计算机系统的硬件主要由 CPU、存储器和外设组成。随着 IC 制造工艺的发展，目前，芯片的集成度越来越高，往往在 CPU 内部就集成了存储器和外设适配器。ARM、PowerPC、MIPS 等处理器都集成了 UART、I2C 控制器、USB 控制器、SDRAM 控制器等，有的处理器还集成了片内 RAM 和 Flash。

驱动针对的对象是存储器和外设（包括 CPU 内部集成的存储器和外设），而不是针对 CPU 核。Linux 系统中将存储器和外设分为 3 个基础大类：字符设备、块设备和网络设备。

（1）字符设备。

概括地讲，字符设备指那些必须以串行顺序依次进行访问的设备，如触摸屏、磁带驱动器、鼠标等。字符设备是一种可以当作一个字节流来存取的设备，字符驱动就负责实现这种行为。这样的驱动常常至少实现 open、close、read 和 write 系统调用。字符驱动很好地展现了流的抽象，它通过文件系统节点来存取，也就是说，字符设备被当作普通文件来访问。字符设备和普通文件之间唯一的不同就是：你可以在普通文件中移来移去，但是大部分字符设备仅仅是数据通道，你只能顺序存取。然而，也存在看起来像数据区的字符设备，你可以在里面移来移去的访问数据。例如，frame grabber 经常这样，应用程序可以使用 mmap 或者 lseek 存取整个要求的图像。

（2）块设备。

块设备是可以用任意顺序访问，以块为单位进行操作，如硬盘、软驱等。一般来说，块设备和字符设备并没有明显的界限。如同字符设备，块设备也是通过文件系统节点进行存取。一个块设备是可以驻有一个文件系统的。Linux 系统中允许应用程序读写一个块设备像一个字符设备一样，它允许一次传送任意数目的字节，当然也包括一个字节。块和字符设备的区别仅仅在内核在内部管理数据的方式上，如字符设备不经过系统的快速缓冲，而块设备经过系统的快速缓冲，并且在内核 / 驱动的软件接口上不同。虽然它们之间的区别对用户是透明的，它们都使用文件系统的操作接口 open()、close()、read()、write() 等函数进行访问，但是它们的驱动设计存在很大的差异。

（3）网络设备。

网络设备是面向数据包的接收和发送而设计的，它与字符设备、块设备不同，并不对应于文件系统中的节点。内核与网络设备的通信和内核与字符设备、块设备的通信方式可以说是完全不同的。任何网络事务都通过一个接口来进行，就是说，一个能够与其他主机交换数据的设备。通常，一个接口是一个硬件设备，但是它也可能是一个纯粹的软件设备，比如环回接口，因此网络设备也可以称为网络接口。在内核网络子系统的驱动下，网络设备负责发送和接收数据报文。网络驱动对单个连接一无所知，它只处理报文。

既然网络设备不是一个面向流的设备，一个网络接口就不像字符设备、块设备那么容易映射到文件系统的一个节点上。Linux 提供的对网络设备的存取方式仍然是通过给它们分配一个名字，但是这个名字在文件系统中没有对应的入口，其并不用 read 和 write 等函数，而是内核调用和报文传递相关的函数来实现。

另外， TTY、I2C、USB、PCI、LCD 等设备驱动本身大体可归纳入这 3 个基础大类，但是对于这些复杂的设备，Linux 系统还定义了独特的驱动体系结构。

7.1.3　Linux 设备文件的创建

Linux 是一种类 Unix 系统，Unix 的一个基本特点是“一切皆为文件”，它抽象了设备的处理，将所有的硬件设备都像普通文件一样看待，也就是说硬件可以跟普通文件一样打开、关闭和读写。系统中的设备都用一个特殊文件代表，叫作设备文件。在 Linux 2.4 以后的内核版本中引入了设备文件系统（devfs），所有的设备文件作为一个可以挂装的文件系统，这样就可以被文件系统进行统一管理，从而设备文件就可以挂装到任何需要的地方。

在前面也讲过，字符设备和块设备都可以通过文件节点来存取，而与字符设备和块设备不同，网络设备的访问是通过 Socket 而不是设备节点，在系统里根本就不存在网络设备节点，所以在此我们仅讨论块设备和字符设备。

那么如何在内核中创建设备文件的挂载节点呢？简单地说，设备文件是由系统调用创建的，在命令行中，mknod 命令会调用同名的程序来创建文件节点。rename 和 unlink 系统调用可以用于移动和删除节点，相应的命令是 mv 和 rm。在使用 cp 命令时加上 -R 或 -a 参数，可以创建一个与原设备节点具有同样属性的节点。在 6.2.2 节中我们使用过 mknod 命令，该命令形式如下：

```
mknod [OPTION]    NAME TYPE [MAJOR MINOR]
```

OPTION 为选项设置，最常用的就是 -m，基本上可以不用；NAME 为自定义设备名称；TYPE 为设备类型，有 b 和 c 还有 p；MAJOR 为主设备号；MINOR 为次设备号。

mknod 命令建立一个目录项和一个特殊文件的对应索引节点。第一个参数 NAME 项是设备的名称，选择一个描述性的设备名称。

mknod 命令有两种形式，它们有不同的标志。mknod 命令的第一种形式只能由 root 用户或系统组成员执行。在第一种形式中，使用了 b 或 c 标志。b 标志表示这个特殊文件是面向块的设备（磁盘、软盘或磁带）。c 标志表示这个特殊文件是面向字符的设备（其他设备）。在 mknod 命令的第二种形式中，使用了 p 标志来创建 FIFO（已命名的管道）。

因此，标志集合总共有三种选择，如下：

① b 表示特殊文件是面向块的设备（磁盘、软盘或磁带）。

② c 表示特殊文件是面向字符的设备（其他设备）。

③ p 创建 FIFO（已命名的管道）。

在介绍创建设备文件时，主设备号和从设备号是不可或缺的。传统方式中的设备管理中，除了设备类型外，内核还需要一对主次设备号的参数，才能唯一标识一个设备。主设备号相同的设备使用相同的驱动程序，次设备号用于区分具体设备的实例。比如 PC 机中的 IDE 设备，一般主设备号使用 3，Windows 下进行的分区，一般主分区的次设备号为 1，扩展分区的次设备号为 2、3、4，逻辑分区使用 5、6、…。

第一种形式的最后两个参数便是指定主设备号和次设备号，它帮助操作系统查找设备驱动程序代码和指定具体的次设备。一个设备的主设备号和次设备号由该设备的配置方法分配。主设备号是由“include/linux/major.h”定义的，如下定义了一个 SD 设备：

```
#define SCSI_DISK1_MAJOR 65
```

如命令“mknod sd b 65 0”，其中的 sd 为定义的名字，b 指块设备，0 指的是整个 SD。如果把 0 换为 1，则 1 指的是 SD 的第 1 个分区，2 是第 2 个，依次类推。

```
mknod console c 5 1
```

console 是设备的名字，c 指字符设备，还可选 b（块设备），5 是该设备在 major.h 中定义的标记，主设备号 /dev/devices 里面记录现有的设备，创建设备文件时，找个系统中还没有用过的就可以了，1 是指第 1 个子设备。当要给两个同样的设备加载驱动的时候就要用到这些区别了。

在 Linux 内核中，使用 dev_t 类型来保存设备编号。在 2.6 及以上版本的 Linux 内核中，dev_t 是一个 32 位数，高 12 位是主设备号，低 20 位是次设备号。

获取一个设备的设备编号，应当使用“include/linux/kdev_t.h”中定义的宏，而不应当对设备号的位数和表述结构做任何假设，因为这样会导致不兼容以前的内核，或者未来版本设备号结构和表述方式发生变化。例如获取一个设备编号 dev 的主次设备号，可用：

```
MAJOR(dev_t dev);
MINOR(dev_t dev);
```

如果已知一个设备的主次设备号，要转换成 dev_t 类型的设备编号，则应当使用：

```
MKDEV(int major, int minor);
```

7.1.4　获取和释放设备号

在建立一个设备节点之前，驱动程序首先应当为这个设备获得一个可用的设备号，注销设备需要释放所占用的设备号。设备号的生命周期是从设备注册到设备注销，在此期间，所占用的设备号不能被其他驱动使用。Linux 内核支持静态获取和动态获取设备号，下面以字符设备为例讲述设备号的获取与释放的方法。

7.1.4.1　静态获取主设备号

静态获取主设备号的方式适用于下列情况：

（1）该驱动只在特定系统运行，且系统设备号使用情况明确；

（2）系统应用所要求，如为了快速启动等。

如果要从系统获得几个或者几个既定的主设备号，可用 register_chrdev_region() 函数来获取。该函数在“include/linux/fs.h”中声明，在“fs/char_dev.c”中定义，函数定义如下：

```
int register_chrdev_region(dev_t from, unsigned count, const char *name)
```

这个函数可以向系统注册一个或者多个主设备号，from 是起始编号，count 是主设备号的数量，name 则是设备名称。注册成功返回 0，否则返回错误码（负数）。

7.1.4.2　动态获取主设备号

如果事先不知道设备的设备号，或者一个驱动可能在多个系统上运行，为了避免出现设备号冲突，必须采用动态设备号。调用 alloc_chrdev_region() 函数可以从系统获得一个或者多个主设备号。alloc_chrdev_region() 函数在“include/linux/fs.h”中声明，在“fs/char_dev.c”中定义：

```
int alloc_chrdev_region(dev_t *dev, unsigned baseminor, unsigned count, const char
*name)
```

alloc_chrdev_region() 函数可以从系统动态获得一个或者多个主设备号。dev 用于保存已经获得的设备编号范围的第一个值，baseminor 是第一个次设备号，通常是 0，count 是获得的编号数量，name 是设备名称。获取成功返回 0，否则返回错误码（负数）。

动态获取得到的设备号，一定要用一个全局变量保存下来，以便卸载使用，否则该设备号将不能被释放。

下面是一个动态获取设备号的使用范例：

```
ret = alloc_chrdev_region (&devno, minor, 1, "char_cdev"); /* 从系统获取主设备号 */
major = MAJOR (devno); /* 保存获得的主设备号 */
if (ret < 0) {
    printk (KERN_ERR "cannot get major %d \n", major);
    return -1;
}
```

一旦一个设备号被系统成功分配，就会出现在 /proc/devices 文件中，可以通过“cat /proc/devices”命令来查看。为了使用方便，除非特殊情况，尽量采用动态分配设备号。

7.1.4.3 释放设备号

在设备注销的时候必须释放占用的主设备号，调用 unregister_chrdev_region() 函数可以释放设备号。该函数在“include/linux/fs.h”中声明，在“fs/char_dev.c”中定义。函数原型如下：

```
void unregister_chrdev_region (dev_t from, unsigned count)
```

该函数向系统释放 1 个或者多个主设备号，from 是起始编号，count 是主设备号的数量。

7.1.5 注册和注销设备

Linux 3.4.2 内核用 cdev 数据结构来描述字符设备，cdev 在“include/linux/cdev.h”中定义，形式如下：

```
//cdev 结构定义
struct cdev {
    struct kobject kobj;
    struct module *owner;
    const struct file_operations *ops;
    struct list_head list;
    dev_t dev;
    unsigned int count;
};
```

kobj 是 Linux 内核设备模型的基本结构；

cdev 可以被设备模型管理；

owner 表示所属的模块对象，一般设置为 THIS_MODULE；

ops 是与设备相关联的操作方法；

dev 是 Linux 内核中设备的设备号。

7.1.5.1 使用 cdev 的一般方法

使用 cdev 的步骤是先分配 cdev 结构，然后初始化，最后往系统里添加，如果不再需要，可以从系统中删除。

7.1.5.2 动态分配 cdev 结构

在注册设备之前，必须分配并注册一个或者多个 cdev 结构，可用 cdev_alloc() 函数实现，如：

```
struct cdev *char_cdev = cdev_alloc();          /* 分配 char_cdev 结构 */
```

7.1.5.3 初始化 cdev 结构

通过调用 cdev_init() 函数实现初始化 cdev 结构，cdev_init() 函数原型：

```
void cdev_init(struct cdev *cdev, const struct file_operations *fops)
```

参数 fops 用于指定 cdev 设备的操作方法，在此结构中定义与设备相关的各种操作方法。假定一个设备需要实现 open 打开、close 关闭、release 释放、read 读、write 写以及 ioctl 输入 / 输出控制等方法，则文件操作接口 fops 结构可以用这样的方式定义：

```
//fops 结构定义
struct file_operations char_old_fops = {
    .owner = THIS_MODULE,
    .read = xxx_read,
    .write = xxx_write,
    .open = xxx_open,
    .release = xxx_release,
    .ioctl = xxx_ioctl
};
```

定义好 fops 后，cdev 初始化就很简单了：

```
cdev_init(char_cdev, &char_cdev_fops);          /* 初始化 char_cdev 结构 */
```

7.1.5.4 往系统添加一个 cdev 设备

分配到 cdev 结构并初始化后，就可以通过调用 cdev_add() 将 cdev 设备添加到系统中了。不过在调用 cdev_add() 之前，还需设置 cdev 的 owner 成员，一般设置为 THIS_MODULE，设置完毕通过 cdev_add() 添加，如下所示：

```
// 通过 cdev_add() 添加 cdev 设备
char_cdev->owner = THIS_MODULE;
/* 添加 char_cdev 设备到系统中 */
if (cdev_add(char_cdev, devno, 1) != 0) {       /* 返回值非 0 表明失败 */
    printk(KERN_ERR "add cdev error!\n");
```

```
        goto error1;
    }
```

必须检查 cdev_add() 函数的返回值，因为 cdev_add() 不一定保证成功：添加成功返回 0，失败则返回错误码。

7.1.5.5 删除 cdev 设备

将一个 cdev 结构从系统删除，调用 cdev_del() 就可以了，如：

```
cdev_del(char_cdev);          /* 移除字符设备 */
```

7.1.5.6 使用 register_chrdev() 和 unregister_chrdev() 实现设备号和设备的注册、注销

在 Linux 3.4.2 的内核中，依然实现了 2.4 内核的字符驱动注册接口函数 register_chrdev() 和对应的注销函数 unregister_chrdev()：

```
int register_chrdev(unsigned int major, const char *name, const struct file_operations *fops);
void unregister_chrdev(unsigned int major, const char *name);
```

这两个函数实际上是对 cdev 的使用方法进行了封装，只是同一个主设备号允许的次设备号限制为最多 256 个，并且能一次性完成设备号和设备的注册与注销，返回值为 0 表明申请成功，非 0（负值）表明申请失败。尽管在很多文献里面都不建议再使用这两个函数，担心将来版本不再支持这两个函数，但是实际上在嵌入式 Linux 应用开发中，使用的内核版本支持，在满足次设备号数量的条件下，还是可以使用这两个函数的，而且能够简化字符设备的驱动编写。

7.1.6 Linux 驱动程序的加载和卸载

Linux 内核中采用可加载的模块化设计，一般情况下编译的 Linux 内核是支持可插入式模块的，也就是将最基本的核心代码编译在内核中，其他的代码可以选择是在内核中，或者编译为内核的模块文件。如果需要某种功能，比如需要访问一个 NTFS 分区，就加载相应的 NTFS 模块。这种设计可以使内核文件不至于太大，但是又可以支持很多的功能，必要时动态地加载。这是一种与微内核设计不太一样，但却是切实可行的内核设计方案。

7.1.6.1 Linux 驱动的加载方式

由于 Linux 系统内核有如上的特点，因为设备驱动程序也秉承了这种特性。常见的驱动程序就是作为内核模块动态加载的，比如声卡驱动和网卡驱动等。而 Linux 最基础的驱动，如 CPU、PCI 总线、TCP/IP 协议、VFS 等驱动程序则编译在内核文件中。因此，Linux 驱动的加载可分为静态加载和动态加载两种不同的方式。

（1）静态加载：系统启动时自动地加载驱动到内核，自动地注册设备并创建设备接点，也就是说把驱动程序直接编译到内核，系统启动后应用程序可以直接运行、调用。静态加载的缺点是调试起来比较麻烦，每次修改一个地方都要重新编译下载内核，效率

较低。

（2）动态加载：即模块加载，系统启动时不会进行加载驱动程序，需要人为手动加载，就是说系统启动后应用程序不能直接使用驱动，而是必须手动地用 insmod 命令去加载模块，然后才能使用相应的设备和应用，在不需要的时候用 rmmod 命令来卸载。

动态加载又可以分为以下三种。

①加载驱动后，手工创建主设备号、次设备号，利用 cat /proc/devices 去查看主设备号是否重复，然后根据应用程序中使用的设备名称用 mknod 命令去创建设备文件接点。

②加载驱动后，驱动程序会利用 register_chrdev() 函数自动产生主设备号去在内核中注册设备，我们利用 cat /proc/devices 命令和驱动程序中注册的设备名去查询主设备号和次设备号后，再根据应用程序使用的设备名，输入 mknod 命令去创建（利用驱动中注册的设备名可查询自动生成的主设备号，驱动中的设备名称不一定要和创建的设备接点名相同，它们之间可以用主设备号去关联，而应用程序的设备名称则必须和创建的设备接点名相同）。

③加载驱动后，驱动程序利用内核的 udev/mdev 机制，自动产生主设备号，然后自动地创建设备接点。我们只要加载驱动后，直接运行应用程序就行了。

一般嵌入式驱动开发者会先用动态加载的方式来调试，调试完毕后再编译到内核里。下面我们将向读者介绍下如何使用 insmod 动态加载模块。

7.1.6.2 Linux 驱动加载和卸载

当编写好需要加载的模块、创建了其在内核的设备挂载节点之后，下一步要进行的操作就是将该设备模块加载到内核，也就是把编译后的驱动程序 .ko 文件加载到内核。这个工作将由 insmod 命令完成。这个命令程序将加载模块的代码段和数据段到内核，接着，执行一个类似 ld 的函数，它将模块中任何未解决的符号连接到内核的符号表上。

insmod 接收许多命令行选项，它能够在连接到当前内核之前，为模块中的参数赋值，加载时配置比编译时配置给了用户更多的灵活性，感兴趣的读者可以查阅相关的资料。一般常用的命令方式为：insmod / 路径 / 模块编译后生成文件 .ko。

模块可以用 rmmod 工具从内核去除。需要注意的是，如果内核认为模块还在用，或者内核被配置成不允许模块去除，模块去除会失败。除了上述两种命令，还有一些相关的命令，在模块加载时可以用到，如下所示：

lsmod：列出当前系统中加载的模块，其中显示信息中分为三列，依次是模块名、模块大小、模块使用的数量。

modprobe：使用 modprobe 命令，可以智能插入模块，它可以根据模块间的依存关系，以及 /etc/modules.conf 文件中的内容智能插入模块。insmod 也是插入模块的命令，但是它不会自动解决依存关系。

modinfo：用来查看模块信息。

7.2 Linux 设备驱动基础

这一节内容较多，在依次介绍了 Linux 内核模块的编写规范，设备驱动的三要素，驱动入口和出口的设备申请、注册、释放，设备驱动的操作方法之后，给出了字符设备驱动程序的框架结构，在此基础上可以进行后续的驱动开发了。

7.2.1 Linux 内核模块

在 32 位系统上，Linux 内核支持用户 / 内核空间 3∶1、2∶2、1∶3 比例划分，比如按 3∶1 的划分时，将 4 GB 内存空间划分为 0～3 GB 的 3 GB 用户空间和 3～4 GB 的 1 GB 内核空间。用户程序运行在用户空间，可通过中断或者系统调用进入内核空间，Linux 内核以及内核模块则只能在内核空间运行。

Linux 内核具有很强的可裁剪性，很多功能或者外设驱动都可以编译成模块，在系统运行中动态插入或者卸载，在此过程中无需重启系统。模块化设计使得 Linux 系统很灵活，可以将一些很少用到或者暂时不用的功能编译为模块，在需要的时候再动态加载进内核，可以减小内核的体积，加快启动速度，这对于嵌入式应用极为重要。

Linux 设备驱动属于内核模块，运行在内核空间。驱动的编写首先要符合 Linux 内核模块的编写规范。

7.2.1.1 Linux 内核模块编写规范

一个 Linux 内核模块主要由以下几个部分组成：模块加载 / 初始化函数（必须）、模块卸载 / 退出函数（必须）、模块许可证声明（必须）、模块参数（可选）、模块导出符号（可选）、模块作者等信息声明（可选），此外还需要一些必备的头文件等。

（1）必要的头文件。

内核模块需要包含内核源码的相关头文件，不同模块根据功能的差异，所需要的头文件各不相同，但是“include/linux/module.h”和“include/linux/init.h”头文件是必不可少的。因此内核模块源代码最开始必须要加入这些头文件：

```
#include <linux/module.h>              // 在内核源码 include 目录下
#include <linux/init.h>
…
```

（2）内核模块的组成。

①模块加载 / 初始化。

模块的初始化负责注册模块本身。如果一个内核模块没有被注册，则其内部的各种方法无法被应用程序使用，只有已注册模块的各种方法才能够被应用程序使用。模块并不是内核内部的代码，而是位于内核之外，通过初始化，能够让内核之外的代码来替内核完成本应该由内核完成的功能，模块初始化的功能相当于模块与内核之间连接的桥梁，告知内核“这个模块进来了，已经为应用服务做好了准备”。

模块的初始化代码，通常如下定义：

```
static int __init module_initial_func(void)          // 模块初始化函数
{
    模块初始化代码
}
…
module_init(module_initial_func);          //
```

说明：

➢ 模块初始化函数一般都需声明为 static。用 static 修饰的函数被限定在本源文件中，不能被本源文件以外的代码文件调用。而普通的函数，默认是 extern 的，也就是说，可以被其他代码文件调用该函数。因此模块初始化函数对于其他文件没有任何意义。

➢ __init 表示模块初始化函数仅仅在初始化期间使用，一旦初始化完毕，将释放初始化函数所占用的内存，类似的还有 __initdata。

➢ module_init() 宏是必须的，没有这个定义，内核将无法执行模块初始化代码。module_init() 宏定义会在模块的目标代码中增加一个特殊的代码段，用于说明该初始化函数所在的位置。

当使用 insmod 命令将模块加载进内核的时候，模块初始化函数的代码将会被执行。模块初始化代码只与内核模块管理子系统打交道，并不与应用程序交互。

②模块卸载 / 退出。

当系统不再需要某个模块，可以卸载这个模块以释放该模块所占用的资源。模块的退出相当于告知内核“这个模块要离开了，将不再提供服务了”。

实现模块卸载 / 退出的函数，一般定义如下：

```
static void __exit module_exit_func(void)          // 模块卸载函数
{
    模块退出代码
}
module_exit(module_exit_func);          //
```

说明：

➢ 模块退出函数是 void 类型，没有返回值；

➢ __exit 标记这段代码仅用于模块卸载；

➢ 没有 module_exit() 宏定义的模块将无法被卸载，如果需要支持模块卸载则必须有 module_exit()。

当使用 rmmod 命令卸载模块时，模块退出函数的代码将被执行。模块退出代码只与内核模块管理子系统打交道，并不直接与应用程序交互。

③模块许可证声明。

Linux 内核是开源的，遵守 GPL 协议，所以要求加载进内核的模块也最好遵循相关协议。为模块指定遵守的协议用 MODULE_LINCENSE 宏来声明，如：

```
MODULE_LICENSE("GPL");
```

内核能够识别的协议有“GPL”“GPL v2”“GPL and additional rights（GPL 及附加权利）”“Dual BSD/GPL（BSD/GPL 双重许可）”“Dual MPL/GPL（MPL/GPL 双重许可）”“Proprietary（私有）”。

如果一个模块没有指定任何许可协议，则会被认为是私有协议。采用私有协议的模块，在加载过程中会出现警告，并且不能被静态编译进内核。

④模块导出符号。

在 Linux 2.6 内核中，所有的内核符号默认都是不导出的。如果希望一个模块的符号能被其他模块使用，则必须显式的用 EXPORT_SYMBOL 宏将符号导出。如：

```
EXPORT_SYMBOL(module_symbol);
```

⑤模块描述。

模块编写者还可以为所编写的模块增加一些其他描述信息，如模块作者、模块本身的描述或者模块版本等，例如：

```
MODULE_AUTHOR("100ask.net");
MODULE_DESCRIPTION("JZ2440_LED Driver");
MODULE_VERSION("V1.00");
```

模块描述以及许可证声明一般放在文件末尾。

（3）模块的编译。

模块代码编写完毕，需要进行编译，得到模块文件才能使用。编译模块需要内核源码，并且需要配置和编译内核源码；否则就算有内核源码，但是没经过编译，也是不能用于编译模块。编译模块的内核必须与所运行的内核经过同样的编译配置，否则将有可能无法加载或者运行。

编译内核模块的方法很简单。假定一个内核模块源文件名是 hello.c，欲编译得到 hello.ko 文件，则只需在 Makefile 文件中编写一行：

```
obj-m := hello.o
```

Linux 内核源码在 ~/jz2440/linux_kernel/linux-3.4.2 目录下，则在终端 Shell 中输入：

```
make -C ~/jz2440/linux_kernel/linux-3.4.2 M = 'pwd' modules
```

就可以编译模块文件 hello.c，得到 hello.ko 模块文件。这里的 -C 参数后面要指出 Linux 内核源码的路径，调用该目录顶层下的 Makefile；编译产生的目标为 modules，也就是内核模块；M = 'pwd' 选项让该 Makefile 在构造 modules 目标之前再返回到模块源代码目录并在当前目录下生成 obj-m 指定的 hello.o 目标模块（简单地说就是在当前目录下生成

hello.ko 文件）。

如果一个模块由 file1.c 和 file2.c 等多个文件组成，要编译得到 module.ko 文件，则 Makefile 内容如下：

```
obj-m                := module.o
module-objs          := file1.o file2.o
```

同样地，需要在 Shell 终端中输入命令：

```
make -C ~/jz2440/linux_kernel/linux-3.4.2 M = 'pwd' modules
```

当然，这样编译比较烦琐，利用 GNU make 的强大功能，重写 Makefile，可以简化编译。典型的在内核源码树目录之外编译内核模块的 Makefile 文件内容类似于如下：

```
KERN_DIR =~/jz2440/linux_kernel/linux-3.4.2
obj-m        := hello.o
all:
    make -C $(KERN_DIR) M = 'pwd' modules
clean:
    make -C $(KERN_DIR) M = 'pwd' modules clean
    rm -rf modules.order
```

在终端 Shell 下直接输入命令：“make”就可以完成模块的编译，执行“make clean”可以删除编译出来的模块文件和中间文件。

（4）模块的使用。

模块的使用，包括模块的加载和卸载。加载模块使用 insmod 命令，卸载模块使用 rmmod 命令。例如加载和卸载 hello.ko 模块：

```
insmod hello.ko
rmmod hello
```

加载和卸载模块必须具有 root 权限。

对于可接收参数的模块，在加载模块的时候为变量赋值即可，卸载模块无需参数。假如 hello.ko 模块有变量 num，在模块插入内核的时候设置 num 的值为 8，则加载和卸载命令为：

```
insmod hello.ko num = 8
rmmod hello
```

7.2.1.2　Linux 内核模块编写实例

（1）不带参数的内核模块实例。

创建文件“home/a1/jz2440/rootfs/nfs/learn/drivers/hello/hello.c”，这是第一个内核模块程序，也是最简单的内核模块，仅仅完成模块的加载和卸载功能，同时在加载和卸载的时候打印出来提示信息，完整的代码如下：

```
#include <linux/module.h>
#include <linux/init.h>

static int __init hello_init(void)
{
    printk(KERN_INFO "Hello, I'm hello_module!\n");
    return 0;
}
static void __exit hello_exit(void)
{
    printk("hello_module will be leaving, bye!\n");
}

module_init(hello_init);
module_exit(hello_exit);
MODULE_LICENSE("GPL");
```

这个最简单的 hello 模块，涉及的知识点都是上一节所讲述的内容。唯一多了一点就是用 printk() 内核打印函数打印提示信息。printk() 是在内核源码中用来记录日志信息的函数，只能在内核源码范围内使用，用法和用户空间的 printf() 函数非常相似。printk() 函数主要做两件事情：第一是将信息记录到 log 日志文件中，第二就是调用控制台驱动来将信息打印输出。本例 printk() 函数中的 KERN_INFO 表示这条打印信息的日志级别。Linux 3.4.2 内核在"include/linux/printk.h"文件中定义了 8 个日志级打印级别，各级别的定义和说明如下：

```
#define KERN_EMERG "<0>"        /* system is unusable */
#define KERN_ALERT  "<1>"       /* action must be taken immediately */
#define KERN_CRIT "<2>"         /* critical conditions */
#define KERN_ERR  "<3>"         /* error conditions */
#define KERN_WARNING "<4>"      /* warning conditions */
#define KERN_NOTICE  "<5>"      /* normal but significant condition */
#define KERN_INFO "<6>"         /* informational */
#define KERN_DEBUG  "<7>"       /* debug-level messages */。
```

控制台级别用来控制 printk() 打印的这条信息是否在终端控制台上显示出来，当日志级别的数值小于控制台级别时，printk() 要打印的信息才会在控制台打印出来，否则不会显示在控制台。在"kernel/printk.c"文件中，定义了 4 个控制台级别，console_printk[0]~

console_printk[3]，取值如下：

```
/* printk's without a loglevel use this.. */
#define  DEFAULT_MESSAGE_LOGLEVEL          4

/* We show everything that is MORE important than this.. */
#define  MINIMUM_CONSOLE_LOGLEVEL          1 /* 可以使用的最小日志级别 */
#define  DEFAULT_CONSOLE_LOGLEVEL          7 /* 比 KERN_DEBUG 更重要的消息都被打印*/
int console_printk[4] = {
    /* 控制台日志级别，优先级高于该值的消息将在控制台显示，=7*/
    DEFAULT_CONSOLE_LOGLEVEL,     /* console_loglevel */
    /* 默认消息日志级别，printk 没定义优先级时，为信息设置的默认日志级别，=4*/
    DEFAULT_MESSAGE_LOGLEVEL,     /* default_message_loglevel */
    /* 最小控制台日志级别，控制台日志级别可被设置的最小值（最高优先级），=1*/
    MINIMUM_CONSOLE_LOGLEVEL,     /* minimum_console_loglevel */
    /* 默认的控制台日志级别，=7*/
    DEFAULT_CONSOLE_LOGLEVEL,     /* default_console_loglevel */
};
```

当 printk() 中的消息日志级别小于当前控制台日志级别 console_loglevel 或者 console_printk[0] 时，printk() 的信息就会在控制台上显示。当没有设置日志级别时，会为它设一个默认的日志级别：default_message_loglevel 或者 console_printk[1]。无论当前控制台日志级别是何值，即使没有在控制台里打印出来，可以通过使用“dmesg”命令或者“cat /proc/kmsg”命令来查看。

hello 内核模块对应的 Makefile 文件内容如下：

```
KERN_DIR =/home/a1/jz2440/linux_kernel/linux-3.4.2
obj-m       := hello.o
all:
    make -C $(KERN_DIR) M= 'pwd' modules
clean:
    make -C $(KERN_DIR) M= 'pwd' modules clean
    rm -rf modules.order
```

在宿主机上执行 make 命令编译后得到 hello.ko 模块。JZ2440 开发板系统启动并挂载宿主机 NFS 根文件系统之后，加载 hello 模块将会打印初始化代码中的提示信息，卸载

hello 模块则会打印退出函数所打印的信息：

```
/ # cd /learn/drivers/hello/
/learn/drivers/hello # insmod hello.ko
Hello, I'm hello_module!
/learn/drivers/hello # rmmod hello
hello_module will be leaving, bye!
```

提示：由于各 Linux 版本控制台打印级别设置不同，可能终端里看不到提示信息打印，可以输入“dmesg”命令或者“cat /proc/kmsg”命令查看提示信息。

（2）带有参数的内核模块实例。

Linux 内核允许模块在加载的时候指定参数。模块接收参数传入能够实现一个模块在多个系统上运行，或者根据插入时参数的不同提供多种不同的服务。模块参数必须使用 module_param 宏来声明，通常放在文件头部。module_param 需要 3 个参数：变量名称、类型以及用于 sysfs 入口的访问掩码。模块最好为参数指定一个默认值，以防加载模块的时候忘记传参而带来错误。如下的示例在插入模块时候没有指定 num 参数的话，模块将会使用默认值 5：

```
static int num = 5;
module_param(num, int, S_IRUGO);
```

说明：

①内核模块支持的参数类型有：bool、invbool、charp、int、short、long、uint、ushort 和 ulong。

②访问掩码的值在“include/linux/stat.h”定义，访问掩码 S_IRUGO 表示任何人都可以读取该参数，但不能修改。

③支持传参的模块需包含 moduleparam.h 头文件。

下面的例子是带参数的 hello 模块，可以接收一个整型参数 num 和一个字符串变量 whoami，在加载模块的时候打印这两个变量的值。创建文件“home/a1/jz2440/rootfs/nfs/learn/drivers/hello_param/ hello.c”，输入以下代码内容：

```
#include <linux/module.h>
#include <linux/init.h>


static int num = 3;
static char *whoami = "hello_module";


module_param(num, int, S_IRUGO);
module_param(whoami, charp, S_IRUGO);
```

```
static int __init hello_init(void)
{
    printk(KERN_INFO "Hello, I'm %s, I get %d\n", whoami, num);
    return 0;
}

static void __exit hello_exit(void)
{
    printk("%s will be leaving, bye!\n", whoami);
}

module_init(hello_init);
module_exit(hello_exit);
MODULE_LICENSE("GPL");
```

编译该文件，得到带参数的内核模块hello。输入insmod命令加载模块到内核，不输入参数，各参数变量将使用默认值，结果如下所示：

```
/ # cd /learn/drivers/hello_param
/learn/drivers/hello_param # insmod hello.ko
Hello, I'm hello_module, I get 3
/learn/drivers/hello_param # rmmod hello
hello_module will be leaving, bye!
```

如果输入参数，结果如下所示：

```
/learn/drivers/hello_param # insmod hello.ko whoami= "MASTER" num=5
Hello, I'm MASTER, I get 5
/learn/drivers/hello_param # rmmod hello
MASTER will be leaving, bye!
```

7.2.2　Linux驱动的基本要素

Linux设备驱动是具有入口和出口的一组方法的集合，各方法之间相互独立。驱动内部逻辑结构如图7-4所示。

一个完整的Linux设备驱动必须具备以下基本要素。

（1）驱动的入口和出口。驱动入口和出口部分的代码，并不与应用程序直接交互，仅仅只与内核模块管理子系统有交互。在加载内核的时候执行入口代码，卸载的时候执行出口代码。这部分代码与内核版本关系较大，严重依赖于驱动子系统的架构和实现。

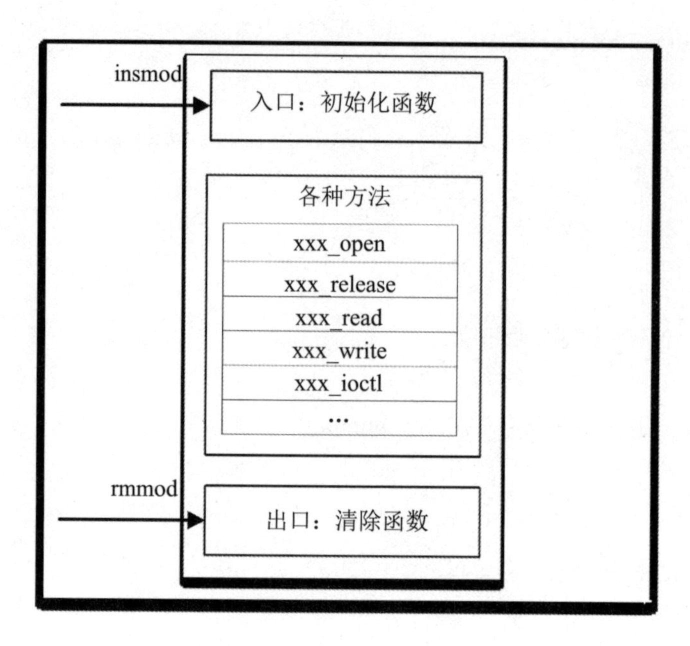

图 7-4　Linux 驱动程序逻辑结构

（2）操作设备的各种方法。驱动程序实现了各种用于系统服务的各种方法，但是这些方法并不能主动执行，发挥相应的功能，只能被动地等待应用程序的系统调用，只有经过相应的系统调用，各方法才能发挥相应的功能，如应用程序执行 read() 系统调用，内核才能执行驱动 xxx_read() 方法的代码。这部分代码主要与硬件和所需要实现的操作相关。

（3）提供设备管理方法支持。包括设备号的分配和设备的注册等。这部分代码与内核版本以及最终所采用的设备管理方法相关系，若采用 udev，则驱动必须提供相应的支持代码。

7.2.2.1　Linux 驱动的入口与出口

Linux 驱动的入口与模块的初始化类似，基本功能是向系统注册驱动本身，同时还需完成驱动所需资源的申请如设备号的获取、中断的申请以及设备的注册等工作，在一些驱动中还需要进行相关的硬件初始化。

Linux 驱动的出口则与驱动的入口相反，从系统中注销驱动本身，同时需按照与入口相反的顺序对所占用的资源进行释放。

驱动的入口和出口代码，与 Linux 内核版本关系很大，更确切地说是与内核驱动管理子系统关系很大。由于 Linux 内核驱动管理系统的不断升级发展，驱动管理机制发生了变化，某些数据结构发生了变化，提供的接口函数也有不少变化，这些都直接影响到驱动的注册和注销。

下面给出一个驱动示例“da_chrdev.c”，仅仅实现驱动的入口和出口，并没有实现操作设备的方法。驱动默认采用静态设备号，在驱动入口代码中注册设备，在出口代码中注销设备，通过这个驱动可以很好地理解驱动模块的注册和注销方法。“da_chrdev.c”源代码如下：

```
#include <linux/module.h>
#include <linux/init.h>
#include <linux/fs.h>

#define DEVICE_NAME "dynamic_devno_chrdev"    /* 定义设备名称 */
/* major 是保存主设备号的全局变量，如果初始赋值为 0 表明采用动态设备号 */
static int major = 232;

static int __init char_null_init(void)
{
    int ret;
    /* 申请设备号和注册设备 */
    ret = register_chrdev(major, DEVICE_NAME, &major);
    if (major > 0)      /* major=232，静态设备号 */
    {
            if (ret < 0) /* 申请、注册设备失败 */
            {
                    printk(KERN_INFO "Can't get major number!\n");
                    return ret;
            }
    } else              /* major=0，动态设备号 */
    {
            printk(KERN_INFO "ret is %d\n", ret);
            major = ret; /* 保存动态获取到的主设备号 */
    }
    //__func__ 是 C99 标准里面预定义标识符，表示该函数的名字
    printk(KERN_INFO "%s ok!\n", __func__);
    return ret;
}

static void __exit char_null_exit(void)
{
    unregister_chrdev(major, DEVICE_NAME);
```

```
    printk(KERN_INFO "%s\n", __func__);
}

module_init(char_null_init);
module_exit(char_null_exit);
MODULE_LICENSE("GPL");
```

这个驱动源代码仅仅完成了模块的初始化和退出、设备号申请与释放、设备注册和注销这些基本功能。源代码中定义了 major 变量，初始值非 0（为 232），使用 register_chrdev(major, DEVICE_NAME, &major) 函数静态申请设备号和设备注册，如果申请成功，在插入内核后，可以查看 /proc/devices 文件内容，看到设备号的分配情况；如果申请失败（系统中已经存在 232 主设备号的设备），则 register_chrdev() 函数的返回值非 0，报错返回。register_chrdev() 函数也可以动态申请设备号，只要将函数的第一参数 major 设置为 0 即可。读者可以尝试将 major 的值改为 0，使用动态分配设备号，重新编译该驱动，再次插入内核，使用“cat /proc/devices”命令查看设备号的分配情况。

另外有个特别的地方，register_chrdev() 函数最后一个参数要求传入驱动操作方法 fops 的地址，这里没有实现 fops，但必须传入一个有效地址防止运行出错，因此使用了 &major 也就是 major 变量的地址来代替。

7.2.2.2 支持 udev 设备管理方法

前面提到过，Linux 2.6 引入了动态设备管理，采用 udev 作为设备管理器，相比之前的静态设备管理，在使用上更加方便灵活。udev 会根据 sysfs 系统提供的设备信息实现对 /dev 目录下设备节点的动态管理，包括设备节点的创建、删除等。BusyBox 自带的 mdev 是 udev 的简化版本，也支持 udev 动态管理设备的性质。

（1）udev 和驱动。

编写一个使用 udev/mdev 动态管理的设备驱动，需要在驱动代码中调用 class_create() 函数为设备创建一个 class 类，再调用 device_create() 为每个设备创建对应的设备文件。class_create() 函数会在 sysfs 的 class 目录下（也就是 /sys/class 目录）创建一个类目录，函数原型如下：

```
extern struct class * __must_check __class_create(struct module *owner, const char *name,
                                                  struct lock_class_key *key);
#define class_create(owner, name)            \
({                                           \
    static struct lock_class_key __key;      \
    __class_create(owner, name, &__key);     \
})
```

使用 class_create() 函数，参数 owner 表明所属的模块对象，一般为 THIS_MODULE；参数 name 是创建的设备类的名字，也就是在 sysfs 的 class 目录下（/sys/class 目录）创建的设备类名称。从 class_create() 的定义里看出，调用 class_create() 就是调用函数 __class_create()，__must_check 宏表示调用者必须检查函数的 struct class * 类型返回值，否则会产生告警。

与 class_create() 对应的销毁函数是 class_destroy()，用于销毁在 /sys/class 目录下创建的类。

```
void class_destroy(struct class *cls)
```

device_create() 函数能够自动地在 /sys/devices/virtual 目录下创建新的类以及设备目录，同时在 /sys/class/ 创建的类目录下建立一个指向 /sys/devices/virtual/ 创建的类目录 / 设备目录的软链接，并在 /dev 目录下创建与该类对应的设备文件，函数原型如下：

```
struct device *device_create(struct class *class, struct device *parent,
                             dev_t devt, void *drvdata, const char *fmt, ...)
```

说明：

① class 是指向将要被注册的 class 结构；

② parent 是设备的父指针；

③ devt 是设备的设备号；

④ drvdata 是被添加到设备回调的数据；

⑤ fmt 是设备的名字。

与 device_create() 对应的销毁函数是 device_destroy()，用于销毁在 sysfs 中创建的设备节点相关文件，函数原型如下：

```
void device_destroy(struct class *cls, dev_t devt);
```

（2）支持 udev 的驱动范例。

这一节将用 udev 和相关知识，编写一个能自动创建设备节点的驱动程序“udev_chrdev.c”。这个程序依然只有入口和出口，但是与前一个程序相比，有几点不同：

①支持 udev 自动创建设备节点；

②支持传入参数，可指定主设备号、次设备号。

该驱动程序实现了设备注册和注销，并能在 sysfs 系统中自动创建设备信息文件。“udev_chrdev.c”驱动程序的代码如下所示：

```
#include <linux/module.h>
#include <linux/init.h>
#include <linux/fs.h>
#include <linux/device.h>
```

```
#define CLASS_NAME "char_udev_class"    /* 定义类名称 */
#define DEVICE_NAME "udev_chrdev"       /* 定义设备名称 */

static int major = 232;  /* 静态设备号方式的默认值 */
static int minor = 0; /* 静态设备号方式的默认值 */

static dev_t devno;  /* 设备编号 */
static struct class *char_udev_class;
module_param(major, int, S_IRUGO);
module_param(minor, int, S_IRUGO);

static int __init char_null_init(void)
{
    int ret;
    /* 申请设备号和注册设备 */
    ret = register_chrdev(major, DEVICE_NAME, &major);
    if (major > 0)      /* major=232，静态设备号 */
    {
            if (ret < 0) /* 申请、注册设备失败 */
            {
                    printk(KERN_INFO "Can't get major number!\n");
                    return ret;
            }
    } else              /* major=0，动态设备号 */
    {
            printk(KERN_INFO "ret is %d\n", ret);
            major = ret; /* 保存动态获取到的主设备号 */
    }
    devno = MKDEV(major, minor);
    /* 在 /sys/class/ 下创建 char_udev_class 目录 */
    char_udev_class = class_create(THIS_MODULE, CLASS_NAME);
    if (IS_ERR(char_udev_class))
    {
            printk(KERN_INFO "create class error!\n");
```

```
        return -1;
    }
    /* 将创建 /dev/char_null_udev 文件 */
    device_create(char_udev_class, NULL, devno, NULL, DEVICE_NAME);
    printk(KERN_INFO "%s ok!\n", __func__);
    return ret;
}

static void __exit char_null_exit(void)
{
    device_destroy(char_udev_class, devno);
    class_destroy(char_udev_class);
    unregister_chrdev(major, DEVICE_NAME);
    printk(KERN_INFO "%s\n", __func__);
}

module_init(char_null_init);
module_exit(char_null_exit);
MODULE_LICENSE("GPL");
```

经过编译之后，读者可以使用下面两组命令进行测试。第一组命令：

```
insmod udev_chrdev.ko
ls /sys/class/char_udev_class -l
ls /sys/devices/virtual/char_udev_class -l
ls /sys/devices/virtual/char_udev_class/udev_chrdev -l
cat /sys/devices/virtual/char_udev_class/udev_chrdev/dev
cat /sys/devices/virtual/char_udev_class/udev_chrdev/uevent
ls /dev/udev_chrdev -l
rmmod udev_chrdev
```

执行后得到结果，如图 7-5 所示。

可以看到，class_create() 函数在 /sys/class/ 目录下创建了 char_udev_class 目录；device_create() 函数在 /sys/devices/virtual 目录下创建了 char_udev_class 类以及 udev_chrdev 设备目录，同时在创建的类目录 /sys/class/char_udev_class 下建立一个软链接文件，指向设备目录 /sys/devices/virtual/char_udev_class/udev_chrdev，并创建了设备文件 /dev/char_null_udev，其主设备号、次设备号、设备名称来自于 /sys/devices/virtual/char_udev_class/

udev_chrdev/uevent 文件内容。在输入命令“insmod udev_chrdev.ko”时，并没有给模块参数 major 和 minor 赋值，因此模块参数 major 和 minor 为默认值 232 和 0，设备名是“udev_chrdev”。

```
/learn/drivers/udev_drv # insmod udev_chrdev.ko
char_null_init ok!
/learn/drivers/udev_drv # ls /sys/class/char_udev_class -l
total 0
lrwxrwxrwx    1 0        0                0 Jan  1 02:16 udev_chrdev -> ../../devices/virtual/char_udev_class/udev_chrdev
/learn/drivers/udev_drv # ls /sys/devices/virtual/char_udev_class -l
total 0
drwxr-xr-x    3 0        0                0 Jan  1 02:16 udev_chrdev
/learn/drivers/udev_drv # ls /sys/devices/virtual/char_udev_class/udev_chrdev -l
total 0
-r--r--r--    1 0        0             4096 Jan  1 02:16 dev
drwxr-xr-x    2 0        0                0 Jan  1 02:16 power
lrwxrwxrwx    1 0        0                0 Jan  1 02:16 subsystem -> ../../../../class/char_udev_class
-rw-r--r--    1 0        0             4096 Jan  1 02:16 uevent
/learn/drivers/udev_drv # cat /sys/devices/virtual/char_udev_class/udev_chrdev/d
ev
232:0
/learn/drivers/udev_drv # cat /sys/devices/virtual/char_udev_class/udev_chrdev/u
event
MAJOR=232
MINOR=0
DEVNAME=udev_chrdev
/learn/drivers/udev_drv # ls /dev/udev_chrdev -l
crw-rw----    1 0        0         232,   0 Jan  1 02:16 /dev/udev_chrdev
/learn/drivers/udev_drv # rmmod udev_chrdev
char_null_exit
```

图 7-5　第一组测试命令的结果

第二组命令：

```
insmod udev_chrdev.ko major=252 minor=1
ls /sys/class/char_udev_class -l
ls /sys/devices/virtual/char_udev_class -l
ls /sys/devices/virtual/char_udev_class/udev_chrdev -l
cat /sys/devices/virtual/char_udev_class/udev_chrdev/dev
cat /sys/devices/virtual/char_udev_class/udev_chrdev/uevent
ls /dev/udev_chrdev -l
rmmod udev_chrdev
```

执行后得到结果，如图 7-6 所示。

```
/learn/drivers/udev_drv # insmod udev_chrdev.ko major=252 minor=1
char_null_init ok!
/learn/drivers/udev_drv # ls /sys/class/char_udev_class -l
total 0
lrwxrwxrwx    1 0        0                0 Jan  1 00:01 udev_chrdev -> ../../devices/virtual/char_udev_class/udev_chrdev
/learn/drivers/udev_drv # ls /sys/devices/virtual/char_udev_class -l
total 0
drwxr-xr-x    3 0        0                0 Jan  1 00:01 udev_chrdev
/learn/drivers/udev_drv # ls /sys/devices/virtual/char_udev_class/udev_chrdev -l
total 0
-r--r--r--    1 0        0             4096 Jan  1 00:01 dev
drwxr-xr-x    2 0        0                0 Jan  1 00:02 power
lrwxrwxrwx    1 0        0                0 Jan  1 00:02 subsystem -> ../../../../class/char_udev_class
-rw-r--r--    1 0        0             4096 Jan  1 00:02 uevent
/learn/drivers/udev_drv # cat /sys/devices/virtual/char_udev_class/udev_chrdev/d
ev
252:1
/learn/drivers/udev_drv # cat /sys/devices/virtual/char_udev_class/udev_chrdev/u
event
MAJOR=252
MINOR=1
DEVNAME=udev_chrdev
/learn/drivers/udev_drv # ls /dev/udev_chrdev -l
crw-rw----    1 0        0         252,   1 Jan  1 00:01 /dev/udev_chrdev
/learn/drivers/udev_drv # rmmod udev_chrdev
char_null_exit
```

图 7-6　第二组测试命令的结果

在输入命令“insmod udev_chrdev.ko major=252 minor=1”时，给模块参数 major 和 minor 赋值为 252 和 1，因此 /dev/udev_chrdev 设备文件显示的主设备号为 252，次设备号为 1。

读者也可以尝试将 major 赋值为 0，看动态分配设备号的情况。

7.2.2.3 设备驱动的操作方法

驱动是具有入口和出口的一组方法的集合，这一组方法才是驱动的核心内容。由于用户进程是通过设备文件同硬件打交道，对设备文件的操作方式不外乎就是一些系统调用，如 open、read、write、close 等，但是如何把这些系统调用和设备驱动程序关联起来呢？建立关联的关键就是 fops 数据结构，它是由定义在"include/linux/fs.h"文件中的字符驱动的结构体 file_operations 定义的结构体变量。

（1）fops 核心数据结构。

file_operations 结构是一系列指针（大多数是函数指针）的集合，用来存储对设备提供各种操作的函数的指针，这些操作函数通常被称为方法。file_operations 数据的定义如下：

```
struct file_operations {
    struct module *owner;
    loff_t (*llseek) (struct file *, loff_t, int);
    ssize_t (*read) (struct file *, char __user *, size_t, loff_t *);
    ssize_t (*write) (struct file *, const char __user *, size_t, loff_t *);
    ssize_t (*aio_read) (struct kiocb *, const struct iovec *, unsigned long, loff_t);
    ssize_t (*aio_write) (struct kiocb *, const struct iovec *, unsigned long, loff_t);
    int (*readdir) (struct file *, void *, filldir_t);
    unsigned int (*poll) (struct file *, struct poll_table_struct *);
    long (*unlocked_ioctl) (struct file *, unsigned int, unsigned long);
    long (*compat_ioctl) (struct file *, unsigned int, unsigned long);
    int (*mmap) (struct file *, struct vm_area_struct *);
    int (*open) (struct inode *, struct file *);
    int (*flush) (struct file *, fl_owner_t id);
    int (*release) (struct inode *, struct file *);
    int (*fsync) (struct file *, loff_t, loff_t, int datasync);
    int (*aio_fsync) (struct kiocb *, int datasync);
    int (*fasync) (int, struct file *, int);
    int (*lock) (struct file *, int, struct file_lock *);
    ssize_t (*sendpage) (struct file *, struct page *, int, size_t, loff_t *, int);
    unsigned long (*get_unmapped_area)(struct file *, unsigned long, unsigned long,
        unsigned long, unsigned long);
    int (*check_flags)(int);
    int (*flock) (struct file *, int, struct file_lock *);
```

```
        ssize_t (*splice_write)(struct pipe_inode_info *, struct file *, loff_t *, size_t, unsigned int);
        ssize_t (*splice_read)(struct file *, loff_t *, struct pipe_inode_info *, size_t, unsigned int);
        int (*setlease)(struct file *, long, struct file_lock **);
        long (*fallocate)(struct file *file, int mode, loff_t offset, loff_t len);
    };
```

file_oprations 结构中定义了非常多的成员，但是对于大多数字符驱动而言，只需要实现其中很少的几个方法即可。下面将忽略不常用的成员，对常用成员进行介绍。

① owner 所属者。

```
struct module *owner
```

owner 是一个指向拥有这个结构的模块的指针，这个成员可阻止该模块还在被使用时被卸载，通常初始化为 THIS_MODULE。

② open 方法。

```
int (*open) (struct inode *, struct file *);
```

open 方法对应于设备的打开操作。如果驱动不实现打开操作，即将 open 设置为 NULL，可以认为设备打开一直成功。

③ release 方法。

```
int (*release) (struct inode *, struct file *);
```

release 方法对应于设备的关闭操作。

④ read 方法。

```
ssize_t (*read) (struct file *, char __user *, size_t, loff_t *);
```

read 方法用来从设备中获取数据。非负返回值表示成功读取的字节数（返回值是一个“signed int”类型，常常是目标平台本地的整数类型）。

⑤ write 方法。

```
ssize_t (*write) (struct file *, const char __user *, size_t, loff_t *);
```

write 方法用来发送 / 写数据给设备。非负返回值表示成功写入的字节数。

⑥ ioctl 方法。

ioctl 方法针对使用 read 和 write 方法不方便实现或者实现起来很复杂的操作，一般是做一些非标准操作，增加系统调用的硬件操作能力。比如，格式化软盘的一个磁道，这既不是读也不是写操作，可用 ioctl 方法实现。

注意，在 Linux2.6.36 版本及之后的内核，去掉了 ioctl 方法，取而代之的是 unlocked_ioctl 和 campat_ioctl 方法：

```
long (*unlocked_ioctl) (struct file *, unsigned int, unsigned long);
```

```
long (*compat_ioctl) (struct file *, unsigned int, unsigned long);
```

在此之前的 ioctl 方法的声明如下：

```
int (*ioctl) (struct inode *, struct file *, unsigned int, unsigned long);
```

unlocked_ioctl() 和 campat_ioctl() 两个函数不仅函数名称发生了变化，函数参数也有不同，与 ioctl() 相比，没有了 inode 参数。但是对用户空间应用程序而言，使用上是没有区别的。通常使用 unlocked_ioctl 来实现驱动的 ioctl 操作。

为了保证驱动代码在不同内核版本的兼容性，可在驱动代码中进行版本兼容处理，使用宏 LINUX_VERSION_CODE 和 KERNEL_VERSION 来进行版本判断和处理，比如以下代码用来适应 2.6.36 内核之前和之后不同的 ioctl 方法：

```
#if LINUX_VERSION_CODE >= KERNEL_VERSION(2,6,36)
    .unlocked_ioctl = char_cdev_ioctl,
#else
    .ioctl = char_cdev_ioctl,
#endif
```

（2）为驱动定义 fops。

前面编写的驱动实例都仅仅实现了驱动的入口和出口、设备的注册注销，并没有为驱动编写任何实际的操作方法。这样的驱动加载到内核中是不能为内核做任何事情的。若要编写一个具有实际操作方法的驱动，首先得为驱动定义一个 file_operations 结构体变量，通常称为 fops，在其中定义将要实现的各种方法。假如要在 char_cdev 的驱动中实现 open、release、read、write 和 ioctl 方法，可以将 char_cdev 的 fops 定义为以下的程序代码：

```
struct file_operations char_cdev_fops = {
    .owner = THIS_MODULE,
    .read = char_cdev_read,
    .write = char_cdev_write,
    .open = char_cdev_open,
    .release = char_cdev_release,
    .unlocked_ioctl = char_cdev_ioctl,
};
```

各成员的赋值顺序没有特定要求，不必实现的成员可设置为 NULL 或者不写。定义 char_cdev_fops 后，还需要分别实现 char_cdev_xxx 各方法的实际代码，并将 fops 与 char_cdev 关联起来。

（3）关联设备和 fops。

即使已经为驱动定义了 fops，但是在与设备关联起来之前，内核是无法为设备找到对应的操作方法的，所以必须通过某种途径将 fops 与设备关联起来。

可以在字符型设备的注册函数里进行关联，使用 cdev_init() 或者 register_chrdev() 函数。

cdev_init() 函数原型：

```
void cdev_init(struct cdev *cdev, const struct file_operations *fops)
```

第 2 个参数 *fops，要求传入一个 file_operations 的结构指针。

register_chrdev() 函数的原型：

```
int register_chrdev(unsigned int major, const char *name, const struct file_operations *fops);
```

第 3 个参数 *fops，也是要求传入一个 file_operations 的结构指针。

可以将 char_cdev 的 char_cdev_fops 的地址赋给 fops 指针，将定义的驱动操作方法与某个主设备号关联起来。当 open 系统调用打开某个设备，能够得知设备的主设备号，也就知道该用哪一组方法来操作这个设备了。fops 在设备驱动和系统调用之间的关系如图 7-7 所示。

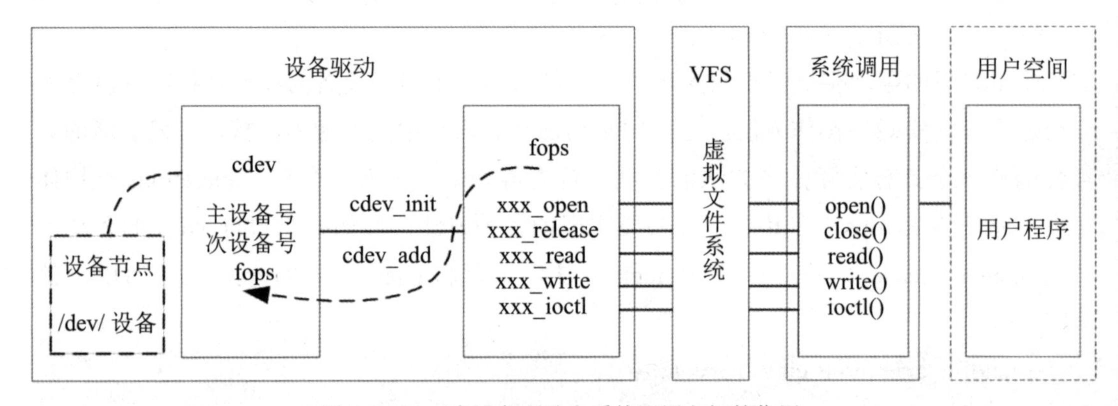

图 7-7　fops 在设备驱动和系统调用之间的作用

（4）驱动的方法和系统调用。

为驱动实现了 fops 方法，这个驱动就不再是空壳，通过驱动可以操作具体的设备了。设备注册后，该设备的主设备号与 fops 之间对应关系就一直存在于内核中，直到驱动生命周期结束（被卸载），应用程序发起 open、read、write、ioctl、close 等系统调用，内核根据这个对应关系寻找正确的驱动程序来执行相关操作，如图 7-8 所示。

当用户程序通过 open 函数打开某个设备文件时，会触发软中断系统调用，内核会通过下面的三个阶段，找到对应设备驱动程序的方法：

① 用户程序系统调用打开 /dev/char 设备文件，获得主设备号、次设备号；

②根据主设备号，寻找对应的 fops；

③找到对应的 fops，执行驱动对应的 xxx_open 方法的代码。

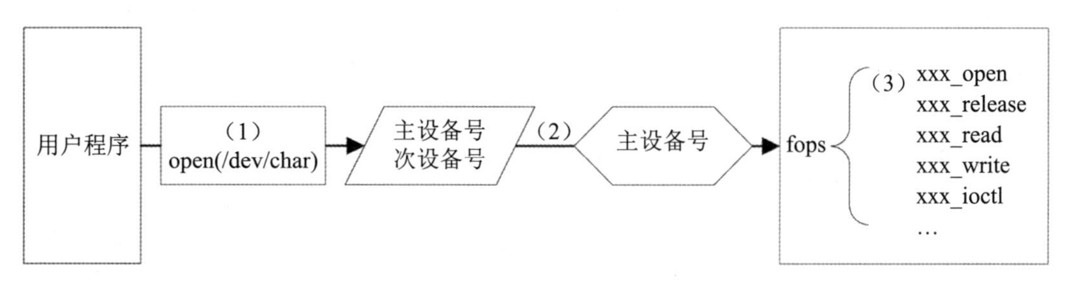

图 7-8　系统调用和驱动方法

7.2.3　字符设备驱动程序的框架结构

将前面所讲述的编写驱动的知识综合起来，可以搭建出一个典型的字符驱动程序的框架，根据框架完善相关的操作，再编写对应的用户测试程序，就是一个比较完整的驱动程序了。

7.2.3.1　字符驱动程序框架

```
//***************** 相关的头文件和宏定义 *******************
#include <linux/kernel.h>
#include <linux/module.h>
#include <linux/fs.h>
#include <linux/device.h>
#include <linux/interrupt.h>
//……其他

//*********** 文件操作接口函数定义 *********
static int char_cdev_open(struct inode *inode,struct file *filp)
{
// 打开设备操作
}

static int char_cdev_release(struct inode *inode,struct file *filp)
{
// 关闭设备操作
}

static int char_cdev_ioctl(struct inode *inode,struct file *filp,unsigned int cmd,unsigned long arg)
{
```

```
// 设备 I/O 控制
}

static ssize_t char_cdev_read(struct file *filp,char *buffer,size_t count,loff_t *ppos)
{
// 设备读操作
}

static ssize_t char_cdev_write(struct file *filp,char *buffer,size_t count,loff_t *ppos)
{
// 设备写操作
}
//……其他

//*********** fops 文件操作结构体 *********
static struct file_operations mydevice_fops = {
    .owner = THIS_MODULE,
    .open= char_cdev_open,
    .release = char_cdev_release,
    .ioctl= char_cdev_ioctl,
    .read= char_cdev_read,
    .write= char_cdev_write,
    //……其他
};

//********** 设备驱动模块加载函数 ***********
static int  char_cdev_init(void)
{
// 动态或静态分配设备号
// 注册设备
}

//********** 设备驱动模块卸载函数 ***********
static void  char_cdev_exit(void)
```

```
{
// 注销设备
// 释放设备号
}
module_init(char_cdev_init);
module_exit(char_cdev_exit);

//*********** 设备驱动许可证 ***********
MODULE_LICENSE("GPL");
```

7.2.3.2 字符驱动程序框架实例

字符驱动程序框架很简单，与之前的程序代码相比，只增加了 fops 的定义以及 char_cdev_xxx 各方法的实现。一般的字符驱动都可以套用这个框架，增加设备的实质性操作代码即可。字符驱动框架完整代码实例如下的“char_cdev.c”所示：

```
//****************** 相关的头文件和宏定义 ******************
#include <linux/kernel.h>
#include <linux/module.h>
#include <linux/fs.h>
#include <linux/device.h>
#include <linux/version.h>

#define CLASS_NAME "char_cdev_class"            /* 定义类名称 */
#define DEVICE_NAME "char_cdev"                 /* 定义设备名称 */

static int major = 232;                 /* 静态设备号方式的默认值 */
static int minor = 0;                   /* 静态设备号方式的默认值 */
static dev_t devno;                     /* 设备编号 */
static struct class *char_cdev_class;
module_param(major, int, S_IRUGO);
module_param(minor, int, S_IRUGO);

//*********** 文件操作接口函数定义 *********
static int char_cdev_open(struct inode *inode,struct file *filp)
{
        // 打开设备操作
```

```
        try_module_get(THIS_MODULE);
        printk(KERN_INFO DEVICE_NAME "opened!\n");
        return 0;
}

static int char_cdev_release(struct inode *inode,struct file *filp)
{
        //关闭设备操作
        printk(KERN_INFO DEVICE_NAME "closed!\n");
        module_put(THIS_MODULE);
        return 0;
}

#if LINUX_VERSION_CODE >= KERNEL_VERSION(2,6,36)
static long char_cdev_ioctl(struct file *filp,unsigned int cmd,unsigned long arg)
{
        // 设备 I/O 控制
        printk(KERN_INFO DEVICE_NAME "ioctl method!\n");
        return 0;
}
#else
static int char_cdev_ioctl(struct inode *inode,struct file *filp,unsigned int cmd,unsigned long
arg)
{
        // 设备 I/O 控制
        printk(KERN_INFO DEVICE_NAME "ioctl method!\n");
        return 0;
}
#endif

static ssize_t char_cdev_read(struct file *filp,char *buffer,size_t count,loff_t *ppos)
{
        // 设备读操作
        printk(KERN_INFO DEVICE_NAME "read method!\n");
```

```
        return count;
}

static ssize_t char_cdev_write(struct file *filp,const char *buffer, size_t count, loff_t *ppos)
{
        // 设备写操作
        printk(KERN_INFO DEVICE_NAME "write method!\n");
        return count;
}

//*********** fops 文件操作结构体 *********
static struct file_operations char_cdev_fops = {
        .owner = THIS_MODULE,
        .open   = char_cdev_open,
        .release = char_cdev_release,
        .read = char_cdev_read,
        .write  = char_cdev_write,
#if LINUX_VERSION_CODE >= KERNEL_VERSION(2,6,36)
        .unlocked_ioctl = char_cdev_ioctl,
#else
        .ioctl = char_cdev_ioctl,
#endif
};

//********** 设备驱动模块加载函数 ***********
static int  char_cdev_init(void)
{
        int ret;
        /* 动态或静态申请设备号和注册设备 */
        ret = register_chrdev(major, DEVICE_NAME, &char_cdev_fops);
        if (major > 0)     /* major=232，静态设备号 */
        {
                if (ret < 0) /* 申请、注册设备失败 */
                {
```

```
                printk(KERN_INFO "Can't get major number!\n");
                return ret;
            }
    } else              /* major=0，动态设备号 */
    {
            printk(KERN_INFO "ret is %d\n", ret);
            major = ret; /* 保存动态获取到的主设备号 */
    }
    devno = MKDEV(major, minor);
    /* 在 /sys/class/ 下创建 char_cdev_class 目录 */
    char_cdev_class = class_create(THIS_MODULE, CLASS_NAME);
    if (IS_ERR(char_cdev_class))
    {
            printk(KERN_INFO "create class error!\n");
            return -1;
    }
    /* 将创建 /dev/char_cdev 文件 */
    device_create(char_cdev_class, NULL, devno, NULL, DEVICE_NAME);
    printk(KERN_INFO "%s ok!\n", __func__);
    return ret;
}

//********** 设备驱动模块卸载函数 ***********
static void  char_cdev_exit(void)
{
    // 注销设备和释放设备号
    device_destroy(char_cdev_class, devno);
    class_destroy(char_cdev_class);
    unregister_chrdev(major, DEVICE_NAME);
    printk(KERN_INFO "%s\n", __func__);
}

module_init(char_cdev_init);
module_exit(char_cdev_exit);
```

```
//*********** 设备驱动许可证 ***********
MODULE_LICENSE("GPL");
```

该驱动 open() 方法的实现代码里，调用 try_module_get() 用于模块引用计数的递增，设备每被打开 1 次，模块引用计数加 1；release() 方法的实现代码，调用 module_put() 用于模块引用计数递减，设备被关闭 1 次，模块引用计数减 1；当引用计数为 0 时，模块可以被卸载。

编写驱动对用的 Makefile 文件，内容如下：

```
KERN_DIR =/home/a1/jz2440/linux_kernel/linux-3.4.2
obj-m        := char_cdev.o
all:
    make -C $(KERN_DIR) M = 'pwd' modules
clean:
    make -C $(KERN_DIR) M= 'pwd' modules clean
    rm -rf modules.order
```

在宿主机终端里运行 make 命令，得到驱动模块 char_cdev.ko 文件。

7.2.3.3　用户测试程序

驱动编写后，都需要进行测试才能知道驱动是否能工作，工作是否正常。驱动程序实现了哪些方法，测试程序就需要编写相应方法的用户代码，进行相关的系统调用，对各种方法进行测试。如果测试不完善，带来的问题是很难估计的。

字符驱动框架完整代码实例“char_cdev.c”对应的用户测试程序是“test_chrdev.c”，内容如下：

```
#include <stdio.h>
#include <stdlib.h>
#include <unistd.h>
#include <sys/ioctl.h>
#include <errno.h>
#include <fcntl.h>

// 设备文件名
#define DEV_NAME "/dev/char_cdev"

int main(int argc, char *argv[])
{
    int res;
```

```
long unsigned int li=0;
int fd = 0;                          // 设备文件描述符
int dat = 0;

fd = open(DEV_NAME, O_RDWR);
if (fd < 0)                  // 打开设备失败
{
        perror("Open "DEV_NAME" Failed!\n");
        exit(1);
}

res = read(fd, &dat, 1);
if (!res)                    // 读设备失败
{
        perror("read "DEV_NAME" Failed!\n");
        exit(1);
}

dat = 0;
res = write(fd, &dat, 1);
if (!res）                           // 写设备失败
{
        perror("write "DEV_NAME" Failed!\n");
        exit(1);
}

res = ioctl(fd, li);
if (!!res)                           // 设备 I/O 操作失败
{
        perror("ioctl "DEV_NAME" Failed!\n");
        exit(1);
}

close(fd);                           // 关闭设备
```

```
    return 0;
}
```

在宿主机的终端里，交叉编译用户测试程序“test_chrdev.c”，使用命令：

```
arm-linux-gcc –o test_chrdev test_chrdev.c
```

7.2.3.4 使用用户测试程序，测试设备驱动

测试程序“test_chrdev.c”对驱动“char_cdev.c”的各种方法都进行了测试，实际测试结果如图 7-9 所示。

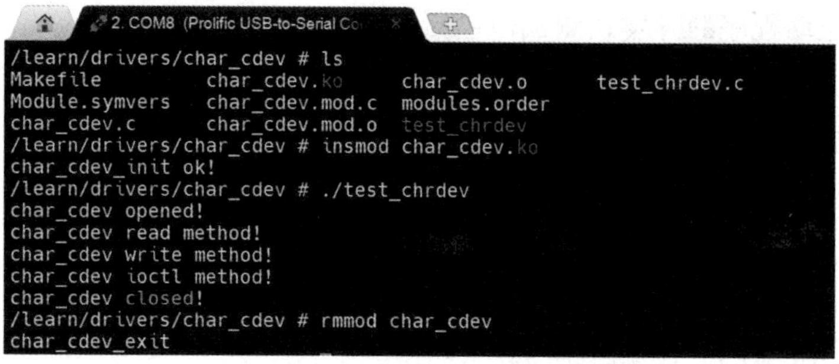
2. COM8 (Prolific USB-to-Serial Co
/learn/drivers/char_cdev # ls
Makefile char_cdev.ko char_cdev.o test_chrdev.c
Module.symvers char_cdev.mod.c modules.order
char_cdev.c char_cdev.mod.o test_chrdev
/learn/drivers/char_cdev # insmod char_cdev.ko
char_cdev_init ok!
/learn/drivers/char_cdev # ./test_chrdev
char_cdev opened!
char_cdev read method!
char_cdev write method!
char_cdev ioctl method!
char_cdev closed!
/learn/drivers/char_cdev # rmmod char_cdev
char_cdev_exit

图 7-9 测试设备驱动 char_cdev

第 8 章　简单设备驱动实例

上一章主要介绍了 Linux 设备驱动程序的一些基本概念，从本章开始，我们将进行一些简单的设备驱动程序的开发及测试，包括 LED 指示灯、按键中断等。希望读者能够通过这些简单的实例大致了解嵌入式 Linux 设备驱动程序开发的基本流程，为以后进行更加复杂的设备驱动开发打下基础。

本章讲述的是 LED、查询方式的按键驱动实例，这些驱动属于简单的字符设备驱动，因此，本章首先再回顾一下 Linux 字符设备的驱动程序结构，然后再扩展一些必要的知识。

8.1　简单的 LED 设备驱动实例

首先以最简单的 LED 指示灯为例，介绍简单的字符设备驱动程序的编写方法。与上一章的字符设备驱动程序的框架实例不同，这里要对具体的硬件设备进行端口寄存器读写、IO 控制、中断等操作，涉及一些 IO 内存访问、内核/用户空间的数据交换、驱动中使用中断、Linux 平台设备和驱动模型等知识。

8.1.1　字符设备驱动程序的层次结构

字符设备驱动是嵌入式 Linux 最基本，也是最常用的驱动程序，根据前一章讲述的字符设备驱动的基础知识可知：设备驱动是应用程序访问系统设备以及进行数据传递的桥梁和通道。驱动程序运行在 Linux 内核空间，用户应用程序只能通过内核提供的系统调用，由经 VFS 以及驱动程序才能访问和操作硬件，硬件设备传递的数据也必须经过驱动、VFS 和系统调用才能被用户应用程序接收。用户应用程通过系统调用和设备驱动程序关联起来的关键就是 fops 数据结构。图 8-1 显示了应用程序、驱动程序和硬件设备之间的层次结构。

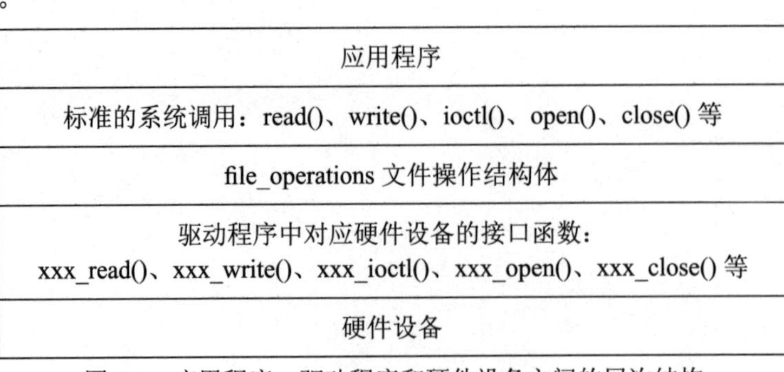

图 8-1　应用程序、驱动程序和硬件设备之间的层次结构

在 LED 指示灯驱动程序的编写中，关键是实现驱动里对 GPIO 引脚的写操作方法。

8.1.2　内核的 I/O 内存访问

在裸机开发环境中，没有开启 MMU，程序里的地址都是实际的物理地址，可以直接访问处理器中的各种寄存器以及内存单元。比如访问 LED 指示灯的 F 端口控制寄存器 GPFCON，可以使用以下代码：

```
#define GPFCON    (*(volatile unsigned int *)0x56000050)
// GPFCON 寄存器 [9:8] 修改 01，即配置 GPF4 引脚为输出方式
GPFCON  &= ~0x300;      // GPFCON 的 [9:8] 清 0
GPFCON  |= 0x100;       // GPFCON 的 [8] 置 1，即 [9:8]=01，配置 GPF4 引脚为输出
```

但在 Linux 驱动的编写时，这种写法就不行了，原因是 Linux 内核运行后，开启了 MMU，MMU 会进行物理地址和虚拟地址的映射转换，驱动中给出地址 0x56000050 是虚拟地址，而不是我们需要访问的物理地址。所以不能在驱动的程序里直接给出物理地址，也就是说，不能直接使用物理地址访问系统的 IO 内存。必须将物理地址转换为虚拟地址，内核通过虚拟地址来访问系统的 IO 内存。

在内核中，物理地址到虚拟地址的转换，可以采用静态 I/O 映射，也可以采用动态 I/O 映射。通常情况下，CPU 片上寄存器和内部总线都采用静态 I/O 映射，外部总线扩展 I/O 则通常采用动态 I/O 映射，也可以添加到系统中，采用静态 I/O 映射的方式。

8.1.2.1　静态 I/O 映射

静态映射方式即通过 map_desc 结构体静态创建 I/O 资源映射表的方式。

内核提供了在系统启动时通过 map_desc 结构体静态创建 I/O 资源到内核地址空间的线性映射表（即 page table）的方式，这种映射表是一种一一映射的关系。程序员可以自己定义该 I/O 内存资源映射后的虚拟地址。创建好了静态映射表，在内核或驱动中访问该 I/O 资源时则无需再进行 ioreamp 动态映射，可以直接通过映射后的 I/O 虚拟地址去访问它。

map_desc 结构体的定义如下：

```
struct map_desc {
    unsigned long virtual;     // 虚拟地址 VA
    unsigned long pfn;         //__phys_to_pfn（物理地址），就是物理页框号
    unsigned long length;      // 大小
    unsigned int type;         // 类型
};
```

创建 I/O 映射表的大致流程为：定义相应 I/O 资源的 map_desc 结构体，并将该结构体传给 iotable_init() 函数执行，就可以创建相应的 I/O 资源到内核虚拟地址空间的映射表了。

在“arch/arm/plat-s3c24xx/cpu.c”文件中，定义了一个“minimal IO mapping”最小的I/O映射表map_desc结构体：

```
/* minimal IO mapping */
static struct map_desc s3c_iodesc[] __initdata = {
    IODESC_ENT(GPIO),
    IODESC_ENT(IRQ),
    IODESC_ENT(MEMCTRL),
    IODESC_ENT(UART)
};
```

其中的IODESC_ENT宏定义是：

```
#define IODESC_ENT(x) { (unsigned long)S3C24XX_VA_##x, __phys_to_pfn(S3C24XX_
PA_##x), S3C24XX_SZ_##x, MT_DEVICE }
将IODESC_ENT宏展开后等价于：
/* minimal IO mapping */
static struct map_desc s3c_iodesc[] __initdata = {
    //GPIO:
    {
      .virtual=   (unsigned long)S3C24XX_VA_GPIO),
      .pfn    =   __phys_to_pfn(S3C24XX_PA_GPIO),
      .length=   S3C24XX_SZ_GPIO,
      .type   =   MT_DEVICE
    },
    //IRQ:
    …
};
```

其中的S3C24XX_VA_GPIO是GPIO端口的虚拟地址起始位置，在文件“arch/arm/plat-samsung/include/plat/map-base.h”中，可以找到其对应的宏定义：

```
#define S3C_ADDR_BASE  0xF6000000
#define S3C_ADDR(x)        ((void __iomem __force *)S3C_ADDR_BASE + (x))
…
#define S3C_VA_UART        S3C_ADDR(0x01000000)         /* UART */
```

在文件“arch/arm/plat-samsung/include/plat/map-s3c.h”中，有如下的宏定义：

```
#define S3C24XX_VA_UART          S3C_VA_UART
…
```

```
#define S3C2410_PA_UART         (0x50000000)
#define S3C24XX_PA_UART         S3C2410_PA_UART
…
#define S3C2410_PA_GPIO         (0x56000000)
#define S3C24XX_PA_GPIO         S3C2410_PA_GPIO
#define S3C24XX_VA_GPIO         ((S3C24XX_PA_GPIO - S3C24XX_PA_UART) +
S3C24XX_VA_UART)
```

可以看出，S3C24XX_VA_GPIO 就是 0xF7000000+0x06000000=0xFD000000，也就是说通过静态 I/O 映射，会把 GPIO 端口的起始的物理地址 0x56000000，映射到虚拟地址 0xFD000000 上。由于这种映射是一种线性偏移的映射，GPFCON（物理地址 0x56000050）将会映射到虚拟地址 0xFD000050 上，

pfn 成员值通过 __phys_to_pfn() 内核函数计算，只需要传递给它该 I/O 资源的物理地址就行，这里的传递参数就是物理地址 S3C24XX_PA_GPIO。

length 为映射资源的大小，大小为 1 MB。

type 为 I/O 类型，通常定义为 MT_DEVICE。

s3c_iodesc 这个 I/O 映射表建立成功后，我们在内核中便可以直接通过 S3C24XX_VA_GPIO 访问 GPIO 的寄存器资源。在文件“arch/arm/mach-s3c24xx/include/mach/regs-gpio.h”中，定了 S3C2410 各个寄存器的虚拟地址，比如：

```
#define S3C2410_GPIOREG (x) ((x) + S3C24XX_VA_GPIO)
#define S3C2410_GPACON    S3C2410_GPIOREG(0x00)
#define S3C2410_GPADAT    S3C2410_GPIOREG(0x04)
...
#define S3C2410_GPBCON    S3C2410_GPIOREG(0x10)
#define S3C2410_GPBDAT    S3C2410_GPIOREG(0x14)
#define S3C2410_GPBUP     S3C2410_GPIOREG(0x18)
...
#define S3C2410_GPFCON    S3C2410_GPIOREG(0x50)
#define S3C2410_GPFDAT    S3C2410_GPIOREG(0x54)
#define S3C2410_GPFUP     S3C2410_GPIOREG(0x58)
```

在驱动程序里，使用“include <mach/regs-gpio.h>”把该头文件包含进来，就可以直接使用这些寄存器了。

8.1.2.2　动态 I/O 映射

动态 I/O 映射无需将物理 I/O 内存空间写入映射表，而是直接调用 ioremap() 即可映射到虚拟地址空间。这种方式使用起来比较灵活，一般在寄存器数量较少的情况下使用，从

而可以在内核空间中访问这段 I/O 资源。操作完毕后，用 iounmap() 取消 I/O 映射。

ioremap() 宏定义在“arch/arm/include/asm/io.h”内：

```
#define ioremap(cookie,size)    __arm_ioremap((cookie), (size), MT_DEVICE)
```

__arm_ioremap() 函数原型定义在“arch/arm/mm/ioremap.c”文件里：

```
void __iomem * __arm_ioremap(unsigned long phys_addr, size_t size, unsigned int mtype);
```

phys_addr：要映射的 I/O 内存起始的物理地址。

size：要映射的空间的大小。

该函数返回 I/O 映射后的虚拟地址。接着便可以通过读写该函数返回的内核虚拟地址去访问这段 I/O 内存资源。

以操控 GPF4 引脚的 LED 指示灯为例，GPF4 引脚接 LED 指示灯，需要配置 GPFCON[9:8]=01，将 GPF4 设置为输出模式；点灯的时候需要将 GPFDAT[4]=0；熄灯时需要将 GPFDAT[4]=1，使用动态 I/O 映射的方式，可以写出如下的代码：

```
// 定义指针 gpfcon 和 gpfdat，指向 GPFCON 和 GPFDAT 的虚拟地址
volatile unsigned long *gpfcon = NULL;        //long 类型和 int 类型一样也是 32 位
volatile unsigned long *gpfdat = NULL;

// 使用 ioremap()，动态 I/O 内存映射
gpfcon = (volatile unsigned long *)ioremap(0x56000050, 16);
gpfdat = gpfcon + 1;//GPFDAT 的地址（字节地址）比 GPFCON 的地址大 4
…
// 配置 GPFCON[9:8]，GPF4 设置为输出模式
*gpfcon &= ~(0x3<<(4*2));
*gpfcon |= (0x1<<(4*2));
…
// 点灯：
*gpfdat &= ~(1<<4);
// 熄灯：
*gpfdat |= (1<<4);
…
// 动态 I/O 内存映射之后，使用 iounmap() 取消 I/O 动态映射
iounmap（gpfcon);
```

采用“=”直接赋值这样的方法虽然可以操作，但是不推荐。内核中更多的是采用可移植性强的 __raw_writel、__raw_readl、writel、readl、iowrite32、ioread32 等函数。

8.1.2.3　I/O 内存访问函数

__raw_writel 和 writeb 这样的函数 / 宏，都是老式操作接口函数，目前在内核中还大量使用，但是在较新的内核代码中不建议再使用这些函数 / 宏：

```
__raw_readb/readb(a),        从 I/O 端口 a 读取 8 位数;
__raw_readw/readw(a),        从 I/O 端口 a 读取 16 位数;
__raw_readl/readl(a),        从 I/O 端口 a 读取 32 位数;
__raw_writeb/writeb(v,a),    往 I/O 端口 a 写入 8 位数 v;
__raw_writew/writew(v,a),    往 I/O 端口 a 写入 16 位数 v;
__raw_writel/writel(v,a),    往 I/O 端口 a 写入 32 位数 v。
```

在较新的内核代码中建议使用下列 I/O 操作函数 / 宏来替代：

```
ioread8(p),                  从 I/O 端口 p 读取 8 位数;
ioread16(p),                 从 I/O 端口 p 读取 16 位数;
ioread32(p),                 从 I/O 端口 p 读取 32 位数;
iowrite8(v,p),               往 I/O 端口 p 写入 8 位数 v;
iowrite16(v,p),              往 I/O 端口 p 写入 16 位数 v;
iowrite32(v,p),              往 I/O 端口 p 写入 32 位数 v。
```

8.1.3　内核 / 用户空间的数据交换

驱动与用户空间的应用程序进行数据交换，可以通过 read 和 write 方法实现，也可以在 ioctl 中完成，具体采用什么方式完成数据交换，取决于驱动和系统的实际情况。无论在什么方法中完成数据交换，都必须有数据传递的通道和工具，内核提供了几种与用户空间交换数据的方法，如 put_user/get_user()、copy_to_user/copy_from_user() 等。

8.1.3.1　地址合法性的检查

与用户空间交换数据有几组函数，无论用什么函数，都必须隐式或者显式的检查地址空间的合法性，通过 access_ok() 完成。有些函数已经在内部完成了空间验证，带“__”的函数则要求开发者自行进行验证。

access_ok() 函数仅仅用于验证某段空间能否被读写，而不进行数据传输：

```
access_ok(type, addr, size);
```

读写操作取决于 type 类型，可选 VERIFY_READ 或者 VERIFY_WRITE，addr 是用户空间的地址，size 是字节数， 返回 1 表示成功 ，0 表示失败。

8.1.3.2　内核往用户空间传递数据

数据传递方式包括两种：一次传递单个数据和一次传递多个数据。

（1）传递单个数据。

put_user() 可以向用户空间传递单个数据。单个数据并不是指一个字节数据，对于 32 位 ARM 而言，put_user() 一次性可传递一个 1 字节的 char 型、2 字节的 short 型或者

4 字节的 int 型数据，使用 put_user() 要比用 copy_to_user() 要快。put_user() 函数原型：

```
int put_user(x,p)
```

x 为内核空间的数据，p 为用户空间的指针。传递成功，返回 0，否则返回 -EFAULT。put_user() 一般在 ioctl 方法中使用，假如要往用户空间传递一个 32 位的数据，可以这样实现：

```
static int xxx_ioctl (struct inode *inode, struct file *filp, unsigned int cmd, unsigned long arg)
{
    int ret;
    u32 dat,
    switch(cmd)
    {
            case CHAR_CDEV_READ:
                    ... 其他操作
                    dat = 数据;
                    if (put_user(dat, (u32*)arg)) {     // 内核空间数据 dat -> 用户空间地址 arg 上
                            printk("put_user err\n");
                            return -EFAULT;
                    }
    }
    ... 其他操作
    return ret;
}
```

__put_user() 是没有进行地址验证的版本。

（2）传递多个数据。

copy_to_user() 可以一次性向用户空间传递一个数据块，函数原型如下：

```
static inline unsigned long __must_check copy_to_user(void __user *to, const void *from, unsigned long n);
```

参数 to 是用户空间地址，from 是内核空间缓冲区地址，n 是数据字节数，返回值是不能被复制的字节数，返回 0 表示全部复制成功。

copy_to_user() 一般在 read 方法中使用。假如驱动要将从设备读到的 count 个数据送往用户空间，可以这样实现：

```
static ssize_t xxx_read(struct file *filp, char __user *buf, size_t count, loff_t *ppos)
```

```
{
    unsigned char data[256] = {0};
    .... 从设备获取数据到 data，
    if (copy_to_user((void *)buf, data, count)) {        // 内核空间数据 data -> 用户空间地
址 buf 上，共 count 个
        printk("copy_to_user err\n");
        return -EFAULT;
    }
    return count;
}
```

__copy_to_user() 是没有进行地址验证的版本。

8.1.3.3　内核从用户空间获取数据

内核从用户空间获取数据也包括两种：一次获取单个数据和一次获取多个数据。

（1）获取单个数据。

调用 get_user() 可以从用户空间获取单个数据，单个数据并不是指一个字节数据，对于 32 位 ARM 而言，get_user() 一次性可获取一个 1 字节的 char 型、2 字节的 short 型或者 4 字节的 int 型数据。用 get_user() 比用 copy_from_user() 要快。get_user() 函数原型：

```
int get_user(x, p)
```

x 为内核空间的数据，p 为用户空间的指针。获取成功，返回 0，否则返回 -EFAULT。get_user() 一般也用在 ioctl 方法中。假如驱动需要从用户空间获取一个 32 位数，然后写到某个寄存器 xxx_REG 中，可以这样实现：

```
static int xxx_ioctl (struct inode *inode, struct file *filp, unsigned int cmd, unsigned long
arg)
{
    int ret;
    u32 dat,
    switch(cmd)
    {
        case CHAR_CDEV_WRITE:
            if (get_user(dat, (u32 *)arg) ) {
                printk("get_user err\n");
                return -EFAULT;
            }
            xxx_REG  =  dat;
```

```
                ... 其他操作
    }
    ... 其他操作
    return ret;
}
```

__get_user() 是没有进行地址验证的版本。

（2）获取多个数据。

copy_from_user() 可以一次性从用户空间获取一个数据块，函数原型如下：

```
static inline unsigned long __must_check copy_from_user(void *to, const void __user *from, unsigned long n);
```

参数 to 是内核空间缓冲区地址，from 是用户空间地址，n 是数据字节数，返回值是不能被复制的字节数，返回 0 表示全部复制成功。

copy_from_user() 常用在 write 方法中。如果驱动需要从用户空间获取 count 字节数据，用于操作设备，可以这样实现：

```
static ssize_t xxx_write(struct file *filp, const char __user *buf, size_t count, loff_t *ppos)
{
    unsigned char data[256] = {0};
    if (copy_from_user(&data, buf, 256) ) {
            printk("copy_from_user err\n");
            return -EFAULT;
    }
    …
}
```

__copy_from_user() 是没有进行地址验证的版本。

8.1.4 简单的 LED 设备驱动实例

8.1.4.1 LED 指示灯的硬件工作原理

JZ2440_V3 开发板上有三个红色的 LED 指示灯 D10、D11、D12。3 个 LED 灯的阳极接 3.3 V 电源正极，负极分别连接 S3C2440 的 GPF4、GPF5、GPF6 引脚。由 LED 灯的性质可知，当 GPF4 引脚为 1（输出高电平）时，D10 灯亮；当 GPF4 引脚为 0（输出低电平）时，D10 灯灭，其他引脚也类似。

8.1.4.2 LED 指示灯设备驱动实例

以下操作都在 nfs 文件系统目录（/home/a1/jz2440/roofs/nfs/learn/drivers）下进行，因此先执行 cd /home/a1/jz2440/roofs/nfs/learn/drivers 命令。

（1）编写设备驱动 leds_drv.c 文件。

建立 leds_drv 目录：

```
cd /home/a1/jz2440/roofs/nfs/learn/drivers
mkdir leds_drv
```

进入 leds_drv 目录，在该目录下建立设备驱动文件 leds_drv.c：

```
cd leds_drv
gedit leds_drv.c
```

LED 驱动程序“leds_drv.c”代码内容如下所示：

```
//led 指示灯设备驱动文件 leds_drv.c
//****************************** 头文件 ********************************
#include <linux/module.h>
#include <linux/kernel.h>
#include <linux/fs.h>
#include <linux/init.h>
#include <linux/delay.h>
#include <asm/uaccess.h>
#include <asm/irq.h>
#include <asm/io.h>
#include <mach/hardware.h>
#include <mach/regs-gpio.h>
#include <linux/device.h>

//*********************** 定义变量、宏 ***************************
// 宏 USE_STATIC_IO_MAP 为 1：使用静态 I/O 映射；
// 宏 USE_STATIC_IO_MAP 为 0：使用动态 I/O 映射：
#define USE_STATIC_IO_MAP       1

struct class *leds_drv_class;

// 定义指针 gpfcon 和 gpfdat，指向 GPFCON 和 GPFDAT 的虚拟地址
volatile unsigned long *gpfcon = NULL;
volatile unsigned long *gpfdat = NULL;

// 设备驱动 _ 打开 myleds 设备的 open() 方法
static int leds_drv_open(struct inode *inode, struct file *file)
```

```
{
    /* 将 GPF4,GPF5,GPF6 配置为输出 */
    *gpfcon &= ~((0x3<<(4*2)) | (0x3<<(5*2)) | (0x3<<(6*2)));
    *gpfcon |= ((0x1<<(4*2)) | (0x1<<(5*2)) | (0x1<<(6*2)));
    return 0;
}

// 设备驱动 _ 写 myleds 设备的 write() 方法
static ssize_t leds_drv_write(struct file *file, const char __user *buf, size_t count, loff_t *
ppos)
{
    int val;

    //get_user() 也可以换成 copy_from_user(&val, buf, count)
    if(get_user(val, buf))        // 从用户应用程序中获取传递过来的参数（点灯 / 熄灯）
    {
            printk("get_user() err\n");
            return -EFAULT;
    }

    if (val == 1)
    {
            // 点灯
            *gpfdat &= ~((1<<4) | (1<<5) | (1<<6));
    }
    else
    {
            // 熄灯
            *gpfdat |= (1<<4) | (1<<5) | (1<<6);
    }

    return 0;
}
```

```
// 文件操作结构体 leds_drv_fops，实现 leds_drv_open() 等函数与 open() 等系统调用的
连接
static struct file_operations leds_drv_fops = {
    .owner  = THIS_MODULE,
    .open  = leds_drv_open,
    .write  = leds_drv_write,
};

int major;
static int leds_drv_init(void)              // 模块加载函数
{
    major = register_chrdev(0, "myleds", &leds_drv_fops); // 动态申请设备号、注册设备
    // 在 /sys/class/ 下创建 leds_drv 目录
    leds_drv_class = class_create(THIS_MODULE, "leds_drv");
    if (IS_ERR(leds_drv_class))
    {
    printk(KERN_INFO "create class error\n");
    return -1;
 }
    /* 将创建 /dev/myleds 文件 */
    device_create(leds_drv_class, NULL, MKDEV(major, 0), NULL, "myleds");

#if USE_STATIC_IO_MAP==1
    // 静态 I/O 内存映射
    gpfcon = S3C2410_GPFCON;
    gpfdat = S3C2410_GPFDAT;
#else
    // 使用 ioremap()，动态 I/O 内存映射，GPFCON 的物理地址是 0x56000050
    gpfcon = (volatile unsigned long *)ioremap(0x56000050, 16);
    gpfdat = gpfcon + 1;
#endif

    printk(KERN_INFO "Leds_driver is inited!\n");
    printk(KERN_INFO "%s ok!\n", __func__);
```

```
    return 0;
}

static void leds_drv_exit(void)                // 模块卸载函数
{
    // 释放设备号、注销设备
    unregister_chrdev(major, "myleds");

    device_destroy(leds_drv_class, MKDEV(major, 0));
    class_destroy(leds_drv_class);

#if USE_STATIC_IO_MAP==0
    // 动态 I/O 内存映射之后，使用 iounmap()
    iounmap(gpfcon);
#endif

    printk(KERN_INFO "Leds_driver is exited!\n");
}
module_init(leds_drv_init);
module_exit(leds_drv_exit);
MODULE_LICENSE("GPL");
```

（2）编写 Makefile 文件（宿主机的 /home/a1/jz2440/roofs/nfs/learn/drivers/leds_drv 目录下）。

```
gedit Makefile
```

在该文件中加入以下内容（其中 KERN_DIR 是 Linux3.4.2 内核源码目录的路径）：

```
KERN_DIR = ~/jz2440/linux_kernel/linux-3.4.2
obj-m       := leds_drv.o
all:
            make -C $(KERN_DIR) M= 'pwd' modules
clean:
            make -C $(KERN_DIR) M= 'pwd' modules clean
            rm -rf modules.order
```

（3）编译，生成驱动模块。

```
make
```

编译完成后，该目录下会生成 leds_drv.ko 文件，该文件就是编译成功的驱动模块文件。

（4）加载模块。

首先设置内核以 NFS 方式加载根文件系统，接好各种连接线，在宿主机上打开串口调试终端，给 JZ2440_V3 开发板上电，加载完 U-Boot、Linux 内核和 nfs 根文件系统之后，按回车键进入目标机 shell 控制台，在控制台中输入模块加载命令：

```
/ # cd /learn/drivers/leds_drv
/learn/drivers/leds_drv # insmod leds_drv.ko
```

如果输出“Leds_driver is inited!”和“leds_drv_init ok!”，表示 myleds 设备驱动加载成功。

（5）编写测试文件 test_leds_drv.c。

进入宿主机的 /home/a1/jz2440/roofs/nfs/learn/drivers/leds_drv 目录，编辑用户空间的测试文件“test_leds_drv.c”：

```
cd /home/a1/jz2440/roofs/nfs/learn/drivers/leds_drv
gedit test_leds_drv.c
```

在测试文件中加入代码，内容如下：

```
//led 指示灯设备驱动的用户空间测试程序 test_leds_drv.c
#include <sys/types.h>
#include <sys/stat.h>
#include <fcntl.h>
#include <stdio.h>

// 终端使用命令：test_leds_drv on 同时点亮 3 个 LED 指示灯
// 终端使用命令：test_leds_drv off 同时熄灭 3 个 LED 指示灯


int main(int argc, char **argv)
{
    int fd;
    int val = 1;
    fd = open("/dev/myleds", O_RDWR);
    if (fd < 0)         {
            printf("can't open /dev/myleds!\n");
    }
    if (argc != 2)  {
            printf("Usage :\n");
```

```
            printf("%s <on|off>\n", argv[0]);
            return 0;
    }

    if (strcmp(argv[1], "on") == 0) {
            val = 1;
    }else {
            val = 0;
    }

    write(fd, &val, 4);
    return 0;
}
```

该测试程序实现了在目标机的串口调试终端里使用命令：test_leds_drv on，将同时点亮 3 个 LED 指示灯；使用命令：test_leds_drv off，将同时熄灭 3 个 LED 指示灯。

（6）交叉编译测试程序。

在宿主机 ubuntu16.04 环境里，执行下面的命令，对测试程序 test_leds_drv.c 进行交叉编译，编译成功后在当前目录下会生成 ARM 目标机的可执行文件 test_leds_drv：

```
arm-linux-gcc -o test_leds_drv test_leds_drv.c
```

（7）运行测试程序。

在目标机的串口调试终端里中输入：

```
./test_leds_drv on
```

可以看到该命令同时点亮 3 个 LED 指示灯；再输入命令：

```
test_leds_drv off
```

可以看到 3 个 LED 指示灯同时熄灭。

（8）卸载模块。

```
rmmod leds_drv
```

卸载模块，终端里会输出提示“Leds_driver is exited!”表明卸载完毕。卸载模块之后测试程序便不能正常运行了，如果运行会输出如下信息：“can't open /dev/myleds!”。

注意，驱动文件里宏 USE_STATIC_IO_MAP 默认为 1，意味着使用静态 I/O 映射，读者也可以将其修改为 0，使用动态 I/O 映射，观察实验结果。

8.1.5 简单的 LED 设备驱动改进

上一节的 LED 设备驱动程序虽然可以使用，但是存在不足，它将 JZ2440 开发板上的三个指示灯当作一个设备整体上进行操作，要么同时点亮三个指示灯，要么同时熄灭，不能对单个灯单独进行操作；对 LED 灯或者 GPIO 引脚的操作还是直接对寄存器进行操作，没有将这些底层的操作封装起来；另外三个 LED 指示灯的状态没有获取的方法。这一节将对其进行改进和完善。

8.1.5.1　使用 device_create ( ) 函数创建多个设备文件

多次使用 device_create() 函数就可以创建多个设备，代码如下：

```
/* 将创建 /dev/myleds0 ~ /dev/myleds3 设备文件 */
device_create(leds_drv_class, NULL, MKDEV(major, 0), NULL, DEVICE_NAME "%d",0);
device_create(leds_drv_class, NULL, MKDEV(major, 1), NULL, DEVICE_NAME "%d",1);
device_create(leds_drv_class, NULL, MKDEV(major, 2), NULL, DEVICE_NAME "%d",2);
device_create(leds_drv_class, NULL, MKDEV(major, 3), NULL, DEVICE_NAME "%d",3);
```

使用 device_create() 函数，创建了 4 个设备，主设备号都是 major，次设备号分别是 0、1、2、3，对应的设备文件名分别是 /dev/myleds0、/dev/myleds1、/dev/myleds2、/dev/myleds3，其中 /dev/myleds0 设备是同时对 3 个 LED 进行操作，/dev/myleds1 是对 LED1/GPF4 单独操作的设备文件，/dev/myleds2 是对 LED2/GPF5 单独操作的设备文件，/dev/myleds3 是对 LED3/GPF6 单独操作的设备文件。

8.1.5.2　使用 s3c2410_gpio_cfgpin ( ) 、s3c2410_gpio_setpin ( ) 等函数进行 GPIO 操作

对 LED 引脚的操作属于 GPIO 的操作方法，可以使用内核里通用的 GPIOLIB 库或使用三星公司提供的 GPIO 库 API 函数。内核源代码的“arch/arm/plat-samsung/include/plat/gpio-fns.h”和“drivers/gpio/gpio-samsung.c”文件中，已经对 S3C24xx 的 GPIO 操作进行了封装，主要有以下几个函数：

```
// 配置相应 GPIO 引脚的功能
int s3c_gpio_cfgpin(unsigned int pin, unsigned int config)
void s3c2410_gpio_cfgpin(unsigned int pin, unsigned int config)
// 获取相应 GPIO 引脚的配置
unsigned s3c_gpio_getcfg(unsigned int pin)
unsigned int s3c2410_gpio_getcfg(unsigned int pin)
// 设置 GPIO 引脚上拉
int s3c_gpio_setpull(unsigned int pin, samsung_gpio_pull_t pull)
void s3c2410_gpio_pullup(unsigned int pin, unsigned int to)
```

```
// 设置 GPIO 引脚输出
void s3c2410_gpio_setpin(unsigned int pin, unsigned int to)
// 获取 GPIO 引脚输入
unsigned int s3c2410_gpio_getpin(unsigned int pin)
```

驱动中使用三星公司提供的 GPIO 库 API，需要使用“#include <plat/gpio-fns.h>”加入该头文件。

（1）配置引脚功能。

```
int s3c_gpio_cfgpin(unsigned int pin, unsigned int config)
void s3c2410_gpio_cfgpin(unsigned int pin, unsigned int config)
```

第一个参数 pin 是引脚的名称（引脚的端口和序号），第二个参数 config 是配置的引脚功能。

例如，配置 GPF4 引脚为输出功能：

```
s3c_gpio_cfgpin(S3C2410_GPF(4), S3C_GPIO_OUTPUT);
```

引脚名称 S3C2410_GPF(4) 在“arch/arm/mach-s3c24xx/include/mach/gpio-nrs.h”中定义：

```
#define S3C2410_GPF(_nr)  (S3C2410_GPIO_F_START + (_nr))
```

宏 S3C2410_GPF(4) 的参数 4 就是 GPF4 引脚在 GPF 端口中的序号；宏 S3C2410_GPF(4) 表示 GPF4 引脚在 GPIO 子系统中的编号 164。

S3C_GPIO_OUTPUT 在“arch/arm/plat-samsung/include/plat/gpio-cfg.h”中有定义：

```
#define S3C_GPIO_INPUT          (S3C_GPIO_SPECIAL(0))
#define S3C_GPIO_OUTPUT         (S3C_GPIO_SPECIAL(1))
#define S3C_GPIO_SFN(x)         (S3C_GPIO_SPECIAL(x))
```

可以看出：

S3C_GPIO_OUTPUT，表示引脚设置为输出功能。

S3C_GPIO_INPUT，表示引脚设置为输入功能。

S3C_GPIO_SFN(x)，表示引脚设置为复用功能 x。当 x 为 0 就是输入功能，x 为 1 就是输出功能，x 为 2 就是特殊功能 1，x 为 3 就是特殊功能 2。

（2）设置引脚上拉。

```
int s3c_gpio_setpull(unsigned int pin, samsung_gpio_pull_t pull)
```

或

```
void s3c2410_gpio_pullup(unsigned int pin, unsigned int to)
```

s3c_gpio_setpull9() 函数的第一个参数 pin 是引脚的名称（引脚的端口和序号），第二个参数 pull 是上拉类型。上拉类型在“arch/arm/plat-samsung/include/plat/gpio-cfg.h”中定义：

```
#define S3C_GPIO_PULL_NONE       ((__force samsung_gpio_pull_t)0x00)
#define S3C_GPIO_PULL_DOWN       ((__force samsung_gpio_pull_t)0x01)
#define S3C_GPIO_PULL_UP         ((__force samsung_gpio_pull_t)0x02)
```

包括 S3C_GPIO_PULL_NONE 无上拉、S3C_GPIO_PULL_DOWN 下拉、S3C_GPIO_PULL_UP 上拉三种类型。

例如，设置 GPG5 引脚为上拉：

```
s3c_gpio_setpull(S3C2410_GPG(5), S3C_GPIO_PULL_UP);
```

s3c2410_gpio_pullup () 函数的第一个参数 pin 是引脚的名称（引脚的端口和序号），第二个参数 to 设置上拉类型。当 to 非 0 时就是 S3C_GPIO_PULL_NONE 无上拉，to 为 0 时优先设置为 S3C_GPIO_PULL_UP 上拉，如果失败再设置为 S3C_GPIO_PULL_DOWN 下拉。

（3）设置引脚输出电平。

```
void s3c2410_gpio_setpin(unsigned int pin, unsigned int to)
```

s3c2410_gpio_setpin() 函数的第一个参数 pin 是引脚的名称（引脚的端口和序号），第二个参数 to 是输出的电平，1 代表高电平，0 代表低电平。

例：设置 GPF4 管脚输出高电平。

```
s3c2410_gpio_setpin(S3C2410_GPF(4), 1);
```

（4）检测引脚输入电平。

```
unsigned int s3c2410_gpio_getpin(unsigned int pin)
```

函数返回指定引脚 pin 的电平状态。低电平返回 0，高电平返回引脚序号的位掩码。

例如，检测 GPF7 管脚的电平状态，低电平返回 0；高电平返回 0x080，1<<7 就是 0x80。

```
value = s3c2410_gpio_getpin(S3C2410_GPF(7));
```

8.1.5.3　通过 read 方法获取 LED 指示灯状态

在驱动程序里定义 char 型全局变量 leds_status，使用其低 3 位记录点灯、熄灯操作之后的 3 个 LED 灯状态，最低位 D0 代表 LED1/GPF4 的状态，D1 位代表 LED2/GPF5 的状态，D2 位代表 LED3/GPF6 的状态。

在驱动程序的 read 方法里，通过 copy_to_user() 或者 put_user() 将内核变量 leds_status 传递到用户测试程序。为了实现对共享的全局变量 leds_status 并发访问，使用了互斥锁 mutex。

（1）互斥锁实现机制。

首先要知道什么是临界资源，临界资源是指一个被共享的资源或者作为整体的一组共享资源，比如对数据库的访问、对某个共享结构的操作、对一个 I/O 设备的使用、对一个连接池中的连接调用等。

对临界区限定同时只能有一个线程持有锁，其他线程如果想访问就会失败，或在外等待，直到持有锁的线程退出临界区，其他线程中的某个线程才有机会接着访问这个临界区。

（2）mutex 互斥锁的使用。

先定义 struct mutex 类型互斥锁，并初始化：

```
struct mutex vmutex;
mutex_init(&vmutex);
```

然后在使用临界资源时，需要先获取互斥锁，使用：

```
mutex_lock(&vmutex);
```

该函数的原型是：

```
void inline fastcall __sched mutex_lock(struct mutex *lock)
```

相当于二值信号量的 P 操作，P 操作之后进入临界区，访问临界资源。

使用临界资源完毕后，再释放互斥锁，使用：

```
mutex_unlock(&vmutex);
```

该函数的原型是：

```
void fastcall mutex_unlock(struct mutex *lock)
```

相当于二值信号量的 V 操作，V 操作之后退出临界区。

8.1.5.4 改进之后的 LED 设备驱动程序

（1）编写设备驱动 4leds_drv.c 文件。

建立 4leds_drv 目录：

```
cd /home/a1/jz2440/roofs/nfs/learn/drivers
mkdir 4leds_drv
```

进入 4leds_drv 目录，在该目录下建立设备驱动文件 4leds_drv.c：

```
cd 4leds_drv
gedit 4leds_drv.c
```

LED 驱动程序“4leds_drv.c”代码内容如下所示：

```
//led 指示灯设备驱动文件 4leds_drv.c
#include <linux/module.h>
#include <linux/kernel.h>
#include <linux/fs.h>
#include <linux/init.h>
#include <linux/mutex.h>
#include <linux/delay.h>
#include <asm/uaccess.h>
#include <asm/irq.h>
```

```
#include <asm/io.h>
#include <mach/hardware.h>
#include <mach/regs-gpio.h>
#include <linux/device.h>
// 使用三星的 GPIO 库 API
#include <plat/gpio-fns.h>

// 加载模式后，执行“cat /proc/devices”命令看到的设备名称
#define DEVICE_NAME   "myleds"

static char leds_status = 0x0;
static struct mutex vmutex;                                  /* 互斥锁 */
static struct class *leds_drv_class;

static int leds_drv_open(struct inode *inode, struct file *file)
{
    /* 获取次设备号 */
    int minor = MINOR(inode->i_rdev); //MINOR(inode->i_cdev);

    /* 将 GPF4,GPF5,GPF6 配置为输出 */
    s3c2410_gpio_cfgpin(S3C2410_GPF(4), S3C_GPIO_OUTPUT);
    s3c2410_gpio_cfgpin(S3C2410_GPF(5), S3C_GPIO_OUTPUT);
    s3c2410_gpio_cfgpin(S3C2410_GPF(6), S3C_GPIO_OUTPUT);
    switch(minor)
    {
            case 0:  /* /dev/myleds0 */
                     /* GPF4,GPF5,GPF6 都输出 1，熄灯 */
                     s3c2410_gpio_setpin(S3C2410_GPF(4), 1);
                     s3c2410_gpio_setpin(S3C2410_GPF(5), 1);
                     s3c2410_gpio_setpin(S3C2410_GPF(6), 1);
                     /* 给变量 leds_status 赋值 0x07 */
                     mutex_lock(&vmutex);              /* 获取互斥锁 */
      leds_status = 0x7;                               /* 111 */
      mutex_unlock(&vmutex);                           /* 释放互斥锁 */
```

```
                break;
            case 1:  /* /dev/myleds1 */
                /* GPF4 输出 1，熄灯 */
                s3c2410_gpio_setpin(S3C2410_GPF(4), 1);
                /* 给变量 leds_status[0] 位置 1 */
                mutex_lock(&vmutex);              /* 获取互斥锁 */
    leds_status |= (1<<0);
    mutex_unlock(&vmutex);                        /* 释放互斥锁 */
                break;
            case 2:  /* /dev/myleds2 */
                /* GPF5 输出 1，熄灯 */
                s3c2410_gpio_setpin(S3C2410_GPF(5), 1);
                /* 给变量 leds_status[1] 位置 1 */
                mutex_lock(&vmutex);              /* 获取互斥锁 */
    leds_status |= (1<<1);
    mutex_unlock(&vmutex);                        /* 释放互斥锁 */
                break;
            case 3:  /* /dev/myleds3 */
                /* GPF6 输出 1，熄灯 */
                s3c2410_gpio_setpin(S3C2410_GPF(6), 1);
                /* 给变量 leds_status[2] 位置 1 */
                mutex_lock(&vmutex);              /* 获取互斥锁 */
     leds_status |= (1<<2);
     mutex_unlock(&vmutex);                       /* 释放互斥锁 */
                break;
    }
    return 0;
}

static int leds_drv_read(struct file *filp, char __user *buff, size_t count, loff_t *offp)
{
    /* 获取次设备号 */
    int minor = MINOR(filp->f_dentry->d_inode->i_rdev);
    /* 返回指定设备的状态 */
```

```
    char val;

    switch (minor)
    {
        case 0: /* /dev/myleds0 */
            mutex_lock(&vmutex);            /* 获取互斥锁 */
            val = leds_status;
            mutex_unlock(&vmutex);          /* 释放互斥锁 */
            break;
        case 1: /* /dev/myleds1 */
            mutex_lock(&vmutex);            /* 获取互斥锁 */
            val = leds_status & 0x1;
            mutex_unlock(&vmutex);          /* 释放互斥锁 */
            break;
     case 2: /* /dev/myleds2 */
            mutex_lock(&vmutex);            /* 获取互斥锁 */
            val = (leds_status>>1) & 0x1;
            mutex_unlock(&vmutex);          /* 释放互斥锁 */
            break;
        case 3: /* /dev/myleds3 */
            mutex_lock(&vmutex);            /* 获取互斥锁 */
            val = (leds_status>>2) & 0x1;
            mutex_unlock(&vmutex);          /* 释放互斥锁 */
            break;
    }
    //put_user() 也可以换成 copy_to_user(buff, (const void *)&val, 1)
    if (put_user(val,buff))
    {
        printk("put_user err\n");
        return -EFAULT;
    }
    return 1;
}
```

```
static ssize_t leds_drv_write(struct file *file, const char __user *buf, size_t count, loff_t *
ppos)
{
    /* 获取次设备号 */
    int minor = MINOR(file->f_dentry->d_inode->i_rdev);
    int val;

    //get_user() 也可以换成 copy_from_user(&val, buf, 1)
    if(get_user(val, buf))
    {
            printk("get_user() err\n");
            return -EFAULT;
    }

    switch (minor)
    {
            case 0: /* /dev/myleds0 */
            s3c2410_gpio_setpin(S3C2410_GPF(4), (val & 0x1));
        s3c2410_gpio_setpin(S3C2410_GPF(5), (val & 0x1));
        s3c2410_gpio_setpin(S3C2410_GPF(6), (val & 0x1));
        if (val == 0){
            mutex_lock(&vmutex);            /* 获取互斥锁 */
            leds_status = 0;                /* 000 */
            mutex_unlock(&vmutex);          /* 释放互斥锁 */
                }else{
                        mutex_lock(&vmutex);            /* 获取互斥锁 */
            leds_status = 0x7;                                  /* 111 */
            mutex_unlock(&vmutex);                              /* 释放互斥锁 */
                }
        break;
      case 1: /* /dev/myleds1 */
                s3c2410_gpio_setpin(S3C2410_GPF(4), val);
                if (val == 0){
                        mutex_lock(&vmutex);            /* 获取互斥锁 */
```

```
                leds_status &= ~(1<<0);
                mutex_unlock(&vmutex);          /* 释放互斥锁 */
            }else{
                mutex_lock(&vmutex);            /* 获取互斥锁 */
                leds_status |= (1<<0);
                mutex_unlock(&vmutex);          /* 释放互斥锁 */
            }
            break;
        case 2: /* /dev/myleds2 */
            s3c2410_gpio_setpin(S3C2410_GPF(5), val);
            if (val == 0){
                mutex_lock(&vmutex);            /* 获取互斥锁 */
                leds_status &= ~(1<<1);
                mutex_unlock(&vmutex);          /* 释放互斥锁 */
            }else{
                mutex_lock(&vmutex);            /* 获取互斥锁 */
                leds_status |= (1<<1);
                mutex_unlock(&vmutex);          /* 释放互斥锁 */
            }
            break;
        case 3: /* /dev/myleds3 */
            s3c2410_gpio_setpin(S3C2410_GPF(6), val);
            if (val == 0){
                mutex_lock(&vmutex);            /* 获取互斥锁 */
                leds_status &= ~(1<<2);
                mutex_unlock(&vmutex);          /* 释放互斥锁 */
            }else{
                mutex_lock(&vmutex);            /* 获取互斥锁 */
                leds_status |= (1<<2);
                mutex_unlock(&vmutex);          /* 释放互斥锁 */
            }
            break;
    }
    return 1;
```

```
}

static struct file_operations leds_drv_fops = {
    .owner  =  THIS_MODULE,
    .open   =  leds_drv_open,
    .read   =  leds_drv_read,
    .write  =  leds_drv_write,
};

int major;
static int leds_drv_init(void)
{
    // 动态申请设备号、注册设备
    major = register_chrdev(0, DEVICE_NAME, &leds_drv_fops);
    // 在 /sys/class/ 下创建 4leds_drv 目录
    leds_drv_class = class_create(THIS_MODULE, "4leds_drv");
    if (IS_ERR(leds_drv_class))
    {
    printk(KERN_INFO "create class error\n");
    return -1;
  }
    /* 将创建 /dev/myleds0 - /dev/myleds3 设备文件 */
    device_create(leds_drv_class, NULL, MKDEV(major, 0), NULL, DEVICE_NAME
"%d",0);
    device_create(leds_drv_class, NULL, MKDEV(major, 1), NULL, DEVICE_NAME
"%d",1);
    device_create(leds_drv_class, NULL, MKDEV(major, 2), NULL, DEVICE_NAME
"%d",2);
    device_create(leds_drv_class, NULL, MKDEV(major, 3), NULL, DEVICE_NAME
"%d",3);

    /* 互斥量初始化 */
    mutex_init(&vmutex);
```

```
    printk(KERN_INFO "Leds_driver is inited!\n");
    printk(KERN_INFO "%s ok!\n", __func__);
    return 0;
}

static void leds_drv_exit(void)
{
    // 释放设备号、注销设备
    unregister_chrdev(major, DEVICE_NAME);

    device_destroy(leds_drv_class, MKDEV(major, 0));
    device_destroy(leds_drv_class, MKDEV(major, 1));
    device_destroy(leds_drv_class, MKDEV(major, 2));
    device_destroy(leds_drv_class, MKDEV(major, 3));
    class_destroy(leds_drv_class);

    printk(KERN_INFO "Leds_driver is exited!\n");
}

module_init(leds_drv_init);
module_exit(leds_drv_exit);
MODULE_LICENSE("GPL");
```

（2）编写 Makefile 文件。

在宿主机的 /home/a1/jz2440/roofs/nfs/learn/drivers/4leds_drv 目录下，编写 Makefile 文件，内容如下：

```
KERN_DIR = ~/jz2440/linux_kernel/linux-3.4.2
obj-m       := 4leds_drv.o
all:
            make -C $(KERN_DIR) M= 'pwd'  modules
clean:
            make -C $(KERN_DIR) M= 'pwd'  modules clean
            rm -rf modules.order
```

（3）编译驱动，生成驱动模块。

在宿主机上使用“make”命令编译驱动完成后，该目录下会生成 4leds_drv.ko 文件，该文件就是编译成功的驱动模块文件。

（4）编写测试文件 test_4leds_drv.c。

用户空间的 LED 驱动测试文件 test_4leds_drv.c 内容如下：

```
//led 指示灯设备驱动的用户空间测试程序 test_4leds_drv.c
#include <sys/types.h>
#include <sys/stat.h>
#include <fcntl.h>
#include <stdio.h>

void print_menu_select_device(void) // 选择设备文件的提示
{
        printf("Please input your device:\n");
        printf("</dev/myleds0 | /dev/myleds1 | /dev/myleds2 | /dev/myleds3>\n");
        printf("input:");
}

void print_menu_select_opertation(void)     // 选择操作的提示
{
        printf("Please input your operation:\n");
        printf("<on | off | read>\n");
        printf("or\n");
        printf("<Q | E | q | e> to quit!\n");
        printf("input:");
}

int main(int argc, char **argv)
{
    int fd;
    char filename[20];
    char cmdstr[20];
    char val;

    print_menu_select_device();                     // 选择设备文件
    scanf("%s", filename);
```

```
	printf("\n");

	fd = open(filename, O_RDWR);		/* filename 是 "/dev/myleds0" ~ "/dev/
myleds3" */
	if (fd < 0)		{
		printf("error, can't open %s\n", filename);
		return 0;
	}

	while(1){
		print_menu_select_opertation();	// 选择操作
		scanf("%s", cmdstr);

		// 选择退出
		if(!strcmp("q",cmdstr) || !strcmp("Q",cmdstr) || !strcmp("E",cmdstr) ||
!strcmp("e",cmdstr))
			break;

		if (!strcmp("on", cmdstr))			/* "on" 表明点灯操作 */
		{
			val = 0;
			write(fd, &val, 1);
		}else if (!strcmp("off", cmdstr))	/* "off" 表明熄灯操作 */
		{
			val = 1;
			write(fd, &val, 1);
		}else if (!strcmp("read", cmdstr)) // "read" 表明获取灯状态 //
		{
			read(fd, &val, 1);
			if (!strcmp("/dev/myleds0", filename))
			{
				/* /dev/myleds0 需要显示出 3 个 LED 指示灯的状态 */
				if(val & 0x04) printf("%s is off\t", filename); else printf("%s is
on\t", filename);
```

```
                    if(val & 0x02) printf("off\t"); else printf("on\t");
                    if(val & 0x01) printf("off!\n"); else printf("on!\n");
                }else{
                    if(val)  {
                        printf("%s is off!\n", filename);
                    }else  {
                        printf("%s is on!\n", filename);
                    }
                }
            }
            printf("\n");
        }

    close(fd);
    return 0;
}
```

在宿主机上使用“arm-linux-gcc -o test_4leds_drv test_4leds_drv.c”命令交叉编译用户空间的测试文件，生成 test_4leds_drv 测试程序。

（5）加载模块。

设置内核以 NFS 方式加载根文件系统，接好各种连接线，在宿主机上打开串口调试终端，给 JZ2440_V3 开发板上电，加载完 U-Boot、Linux 内核和 nfs 根文件系统之后，按回车键进入目标机 shell 控制台，在控制台中输入模块加载命令：

```
cd /learn/drivers/4leds_drv
insmod 4leds_drv.ko
```

（6）运行测试程序。

在目标机的串口调试终端里中输入测试命令，依次测试每个指示灯设备的点灯、熄灯、读状态的操作，如图 8-2 所示。

（7）卸载模块。

```
rmmod 4leds_drv
```

并发环境的测试，可以通过在 JZ2440 开发板上移植 OPENSSH，分别使用串口调试终端和 SSH 终端来运行各自的 test_4leds_drv 程序来测试。

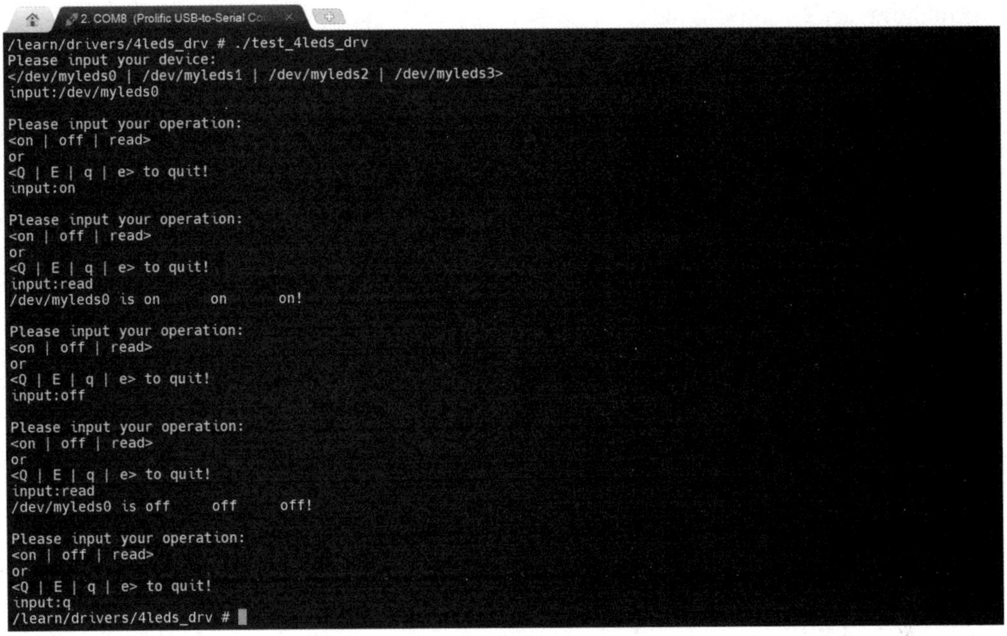

```
/learn/drivers/4leds_drv # ./test_4leds_drv
Please input your device:
</dev/myleds0 | /dev/myleds1 | /dev/myleds2 | /dev/myleds3>
input:/dev/myleds0

Please input your operation:
<on | off | read>
or
<Q | E | q | e> to quit!
input:on

Please input your operation:
<on | off | read>
or
<Q | E | q | e> to quit!
input:read
/dev/myleds0 is on      on      on!

Please input your operation:
<on | off | read>
or
<Q | E | q | e> to quit!
input:off

Please input your operation:
<on | off | read>
or
<Q | E | q | e> to quit!
input:read
/dev/myleds0 is off     off     off!

Please input your operation:
<on | off | read>
or
<Q | E | q | e> to quit!
input:q
/learn/drivers/4leds_drv #
```

图 8-2　改进的 LED 设备驱动测试结果

8.2　简单的按键设备驱动实例

LED 指示灯的驱动主要使用了 GPIO 的输出功能，按键的驱动则使用 GPIO 的输入功能。仿照简单的 LED 设备驱动实例，可以写出查询方式的按键设备驱动。

8.2.1　查询方式的按键设备驱动实例

8.2.1.1　独立按键的硬件工作原理

JZ2440_V3 开发板上有 4 个独立按键：S2、S3、S4、S5，分别接 S3C2440 的 GPF0、GPF2、GPG3、GPG11 这 4 个引脚上，并外接 10 kΩ 的上拉电阻。当按键没有按下时，引脚上应该是高电平；刚按键按下时，引脚对地，也就是低电平。采用软件查询的方式，轮询这些按键引脚，就可以获得按键的状态。

8.2.1.2　简单按键设备驱动实例

以下操作都在 nfs 文件系统目录（/home/a1/jz2440/roofs/nfs/learn/drivers）下进行，因此先执行 cd /home/a1/jz2440/roofs/nfs/learn/drivers 命令。

（1）编写设备驱动 keys_drv.c 文件。

建立 keys_drv 目录：

```
cd /home/a1/jz2440/roofs/nfs/learn/drivers
mkdir keys_drv
```

进入 keys_drv 目录，在该目录下建立设备驱动文件 keys_drv.c：

```
cd keys_drv
```

```
gedit keys_drv.c
```

按键设备驱动程序“keys_drv.c”代码内容如下所示：

```
//keys 按键设备驱动文件 keys_drv.c
#include <linux/module.h>
#include <linux/kernel.h>
#include <linux/fs.h>
#include <linux/init.h>
#include <linux/mutex.h>
#include <linux/delay.h>
#include <asm/uaccess.h>
#include <asm/irq.h>
#include <asm/io.h>
#include <mach/hardware.h>
#include <mach/regs-gpio.h>
#include <linux/device.h>
// 使用三星的 GPIO 库 API
#include <plat/gpio-fns.h>

// 加载模式后，执行“cat /proc/devices”命令看到的设备名称
#define DEVICE_NAME  "mykeys"

static struct class *keys_drv_class;

static int keys_drv_open(struct inode *inode, struct file *file)
{
    /* 配置 GPF0,GPF2,GPG3,GPG11 为输入引脚 */
    s3c2410_gpio_cfgpin(S3C2410_GPF(0), S3C_GPIO_INPUT);
    s3c2410_gpio_cfgpin(S3C2410_GPF(2), S3C_GPIO_INPUT);
    s3c2410_gpio_cfgpin(S3C2410_GPG(3), S3C_GPIO_INPUT);
    s3c2410_gpio_cfgpin(S3C2410_GPG(11), S3C_GPIO_INPUT);
    return 0;
}

static int keys_drv_read(struct file *filp, char __user *buff, size_t count, loff_t *offp)
```

```
{
    /* 存放 4 个引脚的电平 */
    unsigned char key_vals[4];

    if (count != sizeof(key_vals))
            return -EINVAL;

    /* GPF0,GPF2,GPG3,GPG11 引脚的电平 */
    key_vals[0] = s3c2410_gpio_getpin(S3C2410_GPF(0))==1<<0 ? 1 : 0;
    key_vals[1] = s3c2410_gpio_getpin(S3C2410_GPF(2))==1<<2 ? 1 : 0;
    key_vals[2] = s3c2410_gpio_getpin(S3C2410_GPG(3))==1<<3 ? 1 : 0;
    key_vals[3] = s3c2410_gpio_getpin(S3C2410_GPG(11))==1<<11 ? 1 : 0;

    /* 将 key_vals[] 传递到用户空间测试程序 */
    if(copy_to_user(buff, key_vals, sizeof(key_vals)))
    {
            printk("copy_to_user() err!\n");
            return -EFAULT;
    }

    return sizeof(key_vals);
}

static struct file_operations keys_drv_fops = {
    .owner  =   THIS_MODULE,
    .open   =   keys_drv_open,
    .read   =   keys_drv_read,
};

int major;
static int keys_drv_init(void)
{
    // 动态申请设备号、注册设备
    major = register_chrdev(0, DEVICE_NAME, &keys_drv_fops);
```

```
    // 在 /sys/class/ 下创建 keys_drv 目录
    keys_drv_class = class_create(THIS_MODULE, "keys_drv");
    if (IS_ERR(keys_drv_class))
    {
            printk(KERN_INFO "Create class error\n");
            return -1;
    }
    /* 将创建 /dev/mykeys 设备文件 */
    device_create(keys_drv_class, NULL, MKDEV(major, 0), NULL, DEVICE_NAME);

    printk(KERN_INFO "Keys_driver is inited!\n");
    printk(KERN_INFO "%s ok!\n", __func__);
    return 0;
}

static void keys_drv_exit(void)
{
    // 释放设备号、注销设备
    unregister_chrdev(major, DEVICE_NAME);

    device_destroy(keys_drv_class, MKDEV(major, 0));
    class_destroy(keys_drv_class);

    printk(KERN_INFO "Keys_driver is exited!\n");
}

module_init(keys_drv_init);
module_exit(keys_drv_exit);
MODULE_LICENSE("GPL");
```

（2）编写 Makefile 文件，编译驱动，生成驱动模块。

在宿主机的 /home/a1/jz2440/roofs/nfs/learn/drivers/keys_drv 目录下，编写 Makefile 文件，使用“make”命令编译驱动完成后，该目录下会生成 keys_drv.ko 文件，该文件就是编译成功的驱动模块文件。

（3）编写用户空间驱动测试文件 test_keys_drv.c。

用户空间的按键驱动测试文件 test_keys_drv.c 内容如下：

```
// 按键设备驱动的用户空间测试程序 test_keys_drv.c
#include <sys/types.h>
#include <sys/stat.h>
#include <fcntl.h>
#include <stdio.h>

int main(int argc, char **argv)
{
    int fd;
    unsigned char key_vals[4];
    int cnt = 0;
    char flag = 0;

    fd = open("/dev/mykeys", O_RDWR);
    if (fd < 0)        {
            printf("can't open /dev/mykeys!\n");
            exit(1);
    }
    while (1)        {
            read(fd, key_vals, sizeof(key_vals));
            if (!key_vals[0] || !key_vals[1] || !key_vals[2] || !key_vals[3])
            {
                    // 加上 "if(!cnt)"，只显示按键刚按下时的第一条提示信息；
                    // 去掉的话，按键按下期间内一直显示提示信息
                    //if(!cnt)
                            printf("%04d key pressed: %d %d %d %d\n", cnt++, key_
vals[0], key_vals[1], key_vals[2], key_vals[3]);
            }else
            {
                    if(cnt>0) printf("No key pressed: %d %d %d %d\n", key_vals[0], key_
vals[1], key_vals[2], key_vals[3]);
                    cnt=0;
            }
```

```
    }

    return 0;
}
```

在宿主机上使用“arm-linux-gcc -o test_keys_drv test_keys_drv.c”命令交叉编译用户空间的测试文件，生成 test_keys_drv 测试程序。

（4）加载模块，运行用户空间测试程序。

进入目标机串口调试终端 shell 控制台，输入模块加载命令之后，运行测试程序：

```
cd /learn/drivers/keys_drv
insmod keys_drv.ko
./test_keys_drv
```

依次测试每个按键按下、弹起的操作，可以看到运行结果如图 8-3 所示。

图 8-3　按键测试程序的运行情况

按下“Ctrl+C”键终止测试程序。

（5）查询模式的按键驱动，效率低下。

将测试程序在后台运行，键入命令：

```
./test_keys_drv&
```

键入 top 命令，查看测试程序的 CPU 占用率，如图 8-4 所示，可以看到占用率高达 99%，极端浪费 CPU 资源。和裸机程序的设计一样，接下来需要将其修改为中断方式。

按下“q”键，退出 top 界面，输入 kill 命令，杀掉后台运行的测试程序进程：

```
kill -9 1039
```

kill 命令用来给进程发信号。“-9”代表进程终止的信号，1039 是测试程序的进程 PID。

```
Mem: 8452K used, 51908K free, 0K shrd, 0K buff, 2500K cached
CPU: 12.6% usr 87.3% sys  0.0% nic  0.0% idle  0.0% io  0.0% irq  0.0% sirq
Load average: 0.53 0.31 0.32 2/26 1040
  PID  PPID USER     STAT   VSZ %VSZ CPU %CPU COMMAND
 1039   966 0        R     1464  2.4   0 99.2 ./test_keys_drv
 1040   966 0        R     3248  5.3   0  0.5 top
  966     1 0        S     3248  5.3   0  0.0 -/bin/sh
    1     0 0        S     3244  5.3   0  0.0 {linuxrc} init
  285     2 0        SW       0  0.0   0  0.0 [kworker/0:1]
    5     2 0        SW       0  0.0   0  0.0 [kworker/u:0]
    3     2 0        SW       0  0.0   0  0.0 [ksoftirqd/0]
  185     2 0        SW       0  0.0   0  0.0 [khubd]
    2     0 0        SW       0  0.0   0  0.0 [kthreadd]
    4     2 0        SW       0  0.0   0  0.0 [kworker/0:0]
    6     2 0        SW<      0  0.0   0  0.0 [khelper]
    7     2 0        SW<      0  0.0   0  0.0 [netns]
    8     2 0        SW       0  0.0   0  0.0 [kworker/u:1]
  171     2 0        SW       0  0.0   0  0.0 [sync_supers]
  173     2 0        SW       0  0.0   0  0.0 [bdi-default]
  175     2 0        SW<      0  0.0   0  0.0 [kblockd]
  284     2 0        SW<      0  0.0   0  0.0 [rpciod]
  291     2 0        SW       0  0.0   0  0.0 [kswapd0]
  292     2 0        SW       0  0.0   0  0.0 [fsnotify_mark]
  293     2 0        SW<      0  0.0   0  0.0 [nfsiod]
```

图 8-4　按键测试程序的 CPU 占用率

8.2.2　Linux 中断处理程序的上半部与下半部机制

设备中断会打断内核中进程的正常调度和运行，系统对更高吞吐率的追求势必要求中断服务尽可能短小精悍。但是，在大多数真实的系统中，当中断到来时，要完成的工作往往并不会是短小的，它可能要进行较大量的耗时处理。

在 Linux 内核中，为了在中断执行时间尽可能短和中断处理需完成大量工作之间找到一个平衡点，Linux 将中断处理程序分为两个部分：上半部（top half）和下半部（bottom half）。中断处理程序的上半部在接收到一个中断时就立即执行，但只做比较紧急的工作，往往只是简单地读取寄存器中的中断状态并清除中断标志后就进行“登记中断”的工作，这些工作都是在所有中断被禁止的情况下完成的，所以要快，否则其他的中断就得不到及时的处理。那些耗时又不紧急的工作被推迟到下半部去。中断处理程序的下半部分（如果有的话）几乎做了中断处理程序所有的事情。它们最大的不同是上半部分不可中断，而下半部分可中断。在理想的情况下，最好是中断处理程序上半部分将所有工作都交给下半部分执行，这样的话在中断处理程序上半部分中完成的工作就很少，也就能尽可能快地返回。但是，中断处理程序上半部分一定要完成一些工作，例如，通过操作硬件对中断的到达进行确认，还有一些从硬件拷贝数据等对时间比较敏感的工作。剩下的其他工作都可由下半部分执行。

对于上半部分和下半部分之间的划分没有严格的规则，靠驱动程序开发人员自己的编程习惯来划分，不过还是有一些习惯供参考：

①如果该任务对时间比较敏感，将其放在上半部中执行。

②如果该任务和硬件相关，一般放在上半部中执行。

③如果该任务要保证不被其他中断打断，放在上半部中执行（因为这是系统关中断）。

④其他不太紧急的任务，一般考虑在下半部执行。

下半部分并不需要指明一个确切时间，只要把这些任务推迟一点，让它们在系统不太忙并且中断恢复后执行就可以了。通常下半部分在中断处理程序一返回就会马上运行。内核中实现下半部的手段不断演化，目前已经从最原始的BH（Bottom Half）衍生出BH（在2.5中去除）、软中断（soft irq 在 2.3 引入）、tasklet（在 2.3 引入）、工作队列（work queue 在 2.5 引入）。

尽管上半部和下半部的结合能够改善系统的响应能力，但是，Linux 设备驱动中的中断处理并不一定要分成两个半部。如果中断要处理的工作本身就很少，则完全可以直接在上半部全部完成。

8.2.3 Linux 中断与定时器编程

Linux 内核提供了一组接口用于操作机器上的中断状态，包括申请与释放系统中断、使能和屏蔽中断的功能。

8.2.3.1 申请中断

在 Linux 设备驱动中，使用中断的设备需要先申请对应的中断。在 <linux/interrupt.h> 中声明的 request_irq() 函数实现中断注册接口：

```
static inline int __must_check request_irq(unsigned int irq, irq_handler_t handler, unsigned long flags, const char *name, void *dev);
```

① irq：请求的中断号。

② handler：中断处理函数指针，中断发生时系统调用该函数。

③ flags：一个与中断管理相关的选项，如果设置成 SA_INTERRUPT 则表示是一个快速中断处理，快速中断被处理时屏蔽当前处理器上的所有中断，慢速处理程序则不屏蔽。如果设置成 SA_SHIRQ 表示中断可以在设备间共享。

④ name：用在“/proc/interrupts”文件中显示中断的拥有者，可用 cat 命令查看。

⑤ dev_id：用作共享中断的指针。如果中断没有被共享，dev_id 可以设置为 NULL 或者指向设备的设备结构体。

request_irq() 函数返回 0 表示成功，返回 -INVAL 表示中断号无效或处理函数指针为 NULL，返回 -EBUSY 表示中断已经被占用且不能共享。

8.2.3.2 释放中断

如果设备向系统申请了中断，那么在设备注销的时候必须释放该中断，使用 free_irq() 函数实现该功能。函数原型如下：

```
void free_irq(unsigned int irq, void *dev_id);
```

函数中的参数定义参照 request_irq() 函数。

8.2.3.3 设置触发条件

中断需要设置触发条件，如上升沿中断或者下降沿中断等。Linux 提设置触发条件的接口函数为 irq_set_irq_type()，在“include/linux/irq.h”定义，函数原型为：

```
extern int irq_set_irq_type(unsigned int irq, unsigned int type);
```

irq 为中断号，type 为终端类型。在“include/linux/irq.h”中定义了如下中断类型：

```
IRQ_TYPE_NONE = 0x00000000,
IRQ_TYPE_EDGE_RISING = 0x00000001,
IRQ_TYPE_EDGE_FALLING = 0x00000002,
IRQ_TYPE_EDGE_BOTH = (IRQ_TYPE_EDGE_FALLING|IRQ_TYPE_EDGE_
RISING),
IRQ_TYPE_LEVEL_HIGH = 0x00000004,
IRQ_TYPE_LEVEL_LOW = 0x00000008,
IRQ_TYPE_LEVEL_MASK = (IRQ_TYPE_LEVEL_LOW | IRQ_TYPE_LEVEL_HIGH),
IRQ_TYPE_SENSE_MASK = 0x0000000f,
IRQ_TYPE_DEFAULT = IRQ_TYPE_SENSE_MASK,
IRQ_TYPE_PROBE = 0x00000010,
```

通常情况下，一般采用边沿触发和电平触发类型，具体如何设置，还需与实际硬件匹配。

8.2.3.4　使能和屏蔽中断

（1）屏蔽单个中断。

有时一个驱动需要禁止一个特定中断。内核提供了以下 2 个函数来实现这个功能，这三个函数都在“include/linux/interrupt.h”文件中声明，在“kernel/irq/manage.c”中定义。原型如下：

```
void disable_irq(unsigned int irq);
void disable_irq_nosync(unsigned int irq);
```

disable_irq() 不仅禁止给定的中断，还等待当前执行的中断处理程序结束。disable_irq_nosync() 与 disable_irq() 不同，它立刻返回。因此，使用 disable_irq_nosync() 快一点，但是可能使你的设备有竞争情况。

（2）使能单个中断。

```
void enable_irq(unsigned int irq);
```

函数重新使能被禁止的中断。

（3）禁止所有中断。

如果需要禁止所有中断，使用以下 2 个宏中的任意一个都可以关闭在当前处理器上所有中断。这两个宏在“include/linux/irqflags.h”中声明，原型如下：

```
local_irq_save(unsigned long flags);
local_irq_disable(void);
```

local_irq_save() 禁止当前处理器上所有中断，并保存当前状态到 flags；local_irq_disable() 关闭本地中断而不保存状态。

（4）使能所有中断。

使用下面两个宏可以恢复中断，这两个宏分别与上面两个禁止中断的宏相对应。

```
local_irq_restore(unsigned long flags);
local_irq_enable(void);
```

8.2.3.5 中断下半部机制的实现

前面说过，Linux 实现下半部的机制主要有 tasklet、工作队列和软中断等。下面对 tasklet 机制和工作队列机制在 Linux 系统中的实现做简单介绍。

（1）tasklet 机制。

tasklet 可以理解为软件中断的派生，所以它的调度时机和软中断一样。对于内核中需要延迟执行的多数任务都可以用 tasklet 来完成，由于同类 tasklet 本身已经进行了同步保护，所以使用 tasklet 比软中断要简单得多，而且效率也不错。tasklet 把任务延迟到安全时间执行的一种方式，在中断期间运行，即使被调度多次，tasklet 也只运行一次。

软中断和 tasklet 都是运行在中断上下文中，它们与任意进程无关，没有支持的进程完成重新调度。所以软中断和 tasklet 不能睡眠、不能阻塞，它们的代码中不能含有导致睡眠的动作，如减少信号量、从用户空间拷贝数据或手工分配内存等。

tasklet 的使用相当简单，我们只需要定义 tasklet 及其处理函数并将两者关联：

```
void my_tasklet_func(unsigned long);
DECLARE_TASKLET(my_tasklet,my_tasklet_func,data);
```

其中 my_tasklet_func(unsigned long) 定义了 tasklet 的处理函数；DECLARE_TASKLET(my_tasklet,my_tasklet_func,data) 实现了将名称为 my_tasklet 的 tasklet 与 my_tasklet_func() 函数相关联。然后，在需要调度 tasklet 的时候引用下面的 API 就能使系统在适当的时候进行调度运行：

```
tasklet_schedule(&my_tasklet);
```

此外，Linux 还提供了另外一些其他的控制 tasklet 调度与运行的 API：

```
DECLARE_TASKLET_DISABLED(name,function,data); // 与 DECLARE_TASKLET 类似，但等待 tasklet 被使能
tasklet_enable(struct tasklet_struct *);                // 使能
tasklet tasklet_disble(struct tasklet_struct *);        // 禁用
tasklet tasklet_init(struct tasklet_struct *,void (*func)(unsigned long),unsigned long); // 类似于 DECLARE_TASKLET()
tasklet_kill(struct tasklet_struct *);     // 清除指定 tasklet 的可调度位，即不允许调度该 tasklet
```

（2）工作队列机制。

工作队列是 Linux 2.6 内核中新增加的一种下半部机制。它与其他几种下半部分机制

最大的区别就是它可以把工作推后，交由一个内核线程去执行。内核线程只在内核空间运行，没有自己的用户空间，它和普通进程一样可以被调度，也可以被抢占。该工作队列总是会在进程上下文执行。这样，通过工作队列执行的代码能占尽进程上下文的所有优势，最重要的就是工作队列允许重新调度甚至是睡眠。因此，如果推后执行的任务需要睡眠，那么就选择工作队列；如果推后执行的任务不需要睡眠，那么就选择 tasklet。另外，如果需要获得大量的内存、需要获取信号量或者需要执行阻塞式的 I/O 操作时，使用工作队列的方式将非常有用。

工作队列的使用方法和 tasklet 非常相似，下面的代码用于定义一个工作队列和一个底半部执行函数：

```
    struct work_struct my_wk;                        // 定义一个工作 my_wk
    struct workqueue_struct *my_wq;                  // 定义一个工作队列 my_wq
    void my_wk_func(struct work_struct *work);       // 定义工作对应的处理函数 my_
wk_func
```

通过 INIT_WORK() 可以初始化该工作并将工作与处理函数绑定，如下所示：

```
    INIT_WORK(&my_wk, my_wk_func);
```

接下来创建一个专用的内核线程来执行提交到工作队列中的工作函数：

```
    my_wq = create_singlethread_workqueue(kth_name); // kth_name 是要创建的线程名字
```

通过 queue_work() 函数将工作任务 my_wk 提交到工作队列 my_wq，如下：

```
    queue_work(my_wq, &my_wk);        // 随后内核线程会调度工作队列执行工作 my_wk
```

（3）软中断。

软中断是用软件方式模拟硬件中断的概念，实现宏观上的异步执行效果，tasklet 也是基于软中断实现的。

在 Linux 内核中，使用 softirq_action 结构体表征一个软中断，这个结构体中包含软中断处理函数指针和传递给该函数的参数。使用 open_softirq() 函数可以注册软中断对应的处理函数，而 raise_softirq() 函数可以触发一个软中断。

软中断和 tasklet 仍然运行于中断上下文，而工作队列则运行于进程上下文，因此软中断和 tasklet 处理函数中不能睡眠，而工作队列处理函数中允许睡眠。

关于下半部机制的更详细的内容以及应用实例，读者可以参阅其他的相关书籍。

8.2.3.6　内核定时器的编程

内核定时器，是管理内核时间的基础。内核经常要推后执行某些代码，比如下半部机制就是为了将工作推后执行。往往需要一种工具，使工作能够在指定的时间点上执行，内核定时器正是这样一种工具。

内核定时器并不周期性运行，它在超时处理后就自行销毁，这种定时器被称为动态定时器。动态定时器不断地创建和销毁，它的运行次数不受限制。

在 Linux 设备驱动编程中，可以利用 Linux 内核中提供的一组函数和数据结构来完成定时触发工作或者完成某种周期性的事务。这组函数和数据结构使得驱动工程师在多数情况下不用关心具体的软件定时器究竟对应着怎样的内核和硬件行为。Linux 内核所提供的用于操作定时器的数据结构和函数都声明在“include/linux/timer.h”中，大多数函数在“kernel/timer.c”中定义实现。

（1）timer_list 定时器结构体。

在 Linux 内核中，定时器对应于 timer_list 结构体，其定义如下：

```
struct timer_list {
        struct list_head entry;                  // 定时器列表
        unsigned long expires;                   // 定时器的超时时间（节拍数）
        struct tvec_base *base;                  // 定时器内部值，用户不要使用

        void (*function)(unsigned long);         // 定时器超时处理函数（指针）
        unsigned long data;                      // 作为参数被传入到定时器超时处
理函数

        int slack;

        // 其他
        ...
};
```

当定时器超时后，其超时处理函数指针 function() 成员将被执行，data 成员将被作为处理函数的参数，expires 成员是定时器到期的时间（当前时钟节拍总数 jiffies+ 定时时长对应的时钟节拍数）。

（2）初始化定时器。

创建定时器首先要先定义它，比如：

```
struct timer_list mytimer;
```

然后通过一个初始化函数给定时器的内部成员赋初值。定时器初始化可以使用 init_timer() 宏，该宏最后调用 __init_timer() 函数：

```
#define init_timer(timer) init_timer_key((timer), NULL, NULL)
static void __init_timer(struct timer_list *timer, const char *name, struct lock_class_key
*key)
```

__init_timer() 函数初始化定时器 timer 的 entry.next 为 NULL，并给 base 指针赋值。

宏 TIMER_INITIALIZER(_function, _expires, _data) 用于赋值定时器结构体 timer_list

的 entry、function、expire、data、base 等成员，从该宏的定义中可以看到其使用方法：

```
#define TIMER_INITIALIZER(_function, _expires, _data) {          \
            .entry = { .prev = TIMER_ENTRY_STATIC },             \
            .function = (_function),                             \
            .expires = (_expires),                               \
            .data = (_data),                                     \
            .base = &boot_tvec_bases,                            \
            .slack = -1,                                         \
            __TIMER_LOCKDEP_MAP_INITIALIZER(                     \
                    __FILE__ ":" __stringify(__LINE__))          \
    }
```

宏 DEFINE_TIMER(_name, _function, _expires, _data) 是使用参数 _name 来定义定时器并初始化定时器的 function、expire、data 成员。该宏的定义如下：

```
#define DEFINE_TIMER(_name, _function, _expires, _data)          \
    struct timer_list _name =                                    \
            TIMER_INITIALIZER(_function, _expires, _data)
```

（3）添加 / 注册 / 激活定时器。

使用函数 add_timer()，其原型为：

```
void add_timer(struct timer_list *timer);
```

该函数用来向内核注册定时器 timer，将定时器 timer 加入内核动态定时器链表中。注册之后，定时器 timer 才会开始运行。

（4）删除 / 注销定时器。

使用函数 del_timer() 用来删除（注销）定时器 timer，其原型为：

```
int del_timer(struct timer_list * timer);
```

返回 0 表明定时器没有被激活，返回 1 表示定时器已经激活。

del_timer_sync() 是 del_timer() 的同步版，用在对称多处理 SMP 系统中。

（5）修改定时器的超时时间 expires。

使用函数 mod_timer() 用来修改超时时间 expires，其原型为：

```
int mod_timer(struct timer_list *timer, unsigned long expires);
```

如果定时器还没有被激活，该函数可以激活定时器。返回 0 表明调用 mod_timer() 函数前定时器没有被激活，返回 1 表明调用 mod_timer() 函数前定时器已经被激活。

内核中使用全局变量 jiffies 来记录从开机到当前总共的时钟中断次数（时钟节拍数）。如若修改定时器的超时时间，往往采用的方法是在当前 jiffies 的基础上再添加一个延时时间，比如设置超时时间为 1 秒（延迟 1 秒）：

```
mod_timer（&buttons_timer, jiffies + HZ);
```

宏 HZ 定义如下：

```
#define HZ                  CONFIG_HZ           /* Internal kernel timer frequency */
#define CONFIG_HZ           200
```

宏 HZ 为 200，表示 1 秒所对应的节拍数量（反过来可认为 1 个节拍是 5 毫秒时间），可以通过 HZ 来把时间转换成节拍数，比如设置超时时间为 10 毫秒（延迟 10 毫秒，2 个节拍的时间）：

```
mod_timer(&buttons_timer, jiffies + HZ/100);
```

8.2.4 Linux 设备驱动中的阻塞与非阻塞 I/O

8.2.4.1 阻塞与非阻塞

阻塞操作是指在执行设备操作时若不能获得资源则挂起进程，直到满足可操作的条件后再进行操作。被挂起的进程进入休眠状态，被从调度器的运行队列移走，直到等待的条件被满足。与之对应的非阻塞操作的进程在不能进行设备操作时并不挂起，它或者放弃，或者不停地查询，直到可以执行操作为止。

当应用程序进行 read()、write() 等系统调用时，若设备的资源不能获取，而用户又希望以阻塞的方式访问设备，驱动程序应在设备驱动的 xxx_read()、xxx_write() 等操作中将进程阻塞直到资源可以获取，此后，应用程序的 read()、write() 等调用才返回；若用户以非阻塞的方式访问设备，当设备资源不可获取时，设备驱动的 xxx_read()、xxx_write() 等操作应当立即返回，应用程序进行 read()、write() 等系统调用也随即被返回。使用阻塞 / 非阻塞方式的应用程序的主要区别在于 open() 函数的第二个参数打开方式，阻塞方式类似于如下的形式：

```
fd = open("/dev/mykeys", O_RDWR);                   // 以阻塞方式打开按键设备
……
read(fd, &key_val, 1);                              // 读取按键的状态
```

而非阻塞方式的程序代码类似于如下的形式：

```
fd = open("/dev/mykeys", O_RDWR | O_NONBLOCK);        // 以非阻塞方式打开按键设备
……
read(fd, &key_val, 1);                                // 读取按键的状态
```

阻塞从字面上听起来好像效率低，实则不然。如果设备驱动非阻塞，则用户程序想要获取设备资源只能不停地查询，这反而会无谓地消耗 CPU 资源；而阻塞访问时，不能获取资源的进程将进入休眠，它将 CPU 资源让给其他进程。若使用非阻塞方式，可以借助于信号（sigaction）以异步通知的方式访问设备以提高利用率。

8.2.4.2　等待队列

因为阻塞的进程会进入休眠状态，因此往往在中断函数中唤醒休眠的进程。在Linux驱动程序中，可以使用等待队列（wait queue）来实现阻塞进程的唤醒。等待队列由等待队列头和等待队列项构成，它们之间由双向循环链表连接，定义如下：

```
struct __wait_queue_head {
    spinlock_t lock;             // 保护等待队列的自旋锁，实现对等待队列的互斥访问
    struct list_head task_list; // 等待队列，双向循环链表，存放等待的进程
};
typedef struct __wait_queue_head wait_queue_head_t;

// 每个等待任务都会被抽象为一个 __wait_queue，并且挂接到 __wait_queue_head 上。
struct __wait_queue {
    unsigned int flags;
#define WQ_FLAG_EXCLUSIVE    0x01
    void *private;                       // 通常指向当前任务控制块
    wait_queue_func_t func;
    struct list_head task_list; // 挂入 __wait_queue_head
};
typedef struct __wait_queue wait_queue_t;
```

等待队列的操作使用包括下面的一些方法。

（1）定义等待队列头。

首先定义等待队列头结构体变量，再使用 init_waitqueue_head() 函数初始化它：

```
wait_queue_head_t my_queue;
init_waitqueue_head(&my_queue);
```

也可以使用宏定义，将上面的两步合成一步：

```
DECLARE_WAIT_QUEUE_HEAD (my_queue);
```

（2）定义等待队列项。

等待队列头就是一个等待队列的头部，每个访问设备的进程都是一个等待队列项，当设备不可用的时候就要将这些进程阻塞休眠，把对应的等待队列项添加到等待队列里面；当设备可用时，再唤醒休眠的进程，到等待队列中把进程对应的等待队列项删除。使用下面的宏定义等待队列项：

```
DECLARE_WAITQUEUE(name,tsk);
```

宏参数 name 就是等待队列项的名字，tsk 表示这个等待队列项属于哪个任务（进程），一般设置为 current。在 Linux 内核中 current 相当于一个表示当前进程的全局变

量。因此宏 DECLARE_WAITQUEUE 就是给当前正在运行的进程创建并初始化了一个等待队列项。

（3）从等待队列头里添加 / 删除等待队列。

当设备不可访问时，将其添加进等待队列，使用函数：

```
void add_wait_queue(wait_queue_head_t *q,wait_queue_t *wait)
```

当设备可以访问时，将等待队列中进程对应的等待队列项移除，使用函数：

```
void remove_wait_queue(wait_queue_head_t *q,wait_queue_t *wait)
```

这两个函数的参数，q：等待队列项要加入的等待队列头；wait：要加入的等待队列项。

（4）等待唤醒。

当设备可以使用时，可以主动唤醒处于阻塞休眠的进程，使用函数：

```
void wake_up(wait_queue_head_t *q)
void wake_up_interruptible(wait_queue_head_t *q)
```

wake_up() 函数可以唤醒处于 TASK_INTERRUPTIBLE 和 TASK_UNINTERRUPTIBLE 状态的进程，而 wake_up_interruptible() 函数只能唤醒处于 TASK_INTERRUPTIBLE 状态的进程。

（5）等待事件。

使用宏 / 函数：

```
wait_event(wq, condition);
wait_event_timeout(wq, condition, timeout);
wait_event_interruptible(wq, condition);
wait_event_interruptible_timeout(wq,condition, timeout);
```

等待第一个参数 wq 作为等待队列头的等待队列被唤醒，前提是作为第二参数的 condition 条件必须满足（为真），否则一直阻塞。这四个函数的说明见表 8-1 的描述。

表 8-1 等待事件函数说明

函数	描述
wait_event(wq, condition)	等待以 wq 为等待队列头的等待队列被唤醒，前提是 condition 条件必须满足（为真），否则一直阻塞。此函数会将进程设置为 TASK_UNINTERRUPTIBLE 状态
wait_event_timeout(wq, condition, timeout)	功能和 wait_event() 类似，但是此函数可以添加超时时间，以 jiffies 为单位。此函数有返回值，如果返回 0 的话表示超时时间到，而且 condition 为假。为 1 的话表示 condition 为真，也就是条件满足了
wait_event_interruptible(wq, condition)	与 wait_event() 函数类似，但是此函数将进程设置为 TASK_INTERRUPTIBLE 状态，也就是可以被信号打断
wait_event_interruptible_timeout(wq,condition, timeout)	与 wait_event_timeout() 函数类似可以添加超时时间 timeout，此函数也将进程设置为 TASK_INTERRUPTIBLE，可以被信号打断

使用等待队列实现阻塞访问的一般步骤如下所述。

首先在应用程序里，使用阻塞方式访问设备文件：

```
fd = open(filename, O_RDWR);    // 应用程序使用阻塞的方式打开设备文件
```

其次，在设备驱动程序里：

①定义等待队列头并初始化。

```
wait_queue_head_t r_wait;
init_waitqueue_head(&r_wait);
```

前两步可以使用 DECLARE_WAIT_QUEUE_HEAD 宏定义方法，一步完成：

```
DECLARE_WAIT_QUEUE_HEAD(r_wait);
```

②定义一个等待队列并实现满足条件时移除。

```
DECLARE_WAITQUEUE(wait, current);        /* 定义一个等待队列 wait */
add_wait_queue(&r_wait, &wait);          /* 添加到等待队列头 r_wait */
__set_current_state(TASK_INTERRUPTIBLE); /* 设置进程状态为睡眠（挂起休眠）*/
schedule();                              /* 进行一次任务切换，调度其他进程 */
if(signal_pending(current)) {            /* 判断是否为信号引起的唤醒 */
…
__set_current_state(TASK_RUNNING);       /* 设置进程状态为运行（唤醒进程）*/
remove_wait_queue(&r_wait, &wait）;      /* 将等待队列移除 */
…
}
```

也可以使用等待事件和主动唤醒的方式，简化代码：

```
ret = wait_event_interruptible(&r_wait, condition); /* 进程休眠等待条件 condition 成立 */
…
wake_up_interruptible(&r_wait);                     /* 唤醒进程 */
```

8.2.4.3　轮询

使用非阻塞方式的应用程序通常会使用 select()、poll() 系统调用查询是否可对设备进行无阻塞的访问。select() 和 poll() 系统调用最终会引起设备驱动中的 poll() 函数被执行。在 Linux 2.5.45 内核之后还引入了 epoll()，即扩展的 poll，主要应用于网络设备编程。

（1）应用程序中使用非阻塞方式访问设备文件和 select() 系统调用。

在应用程序里，使用非阻塞方式访问设备文件：

```
fd = open(filename, O_RDWR | O_NONBLOCK);    // 使用非阻塞的方式打开设备文件
```

应用程序中使用最广泛的是 select() 系统调用，其原型如下：

```
int select（int nfds, fd_set *readfds, fd_set *writefds, fd_set *exceptfds, struct timeval
*timeout)
```

其中 readfds、writefds、exceptfds 分别是被 select() 监视的读、写和异常处理的文件描述符集合，nfds 的值是需要检查的号码最高的文件描述符加 1；timeout 参数是一个指向 struct timeval 类型的指针，它可以使 select() 在等待 timeout 时间之后若没有文件描述符准备好则返回。结构体类型 timeval 的定义如下：

```
struct timeval
{
        int tv_sec;      /* 秒 */
        int tv_usec;     /* 微秒 */
}
```

时间 timeout 取不同的值，select() 调用就表现不同的性质：

① timeout 为 0，select() 调用立即返回；

② timeout 为 NULL，select() 调用就阻塞，直到有文件描述符就绪；

③ timeout 为正整数，就是一般的定时器，select() 在等待 timeout 时间之后若没有文件描述符准备好则返回。

文件描述符集合 fd_set，这个集合中存放的是文件描述符（file descriptor），也被称为文件句柄。fd_set 类型变量的每一个位都代表了一个文件描述符；参数 readfds、writefds、exceptfds 均是 fd_set 类型。当调用 select() 时，由内核根据 I/O 状态修改 fd_set 的内容，由此来通知执行了 select() 的进程是哪一个网络 socket 或设备文件可读或可写。

参数 readfd 用于监视指定描述符集的读变化，也就是监视这些文件是否可以读取，只要这些集合里面有一个文件可以读取，那么 seclect 就会返回一个大于 0 的值，表示文件可以读取。如果没有文件可以读取，那么就会根据 timeout 参数来判断是否超时。可以将 readfs 设置为 NULL，表示不关心任何文件的读变化。

参数 writefds 和 readfs 类似，只是 writefs 用于监视这些文件是否可以进行写操作。

参数 exceptfds 用于监视这些文件的异常。

可以使用下面的宏对 fd_set 类型的变量进行操作：

```
void FD_ZERO(fd_set *set)
void FD_SET(int fd, fd_set *set)
void FD_CLR(int fd, fd_set *set)
int FD_ISSET(int fd, fd_set *set)
```

FD_ZERO() 用于将 fd_set 变量的所有位都清零；FD_SET() 用于将 fd_set 变量的某个位置 1，也就是向 fd_set 添加一个文件描述符，参数 fd 就是要加入的文件描述符；FD_CLR() 用户将 fd_set 变量的某个位清零，也就是将一个文件描述符从 fd_set 中删除，参数 fd 就是要删除的文件描述符；FD_ISSET() 用于测试 fd 文件描述符是否属于 fd_set 集合。

应用程序 main() 函数中使用 select() 的例子。

```
//select() 的使用
fd_set readfds;
fd = open("dev_key", O_RDWR | O_NONBLOCK);
FD_ZERO(&readfds);          /* 清除 readfds */
FD_SET(fd, &readfds);       /* 将 fd 添加到 readfds 里面 */

/* 构造超时时间 */
timeout.tv_sec = 0;
timeout.tv_usec = 500000; /* 500ms */
while(1){
    ret = select(fd + 1, &readfds, NULL, NULL, &timeout);
 switch (ret) {
            case 0: /* 超时 */
              printf("timeout!\r\n");
              break;
            case -1: /* 错误 */
              printf("error!\r\n");
              break;
            default: /* 可以读取数据 */
              if(FD_ISSET(fd, &readfds)) { /* 判断是否为 fd 文件描述符 */
                      /* 使用 read 函数读取数据 key_val */
                            read(fd, &key_val, 1);
                    }
                    break;
    }
}
```

（2）应用程序中使用 poll() 系统调用。

相比于 select()、poll() 函数可以监视的文件描述符数量没有限制。应用程序中使用 poll() 系统调用，其原型如下：

```
int poll(struct pollfd *fds, nfds_t nfds, int timeout)
```

其中，参数 fds 是 struct pollfd 类型结构体数组（指针），结构体定义如下：

```
struct pollfd {
            int fd;             /* 文件描述符 */
            short events;       /* 请求的事件 */
```

```
        short revents;    /* 返回的事件 */
};
```

fd 是要监视的文件描述符，如果 fd 无效的话那么 events 监视事件也就无效，并且 revents 返回 0；events 是要监视的事件，多个事件用“|”连接，revents 是当监听的事件就绪时才有值。可监视的事件类型如下所示：

POLLIN	普通或高优先级（紧急）的数据可读
POLLRDNORM	普通数据可读
POLLRDBAND	高优先级数据可读
POLLPRI	高优先级的数据可读
POLLOUT	普通数据可写
POLLWRNORM	普通数据可写
POLLWRBAND	高优先级的数据可写
POLLERR	发生错误
POLLHUP	发生挂起
POLLNVAL	无效请求，描述符不是一个打开的文件

poll() 系统调用的第二个参数 nfds 是数组 fds 的大小（元素个数）；第三个参数 timeout 是超时时间，单位是毫秒，当 timeout 为 0 时，poll() 函数立即返回；timeout 为 -1 则使 poll() 一直挂起直到一个指定事件发生；timeout 为正数，则 poll() 在等待 timeout 时间之后若没有文件描述符就绪则返回。poll() 返回的结果：

①返回值 <0，表示出错；

②返回值 =0，表示 poll 函数等待超时；

③返回值 >0，表示 poll 由于监听的文件描述符就绪而返回。

应用程序 main() 函数中使用 poll() 的例子：

```
//poll 的使用
struct pollfd fds;
fd = open(filename, O_RDWR | O_NONBLOCK);

fds.fd = fd;
fds.events = POLLIN;
while(1){
    ret = poll(&fds, 1, 5000); /* 轮询设备文件是否可操作，超时 5000ms */
    if (ret) {            /* 设备就绪，数据有效 */
    /* 读取数据 */
    read(fd, &key_val, 1);
```

```
    } else if (ret == 0) { /* 超时 */
        ...
    } else if (ret < 0) {  /* 错误 */
        ...
    }
}
```

（3）设备驱动中的 poll() 函数。

设备驱动中的 poll() 函数原型如下：

```
unsigned int (*poll) (struct file * filp, struct poll_table * wait);
```

第一个参数为 file 结构体指针，第二个参数为轮询表指针。这个函数应该进行以下两项工作：

①对可能引起设备文件状态变化的等待队列调用 poll_wait() 函数，将对应的等待队列头添加到 poll_table。

②返回表示是否能对设备进行非阻塞读、写访问的掩码，即 POLLIN、POLLOUT、POLLPRI、POLLERR、POLLNVAL 等宏的位或者多个位“|”或起来的结果。

用于向 poll_table 注册等待队列的 poll_wait() 函数的原型是：

```
void poll_wait(struct file * filp, wait_queue_head_t *queue, poll_table * wait);
```

poll_wait() 函数的名字会让人产生误解，以为它和 wait_event() 函数一样，会阻塞地等待某事件的发生，其实这个函数并不会引起阻塞。poll_wait() 所做的工作是把当前进程添加到 wait 参数指定的等待列表（poll_table）中。

驱动程序 poll() 函数应该返回设备资源的可获取状态，如 POLLIN 表明设备可以无阻塞的读、POLLOUT 表明设备可以无阻塞地写。

在设备驱动程序里使用 poll() 函数的一般用法：

```
static DECLARE_WAIT_QUEUE_HEAD(r_waitq);
static DECLARE_WAIT_QUEUE_HEAD(w_waitq);
...
static unsigned int xxx_poll(struct file *filp, poll_table *wait)
{
    unsigned int mask = 0;

    ...
    poll_wait(filp, &r_waitq, wait);            // 加读等待队列头
    poll_wait(filp, &w_waitq, wait);            // 加写等待队列头
    if ( 条件 1)        // 设备就绪可读
```

```
            mask |= POLLIN | POLLRDNORM;                // 标示数据可获取
    if ( 条件 2)        // 设备就绪可写
            mask |= POLLOUT | POLLWRNORM;               // 标示数据可写入
    return mask;
}
```

8.2.5 中断方式的按键设备驱动实例

所有按键、触摸屏等机械设备都存在一个固有的问题，那就是“抖动”。按键从最初接通到稳定接通要经过数毫秒乃至数十毫秒，其间可能发生多次“接通一断开”的过程。因此仅仅依据中断被产生就认定有一次按键行为是很不准确的。如果不消除“抖动”的影响，一次按键可能被理解为产生了多次按键动作。

消除按键抖动影响的软件方法是：在判断有键按下后，进行定时延时（如 10 ms），再判断键盘状态，如果仍处于按键按下状态，则可以判定该按键被按下。

8.2.5.1 中断方式的按键驱动实例

以下操作都在 nfs 文件系统目录（/home/a1/jz2440/roofs/nfs/learn/drivers）下进行，因此先执行 cd /home/a1/jz2440/roofs/nfs/learn/drivers 命令。

（1）编写设备驱动 keys_irq_drv.c 文件。

建立 keys_irq_drv 目录：

```
cd /home/a1/jz2440/roofs/nfs/learn/drivers
mkdir keys_irq_drv
```

进入 keys_irq_drv 目录，在该目录下建立设备驱动文件 keys_irq_drv.c：

```
cd keys_irq_drv
gedit keys_irq_drv.c
```

按键设备驱动程序“keys_irq_drv.c”代码内容如下所示：

```
//keys 按键设备中断方式驱动文件 keys_irq_drv.c
#include <linux/module.h>
#include <linux/kernel.h>
#include <linux/fs.h>
#include <linux/init.h>
#include <linux/mutex.h>
#include <linux/delay.h>
#include <asm/uaccess.h>
#include <asm/irq.h>
#include <asm/io.h>
#include <mach/hardware.h>
```

```
#include <mach/regs-gpio.h>
#include <linux/device.h>
#include <linux/irq.h>
#include <linux/interrupt.h>
#include <linux/sched.h>
#include <linux/timer.h>
#include <linux/poll.h>
// 使用三星的 GPIO 库 API
#include <plat/gpio-fns.h>

// 加载模式后，执行“cat /proc/devices”命令看到的设备名称
#define DEVICE_NAME   "mykeys"

static struct class *keys_irq_drv_class;
/* 定义并初始化等待队列头 keys_waitq */
static DECLARE_WAIT_QUEUE_HEAD（keys_waitq);
static struct timer_list buttons_timer;                    // 内核定时器
/* 中断事件标志，中断服务程序将它置 1，keys_irq_drv_read 将它清 0 */
static volatile int ev_press = 0;

struct pin_desc{
    unsigned int pin;
    unsigned int key_val;
};

struct pin_desc pins_desc[4] = {
    {S3C2410_GPF(0), 0x01},
    {S3C2410_GPF(2), 0x02},
    {S3C2410_GPG(3), 0x03},
    {S3C2410_GPG(11), 0x04},
};

struct pin_desc * pindesc=NULL;
```

```
/* 键值：按下时，0x01, 0x02, 0x03, 0x04 */
/* 键值：松开时，0x81, 0x82, 0x83, 0x84 */
static unsigned char key_val;

/* 按键中断服务函数 */
static irqreturn_t keys_irq(int irq, void *dev_id) {
    pindesc = (struct pin_desc *)dev_id;
    /* 10ms 后启动定时器，HZ 为 200，内核定时器的节拍周期是 5ms */
    mod_timer(&buttons_timer, jiffies + HZ/100);

    return IRQ_RETVAL(IRQ_HANDLED);
}

static int keys_irq_drv_open(struct inode *inode, struct file *file) {
    int ret;
    /* 配置 GPF0,GPF2,GPG3,GPG11 引脚为中断功能 */
    s3c2410_gpio_cfgpin(S3C2410_GPF(0), S3C2410_GPF0_EINT0);
    s3c2410_gpio_cfgpin(S3C2410_GPF(2), S3C2410_GPF2_EINT2);
    s3c2410_gpio_cfgpin(S3C2410_GPG(3), S3C2410_GPG3_EINT11);
    s3c2410_gpio_cfgpin(S3C2410_GPG(11), S3C2410_GPG11_EINT19);

    /* 请求中断 */
    ret = request_irq(IRQ_EINT0,  keys_irq, IRQ_TYPE_EDGE_BOTH, "S2", &pins_
desc[0]);
    if(ret){
            printk("S2 request EINT0 failed!");
    }
    ret = request_irq(IRQ_EINT2,  keys_irq, IRQ_TYPE_EDGE_BOTH, "S3", &pins_
desc[1]);
    if(ret){
            printk("S3 request EINT2 failed!");
    }
    ret = request_irq(IRQ_EINT11, keys_irq, IRQ_TYPE_EDGE_BOTH, "S4", &pins_
desc[2]);
```

```
        if(ret){
                printk("S4 request EINT11 failed!");
        }
        ret = request_irq(IRQ_EINT19, keys_irq, IRQ_TYPE_EDGE_BOTH, "S5", &pins_
desc[3]);
        if(ret){
                printk("S5 request EINT19 failed!");
        }

        return ret;
    }

    static int keys_irq_drv_read(struct file *filp, char __user *buff, size_t count, loff_t *offp)  {
        if (count != 1)
                return -EINVAL;
        /* 如果没有按键动作，休眠 */
        wait_event_interruptible(keys_waitq, ev_press);

        /* 如果有按键动作，返回键值 */
        //put_user() 也可以换成 copy_to_user(buff, (const void *)&key_val, 1)
        if (put_user(key_val, buff))          {
                printk("put_user err\n");
                return -EFAULT;
        }

        ev_press = 0;

        return 1;
    }

    /* 非阻塞方式的设备轮询 */
    static unsigned keys_irq_poll(struct file *filp, poll_table *wait)  {
        unsigned int mask = 0;
        poll_wait(filp, &keys_waitq, wait);          // 加等待队列头，不会立即休眠
```

```
    if (ev_press)       mask |= POLLIN | POLLRDNORM;

    return mask;
}

int keys_irq_drv_close(struct inode *inode, struct file *file) {
    free_irq(IRQ_EINT0, &pins_desc[0]);
    free_irq(IRQ_EINT2, &pins_desc[1]);
    free_irq(IRQ_EINT11, &pins_desc[2]);
    free_irq(IRQ_EINT19, &pins_desc[3]);
    return 0;
}

static struct file_operations keys_irq_drv_fops = {
    .owner  =  THIS_MODULE,
    .open   =  keys_irq_drv_open,
    .read   =  keys_irq_drv_read,
    .poll   =  keys_irq_poll,
    .release =  keys_irq_drv_close,
};

// 定时器超时处理函数
static void buttons_timer_function(unsigned long data) {
    unsigned int pinval;

    if (!pindesc)       return;

    pinval = s3c2410_gpio_getpin(pindesc->pin);
    if (pinval){
            key_val = 0x80 | pindesc->key_val;          /* 松开 */
    }else{
            key_val = pindesc->key_val;                 /* 按下 */
    }
    ev_press = 1;                               /* 表示中断发生了 */
```

```
        wake_up_interruptible(&keys_waitq);        /* 唤醒休眠的进程 */
    }

    int major;
    static int keys_irq_drv_init(void) {
        // 动态申请设备号、注册设备
        major = register_chrdev(0, DEVICE_NAME, &keys_irq_drv_fops);
        // 在 /sys/class/ 下创建 keys_irq_drv 目录
        keys_irq_drv_class = class_create(THIS_MODULE, "keys_irq_drv");
        if (IS_ERR(keys_irq_drv_class)) {
        printk(KERN_INFO "Create class error\n");
        return -1;
        }
        /* 将创建 /dev/mykeys 设备文件 */
        device_create(keys_irq_drv_class, NULL, MKDEV(major, 0), NULL, DEVICE_
NAME);
        // 初始化定时器
        init_timer(&buttons_timer);
        buttons_timer.function = buttons_timer_function;
        add_timer(&buttons_timer);

        printk(KERN_INFO "Keys_driver is inited!\n");
        printk(KERN_INFO "%s ok!\n", __func__);
        return 0;
    }

    static void keys_irq_drv_exit(void) {
        // 释放设备号、注销设备
        unregister_chrdev(major, DEVICE_NAME);

        device_destroy(keys_irq_drv_class, MKDEV(major, 0));
        class_destroy(keys_irq_drv_class);

        // 删除定时器
```

```
        del_timer(&buttons_timer);
        printk(KERN_INFO "Keys_driver is exited!\n");
}

module_init(keys_irq_drv_init);
module_exit(keys_irq_drv_exit);
MODULE_LICENSE("GPL");
```

该按键驱动的 read() 函数中使用了等待队列，支持阻塞方式的获取按键状态；同时也编写了 poll() 函数，支持非阻塞轮询的方式获取按键状态；在按键中断函数里激活了一个延迟 10 毫秒的定时器，用于在按键消抖之后获取按键的状态。

（2）编写 Makefile 文件，编译驱动，生成驱动模块。

在宿主机的 /home/a1/jz2440/roofs/nfs/learn/drivers/keys_irq_drv 目录下，编写 Makefile 文件，使用“make”命令编译驱动完成后，该目录下会生成 keys_irq_drv.ko 文件，该文件就是编译成功的驱动模块文件。

8.2.5.2 阻塞方式的按键驱动测试程序

首先编写使用阻塞方式的按键驱动测试文件 test_block_keys_drv.c，内容如下：

```
//（阻塞方式）按键设备驱动的用户空间测试程序 test_block_keys_drv.c
#include <sys/types.h>
#include <sys/stat.h>
#include <fcntl.h>
#include <stdio.h>

int main(int argc, char **argv)
{
        int fd;
        unsigned char key_val;
        int cnt = 0;
        char flag = 0;

        fd = open("/dev/mykeys", O_RDWR);                    // 阻塞方式打开设备文件
        if (fd < 0)         {
                printf("can't open /dev/mykeys!\n");
                exit(1);
        }
```

```
    while (1)          {
    read(fd, &key_val, 1);                    // 如果按键未按下，则阻塞等待
    printf("key_val = 0x%x\n", key_val);      // 有按键按下就打印出来按键键值
    }
    close(fd);
    return 0;
}
```

在宿主机上使用“arm-linux-gcc -o test_block_keys_drv test_block_keys_drv.c”命令交叉编译用户空间的测试文件，生成 test_block_keys_drv 测试程序。

加载模块 keys_irq_drv.ko，运行用户空间测试程序 test_block_keys_drv。进入目标机串口调试终端 shell 控制台，输入模块加载命令之后，运行测试程序：

```
cd /learn/drivers/keys_irq_drv
insmod keys_irq_drv.ko
./test_block_keys_drv
```

刚开始没有按键动作的时候，串口调试终端上没有任何显示输出，表明当前应用程序进程已经被阻塞。当依次测试每个按键按下、弹起的操作，可以看到输出有按键键值。运行结果，如图 8-5 所示。

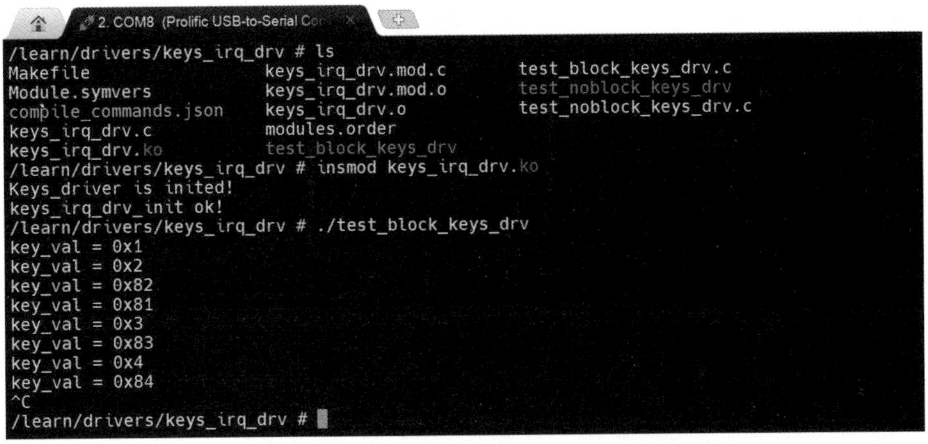

```
/learn/drivers/keys_irq_drv # ls
Makefile                keys_irq_drv.mod.c      test_block_keys_drv.c
Module.symvers          keys_irq_drv.mod.o      test_noblock_keys_drv
compile_commands.json   keys_irq_drv.o          test_noblock_keys_drv.c
keys_irq_drv.c          modules.order
keys_irq_drv.ko         test_block_keys_drv
/learn/drivers/keys_irq_drv # insmod keys_irq_drv.ko
Keys_driver is inited!
keys_irq_drv_init ok!
/learn/drivers/keys_irq_drv # ./test_block_keys_drv
key_val = 0x1
key_val = 0x2
key_val = 0x82
key_val = 0x81
key_val = 0x3
key_val = 0x83
key_val = 0x4
key_val = 0x84
^C
/learn/drivers/keys_irq_drv #
```

图 8-5　阻塞方式的按键驱动测试程序

8.2.5.3　非阻塞方式的按键驱动测试程序

编写使用非阻塞方式的按键驱动测试文件 test_noblock_keys_drv.c，内容如下：

```
//（非阻塞方式）按键设备驱动的用户空间测试程序 test_noblock_keys_drv.c
#include <sys/types.h>
#include <sys/stat.h>
#include <fcntl.h>
```

```
#include <stdio.h>
#include <poll.h>

int main(int argc, char **argv)
{
    int fd;
    unsigned char key_val;
    int ret;

    struct pollfd fds[1];

    fd = open("/dev/mykeys", O_RDWR | O_NONBLOCK);
    if (fd < 0)          {
            printf("can't open /dev/mykeys!\n");
            exit(1);
    }
    fds[0].fd    =  fd;
    fds[0].events  =  POLLIN;
    while (1)          {
            ret = poll(fds, 1, 3000);
            if (ret == 0){                // 超时
                    printf("time out\n");
            }else if(ret > 0){ // 设备就绪，数据有效
                    read(fd, &key_val, 1);
                    printf("key_val = 0x%x\n", key_val);
            }
    }
    close(fd);
    return 0;
}
```

在宿主机上使用“arm-linux-gcc -o test_noblock_keys_drv test_noblock_keys_drv.c”命令交叉编译用户空间的测试文件，生成 test_noblock_keys_drv 测试程序。

加载模块 keys_irq_drv.ko，运行用户空间测试程序 test_noblock_keys_drv。进入目标机串口调试终端 shell 控制台，输入模块加载命令之后，运行测试程序：

```
cd /learn/drivers/keys_irq_drv
insmod keys_irq_drv.ko
./test_noblock_keys_drv
```

刚开始没有按键动作的时候，串口调试终端上没有显示输出，继续等待当超过 3 秒之后，开始输出“time out”，表明 poll() 函数等待超时。当依次测试每个按键按下、弹起的操作，可以看到输出有按键的键值。运行结果如图 8-6 所示。

```
2. COM8 (Prolific USB-to-Serial Co
/learn/drivers/keys_irq_drv # ./test_noblock_keys_drv
time out
time out
key_val = 0x1
key_val = 0x81
key_val = 0x2
key_val = 0x82
time out
key_val = 0x1
key_val = 0x2
key_val = 0x82
key_val = 0x81
time out
key_val = 0x3
key_val = 0x83
^C
/learn/drivers/keys_irq_drv #
```

图 8-6　非阻塞方式的按键驱动测试程序

第 9 章 Linux 设备驱动模型

Linux 支持世界上几乎所有的、各种不同功能的硬件设备，这是 Linux 的优点，但也导致 Linux 内核中有一半的代码是设备驱动，而且随着硬件的快速升级换代，设备驱动的代码量也在快速增长。这导致 Linux 内核看上去非常臃肿、杂乱、不易维护。为了降低设备多样性带来的 Linux 驱动开发的复杂度，以及支持设备热拔插处理、电源管理等，Linux 内核提出了设备驱动模型的概念。设备驱动模型将硬件设备归纳、分类，然后抽象出一套标准的数据结构和接口；而驱动的开发，就简化为对内核所规定的数据结构的填充和实现。

9.1 Linux 设备驱动模型

Linux 内核在 2.6 版本中引入设备驱动模型，简化了驱动程序的编写。设备驱动模型，对系统的所有设备和驱动进行了抽象，形成了复杂的设备树状结构，采用面向对象的方法，抽象出了设备（device）、驱动（driver）、总线（bus）和类（class）等概念。它们之间相互关联，其中设备和驱动通过总线绑定在一起。所有已经注册的设备和驱动都挂在总线上，总线来完成设备和驱动之间的匹配。总线、设备、驱动以及类之间的关系错综复杂，在 Linux 内核中通过 kobject、kset 和 subsys 来进行管理，驱动开发者可以忽略这些管理机制的具体实现。

设备驱动模型的内部结构还在不停地发生改变，如 device、driver、bus 等数据结构在不同版本都有差异，但是基于设备驱动模型编程的结构（框架）基本还是统一的。

在 Linux 内核源码中，分别用 bus_type、device_driver 和 device 结构来描述总线、驱动和设备，这些结构体定义详见“include/linux/device.h”。设备和对应的驱动必须依附于同一种总线，因此 device_driver 和 device 结构中都包含 struct bus_type 指针。

9.1.1 设备

在 Linux 设备驱动模型中，底层用 device 结构来描述所管理的设备。device 结构在文件“include/linux/device.h”中定义，表示如下：

```
struct device {
    struct device *parent;              /* 父设备 */
    struct device_private *p;           /* 设备的私有数据 */
```

```
    struct kobject kobj;                    /* 设备的 kobject 对象 */
    const char *init_name;                  /* 设备的初始名字 */
    struct device_type *type;               /* 设备类型 */
    struct mutex mutex;                     /* 同步驱动的互斥信号量 */
    struct bus_type *bus;                   /* 设备所在的总线类型 */
    struct device_driver *driver;           /* 管理该设备的驱动程序 */
    void *platform_data;                    /* 平台相关的数据 */
    struct dev_pm_info power;               /* 电源管理 */
    struct dev_pm_domain    *pm_domain;
    #ifdef CONFIG_NUMA
            int numa_node;                  /* 设备接近的非一致性存储结构 */
    #endif
    u64 *dma_mask;                          /* DMA 掩码 */
    u64 coherent_dma_mask;                  /* 设备一致性的 DMA 掩码 */
    struct device_dma_parameters *dma_parms;        /* DMA 参数 */
    struct list_head dma_pools;                     /* DMA 缓冲池 */
    struct dma_coherent_mem *dma_mem;               /* DMA 一致性内存 */
    /* 体系结构相关的附加项 */
    struct dev_archdata archdata;           /* 体系结构相关的数据 */
    struct device_node *of_node;            /* 关联设备树节点 */
    dev_t devt;                             /* 创建 sysfs 的 dev 文件 */
    u32  id;                                /* 设备实例 */
    spinlock_t devres_lock;                 /* 驱动的锁 */
    struct list_head devres_head;
    struct klist_node knode_class;
    struct class *class;                            /* 设备所属的类 */
    const struct attribute_group **groups;          /* 可选的组 */
    void (*release)(struct device *dev);        /* 指向设备的 release 方法 */
};
```

注册和注销 device 的函数分别是 device_register() 和 device_unregister()，函数原型如下：

```
int __must_check device_register(struct device *dev);
void device_unregister(struct device *dev);
```

大多数时候不会在驱动中单独使用 device 结构，而是将 device 结构嵌入更高层次的描述结构中。例如，内核中用 spi_device 来描述 SPI 设备，spi_device 结构在“include/linux/

spi/spi.h”文件中定义，是一个嵌入了 device 结构的更高层次的结构体（可看作 spi_device 类继承了 device 基类），如下所示：

```
struct spi_device {
    struct device dev;                                  /* 内嵌 device */
    struct spi_master*master;
    u32  max_speed_hz;
    u8  chip_select;
    u8  mode;
    #define  SPI_CPHA      0x01                         /* clock phase */
    #define  SPI_CPOL      0x02                         /* clock polarity */
    #define  SPI_MODE_0   (0|0)                         /* (original MicroWire) */
    #define  SPI_MODE_1   (0|SPI_CPHA)
    #define  SPI_MODE_2   (SPI_CPOL|0)
    #define  SPI_MODE_3   (SPI_CPOL|SPI_CPHA)
    #define  SPI_CS_HIGH   0x04                         /* chipselect active high? */
    #define  SPI_LSB_FIRST  0x08                        /* per-word bits-on-wire */
    #define  SPI_3WIRE    0x10                          /* SI/SO signals shared */
    #define  SPI_LOOP    0x20                           /* loopback mode */
    #define  SPI_NO_CS     0x40                         /* 1 dev/bus, no chipselect */
    #define  SPI_READY     0x80                         /* slave pulls low to pause */
    u8  bits_per_word;
    int   irq;
    void  *controller_state;
    void  *controller_data;
    char  modalias[SPI_NAME_SIZE];
}
```

系统提供了 device_create() 函数用于在 sysfs/classs 中创建 dev 文件，以供用户空间使用；相反操作的是 device_destroy() 函数，用于销毁 sysfs/class 目录中的 dev 文件。这两个函数在前面第 7 章已经做过介绍并使用过。

9.1.2 驱动

与设备相对应，Linux 设备驱动模型中使用 device_driver 结构来描述驱动，在文件“include/linux/device.h”中定义，如下所示：

```
struct device_driver {
    const char  *name;                          /* 驱动的名称 */
```

```
    struct bus_type   *bus;                     /* 驱动所在的总线 */
    struct module  *owner;                      /* 驱动的所属模块 */
    const char  *mod_name;                      /* 模块名称（静态编译的时候使用） */
    bool suppress_bind_attrs;                   /* 通过 sysfs 禁止 bind 或者 unbind */
    const struct of_device_id *of_match_table;          /* 匹配设备的表 */
    int (*probe) (struct device *dev);                   /* probe 探测方法 */
    int (*remove) (struct device *dev);                  /* remove 方法 */
    void (*shutdown) (struct device *dev);               /* shutdown 方法 */
    int (*suspend) (struct device *dev, pm_message_t state);     /* suspend 方法 */
    int (*resume) (struct device *dev);                  /* resume 方法 */
    const struct attribute_group **groups;               /* 可选的组 */
    const struct dev_pm_ops *pm;                         /* 电源管理 */
    struct driver_private *p;                            /* 驱动的私有数据 */
};
```

系统提供了 driver_register() 和 driver_ungister() 分别用于注册和注销 device_driver，函数原型分别如下：

```
int __must_check driver_register(struct device_driver *drv);
void driver_unregister(struct device_driver *drv);
```

与 device 结构类似，在驱动中一般也不会单独使用 device_driver 结构，通常也是嵌入在更高层的描述结构中。还是以 SPI 为例，SPI 设备的驱动结构为 spi_driver，在 <linux/spi/spi.h> 文件中定义，是一个内嵌了 device_driver 结构的更高层次的结构体，定义如下所示：

```
struct spi_driver {
    const struct spi_device_id *id_table;
    int (*probe)(struct spi_device *spi);
    int  (*remove)(struct spi_device *spi);
    void(*shutdown)(struct spi_device *spi);
    int (*suspend)(struct spi_device *spi, pm_message_t mesg);
    int (*resume)(struct spi_device *spi);
    struct device_driver driver;                    /* 内嵌 device_driver */
};
```

9.1.3　总线

在 Linux 设备驱动模型中，所有的设备都通过总线相连，总线既可以是实际的物理总线（如 I2C、SPI、PCI、USB 等），也可以是内核虚拟的 platform 总线。驱动也挂在总线上，总线是设备和驱动之间的媒介，为它们提供服务。当设备插入系统，总线将在所注册的驱动中寻找匹配的驱动，当驱动插入系统中，总线也会在所注册的设备中寻找匹配的设备。

在 Linux 设备驱动模型中，总线用 bus_type 结构来描述。bus_type 结构在“include/linux/device.h”中定义，如下所示：

```
struct bus_type {
    const char  *name;                            /* 总线名称 */
    /* 用于 subsys 子系统枚举设备，如（"foo%u"，dev->id） */
    const char  *dev_name;
    struct device  *dev_root;                     /* 用作父设备的默认设备 */
    struct bus_attribute  *bus_attrs;             /* 总线属性 */
    struct device_attribute  *dev_attrs;          /* 设备属性 */
    struct driver_attribute  *drv_attrs;          /* 驱动属性 */

    /* match 方法：匹配设备和驱动 */
    int (*match)(struct device *dev, struct device_driver *drv);
    /* uevent 方法，支持热插拔  */
    int (*uevent)(struct device *dev, struct kobj_uevent_env *env);
    int (*probe)(struct device *dev);             /* probe 方法  */
    int (*remove)(struct device *dev);            /* remove 方法 */
    void (*shutdown)(struct device *dev);         /* shutdown 方法 */
    int (*suspend)(struct device *dev, pm_message_t state);     /* suspend 方法 */
    int (*resume)(struct device *dev);            /* resume 方法 */

    const struct dev_pm_ops *pm;                  /* 电源管理 */
    struct iommu_ops *iommu_ops;
    struct subsys_private *p;                     /* 总线的私有数据结构  */
};
```

需要注意的是总线的 match() 方法。当往总线添加一个新设备或者新驱动的时候，match() 方法会被调用，为设备或者驱动寻找匹配的驱动程序或者设备。

注册和注销总线的函数分别是 bus_register() 和 bus_unregister()，函数原型分别如下：

```
int __must_check bus_register(struct bus_type *bus);
void bus_unregister(struct bus_type *bus);
```

一般情况下，用户无须再往系统里注册一个总线，因为目前 Linux 的设备驱动模型已经比较完善，几乎任何设备都可以套用既有的总线。

9.1.4 类

类是 Linux 设备驱动模型中的一个高层抽象，为用户空间提供设备的高层视图。如在驱动中 SCSI 磁盘和 ATA 磁盘，它们是不同的设备，但是从类的角度来看，它们都是磁盘，在用户空间无需关心底层设备和驱动的具体实现。

在 sysfs 中，类一般都放在 /sys/class/ 目录下，例外的是块设备放在 /sys/block 目录下。在类子系统中，可以向用户空间导出信息，用户空间可以通过这些信息与内核交互。最典型就是前面介绍过的 udev，udev 是用户空间的程序，根据 /sys/class 目录下的 dev、uevent 文件来创建设备节点。

在 Linux 设备驱动模型中，类用 class 结构来描述，在“include/linux/device.h”中定义，如下所示：

```
struct class {
    const char  *name;                              /* 类的名称 */
    struct module  *owner;                          /* 类的所属模块 */

    struct class_attribute  *class_attrs;           /* 类的属性 */
    struct device_attribute   *dev_attrs;           /* 设备属性 */
    struct bin_attribute   *dev_bin_attrs;          /* 设备的默认二进制属性 */
    struct kobject  *dev_kobj;                      /* 类的 kobject 对象 */

    int (*dev_uevent)(struct device *dev, struct kobj_uevent_env *env);
    char *(*devnode)(struct device *dev, umode_t *mode);
    void (*class_release)(struct class *class);
    void (*dev_release)(struct device *dev);
    int (*suspend)(struct device *dev, pm_message_t state);
    int (*resume)(struct device *dev);

    const struct kobj_ns_type_operations *ns_type;
    const void *(*namespace)(struct device *dev);
    const struct dev_pm_ops *pm;
    struct subsys_private *p;
};
```

注册或者注销一个类的函数分别是 class_register() 和 class_unregister()，函数原型分别如下：

```
int __must_check __class_register( struct class *class, struct lock_class_key *key);
#define class_register(class)                    \
({                                               \
    static struct lock_class_key __key; \
    __class_register(class, &__key);  \
})
void class_unregister(struct class *class);
```

调用 class_create() 可以在 sysfs/class 目录下创建自定义的类，调用 class_destroy() 函数则销毁自定义类。这两个函数在前面第 7 章已经做过介绍并使用过。

Linux 设备驱动模型的核心思想：

①用 device 和 device driver 两个数据结构，分别从“有什么用”和“怎么用”两个角度描述硬件设备，实现了 device 代表的硬件和 driver 代表的软件设计相互分离（解耦）。这样就统一了编写设备驱动的格式，使驱动开发从论述题变为填空体，从而简化了设备驱动的开发。

②同样使用 device 和 device driver 两个数据结构，实现硬件设备的即插即用（热拔插）。在 Linux 内核中，只要任何 device 和 device driver 具有相同的名字，内核就会执行 device driver 结构中的 probe 函数，该函数会初始化设备，使其为可用状态。

而对大多数热拔插设备而言，它们的 device driver 一直存在内核中。当设备没有插入时，其 device 结构不存在，因而其 driver 也就不执行初始化操作。当设备插入时，内核会创建一个 device 结构（名称和 driver 相同），此时就会触发 driver 的执行，这就是即插即用的概念。

③通过“bus–>device”类型的树状结构解决设备之间的依赖，而这种依赖在开关机、电源管理等过程中尤为重要。试想，一个设备挂载在一条总线上，要启动这个设备，必须先启动它所挂载的总线。很显然，如果系统中设备非常多、依赖关系非常复杂的时候，无论是内核还是驱动的开发人员，都无力维护这种关系。而设备模型中的这种树状结构，可以自动处理这种依赖关系。启动某一个设备前，内核会检查该设备是否依赖其他设备或者总线，如果依赖，则检查所依赖的对象是否已经启动，如果没有，则会先启动它们，直到启动该设备的条件具备为止。而驱动开发人员需要做的，就是在编写设备驱动时，告知内核该设备的依赖关系即可。

④使用 class 结构，在设备模型中引入面向对象的概念，这样可以最大限度地抽象共性，减少驱动开发过程中的重复劳动，减少工作量。

9.2 platform 平台设备和驱动

Linux 内核在 2.6 版本中引入了 platform 机制，能够实现对设备所占用的资源进行统一管理。platform 机制抽象出了 platform_device 和 platform_driver 两个核心概念，与此相关的还有一个重要概念就是资源 resource。接下来分别做介绍。

9.2.1　resource 资源

9.2.1.1　描述和类型

资源（resource）是对设备所占用的硬件信息的抽象，目前包括 I/O、内存 MEM、IRQ、DMA、BUS 这 5 类。在内核源码中，用 resource 结构来对资源进行描述。resource 结构在“include/linux/ioport.h”文件中定义，如下所示：

```
struct resource {
    resource_size_t start;                        /* 资源的物理起始地址 */
    resource_size_t end;                          /* 资源的物理结束地址 */
    const char *name;                             /* 资源名称 */
    unsigned long flags;                          /* 资源的标志 */
    struct resource *parent, *sibling, *child;    /* 资源的父亲、兄弟和子资源 */
};
```

其中 flags 通常被用来表示资源的类型，可用的资源类型有 IO、MEM、IRQ、DMA、BUS 等，在“include/linux/ioport.h”文件中，各资源类型和定义如下：

```
#define IORESOURCE_TYPE_BITS  0x00001f00 /* 资源类型 */
#define IORESOURCE_IO  0x00000100
#define IORESOURCE_MEM  0x00000200
#define IORESOURCE_IRQ  0x00000400
#define IORESOURCE_DMA  0x00000800
#define IORESOURCE_BUS  0x00001000
```

9.2.1.2　资源定义

一个设备的资源定义可以同时包含所占用的多种资源。例如，对于一个既占用 MEM 内存资源，又占用 IRQ 中断资源的设备，其资源定义可以如下所示：

```
#define EMC_CS2_BASE 0x11000000                      /* 总线片选的物理地址 */
static struct resource ecm_ax88796b_resource[] = {
    [0] = {                                          /* 内存资源 */
            .start = EMC_CS2_BASE,                   /* 起始地址 */
            .end = EMC_CS2_BASE + 0xFFF,             /* 结束地址 */
            .flags = IORESOURCE_MEM,           /* 资源类型：IORESOURCE_MEM */
    },
    [1] = {                                    /* IRQ 资源 */
            .start = IRQ_GPIO_04,              /* 中断的引脚 */
```

```
            .end = IRQ_GPIO_04,
            .flags = IORESOURCE_IRQ,        /* 资源类型：IORESOURCE_IRQ */
    },
};
```

9.2.1.3 资源获取

定义了一个设备的资源后，需通过特定函数获取才能使用，这些函数在“include/linux/platform_device.h”文件中定义，一共有 4 个函数，分别是 platform_get_resource()、platform_get_resource_byname()、platform_get_irq() 和 platform_get_irq_byname()。

platform_get_resource() 函数用于获取指定类型的资源，函数原型如下：

```
struct resource *platform_get_resource (struct platform_device *dev, unsigned int type, unsigned int num);
```

其中参数 dev 指向包含资源定义的 platform_device 结构；type 表示将要获取的资源类型；num 表示获取资源的数量。返回值为 0 表示获取失败，成功则返回申请的资源地址。

platform_get_resource_byname() 函数则是根据平台设备的设备名称获取指定类型的资源，函数原型如下：

```
struct resource *platform_get_resource_byname(struct platform_device *dev, unsigned int type, const char *name);
```

另外，内核还单独提供了获取 IRQ 的接口函数 platform_get_irq()，实际上就是 platform_get _resource() 获取 IORESOURCE_IRQ 的封装，方便用户使用。原型如下：

```
int platform_get_irq(struct platform_device *dev, unsigned int num);
```

获取设备的私有数据，可通过宏 platform_get_drvdata 实现：

```
#define platform_get_drvdata(_dev) dev_get_drvdata(&(_dev)->dev)
```

实际上是获取 _dev->dev->p->driver_data。

platform_get_irq_byname() 函数则可根据平台设备名称获取设备的 IRQ 资源，函数原型如下：

```
int platform_get_irq_byname(struct platform_device *dev, const char *name);
```

在驱动编写中如何实际使用这些函数，可以参考下面的示例代码：

```
if (!mem){
    res = platform_get_resource (pdev, IORESOURCE_MEM, 0); /* 获取内存资源 */
    if (!res) {
            printk("%s: get no resource !\n", DRV_NAME);
            return -ENODEV;
    }
    mem = res->start;
```

```
    }
    if(!irq) irq = platform_get_irq(pdev, 0); /* 获取 IRQ 资源 */

    addr = ioremap(mem, 1024);            /* 内存映射 ioremap */
    if (!addr) {
        ret = -EBUSY;
        return ret;
    }
```

这里说明一下内存资源，在定义内存资源的时候，通常使用内存的物理地址，而在驱动中须转换为虚拟地址使用，所以需要进行 ioremap() 操作。

9.2.2 平台设备

platform 平台设备包括：基于端口的设备（已不推荐使用，保留下来只为兼容旧设备，legacy）、连接物理总线的桥设备、集成在 SOC 平台上面的控制器、连接在其他 bus 上的设备（很少见）等。这些设备有一个基本的特征：可以通过 CPU 的系统总线直接寻址（例如在嵌入式系统常见的外设端口“寄存器”）。因此，由于这个共性，内核在设备驱动模型（bus、device 和 device_driver）的基础上，对这些设备进行了更进一步的封装，抽象出 paltform bus、platform device 和 platform driver，以便驱动开发人员可以方便地开发这类设备的驱动。可以说，paltform 设备对 Linux 驱动工程师是非常重要的，因为我们编写的大多数设备驱动，都是为了驱动 plaftom 设备。

9.2.2.1 platform_device

用于描述平台设备的数据结构是 platform_device，在“include/linux/platform_device.h”文件中定义，如下所示：

```
struct platform_device {
    const  char  * name;                    /* 设备名称 */
    int id;                                 /* 设备 ID */
    struct device dev;                      /* 设备的 device 数据结构 */
    u32 num_resources;                      /* 资源的个数 */
    struct resource  * resource;            /* 设备的资源 */
    const struct platform_device_id    *id_entry;          /* 设备 ID 入口 */

    /* MFD 设备（Multi-function Device, 多功能设备）的指针 */
    struct mfd_cell *mfd_cell;              /* 体系结构相关的附加项 */
    struct pdev_archdata archdata;          /* 体系结构相关的数据 */
};
```

name 是设备的名称，用于与 platform_driver 进行匹配绑定，num_resources 是设备拥有的资源数量，resourse 用于描述设备的资源如内存地址、IRQ 等。

9.2.2.2 分配 platform_device 结构

注册一个 platform_device 之前，必须先定义或者通过 platform_device_alloc() 函数为设备分配一个 platform_device 结构，platform_device_alloc() 函数原型如下：

```
struct platform_device *platform_device_alloc(const char *name, int id);
```

9.2.2.3 添加资源

通过 platform_device_alloc() 申请得到的 platform_device 结构，必须添加相关资源和私有数据才能进行注册。添加资源的函数是 platform_device_add_resources()：

```
int platform_device_add_resources(struct platform_device *pdev, const struct resource *res,
unsigned int num);
```

添加 platform_device 私有数据的函数是 platform_device_add_data()：

```
int platform_device_add_data(struct platform_device *pdev, const void *data, size_t size);
```

9.2.2.4 注册和注销 platform_device

申请到 platform_device 结构后，可以通过 platform_device_register() 往系统注册，platform_device_register() 函数原型如下：

```
int platform_device_register(struct platform_device *pdev);
```

platform_device_register() 只能往系统注册一个 platform_device，如果有多个 platform_device，可以用 platform_add_devices() 一次性完成注册，platform_add_devices() 函数原型如下：

```
int platform_add_devices(struct platform_device **devs, int num);
```

通过 platform_device_unregister() 函数可以注销系统的 platform_device，platform_device_unregister() 函数原型如下：

```
void platform_device_unregister(struct platform_device *pdev);
```

如果已经定义了设备的资源和私有数据，可以用 platform_device_register_resndata() 一次性完成数据结构申请、资源和私有数据添加以及设备注册：

```
struct platform_device *__init_or_module platform_device_register_resndata(struct device
*parent, const char *name, int id, const struct resource *res, unsigned int num, const void *data,
size_t size);
```

platform_device_register_simple() 函数是 platform_device_register_resndata() 函数的简化版，可以一步实现分配和注册设备操作，platform_device_register_simple() 函数原型如下：

```
static inline struct platform_device *platform_device_register_simple(const char *name, int
id, const struct resource *res, unsigned int num);
```

实际上就是调用：platform_device_register_resndata(NULL, name, id, res, num,

NULL, 0)。

在“include/linux/platform_device.h”文件里还提供了更多的 platform_device 相关的操作接口函数，在有必要的时候可以查看并使用。

9.2.2.5　向系统添加平台设备的流程

向系统添加一个平台设备，可以通过两种方式完成：

①定义资源，然后定义 platform_device 结构并初始化，最后注册；

②定义资源，然后动态分配 platform_device 结构，往结构添加资源信息，最后注册。

9.2.3　平台驱动

9.2.3.1　platform_driver

platform_driver 是 device_driver 的封装，提供了驱动的 probe() 和 remove() 方法，也提供了与电源管理相关的 shutdown() 和 suspend() 等方法，如下所示：

```
struct platform_driver{
    int (*probe)(struct platform_device *);      /* probe 方法 */
    int (*remove)(struct platform_device *);     /* remove 方法 */
    void (*shutdown)(struct platform_device *);  /* shutdown 方法 */
    int (*suspend)(struct platform_device *, pm_message_t state);  /* suspend 方法 */
    int (*resume)(struct platform_device *);                /* resume 方法 */
    struct device_driver driver;                            /* 设备驱动 */
    const struct platform_device_id *id_table;              /* 设备的 ID 表 */
};
```

platform_driver 有 5 个方法：

① probe 成员指向驱动的探测代码，在 probe 方法中获取设备的资源信息并进行处理，如进行物理地址到虚拟地址的 remap()，或者申请中断 request_irq() 等操作，与模块的初始化代码不同；

② remove 成员指向驱动的移除代码，进行一些资源释放和清理工作，如取消物理地址与虚拟地址的映射关系，或者释放中断号等，与模块的退出代码不同；

③ shutdown 成员指向设备被关闭时的实现代码；

④ suspend 成员执行设备挂起时候的处理代码；

⑤ resume 成员执行设备从挂起中恢复的处理代码。

9.2.3.2　注册和注销 platform_driver

注册和注销 platform_driver 的函数分别是 platform_driver_register() 和 platform_driver_unregister()，函数原型分别如下：

```
int platform_driver_register(struct platform_driver *drv);
void platform_driver_unregister(struct platform_driver *drv);
```

另外，platform_driver_probe() 函数也能完成设备注册，原型如下：

```
int platform_driver_probe(struct platform_driver *driver, int (*probe)(struct platform_device *));
```

如果已经明确知道一个设备不支持热插拔，可以在模块初始化代码中调用 platform_driver_probe() 函数，以减少运行时对内存的消耗。

需要注意：在 Linux 设备驱动模型中已经提到，bus 根据 device_driver 和 device 的名称寻找匹配的设备和驱动，因此注册驱动必须保证 platform_driver 的 driver.name 字段必须和 platform_device 的 name 字段内容相同，否则无法将驱动和设备进行绑定而注册失败。

9.2.4 平台驱动与普通驱动的差异

基于 platform 机制编写的驱动与普通字符驱动，只是在框架上有差别，驱动的实际内容是差不多相同的，如果有必要的话，一个普通驱动很容易就可被改写为 platform 驱动。图 9-1 是普通字符驱动与 platform 平台驱动的框架对照。

可以看到，将一个普通字符驱动改写为平台驱动，驱动各方法的实现以及 fops 定义都是一样的，不同之处是框架结构发生了变化，资源的申请和释放等代码的位置发生了变化：

①资源申请、设备注册等从普通字符驱动的模块初始化部分移到了平台驱动的 probe() 方法，对于特殊情况，也可以继续放在模块初始化代码中。

②设备注销、资源释放等从普通字符驱动的模块退出代码移到了平台驱动的 remove() 方法。

③平台驱动还增加了资源定义和初始化、平台设备和驱动的定义和初始化，以及驱动必要方法的实现等。

平台驱动的模块初始化代码可以很简单，几乎只需简单的调用平台设备注册和注销的接口函数即可。

9.2.5 改写 LED 设备驱动为 platform 平台设备驱动

前面已经提到过，采用 platform 方式编程，能够很好地将资源、设备与驱动分开，便于程序的移植和驱动复用。本节以之前 8.1.5 小节的 LED 设备驱动为例，用 platform 方式重写 LED 驱动，实现相同的设备驱动功能。

为了演示资源、设备和驱动分离，本例将驱动分为如下两个模块：

① leds_platform_dev 模块：实现资源定义和 platform 设备注册。

② leds_platform_drv 模块：通过 platform 方式实现 LED 设备驱动。

在使用的时候，须依次插入 leds_platform_dev 和 leds_platform_drv，才能生成设备节点。

以下操作都在 nfs 文件系统目录（/home/a1/jz2440/roofs/nfs/learn/drivers）下进行，因此先执行 cd /home/a1/jz2440/roofs/nfs/learn/drivers 命令。

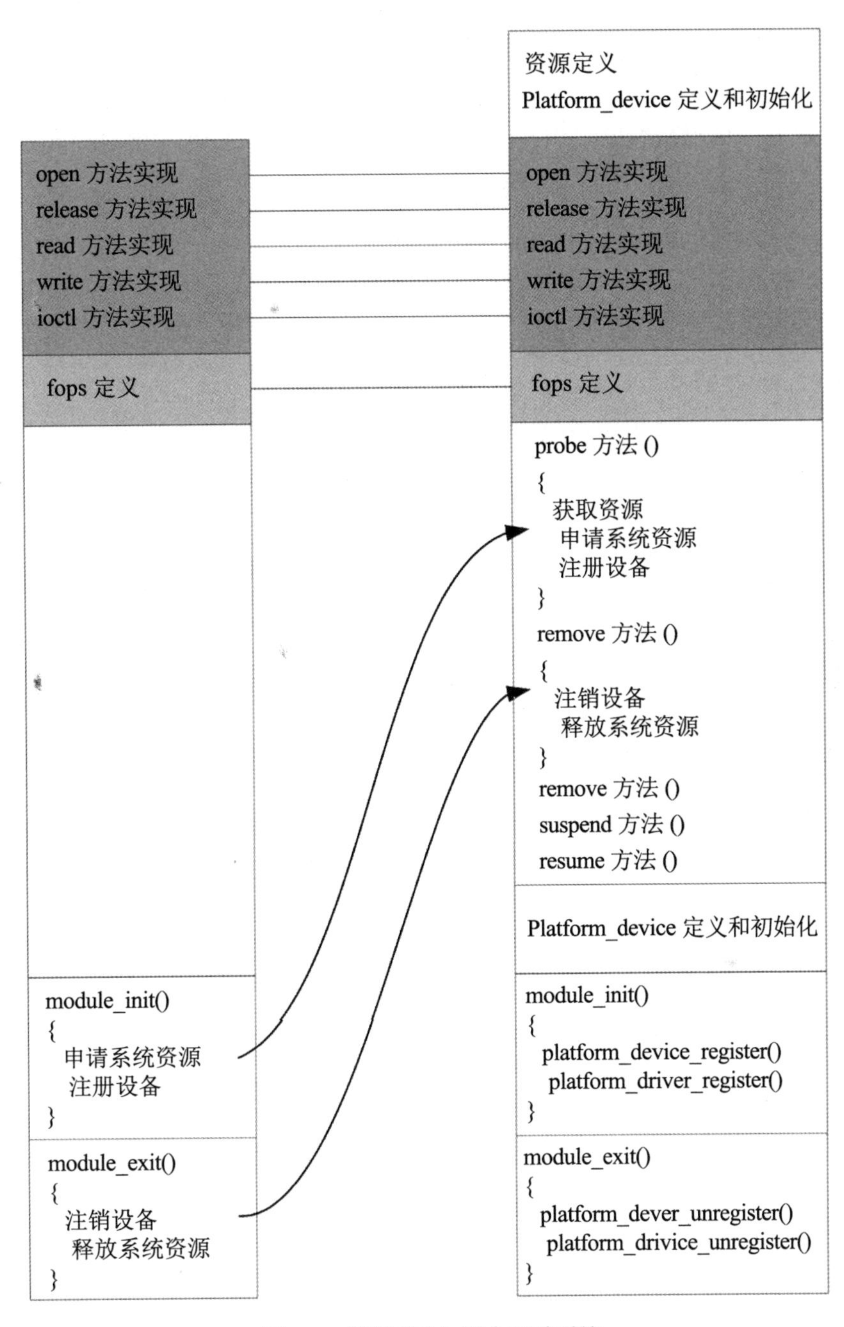

图 9-1　普通驱动与平台驱动对比

9.2.5.1　平台设备 leds_platform_dev 模块

建立 platform_leds 目录：

```
cd /home/a1/jz2440/roofs/nfs/learn/drivers
mkdir platform_leds
```

进入 platform_leds 目录，在该目录下建立平台设备文件 leds_platform_dev.c，保存并退出：

```
cd platform_leds
gedit leds_platform_dev.c
```

leds_platform_dev 模块只有“leds_platform_dev.c”一个文件。该文件实现了 LED 资源定义，并向系统注册了一个平台设备 leds_platform_device，代码如下所示：

```
#include <linux/module.h>
#include <linux/kernel.h>
#include <linux/fs.h>
#include <linux/init.h>
#include <linux/delay.h>
#include <asm/uaccess.h>
#include <asm/irq.h>
#include <asm/io.h>
#include <mach/hardware.h>
#include <mach/regs-gpio.h>
#include <linux/device.h>
#include <linux/platform_device.h>
// 使用三星的 GPIO 库 API
#include <plat/gpio-fns.h>

/* 定义 LEDS 资源 */
static struct resource leds_resources[] = {
    [0] = {
            .start = S3C2410_GPF(4),            /* LED1/GPF4 引脚号 */
            .end = S3C2410_GPF(4),
            .flags = IORESOURCE_IO,
    },
    [1] = {
            .start = S3C2410_GPF(5),            /* LED2/GPF5 引脚号 */
            .end  = S3C2410_GPF(5),
            .flags = IORESOURCE_IO,
    },
    [2] = {
            .start  = S3C2410_GPF(6),           /* LED3/GPF6 引脚号 */
            .end  = S3C2410_GPF(6),
```

```
            .flags = IORESOURCE_IO,
    },
};

static void leds_platform_release(struct device *dev)
{
    return;
}

/* 定义平台设备 leds_platform_device */
static struct platform_device leds_platform_device = {
    .name = "myleds",                    /* platform_driver 中，.name 必须与该名字相同 */
    .id = -1,

    .num_resources = ARRAY_SIZE(leds_resources),
    .resource = leds_resources,
    .dev = {
        /* Device 'led' does not have a release() function, it is broken and must be fixed. */
            .release = leds_platform_release,
            .platform_data = NULL,
    },
};

static int __init leds_platform_init(void)
{
    int ret;
    /* 注册平台设备 leds_platform_device */
    ret = platform_device_register(&leds_platform_device);
    if (ret < 0) {
            platform_device_put(&leds_platform_device);
            return ret;
    }
    return 0;
}
```

```
static void __exit leds_platform_exit(void)
{
    /* 注销平台设备 leds_platform_device */
    platform_device_unregister(&leds_platform_device);
}

module_init(leds_platform_init);
module_exit(leds_platform_exit);
MODULE_LICENSE("GPL");
```

9.2.5.2　平台驱动 leds_platform_drv 模块

键入命令，继续在 platform_leds 目录下建立平台驱动文件 leds_platform_drv.c，保存并退出：

```
gedit leds_platform_drv.c
```

leds_platform_drv 模块也是只有“leds_platform_drv.c”一个文件。该文件实现了 LED 的 platform 驱动，与 8.1.5 节的设备驱动相比，设备的 fops 定义、open、release、read、write 等方法的定义和实现都相同，仅仅在模块初始化和退出代码的实现有差别，同时增加了 platform_driver 定义、probe() 和 remove() 方法。

平台驱动 leds_platform_driver 的定义和初始化，注意其中的 .driver.name 必须与平台设备 leds_platform_device 的 .name 相同，否则无法进行匹配。

在 probe() 方法中，通过 platform_get_resource() 函数从资源中获取需要的 IO 端口，保存在全局数组 led_io[] 中，供驱动的 open、release 、read、write 等方法使用。

“leds_platform_drv.c”代码内容如下：

```
#include <linux/module.h>
#include <linux/kernel.h>
#include <linux/fs.h>
#include <linux/init.h>
#include <linux/delay.h>
#include <asm/uaccess.h>
#include <asm/irq.h>
#include <asm/io.h>
#include <mach/hardware.h>
#include <mach/regs-gpio.h>
#include <linux/device.h>
#include <linux/platform_device.h>
```

```
// 使用三星的 GPIO 库 API
#include <plat/gpio-fns.h>

// 加载模式后，执行“cat /proc/devices”命令看到的设备名称
#define DEVICE_NAME  "myleds"

static char leds_status = 0x0;
static struct mutex vmutex;                                   /* 互斥锁 */
static struct class *leds_drv_class;
static int leds_io[3];            /* 用于保存 LEDS 的 GPF 引脚序号 */

static int leds_drv_open(struct inode *inode, struct file *file)
{
    /* 获取次设备号 */
    int minor = MINOR(inode->i_rdev); //MINOR(inode->i_cdev);

    /* 将 GPF4,GPF5,GPF6 配置为输出 */
    s3c2410_gpio_cfgpin(leds_io[0], S3C_GPIO_OUTPUT);
    s3c2410_gpio_cfgpin(leds_io[1], S3C_GPIO_OUTPUT);
    s3c2410_gpio_cfgpin(leds_io[2], S3C_GPIO_OUTPUT);
    switch(minor)
    {
            case 0:  /* /dev/myleds0 */
                     /* GPF4,GPF5,GPF6 都输出 1，熄灯 */
                     s3c2410_gpio_setpin(leds_io[0], 1);
                     s3c2410_gpio_setpin(leds_io[1], 1);
                     s3c2410_gpio_setpin(leds_io[2], 1);
                     /* 给变量 leds_status 赋值 0x07 */
                     mutex_lock(&vmutex);          /* 获取互斥锁 */
            leds_status = 0x7;                     /* 111 */
            mutex_unlock(&vmutex);                 /* 释放互斥锁 */
                     break;
            case 1:  /* /dev/myleds1 */
                     /* GPF4 输出 1，熄灯 */
```

```
                s3c2410_gpio_setpin(leds_io[0], 1);
                /* 给变量 leds_status[0] 位置 1 */
                mutex_lock(&vmutex);            /* 获取互斥锁 */
            leds_status |= (1<<0);
            mutex_unlock(&vmutex);              /* 释放互斥锁 */
                break;
            case 2:  /* /dev/myleds2 */
                /* GPF5 输出 1，熄灯 */
                s3c2410_gpio_setpin(leds_io[1], 1);
                /* 给变量 leds_status[1] 位置 1 */
                mutex_lock(&vmutex);            /* 获取互斥锁 */
                leds_status |= (1<<1);
                mutex_unlock(&vmutex);          /* 释放互斥锁 */
                break;
            case 3:  /* /dev/myleds3 */
                /* GPF6 输出 1，熄灯 */
                s3c2410_gpio_setpin(leds_io[2], 1);
                /* 给变量 leds_status[2] 位置 1 */
                mutex_lock(&vmutex);            /* 获取互斥锁 */
                leds_status |= (1<<2);
                mutex_unlock(&vmutex);          /* 释放互斥锁 */
                break;
    }
    return 0;
}

static int leds_drv_read(struct file *filp, char __user *buff, size_t count, loff_t *offp)
{
    /* 获取次设备号 */
    int minor = MINOR(filp->f_dentry->d_inode->i_rdev);
    /* 返回指定设备的状态 */
    char val = 0;

    switch (minor)
```

```
    {
        case 0: /* /dev/myleds0 */
            mutex_lock(&vmutex);                    /* 获取互斥锁 */
            val = leds_status;
            mutex_unlock(&vmutex);                  /* 释放互斥锁 */
            break;
        case 1: /* /dev/myleds1 */
            mutex_lock(&vmutex);                    /* 获取互斥锁 */
            val = leds_status & 0x1;
            mutex_unlock(&vmutex);                  /* 释放互斥锁 */
            break;
        case 2: /* /dev/myleds2 */
            mutex_lock(&vmutex);                    /* 获取互斥锁 */
            val = (leds_status>>1) & 0x1;
            mutex_unlock(&vmutex);                  /* 释放互斥锁 */
            break;
        case 3: /* /dev/myleds3 */
            mutex_lock(&vmutex);                    /* 获取互斥锁 */
            val = (leds_status>>2) & 0x1;
            mutex_unlock(&vmutex);                  /* 释放互斥锁 */
            break;
    }
    //put_user() 也可以换成 copy_to_user(buff, (const void *)&val, 1)
    if (put_user(val,buff))
    {
        printk("put_user err\n");
        return -EFAULT;
    }
    return 1;
}

static ssize_t leds_drv_write(struct file *file, const char __user *buf, size_t count, loff_t *
ppos)
{
```

```
/* 获取次设备号 */
int minor = MINOR(file->f_dentry->d_inode->i_rdev);
int val;

//get_user() 也可以换成 copy_from_user(&val, buf, 1)
if(get_user(val, buf))
{
        printk("get_user() err\n");
        return -EFAULT;
}

switch (minor)
{
        case 0: /* /dev/myleds0 */
                s3c2410_gpio_setpin(leds_io[0], (val & 0x1));
            s3c2410_gpio_setpin(leds_io[1], (val & 0x1));
            s3c2410_gpio_setpin(leds_io[2], (val & 0x1));
            if (val == 0){
                mutex_lock(&vmutex);            /* 获取互斥锁 */
                leds_status = 0;                /* 000 */
                mutex_unlock(&vmutex);          /* 释放互斥锁 */
                }else{
                        mutex_lock(&vmutex);    /* 获取互斥锁 */
                leds_status = 0x7;              /* 111 */
                mutex_unlock(&vmutex);          /* 释放互斥锁 */
                }
            break;
 case 1: /* /dev/myleds1 */
                s3c2410_gpio_setpin(leds_io[0], val);
                if (val == 0){
                        mutex_lock(&vmutex);    /* 获取互斥锁 */
                        leds_status &= ~(1<<0);
                        mutex_unlock(&vmutex);          /* 释放互斥锁 */
                }else{
```

```
                        mutex_lock(&vmutex);            /* 获取互斥锁 */
                        leds_status |= (1<<0);
                        mutex_unlock(&vmutex);          /* 释放互斥锁 */
                }
                break;
        case 2: /* /dev/myleds2 */
                s3c2410_gpio_setpin(leds_io[1], val);
                if (val == 0){
                        mutex_lock(&vmutex);            /* 获取互斥锁 */
                        leds_status &= ~(1<<1);
                        mutex_unlock(&vmutex);          /* 释放互斥锁 */
                }else{
                        mutex_lock(&vmutex);            /* 获取互斥锁 */
                        leds_status |= (1<<1);
                        mutex_unlock(&vmutex);          /* 释放互斥锁 */
                }
                break;
        case 3: /* /dev/myleds3 */
                s3c2410_gpio_setpin(leds_io[2], val);
                if (val == 0){
                        mutex_lock(&vmutex);            /* 获取互斥锁 */
                        leds_status &= ~(1<<2);
                        mutex_unlock(&vmutex);          /* 释放互斥锁 */
                }else{
                        mutex_lock(&vmutex);            /* 获取互斥锁 */
                        leds_status |= (1<<2);
                        mutex_unlock(&vmutex);          /* 释放互斥锁 */
                }
                break;
    }
    return 1;
}

static struct file_operations leds_drv_fops = {
```

```
        .owner  =  THIS_MODULE,
        .open  =  leds_drv_open,
        .read  =  leds_drv_read,
        .write  =  leds_drv_write,
    };

    int major;
    static int __devinit leds_probe(struct platform_device *pdev)
    {
        int i;
        struct resource *res_io;

        for(i=0; i<3; i++){
                /* 从设备资源获取引脚序号 */
                res_io = platform_get_resource(pdev, IORESOURCE_IO, i);
                leds_io[i] = res_io->start;
        }

        // 动态申请设备号、注册设备
        major = register_chrdev(0, DEVICE_NAME, &leds_drv_fops);
        // 在 /sys/class/ 下创建 4leds_drv 目录
        leds_drv_class = class_create(THIS_MODULE, "4leds_drv");
        if (IS_ERR(leds_drv_class))
        {
                printk(KERN_INFO "create class error\n");
                return -1;
        }
        /* 将创建 /dev/myleds0 - /dev/myleds3 设备文件 */
        device_create(leds_drv_class, NULL, MKDEV(major, 0), NULL, DEVICE_
NAME"%d",0);
        device_create(leds_drv_class, NULL, MKDEV(major, 1), NULL, DEVICE_
NAME"%d",1);
        device_create(leds_drv_class, NULL, MKDEV(major, 2), NULL, DEVICE_
NAME"%d",2);
```

```
        device_create(leds_drv_class, NULL, MKDEV(major, 3), NULL, DEVICE_NAME"%d",3);

        /* 互斥量初始化 */
        mutex_init(&vmutex);

        printk(KERN_INFO "Leds_driver is inited!\n");
        printk(KERN_INFO "%s ok!\n", __func__);

        return 0;
    }

    static int __devexit leds_remove(struct platform_device *dev)
    {
        // 释放设备号、注销设备
        unregister_chrdev(major, DEVICE_NAME);

        device_destroy(leds_drv_class, MKDEV(major, 0));
        device_destroy(leds_drv_class, MKDEV(major, 1));
        device_destroy(leds_drv_class, MKDEV(major, 2));
        device_destroy(leds_drv_class, MKDEV(major, 3));
        class_destroy(leds_drv_class);

        printk(KERN_INFO "Leds_driver is exited!\n");

        return 0;
    }

    /* 定义和初始化平台驱动 leds_platform_driver */
    static struct platform_driver leds_platform_driver = {
        .probe = leds_probe,
    /* __devexit_p() 宏根据配置选项（编译为模块或编译到内核）来决定函数指针 remove 取值是括号里面的函数 leds_remove，还是 NULL 空函数。即模块为 remove，内核则为 NULL */
```

```
        .remove = __devexit_p(leds_remove),
        .driver = {
                .name = "myleds",          /* 该名称必须与 platform_device 的 .name 相同 */
                .owner = THIS_MODULE,
        },
};

static int __init leds_drv_init(void)
{
        // 注册平台驱动 leds_platform_driver
        return(platform_driver_register(&leds_platform_driver));
}

static void __exit leds_drv_exit(void)
{
        // 注销平台驱动 leds_platform_driver
        platform_driver_unregister(&leds_platform_driver);
}

module_init(leds_drv_init);
module_exit(leds_drv_exit);
MODULE_LICENSE("GPL");
```

9.2.5.3 编写 Makefile 文件，编译驱动，生成驱动模块

在宿主机的 /home/a1/jz2440/roofs/nfs/learn/drivers/platform_leds 目录下，编写 Makefile 文件，内容如下：

```
KERN_DIR = ~/jz2440/linux_kernel/linux-3.4.2
obj-m                 := leds_platform_dev.o
obj-m                 += leds_platform_drv.o


all:
    make -C $(KERN_DIR) M= 'pwd'  modules
clean:
    make -C $(KERN_DIR) M= 'pwd' modules clean
    rm -rf modules.order
```

使用“make”命令编译驱动完成后，该目录下会生成平台设备 leds_platform_dev.ko 模块文件和平台驱动 leds_platform_drv.ko 模块文件。

9.2.5.4　平台设备驱动测试

将 8.1.5 节的简单 LED 设备驱动的测试程序“test_4leds_drv”文件 copy 到 platform_leds 目录下。将编译得到平台设备 leds_platform_dev.ko 模块文件和平台驱动 leds_platform_drv.ko 模块文件，按顺序依次插入，然后运行测试程序 test_4leds_drv：

```
cp ../4leds_drv/test_4leds_drv* ./
insmod leds_platform_dev.ko
insmod leds_platform_drv.ko
./test_4leds_drv
```

结果如图 9-2 所示，和 8.1.5 节的效果一样的。

```
/learn/drivers/platform_leds # ls
Makefile                  leds_platform_dev.mod.o  leds_platform_drv.mod.o
Module.symvers            leds_platform_dev.o      leds_platform_drv.o
leds_platform_dev.c       leds_platform_drv.c      modules.order
leds_platform_dev.ko      leds_platform_drv.ko     test_4leds_drv
leds_platform_dev.mod.c   leds_platform_drv.mod.c  test_4leds_drv.c
/learn/drivers/platform_leds # insmod leds_platform_dev.ko
/learn/drivers/platform_leds # insmod leds_platform_drv.ko
Leds_driver is inited!
leds_probe ok!
/learn/drivers/platform_leds # ./test_4leds_drv
Please input your device:
</dev/myleds0 | /dev/myleds1 | /dev/myleds2 | /dev/myleds3>
input:/dev/myleds0

Please input your operation:
<on | off | read>
or
<Q | E | q | e> to quit!
input:on

Please input your operation:
<on | off | read>
or
<Q | E | q | e> to quit!
input:read
/dev/myleds0 is on      on      on!

Please input your operation:
<on | off | read>
or
<Q | E | q | e> to quit!
input:off

Please input your operation:
<on | off | read>
or
<Q | E | q | e> to quit!
input:read
/dev/myleds0 is off     off     off!

Please input your operation:
<on | off | read>
or
<Q | E | q | e> to quit!
input:q
/learn/drivers/platform_leds #
```

图 9-2　platform 平台 LED 设备驱动测试效果

9.3　LED 子系统使用实例

LED 是嵌入式系统中最常用，也是最简单的外设之一。Linux 内核驱动 LED 子系统里已经编写了 LED 字符设备的驱动。本章将介绍如何通过内核的 LED 子系统更方便地实现 LED 操作。

若要使用 LED 子系统，首先配置 Linux 内核驱动的 LED 选项。在 Linux 3.4 内核的源码包目录下，执行“make menuconfig”命令，进入配置菜单界面，在“Device Drivers”配置界面，选中“LED Support”支持，再进入“LED Support”子菜单进行配置，如图 9-3 所示。

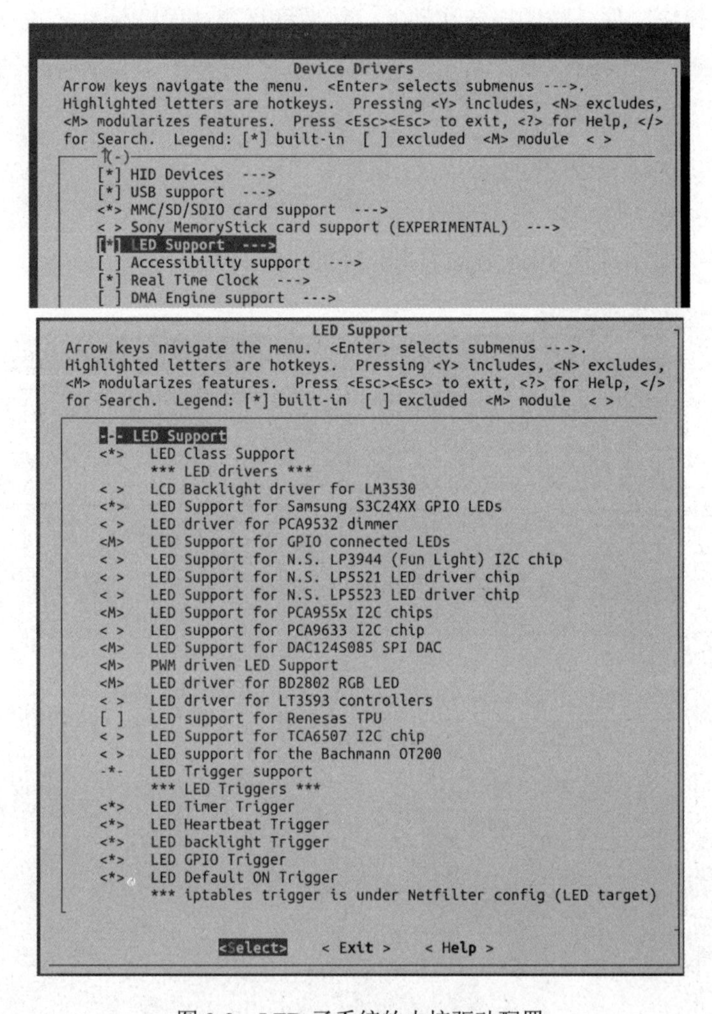

图 9-3　LED 子系统的内核驱动配置

Linux 内核的 LED 子系统为每个 LED 设备都在 sysfs 文件系统的相应目录里提供了操作接口。LED 设备可以通过设置不同的触发方式而具有不同的功能。通过 LED 子系统，程序员可以通过很简便的方法添加 / 删减 LED 设备。这些 LED 设备在使用过程中，用户可以随意设置 LED 设备的功能。

LED 子系统的应用程序操作接口位于 /sys/class/leds 目录下。此目录下包含了关于 LED 操作的目录如图 9-4 所示。

```
/sys/class/leds # ls
led4  led5  led6
/sys/class/leds # cd led4
/sys/devices/platform/s3c24xx_led.0/leds/led4 # ls
brightness      max_brightness  subsystem       uevent
device          power           trigger
/sys/devices/platform/s3c24xx_led.0/leds/led4 # ls -l
total 0
-rw-r--r--    1 0        0             4096 Feb 12 19:54 brightness
lrwxrwxrwx    1 0        0                0 Feb 12 18:20 device -> ../../../s3c24xx_led.0
-r--r--r--    1 0        0             4096 Feb 12 18:20 max_brightness
drwxr-xr-x    2 0        0                0 Feb 12 18:20 power
lrwxrwxrwx    1 0        0                0 Feb 12 18:20 subsystem -> ../../../../../class/leds
-rw-r--r--    1 0        0             4096 Feb 12 19:54 trigger
-rw-r--r--    1 0        0             4096 Feb 12 18:20 uevent
/sys/devices/platform/s3c24xx_led.0/leds/led4 #
```

图 9-4　LED 子系统的 sysfs 操作接口

可以看到，当前 JZ2440 开发板有 3 个 LED 设备：led4 ~ led6（对应于 GPF4 ~ GPF6 引脚，低电平点亮）。进入 led4 设备目录下，又可以看到 6 个文件和 3 个目录（subsystem、device 和 power），这些文件和目录的作用如表 9-1 所示。

表 9-1　LED 设备的 sysfs 操作接口文件说明

名称	作用
brightness	文件，用于控制 LED 灯的亮度。‘0’表示灯熄灭
delay_on	文件，定时器触发方式控制灯亮的时间，单位毫秒
max_brightness	文件，用于控制 LED 灯的最大亮度，值为“255”
subsystem	符号链接，指向父目录
uevent	文件，内核与 udev 之间的通信接口
delay_off	文件，定时器触发方式控制灯灭的时间，单位毫秒
device	符号链接，指向 /sys/devices/platform/s3c24xx_led.x（x 是 0，1，2，…LED 灯序号）目录
power	目录，设备供电方面的相关信息
trigger	文件，触发方式，“none”将 LED 设置为用户控制；“default-on””设置为最大亮度点亮方式；“heartbeat”设置为心跳方式；“nand-disk”设置为 NAND Flash 读写指示灯；“timer”设置为定时器方式（周期性闪烁）；“backlight”受帧缓冲设备的控制作为 LCD 背光灯；还有 gpio 等方式

利用 LED 子系统提供的 sysfs 文件操作接口，可以进行 LED 灯的操作控制，本质上就是在用户空间对这些 sysfs 接口文件进行读写操作。

（1）shell 命令进行 LED 控制。

以 led4 灯为例，点灯的命令如下：

```
# cat /sys/class/leds/led4/trigger                  # 查看 LED4 支持的触发方式
[none] nand-disk timer heartbeat backlight gpio default-on
# echo none > /sys/class/leds/led4/trigger          # 将 LED4 设置为用户控制
# echo 1 > /sys/class/leds/led4/brightness          # 控制 LED4 点亮
# echo 0 > /sys/class/leds/led4/brightness          # 控制 LED4 熄灭
```

```
# cat /sys/class/leds/led4/brightness                # 查看 LED4 的亮度，返回 0 表示熄灭
0
```

（2）在用户空间 C 程序中操作 LED。

用户空间的 C 程序中操作 LED，原理也是使用 open、read、write 等系统调用对 trigger、brightness 文件进行读写操作。在“/home/a1/jz2440/roofs/nfs/learn/drivers”目录下创建“leds_sysfs”目录，进入该目录后，新建 C 文件“test_leds_sysfs.c”，输入如下的程序代码：

```
//test_leds_sysfs.c 文件，使用 sysfs 文件系统的 LED 设备操作接口，控制 LED 灯
#include <stdio.h>
#include <sys/types.h>
#include <sys/stat.h>
#include <fcntl.h>
#include <string.h>

#define TRIGGER    "trigger"
#define LED_PATH   "/sys/class/leds/"
#define LED_STATUS   "brightness"
#define TRIGGER_NONE   "none"

int main(int argc,char **argv)
{
    char path[30],filename[30],ctrl;
    int fd, ret;

    if(argc!=3 || argv[1] == NULL || argv[2] == NULL) {
            printf("usage : ./test_leds_sysfs <led4|led5|led6> <on|off>!\n");
            return 0;
    }
    // 设置 trigger 文件，触发方式为 none
    strcpy(path, LED_PATH);
    strcat(path, argv[1]);
    strcpy(filename, path);
    strcat(filename, "/" TRIGGER);
    fd = open(filename, O_RDWR);
```

```
    if(fd < 0) {
            printf("open %s error!\n",filename);
            return -1;
    }
    ret = write(fd, TRIGGER_NONE, strlen(TRIGGER_NONE));
    if(ret < 0) {
            printf("write %s into %s error!\n", TRIGGER_NONE, filename);
            return -1;
    }
    close(fd);

    // 设置 brightness 文件，控制 LED 灯亮 or 熄灭
    strcpy(filename, path);
    strcat(filename, "/" LED_STATUS);
    fd = open(filename, O_WRONLY);
    if(fd < 0) {
            printf("open %s error!\n",filename);
            return -1;
    }
    if (strcmp(argv[2], "on") == 0) {
          ctrl  = '1';
     }else {
          ctrl = '0';
     }
    ret = write(fd, &ctrl, 1);
    if(ret < 0) {
            printf("write %d into %s error!\n", ctrl, filename);
            return -1;
    }
    close(fd);
    return 0;
}
```

交叉编译后运行该程序，结果如图 9-5 所示，led5 灯正确点亮和熄灭。

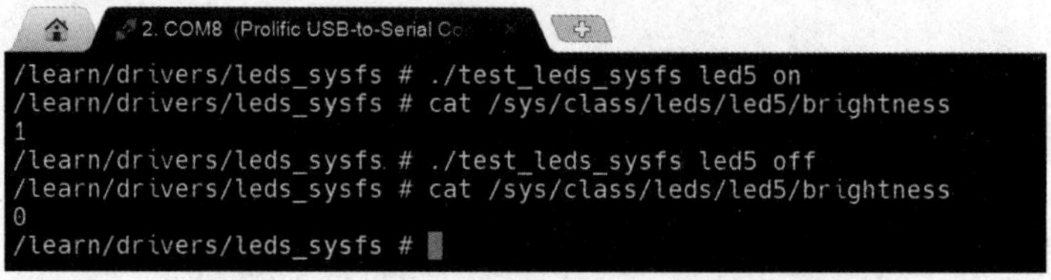

2. COM8 (Prolific USB-to-Serial Co
/learn/drivers/leds_sysfs # ./test_leds_sysfs led5 on
/learn/drivers/leds_sysfs # cat /sys/class/leds/led5/brightness
1
/learn/drivers/leds_sysfs # ./test_leds_sysfs led5 off
/learn/drivers/leds_sysfs # cat /sys/class/leds/led5/brightness
0
/learn/drivers/leds_sysfs #

图 9-5　用户程序 test_leds_sysfs 运行结果

第 10 章　GPIO 子系统

GPIO（通用目的输入 / 输出端口）是一种灵活的可编程控制的数字接口。大多数的嵌入式处理器都引出一组或多组的 GPIO，并且部分引脚通过配置可以复用为 GPIO。设备驱动的 GPIO 子系统管理着 GPIO，既能支持芯片本身的 GPIO，也能支持扩展的 GPIO，向上层提供统一的、便捷的访问接口，实现输入、输出、中断的功能。

10.1　GPIO 子系统使用实例

若要使用 GPIO 子系统，需要配置 Linux 内核驱动选项。在 Linux3.4 内核的源码包目录下，执行“make menuconfig”命令，进入配置菜单界面，首先进入“General setup --->”菜单，选择“[*] Prompt for development and/or incomplete code/drivers”菜单项；然后返回到主菜单，再进入“Device Drivers”设备驱动配置菜单，进入“GPIO Support --->”菜单，选中“[*] /sys/class/gpio/... （sysfs interface）”菜单项，如图 10-1 所示。

重新编译修改配置后的内核，生成镜像文件，重新烧写到 JZ2440 开发板上，才能在 sysfs 文件系统里看到 GPIO 子系统的“/sys/class/gpio”目录。

Linux 2.6 及以上的内核可以使用系统中的 GPIOLIB 模块在用户空间提供的 sysfs 接口，实现应用层对 GPIO 的独立控制。用户可通过 Shell 命令或者系统调用就能控制 GPIO 的输出和读取其输入值，其操作接口文件位于 /sys/class/gpio 目录下，如图 10-2 所示。

属性文件有 export 和 unexport。其余 9 个文件为符号链接（gpiochip0、gpiochip32、gpiochip64、gpiochip96、gpiochip128、gpiochip160、gpiochip192、gpiochip224、gpiochip256），指向管理对应设备的目录。以 gpiochip0 为例，此目录下有 6 个文件：base、label、ngpio、power、subsystem、uevent，表 10-1 列出了这些文件的作用。

通过学习前面的基础知识可知，GPIO 端口和 GPIO 口（或 GPIO 引脚）是两个不同的概念：一个 GPIO 端口由多个 GPIO 口（或 GPIO 引脚）组成，用端口的形式便于管理 GPIO 口；一个 GPIO 口或 GPIO 引脚，对应于 Soc 处理器芯片的某个具体引脚。在 Soc 处理器中都是以端口为单位对 GPIO 口进行管理，比如 S3C2440 的 GPF 端口，GPF 端口控制寄存器 GPFCON 每 4 bit 控制一个 GPIO 口，整个 GPF 端口由 8 个 GPIO 口组成，分别表示为 GPF0，GPF1，…，GPF7。

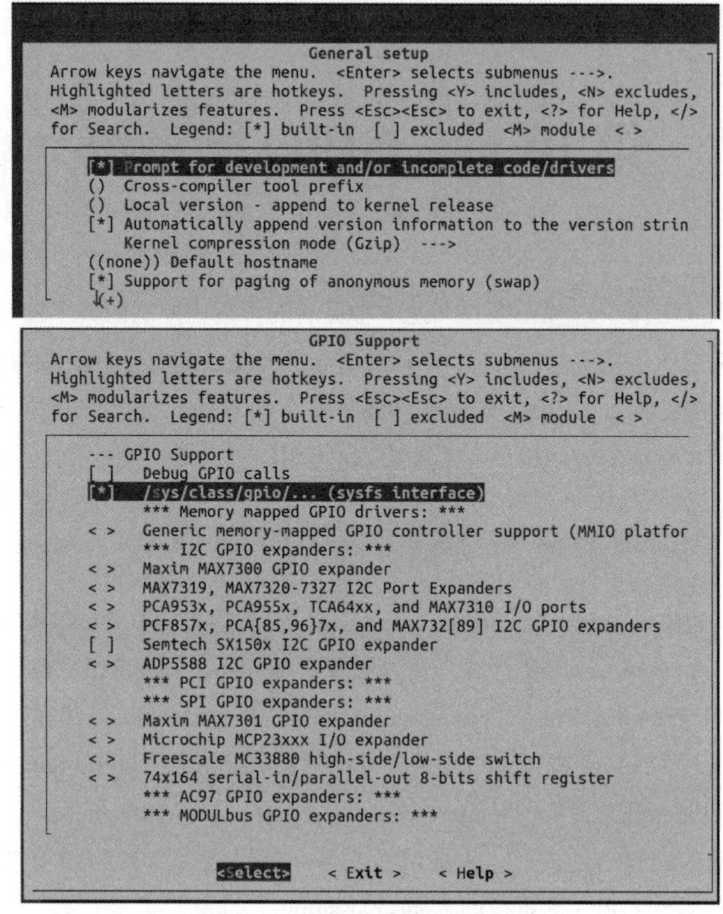

图 10-1　GPIO 子系统的内核配置

```
2. COM8 (Prolific USB-to-Serial Co...
/sys/class/gpio # ls
export      gpiochip128  gpiochip192  gpiochip256  gpiochip64   unexport
gpiochip0   gpiochip160  gpiochip224  gpiochip32   gpiochip96
/sys/class/gpio # ls -l
total 0
--w-------    1 0        0             4096 Feb 12 18:20 export
lrwxrwxrwx    1 0        0                0 Feb 12 18:20 gpiochip0 -> ../../devices/virtual/gpio/gpiochip0
lrwxrwxrwx    1 0        0                0 Feb 12 18:20 gpiochip128 -> ../../devices/virtual/gpio/gpiochip128
lrwxrwxrwx    1 0        0                0 Feb 12 18:20 gpiochip160 -> ../../devices/virtual/gpio/gpiochip160
lrwxrwxrwx    1 0        0                0 Feb 12 18:20 gpiochip192 -> ../../devices/virtual/gpio/gpiochip192
lrwxrwxrwx    1 0        0                0 Feb 12 18:20 gpiochip224 -> ../../devices/virtual/gpio/gpiochip224
lrwxrwxrwx    1 0        0                0 Feb 12 18:20 gpiochip256 -> ../../devices/virtual/gpio/gpiochip256
lrwxrwxrwx    1 0        0                0 Feb 12 18:20 gpiochip32 -> ../../devices/virtual/gpio/gpiochip32
lrwxrwxrwx    1 0        0                0 Feb 12 18:20 gpiochip64 -> ../../devices/virtual/gpio/gpiochip64
lrwxrwxrwx    1 0        0                0 Feb 12 18:20 gpiochip96 -> ../../devices/virtual/gpio/gpiochip96
--w-------    1 0        0             4096 Feb 12 18:20 unexport
/sys/class/gpio # cd gpiochip0
/sys/devices/virtual/gpio/gpiochip0 # ls
base       label      ngpio      power      subsystem  uevent
/sys/devices/virtual/gpio/gpiochip0 # ls -l
total 0
-r--r--r--    1 0        0             4096 Feb 12 18:20 base
-r--r--r--    1 0        0             4096 Feb 12 18:20 label
-r--r--r--    1 0        0             4096 Feb 12 18:20 ngpio
drwxr-xr-x    2 0        0                0 Feb 12 18:20 power
lrwxrwxrwx    1 0        0                0 Feb 12 18:20 subsystem -> ../../../../class/gpio
-rw-r--r--    1 0        0             4096 Feb 12 18:20 uevent
/sys/devices/virtual/gpio/gpiochip0 # cat base
0
/sys/devices/virtual/gpio/gpiochip0 # cat label
GPIOA
/sys/devices/virtual/gpio/gpiochip0 # cat ngpio
24
/sys/devices/virtual/gpio/gpiochip0 #
```

图 10-2　GPIO 子系统的 sysfs 操作接口

表 10-1　gpio 目录下默认属性文件的作用

文件名	路径	作用
export	/sys/class/gpio/export	只有写属性，用于导出 GPIO
unexport	/sys/class/gpio/unexport	只有写属性，将导出的 GPIO 从 sysfs 中清除
gpiochipN（N 是芯片的 GPIO 端口序号）	/sys/class/gpio/gpiochipN/base	设备所管理的 GPIO 初始编号
	/sys/class/gpio/gpiochipN/label	设备信息
	/sys/class/gpio/gpiochipN/ngpio	设备所管理的 GPIO 总数
	/sys/class/gpio/gpiochipN/power	设备供电方面的相关信息
	/sys/class/gpio/gpiochipN/subsystem	符号链接，指向父目录
	/sys/class/gpio/gpiochipN/uevent	内核与 udev 之间的通信接口

对于 32 位的 S3C2440 处理器，共有 130 个 I/O 引脚，共分为 8 组，表示为 GPA ~ GPJ。目录 gpiochip0 对应的就是 GPA 端口（GPA 端口实际上只有 24 个引脚，不到 32 个），目录 gpiochip32 对应的就是 GPB 端口（GPA 端口实际上只有 16 个引脚，不到 32 个），依此类推，目录 gpiochip256 对应的就是 GPJ 端口（GPJ 端口实际上只有 16 个引脚，不到 32 个）。在 Linux 3.4 内核启动时控制台打印出来的信息中可以看到相关信息，如图 10-3 所示。gpiochipN 里面的 N，代表的就是该端口的第一个引脚的排列序号，以 GPA 端口为例，N 就是 0；GPB 端口的 N 就是 32，依此类推。显然，N 为 33 就代表 GPB 端口的第 2 个引脚，也就是 GPB1 的引脚序号。

向 export 文件写入需要操作的 GPIO 排列序号 N，就可以导出对应的 GPIO 口设备目录。例如，导出序号 N 为 165 的 GPIO 口的操作接口（对应于 GPF5 引脚），在 Shell 下，可以用如下命令：

```
# echo 165 > /sys/class/gpio/export
```

通过以上操作后在 /sys/class/gpio 目录下生成 gpio165 目录，通过读写该目录下的属性文件就可以操作这个 GPIO 口的输入和输出，依此类推可以导出其他 GPIO 口设备目录。如果 GPIO 口已经被系统占用，导出时候会提示资源已被占用。

以上面序号 N 为 165 的 gpio165（对应于 GPF5 引脚）为例，设备目录下有 7 个属性文件和子目录：active_low、direction、edge、power、subsystem、uevent 和 value，如图 10-4 所示，注意 gpio165 目录（对应于 GPF5 引脚）和 gpiochip160 目录（对应于 GPF 端口）内容的不同。

这 7 个文件的用途如表 10-2 所示。

利用 GPIO 子系统提供的 sysfs 文件操作接口，可以进行 GPIO 的操作，本质上就是在用户空间对这些 sysfs 接口文件进行读写操作。

```
CPU S3C2440A (id 0x32440001)
S3C24XX Clocks, Copyright 2004 Simtec Electronics
S3C244X: core 400.000 MHz, memory 100.000 MHz, peripheral 50.000 MHz
CLOCK: Slow mode (1.500 MHz), fast, MPLL on, UPLL on
Built 1 zonelists in Zone order, mobility grouping on.  Total pages: 16256
Kernel command line: noinitrd root=/dev/nfs rw nfsroot=192.168.8.97:/home/a1/jz2440/rootfs/nfs ip=192.168.8.11 init=/linuxrc cons
ole=ttySAC0,115200 mem=64M
PID hash table entries: 256 (order: -2, 1024 bytes)
Dentry cache hash table entries: 8192 (order: 3, 32768 bytes)
Inode-cache hash table entries: 4096 (order: 2, 16384 bytes)
Memory: 64MB = 64MB total
Memory: 60240k/60240k available, 5296k reserved, 0K highmem
Virtual kernel memory layout:
    vector  : 0xffff0000 - 0xffff1000   (   4 kB)
    fixmap  : 0xfff00000 - 0xfffe0000   ( 896 kB)
    vmalloc : 0xc4800000 - 0xff000000   ( 936 MB)
    lowmem  : 0xc0000000 - 0xc4000000   (  64 MB)
    modules : 0xbf000000 - 0xc0000000   (  16 MB)
      .text : 0xc0008000 - 0xc041d4b0   (4182 kB)
      .init : 0xc041e000 - 0xc043e000   ( 128 kB)
      .data : 0xc043e000 - 0xc046e940   ( 195 kB)
       .bss : 0xc046e964 - 0xc048ebe8   ( 129 kB)
NR_IRQS:85
irq: clearing pending ext status 00000300
irq: clearing subpending status 00000002
sched_clock: 32 bits at 200 Hz, resolution 5000000ns, wraps every 4294967291ms
Console: colour dummy device 80x30
Calibrating delay loop... 199.47 BogoMIPS (lpj=498688)
pid_max: default: 32768 minimum: 301
Mount-cache hash table entries: 512
CPU: Testing write buffer coherency: ok
Setting up static identity map for 0x30315898 - 0x303158f0
gpiochip_add: registered GPIOs 0 to 23 on device: GPIOA
gpiochip_add: registered GPIOs 32 to 47 on device: GPIOB
gpiochip_add: registered GPIOs 64 to 79 on device: GPIOC
gpiochip_add: registered GPIOs 96 to 111 on device: GPIOD
gpiochip_add: registered GPIOs 128 to 143 on device: GPIOE
gpiochip_add: registered GPIOs 160 to 167 on device: GPIOF
gpiochip_add: registered GPIOs 192 to 207 on device: GPIOG
gpiochip_add: registered GPIOs 224 to 234 on device: GPIOH
gpiochip_add: registered GPIOs 256 to 271 on device: GPIOJ
NET: Registered protocol family 16
S3C Power Management, Copyright 2004 Simtec Electronics
S3C2440: Initialising architecture
S3C2440: IRQ Support
S3C244X: Clock Support, DVS off
S3C24XX DMA Driver, Copyright 2003-2006 Simtec Electronics
DMA channel 0 at c4804000, irq 33
DMA channel 1 at c4804040, irq 34
DMA channel 2 at c4804080, irq 35
DMA channel 3 at c48040c0, irq 36
bio: create slab <bio-0> at 0
SCSI subsystem initialized
usbcore: registered new interface driver usbfs
usbcore: registered new interface driver hub
usbcore: registered new device driver usb
s3c-i2c s3c2440-i2c: slave address 0x10
s3c-i2c s3c2440-i2c: bus frequency set to 97 KHz
```

图 10-3　Linux3.4 内核启动时打印出来的 GPIO 端口信息

```
/sys/class/gpio # ls
export       gpiochip128  gpiochip192  gpiochip256  gpiochip64   unexport
gpiochip0    gpiochip160  gpiochip224  gpiochip32   gpiochip96
/sys/class/gpio # echo 165 > /sys/class/gpio/export
/sys/class/gpio # ls
export       gpiochip0    gpiochip160  gpiochip224  gpiochip32   gpiochip96
gpio165      gpiochip128  gpiochip192  gpiochip256  gpiochip64   unexport
/sys/class/gpio # cd gpio165/
/sys/devices/virtual/gpio/gpio165 # ls
active_low  direction   edge        power       subsystem  uevent      value
/sys/devices/virtual/gpio/gpio165 # ls -l
total 0
-rw-r--r--    1 0        0             4096 Feb 16 01:22 active_low
-rw-r--r--    1 0        0             4096 Feb 16 01:22 direction
-rw-r--r--    1 0        0             4096 Feb 16 01:22 edge
drwxr-xr-x    2 0        0                0 Feb 16 01:22 power
lrwxrwxrwx    1 0        0                0 Feb 16 01:22 subsystem -> ../../../../class/gpio
-rw-r--r--    1 0        0             4096 Feb 16 01:21 uevent
-rw-r--r--    1 0        0             4096 Feb 16 01:22 value
/sys/devices/virtual/gpio/gpio165 # cd ..
/sys/class/gpio # echo 165 > /sys/class/gpio/unexport
/sys/class/gpio # ls
export       gpiochip128  gpiochip192  gpiochip256  gpiochip64   unexport
gpiochip0    gpiochip160  gpiochip224  gpiochip32   gpiochip96
/sys/class/gpio #
```

图 10-4　导出、查看和清除 GPIO165

表10-2 gpioN属性文件的作用

文件名	路径	作用
active_low	/sys/class/gpio/gpioN/active_low	具有读写属性，用于决定value中的值是否翻转，0不翻转，1翻转
direction	/sys/class/gpio/gpioN/direction _low	具有读写属性，用于查看或设置GPIO输入或输出
edge	/sys/class/gpio/gpioN/edge	具有读写属性，设置GPIO中断，或检测中断是否发生，有“none”“rising”“falling”“both”四个值，分别表示： none表示输入，不是中断引脚； rising表示为中断输入，上升沿触发； falling表示为中断输入，下降沿触发； both表示为中断输入，边沿触发
power	/sys/class/gpio/gpioN/power	设备供电方面的相关信息
subsystem	/sys/class/gpio/gpioN/subsystem	符号链接，指向父目录
uevent	/sys/class/gpio/gpioN/uevent	内核与udev之间的通信接口
value	/sys/class/gpio/gpioN/value	具有读写属性，对GPIO的电平状态进行设置或读取

（1） shell命令进行GPIO操作。

可以通过Shell命令操作GPIO。通过以下步骤，就可以控制GPIO进行输入/输出操作。

①输入/输出方向设置。GPIO导出后默认为输入功能。向direction文件写入“in”字符串，表示设置为输入功能；向direction文件写入“out”字符串，表示设置为输出功能。读direction文件，会返回“in/out”字符串，“in”表示当前GPIO作为输入，“out”表示当前GPIO作为输出。以GPF0（gpio160，接独立按键）和GPF5（gpio165，接LED指示灯）为例，采用shell命令查看和设置GPIO输入输出方向的命令如下：

```
# cat /sys/class/gpio/gpio160/direction          # 查看 gpio160 方向
in                                               # 返回“in”，表明默认是输入
# cat /sys/class/gpio/gpio165/direction          # 查看 gpio165 方向
in                                               # 返回“in”，表明默认是输入
# echo out > /sys/class/gpio/gpio165/direction   # 将 gpio165 的方向设置为输出
# cat /sys/class/gpio/gpio165/direction          # 再查看 gpio165 方向
out                                              # 返回“out”，表明设置为输出
```

②读取输入。当GPIO被设为输入时，value文件记录GPIO引脚的输入电平状态：1表示输入的是高电平；0表示输入的是低电平。通过查看value文件可以读取GPIO的电平状态，以GPF0（gpio160，接独立按键）为例，读取输入命令如下：

```
# echo in > /sys/class/gpio/gpio160/direction    # 设置 gpio160 方向为输入
# cat /sys/class/gpio/gpio160/value              # 查看 gpio160 电平
1                                                # 返回“1”，表明高电平（按键弹起）
```

如果一直按下GPF0引脚的按键，再读取gpio160的value文件，就会返回“0”，表

明按键按下是低电平的状态。

③写入输出。当 GPIO 被设为输出时，通过向 value 文件写入 0 或 1 可以设置输出电平的状态：1 表示输出高电平；0 表示输出低电平。以 GPF5（gpio165，接 LED 指示灯）为例，写入输出控制命令如下：

```
# echo out > /sys/class/gpio/gpio165/direction          # 设置 gpio165 方向为输出
# echo 1 > /sys/class/gpio/gpio165/value                # 设置 gpio165 输出高电平（熄灯）
# echo 0 > /sys/class/gpio/gpio165/value                # 设置 gpio165 输出低电平（亮灯）
```

（2）在用户空间 C 程序中操作 GPIO。

和 LED 子系统类似，也可以在用户空间的 C 程序中，使用 open、read、write、poll 等系统调用对 export、unexport、direction、value、edge 等文件进行读写操作。

①用户空间按键读取 GPIO 程序实例。

以 GPF0 按键状态的读取为例，在宿主机“/home/a1/jz2440/roofs/nfs/learn/drivers”目录下创建“gpios_sysfs”目录，进入该目录后，新建 C 文件“test_keys_sysfs.c”，输入如下的程序代码：

```
#include <stdio.h>
#include <stdlib.h>
#include <unistd.h>
#include <sys/types.h>
#include <sys/stat.h>
#include <sys/wait.h>
#include <fcntl.h>
#include <poll.h>
#include <string.h>

#define USE_POLL 1          // 是否使用 poll 方式 =1 使用 poll 非阻塞轮询；=0 使用阻
塞方式
#define VAL_PATH   "/sys/class/gpio/gpio160/value"  // 输入输出电平值
#define EXPORT_PATH  "/sys/class/gpio/export"              //GPIO 引脚导出
#define UNEXPORT_PATH "/sys/class/gpio/unexport"          // 清除导出的 GPIO 引脚
#define DIRECT_PATH   "/sys/class/gpio/gpio160/direction"  // 输入输出方向控制
#define EDGE_PATH    "/sys/class/gpio/gpio160/edge"        // 中断方式控制
#define BOTH_EDGE "both"          // 边沿（上升沿－按键松开弹起，下降沿－按键按下）
触发中断
#define OUT "out"
```

```
#define IN  "in"
#define GPIO  "160"            //GPF0 引脚

static int fd_val, fd_export, fd_unexport, fd_dir;
#if 1==USE_POLL               // 采用 poll 方式
static int fd_edge;
struct pollfd fds[1];
#endif

void error_fun(char *msg)  {  /* 读写出错处理 */
    printf("%s read or write error!\n", msg);
    close(fd_export);
    close(fd_dir);
    close(fd_val);
}

void Stop(int signo)  {          /* Ctrl + C 的 SIGINT 信号处理 */
    // 退出程序前，打开 unexport 文件，清除导出的 GPIO 引脚
   fd_unexport = open(UNEXPORT_PATH, O_WRONLY);
    if(fd_unexport < 0) {
            printf("open %s error!\n", UNEXPORT_PATH);
            return ;
    }
    write(fd_unexport, GPIO, strlen(GPIO));              // 清除导出 GPF0 引脚

    printf("quit!\n");
    close(fd_unexport);
    close(fd_export);
    close(fd_dir);
    close(fd_val);
    exit(0);
}

int main(int argc, char ** argv)
```

```
{
    static int ret;
    char buf[10], direction[4];

    signal(SIGINT, Stop);

    fd_export = open(EXPORT_PATH, O_WRONLY);         // 打开 export 文件（GPIO
引脚导出）
    if(fd_export < 0) {
        printf("open %s error!\n", EXPORT_PATH);
        return -1;
    }
    write(fd_export, GPIO, strlen(GPIO));            // 导出 GPF0 引脚
  #if 1==USE_POLL
    fd_val = open(VAL_PATH, O_RDONLY | O_NONBLOCK);  // 非阻塞方式打开 value
文件
  #else
    fd_val = open(VAL_PATH, O_RDONLY);          // 阻塞方式打开 value 文件
  #endif
    if(fd_val < 0) {
        printf("open %s error!\n", VAL_PATH);
        return -1;
    }
    fd_dir = open(DIRECT_PATH, O_RDWR);         // 打开 direction 文件（输入输出方
向控制）
    if(fd_dir < 0) {
        printf("open %s error!\n", DIRECT_PATH);
        return -1;
    }
    ret = read(fd_dir, direction, sizeof(direction));   // 读取 GPF0 引脚的输入输出方向
    if(ret < 0) {
        error_fun(DIRECT_PATH);
        return -1;
    }
```

```
    printf("default directions:%s\n", direction);          // 输出 GPF0 引脚默认的方向
    strcpy(buf, IN);
    ret = write(fd_dir, buf, strlen(IN));                  // 修改 GPF0 引脚当前的方向为输入
    if(ret < 0) {
        error_fun(DIRECT_PATH);
        return -1;
    }
    ret = read(fd_dir, direction, sizeof(direction));      // 输出 GPF0 引脚当前的方向
    if(ret < 0) {
        error_fun(DIRECT_PATH);
        return -1;
    }
    printf("current directions:%s\n", direction);          // 输出 GPF0 引脚当前的方向

#if 1==USE_POLL
    fd_edge = open(EDGE_PATH, O_WRONLY);        // 打开 edge 文件（中断方式控制）
    if(fd_edge < 0) {
        printf("open %s error!\n", EDGE_PATH);
        return -1;
    }
    // 设置为边沿（上升沿－按键松开弹起，下降沿－按键按下）触发中断
    write(fd_edge, BOTH_EDGE, strlen(BOTH_EDGE));
    printf("%s edge INT_IRQ!\n", BOTH_EDGE);    // 输出 GPF0 引脚中断触发方式
    fds[0].fd       = fd_val;
    fds[0].events   = POLLPRI;
#endif
    memset((void *)buf, 0, sizeof(buf));                   //buf 清 0
    while(1) {
#if 1==USE_POLL                                            //poll 方式
        ret = poll(fds, 1, 1000);
        if (ret == 0) {                                    // 超时
            printf("time out\n");
            continue;
        }else if(ret < 0) {                                // 出错
```

```
                    printf("poll error!\n");
                    continue;
            }
#endif
        // 注意：如果在循环中，不重新 open 和 close 情况下，循环读写某个 GPIO
        // 的状态，每次读写前需要用 lseek 将指针重置回文件起始处
        if(lseek(fd_val, 0, SEEK_SET) < 0){        // 使用 lseek() 函数，操作失败
                return;
        }else{                          // 使用 lseek() 函数将指针重回到文件起始处，操作成功
                ret = read(fd_val, buf, sizeof(buf)); // 读取 GPF0 引脚的输入电平值
                if(ret < 0) {
                        error_fun(VAL_PATH);
                        return -1;
                }
        }
        if(strstr(buf, "1") != NULL)                        // 高电平说明按键弹起
                printf("GPF0_KEY pops up!\n");
        else if(strstr(buf, "0") != NULL)                   // 低电平说明按键按下
                printf("GPF0_KEY push down!\n");
#if 0==USE_POLL                                             // 阻塞方式
                usleep(200000);                             // 休眠 200 毫秒
#endif
        }
        return 0;
}
```

GPF0 按键既可以支持阻塞方式访问，也可以支持非阻塞方式的轮询，因此在“test_keys_sysfs.c”文件中定义了一个宏“USE_POLL”，用来表明是否采用 poll 方式。若采用 poll 方式，程序里将对 gpio164 的 edge 文件配置为边沿触发方式，poll 监视的事件类型为 POLLPRI；当 GPF0 按键产生 POLLPRI 事件时，再根据读取 gpio164 的 value 文件得到的 GPF0 引脚电平高低，就可判断出按键是按下（高电平变低电平）还是弹起（低电平变高电平）的操作。

采用非阻塞的 poll 方式（USE_POLL 为 1），交叉编译 test_keys_sysfs.c，连好开发板和主机之间的连接线，上电后运行测试该程序，得到如图 10-5 所示的结果，当按下或弹起 GPF0 按键时，程序打印出相应的按键动作。

```
2. COM8 (Prolific USB-to-Serial Co...
/learn/drivers/gpios_sysfs # ./test_keys_sysfs
default directions:in

current directions:in

both edge INT_IRQ!
GPF0_KEY pops up!
time out
time out
GPF0_KEY push down!
GPF0_KEY pops up!
time out
time out
GPF0_KEY push down!
time out
time out
time out
GPF0_KEY pops up!
time out
GPF0_KEY push down!
GPF0_KEY pops up!
GPF0_KEY push down!
GPF0_KEY pops up!
time out
time out
^Cquit!
/learn/drivers/gpios_sysfs #
```

图 10-5 用户空间 GPIO 按键读取程序实例（POLL 方式）

采用阻塞方式（USE_POLL 为 0），交叉编译 test_keys_sysfs.c，运行测试该程序，得到如图 10-6 所示的结果，每隔 200 毫秒通过 read 函数读取按键 GPF0 引脚电平高低，并打印出来。

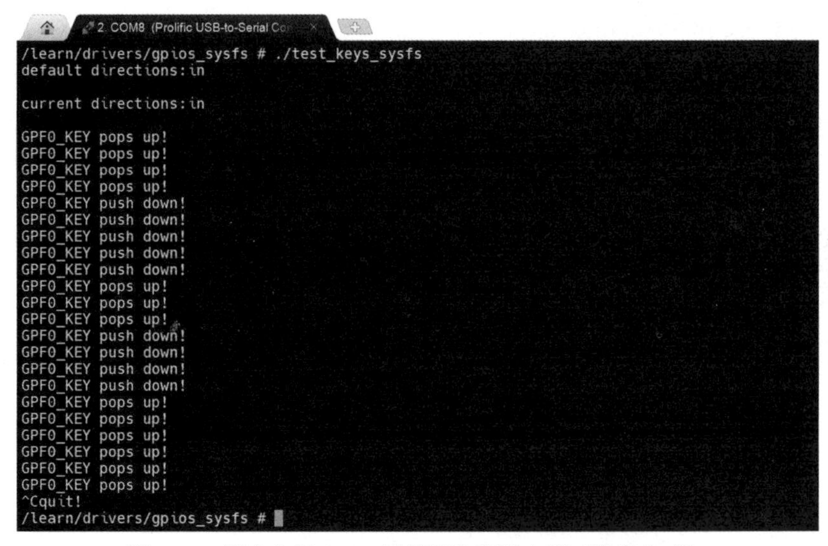

图 10-6 用户空间 GPIO 按键读取程序实例（阻塞方式）

②用户空间 GPIO 写操作程序示例。

以 GPF5 LED 指示灯的写入为例，在“/home/a1/jz2440/roofs/nfs/learn/drivers/ gpios_sysfs”目录下新建 C 文件“test_gpio_leds_sysfs.c”，输入如下的程序代码：

```
#include <stdio.h>
#include <stdlib.h>
#include <unistd.h>
#include <sys/types.h>
```

```
#include <sys/stat.h>
#include <sys/wait.h>
#include <fcntl.h>
#include <string.h>

#define VAL_PATH  "/sys/class/gpio/gpio165/value"             // 输入输出电平值
#define EXPORT_PATH "/sys/class/gpio/export"                  //GPIO 引脚导出
#define UNEXPORT_PATH  "/sys/class/gpio/unexport"             // 清除导出的 GPIO 引脚
#define DIRECT_PATH "/sys/class/gpio/gpio165/direction"       // 输入输出方向控制
#define OUT  "out"                                            // 方向输出
#define IN  "in"                                              // 方向输入
#define LED_ON "0"                                            // 点灯
#define LED_OFF "1"                                           // 熄灯
#define GPIO  "165"                                           //GPF5 引脚

static int fd_val, fd_export, fd_unexport, fd_dir;

void error_fun(char *msg)    /* 读写出错处理 */
{
    printf("%s read or write error!\n", msg);
    close(fd_export);
    close(fd_dir);
    close(fd_val);
}

int main(int argc, char ** argv)
{
    static int ret;
    char buf[10], direction[4];

    fd_export = open(EXPORT_PATH, O_WRONLY);          // 打开 export 文件（GPIO
引脚导出）
    if(fd_export < 0) {
            printf("open %s error!\n", EXPORT_PATH);
```

```
        return -1;
    }
    write(fd_export, GPIO, strlen(GPIO));      // 导出 GPF5 引脚
    fd_val = open(VAL_PATH, O_RDWR);    // 打开 value 文件（输出电平值）
    if(fd_val < 0) {
        printf("open %s error!\n", VAL_PATH);
        return -1;
    }
    fd_dir = open(DIRECT_PATH, O_RDWR);  //打开 direction 文件（输入输出方向控制）
    if(fd_dir < 0) {
        printf("open %s error!\n", DIRECT_PATH);
        return -1;
    }
    ret = read(fd_dir, direction, sizeof(direction));       // 读取 GPF5 引脚的输入输出方向
    if(ret < 0) {
        error_fun(DIRECT_PATH);
        return -1;
    }
    printf("default directions:%s\n", direction);           // 输出 GPF5 引脚默认的方向
    strcpy(buf, OUT);
    ret = write(fd_dir, buf, strlen(OUT));       // 修改 GPF5 引脚当前的方向为输出
    if(ret < 0) {
        error_fun(DIRECT_PATH);
        return -1;
    }
    ret = read(fd_dir, direction, sizeof(direction));       // 读取 GPF5 引脚当前的方向
    if(ret < 0) {
        error_fun(DIRECT_PATH);
        return -1;
    }
    printf("current directions:%s\n", direction);           // 输出 GPF5 引脚当前的方向

    if (argc != 2)
    {
```

```
            printf("Usage :\n");
            printf("%s <on|off>\n", argv[0]);

            close(fd_export);
            close(fd_dir);
            close(fd_val);
            return 0;
    }

    if (strcmp(argv[1], "on") == 0)  {
            ret = write(fd_val, LED_ON, strlen(LED_ON));    //GPF5 点灯
    }else if (strcmp(argv[1], "off") == 0)  {
            ret = write(fd_val, LED_OFF, strlen(LED_OFF)); //GPF5 熄灯
    }

    if(ret < 0) {
            error_fun(VAL_PATH);
            return -1;
    }

    // 打开 unexport 文件（清除导出的 GPIO 引脚）
    fd_unexport = open(UNEXPORT_PATH, O_WRONLY);
    if(fd_unexport < 0) {
            printf("open %s error!\n", UNEXPORT_PATH);
    }
    write(fd_unexport, GPIO, strlen(GPIO));              // 清除导出的 GPF5 引脚

    close(fd_unexport);
    close(fd_export);
    close(fd_dir);
    close(fd_val);

    return 0;
}
```

交叉编译“test_gpio_leds_sysfs.c”文件，运行测试该程序，键入命令“test_gpio_leds_sysfs on”，GPF5指示灯点亮；键入命令“test_gpio_leds_sysfs off”，GPF5指示灯熄灭。

10.2 GPIO子系统的驱动框架

Linux内核的GPIO子系统通过gpiolib来实现，gpiolib始于Linux-2.6.24版本。在Linux-3.12.0版本之后，对GPIO子系统进行了重构，内核对于gpio的管理从基于“gpio num”的方式，修改为基于“opaque handlers”的方式。GPIO子系统的框架结构如图10-7所示。

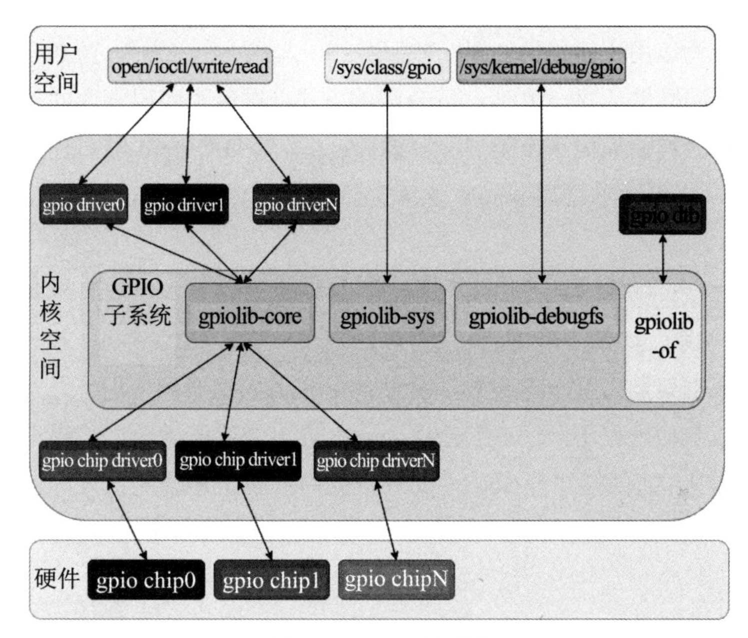

图10-7 GPIO子系统

10.2.1 GPIO子系统简介

10.2.1.1 GPIO子系统为其他驱动程序提供的服务

GPIO子系统为其他驱动程序提供如下一些服务：

（1）系统中GPIO信息的管理，比如GPIO的数量、每个GPIO的编号等。

（2）GPIO的申请、释放。

（3）IO的输入、输出方向的设置，IO电平的输出或者输入设置，以及GPIO与中断号的相互转换；

（4）设备树中关于GPIO相关的配置信息的解析。

（5）gpio系统与sysfs文件系统的交互。

（6）gpio系统与debugfs文件系统的交互等。

10.2.1.2 GPIO子系统为Soc芯片的gpio控制器提供的服务

GPIO子系统为gpio控制器提供如下一些服务：

（1）GPIO端口抽象为struct gpio_chip结构体，并提供接口将gpio_chip注册到系统中。

（2）struct gpio_chip结构体抽象了关于GPIO执行申请、释放、方向设置、IO电平输出等接口，特定SoC芯片的GPIO控制器驱动程序需要实现这些接口，从而使设备驱动程序可以正常使用gpio。

（3）将gpio口抽象成struct gpio_dese结构体，包含了gpio口的状态以及所属端口的struct gpio_chip结构体。

10.2.1.3 GPIO子系统为应用程序提供的服务

GPIO子系统为应用程序提供如下一些服务：

（1）对应用层提供了同一访问gpio资源的方式，屏蔽了底层硬件的差异。

（2）gpio资源被抽象成一个类（/sys/class/gpio），每个gpio端口抽象成gpio类下的一个设备gpioN，应用通过读写gpioN设备文件夹下的文件（value、edge、direction等）进行操作gpio口。

10.2.1.4 驱动程序、内核GPIO框架、Soc的GPIO资源注册三者之间的联系

三者之间的关系，如图10-8所示。

（1）gpiolib框架导出了一些函数，用于gpio资源的注册和使用。

（2）在内核启动过程中，Soc会通过gpiolib导出的注册函数，将自己的gpio资源注册到gpiolib框架中，让内核知道Soc的gpio数量以及操作方法。

（3）内核中其他驱动使用gpio口时，需要先向gpiolib申请，只有分配到gpio口才能去操作。

（4）驱动中去操作gpio口时，虽然是调用gpiolib导出的函数接口，但其实gpiolib导出的函数并没有做实际的硬件操作，最终也是调用Soc注册gpio资源时提供的gpio操作方法。

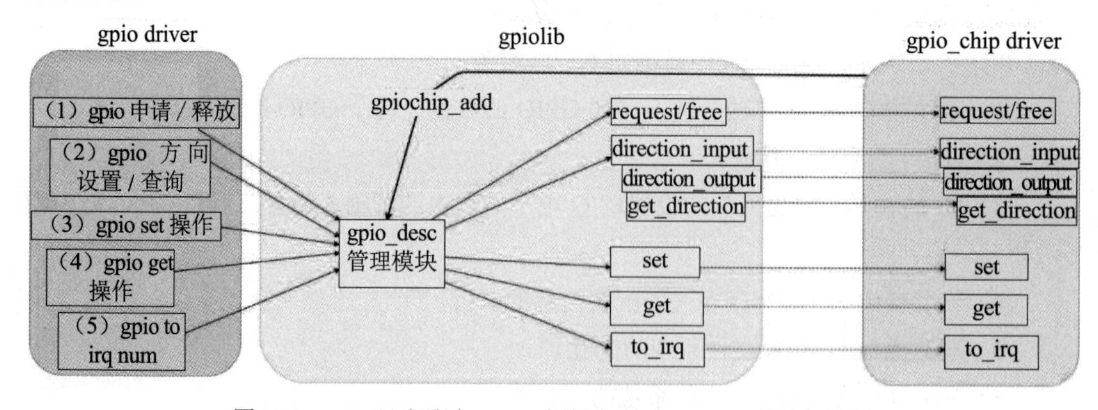

图10-8 gpio驱动通过gpiolib框架完成对gpiochip的访问控制

总之，gpiolib机制就是将gpio硬件的共性提取出来写成一个框架，表现出来就是一系列函数接口和结构体；不同Soc的gpio之间的差异，gpiolib框架封装成了结构体和函数指针的形式，所谓Soc注册gpio资源，就是填充gpiolib定义好的函数指针和结构体。

10.2.1.5 GPIO子系统层次

（1）内核维护人员开发部分：就是提供“drivers/gpio/gpiolib.c”等文件，定义了gpio资源在内核中的抽象表现形式，导出函数接口给其他开发人员使用，Soc厂商的内核移植人员就是根据导出的函数接口去注册gpio资源。

（2）Soc厂商内核移植人员：根据Soc的实际gpio资源以及gpio操作方式，去填充内核gpio子系统中对gpio资源的结构体定义和操作函数接口指针。对于三星公司的处理器，主要是在“drivers/gpio/gpio-samsung.c”文件中。

10.2.2 GPIOLIB的内核接口

GPIOLIB的内核接口是指若某些GPIO在GPIOLIB框架下被驱动后，GPIOLIB为内核的其他代码操作该GPIO而提供的标准接口。这些接口都定义在“drivers/gpio/gpiolib.c”文件中，使用时需要使用“#include <linux/gpio.h>”包含“include/linux/gpio.h”头文件。

10.2.2.1 GPIO的申请和释放

GPIO在使用前，必须先调用gpio_request()函数申请GPIO：

```
int gpio_request(unsigned gpio, const char *label);
```

该函数的gpio参数为GPIO编号；label参数为GPIO的标识字符串，可以随意设定。

若该函数调用成功，将返回0值；否则返回非0值。gpio_request()函数调用失败的原因可能是GPIO的编号不存在，或在其他地方已经申请了该GPIO编号而还没有释放。

当GPIO使用完成后，应当调用gpio_free()函数释放GPIO：

```
void gpio_free（unsigned gpio）;
```

10.2.2.2 GPIO的输出控制

在操作GPIO输出控制信号之前，先调用gpio_direction_output()函数设置GPIO为输出方向：

```
int gpio_direction_output(unsigned gpio, int value);
```

该函数设置GPIO为输出方向，参数value为默认的输出电平：1为高电平；0为低电平。

GPIO被设置为输出方向后，就可以调用gpio_set_value()函数控制GPIO输出高电平或低电平：

```
void gpio_set_value(unsigned gpio, int value);
```

该函数的value参数可取值为：1为高电平；0为低电平。

10.2.2.3 GPIO的输入控制

当需要从GPIO读取输入电平状态前，需要调用gpio_direction_input()函数设置GPIO

为输入方向：

```
int gpio_direction_input(unsigned gpio);
```

在 GPIO 被设置为输入方向后，就可以调用 gpio_get_value() 函数读取 GPIO 的输入电平状态：

```
int gpio_get_value(unsigned gpio);
```

该函数的返回值为 GPIO 的输入电平状态：1 为高电平；0 为低电平。

10.2.2.4 GPIO 的中断映射

大多数的嵌入式处理器的 GPIO 引脚有复用功能，也可以用于外部中断信号的输入。这些中断号和 GPIO 编号通常有对应关系，因此 GPIOLIB 为这些 GPIO 提供了 gpio_to_irq() 函数用于通过 GPIO 编号而获得该 GPIO 中断号：

```
int gpio_to_irq(unsigned gpio);
```

gpio_to_irq() 函数调用完成后，返回 GPIO 中断号。

由于并不是所有的 GPIO 都可以作为外部中断信号输入端口，所以 gpio_to_irq() 函数不是对所有的 GPIO 都强制实现的。

第 11 章　I2C 子系统

I2C 属于较为常用的总线，有两根线 SCL（时钟线）和 SDA（数据线，半双工）。一般会集成到 SoC 上，作为一个通用外设而存在，I2C 总线通常接有 EEPROM、TP（触摸屏）、传感器（如温湿度、陀螺仪等）等设备，它们通过 I2C 协议与 SoC 进行通信，将数据传输到 SoC。

根据 Linux 内核设备驱动模型，内核通过总线进行设备和驱动的相互匹配。对于 LED、GPIO 之类的简单设备，platform bus 是虚拟出来的一条总线，而 I2C 是一条实际的总线。Linux 内核中的 I2C 子系统也是遵循设备驱动模型的思想，分成三部分：I2C 核心（内核提供）、I2C 适配器驱动（厂商已适配）、I2C 设备驱动（开发者编写）。

内核源码中 I2C 相关的驱动均位于“driver/i2c”目录下。I2C 驱动框架的主要目标是让驱动开发者可以在内核中方便地添加自己的 I2C 设备的驱动程序，从而可以更加容易地在 Linux 下驱动自己的 I2C 接口硬件。

Linux 系统提供两种 I2C 驱动实现方法。第一种使用 i2c-dev 方法，对应于“driver/i2c/i2c-dev.c”文件。这种方法只是封装了主机（I2C 主设备，一般是 Soc 中内置的 I2C 控制器）的 I2C 的基本操作，并且向应用层提供相应的操作接口，应用层代码需要自己去实现对从机（I2C 从设备，比如 I2C 接口的 EEPROM、传感器等设备）的控制和操作，所以这种 I2C 驱动相当于只是提供给应用层可以访问 I2C 从设备的基本操作接口，本身并未对从设备硬件做任何操作，应用程序需要实现对硬件的操作，因此写应用的人必须对从设备硬件非常了解，其实相当于传统的驱动中的工作丢给应用程序去做了，所以这种 I2C 驱动又叫作“应用层驱动”，这种方式并不是主流。

第二种 I2C 驱动是所有的代码都放在驱动层实现，直接向应用层提供最终结果。应用层甚至不需要知道这里面有 I2C 存在，譬如 I2C 接口的电容式触摸屏，直接向应用层提供 /dev/input/event1 的操作接口，应用层的开发人员根本不需要知道 event1 中涉及了 I2C。

11.1　I2C 子系统使用实例（以 AT24C08 EEPROM 为例）

AT24C08 是 ATMEL 公司出品的一款 8 K（8 192）位的串行可擦除可编程只读存储器（EEPROM），容量大小为 1 024 字节，支持 16 字节大小的页写模式。AT24C08 系列芯片采用 8 引脚的 PDIP、TSSOP、UDFN 和 5 引脚的 SOT23 封装，支持 I2C 总线协议。

11.1.1 准备工作

这里采用S3C2440的I2C接口，利用内核I2C子系统自带的i2c-dev驱动进行AT24C08 EEPROM存储器的读写实验。由于JZ2440_V3开发板上没有板载AT24C08存储器，需要我们自己连线外接AT24C08。查看JZ2440_V3开发板的原理图，准备好两个20 × 2Pin的2.54 mm间距的双列排插，焊接到JZ2440_V3开发板的J2和J3插座上。从J3插座的39引脚和40引脚上取出I2C信号线IICSCL和IICSDA，再从J1插座的17引脚和20引脚上取电源3.3 V和GND，通过4根杜邦线飞线连接到AT24C08模块上，如图11-1所示。

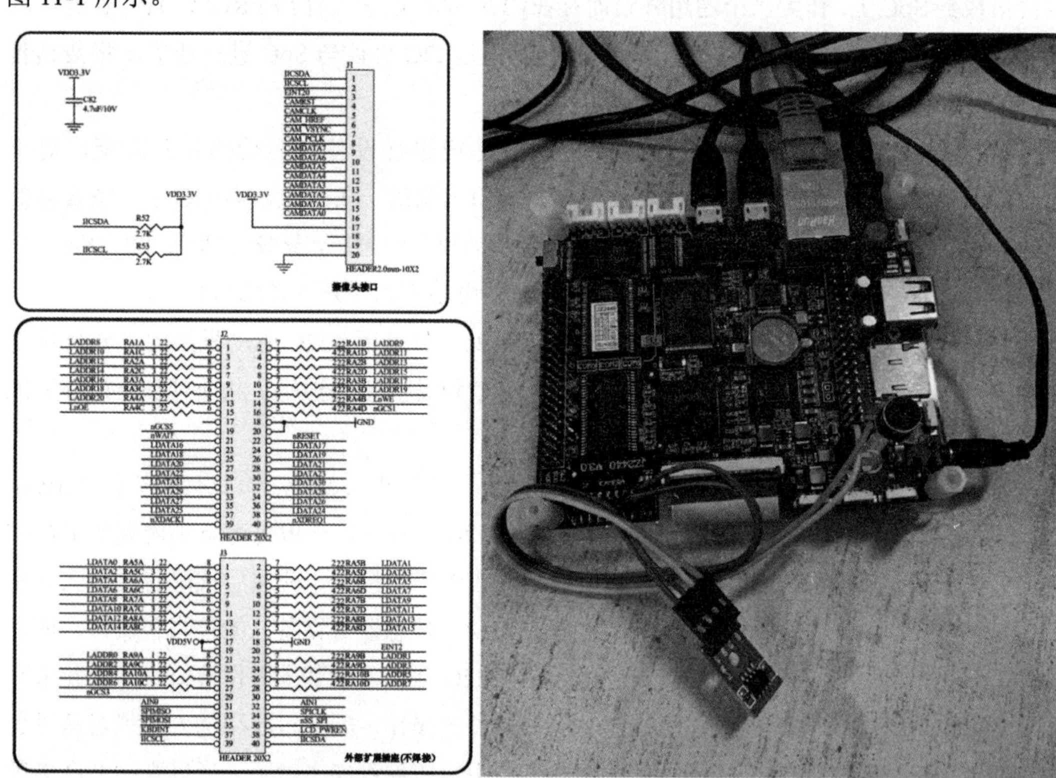

图11-1　I2C驱动AT24C08实验的连线

若要使用I2C子系统驱动AT24C08存储器，需要配置Linux内核驱动选项。在Linux3.4.2内核的源码包目录下，执行“make menuconfig”命令，进入配置菜单界面，首先进入“Device Drivers --->I2C Support --->”设备驱动的I2C支持配置子菜单，设置“[*] Enable compatibility bits for old user-space”“[M] I2C device interface”“[*] Autoselect pertinent helper modules”菜单项，如图11-2所示；然后返回到主菜单，再进入“Device Drivers --->Misc devices --->EEPROM Support --->”子菜单，选择“<*> I2C EEPROMs from most vendors”菜单项，对应于“CONFIG_EEPROM_AT24”内核配置项，将使用内核自带的AT24Cxx的EEPROM驱动（也就是第二种I2C驱动的方法），该驱动文件位于“drivers/misc/eeprom/at24.c”，如图11-3所示。

```
                              I2C support
 Arrow keys navigate the menu.  <Enter> selects submenus --->.  Highlighted letters
 are hotkeys.  Pressing <Y> includes, <N> excludes, <M> modularizes features.
 Press <Esc><Esc> to exit, <?> for Help, </> for Search.  Legend: [*] built-in  [ ]
 excluded  <M> module  < > module capable

      --- I2C support
      [*]   Enable compatibility bits for old user-space
      <M>   I2C device interface
      < >   I2C bus multiplexing support
      [*]   Autoselect pertinent helper modules
            I2C Hardware Bus support  --->
      [ ]   I2C Core debugging messages
      [ ]   I2C Algorithm debugging messages
      [ ]   I2C Bus debugging messages

                   <Select>    < Exit >    < Help >
```

图 11-2　I2C 子系统的内核配置（1）

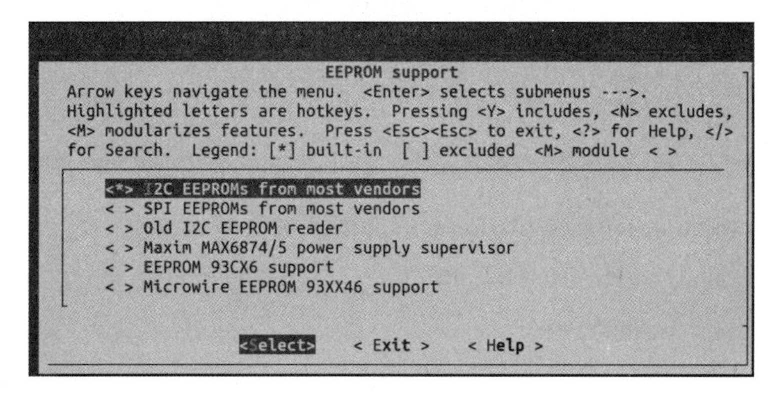

图 11-3　I2C 子系统的内核配置（2）

接下来编辑“arch/arm/mach-s3c24xx/mach-smdk2440.c”文件，添加 I2C 接口的 AT24C08 EEPROM 设备，修改和添加的代码已经加粗表示，内容如下：

```
//mach-s3c2440.c 文件
......
22 #include <linux/serial_core.h>
23 #include <linux/platform_device.h>
24 #include <linux/io.h>
25
26 // 添加 i2c device 时必要的头文件：
27 #include <linux/i2c/at24.h>
28 #include <linux/i2c.h>
29
30 #include <asm/mach/arch.h>
31 #include <asm/mach/map.h>
32 #include <asm/mach/irq.h>
33
```

```
......
250
251         static struct platform_device smdk2440_audio = {
252                 .name = "s3c24xx_wm8976",
253                 .id  = 0,
254                 .dev  = {
255                         .platform_data = &smdk2440_audio_pins,
256                 },
257         };
258
259         /*
260          * I2C devices
261          */
262         static struct at24_platform_data at24c08 = {
263                 .byte_len = SZ_8K / 8,
264                 .page_size = 16,
265         };
266
267         //*
268         static struct i2c_board_info s3c2440_i2c_devs[] __initdata = {
269                 {
270                         I2C_BOARD_INFO("24c08", 0x50),
271                         .platform_data = &at24c08,
272                 },
273         };
274         //*/
275
276         static struct platform_device *smdk2440_devices[] __initdata = {
277                 &s3c_device_ohci,
278                 &s3c_device_lcd,
279                 &s3c_device_rtc,
280                 &s3c_device_wdt,
281                 &s3c_device_i2c0,
282                 &s3c_device_iis,
```

```
283                &smdk2440_audio,
284                &samsung_asoc_dma,
285        };
286
......
293
294        static void __init smdk2440_machine_init(void)
295        {
        ...
309                s3c_i2c0_set_platdata(NULL);
310
311                //add new i2c_dev for jz2440:
312                i2c_register_board_info(0, s3c2440_i2c_devs,
313                                ARRAY_SIZE(s3c2440_i2c_devs));
314
315                platform_add_devices(smdk2440_devices, ARRAY_SIZE(smdk2440_
devices));
316                smdk_machine_init();
        ...
```

说明：

第 262 ~ 273 行：以 i2c_board_info 结构体类型来定义好 i2c 设备信息 s3c2440_i2c_devs[]，里面包含了 1 个 I2C 设备，其名字为“24c08”，设备 I2C 地址为 0x50，内部 ROM 大小是 8 Kb，页大小为 16 字节。注意，在调用 i2c_register_board_info() 函数之前要定义好 I2C 设备信息，否则，该 I2C 设备不能注册。

第 312 行：调用 i2c_register_board_info() 函数，往 __i2c_board_list 这条链表上添加一条 I2C 设备信息，在 I2C adapter 注册的时候，会扫描 __i2c_board_list 链表，然后调用 i2c_new_device() 函数来注册 I2C 设备。

通过修改“mach-smdk2440.c”文件，我们给 JZ2440_V3 开发板添加了名为“24C08”的 EEPROM 设备，其对应的设备驱动也已经在内核配置中进行了添加。

11.1.2　使用 sysfs 操作接口文件来读写 EEPROM

I2C 子系统在 sysfs 文件系统中的信息保存在 /sys/bus/i2c/ 目录下。重新编译修改配置后的内核和驱动模块（执行 make modules 命令获得），生成 uImage 镜像和 i2c-dev.ko 文件，重新烧写到 JZ2440 开发板上，上电重启开发板，在开发板的 sysfs 文件系统里能够看到 I2C 子系统的“/sys/bus/i2c”目录，如图 11-4 所示。在 /sys/bus/i2c/ 目录下有 devices 和

drivers 目录，其中 devices 目录下包含了 I2C 子系统里所有的 I2C 控制器和 I2C 设备的属性文件；drivers 目录下包含了 I2C 子系统里所有的 I2C 驱动的属性文件。通过这些属性文件的信息，可以查看 I2C 设备是否添加；I2C 设备信息是否正确；I2C 设备是否被 I2C 驱动所探测到；I2C 驱动是否正确注册；I2C 驱动是否探测到 I2C 设备，这在驱动的开发调试阶段十分有用。

图 11-4　I2C 设备的 sysfs 操作接口

在图 11-4 中，/sys/bus/i2c/devices/ 目录下的各文件 / 子目录包括：

```
0-0050 0-0051 0-0052 0-0053 i2c-0
```

其中的 i2c-0 目录表示 I2C0 总线上 I2C 控制器（S3C2440 只有这一个 I2C 控制器，编号为 0）的属性文件目录；其他目录都是 I2C 设备的属性文件 / 子目录。以 0-0050 目录名为例，“0”表示 I2C 设备在 I2C0 总线；“0050”表示 I2C 设备地址为 0x50。进入 0-0050 目录，可以看到各文件 / 子目录如下所示：

```
driver   eeprom   modalias  name    power   subsystem  uevent
```

I2C 设备的属性文件目录下的 name 属性文件是 I2C 设备的名称，这里的 I2C 设备名称是“24c08”，可知“0-0050”目录对应的就是 I2C 接口的 AT24C08 存储器。若 I2C 设备的属性文件目录下有 driver 文件，表示该 I2C 设备已经被 I2C 驱动所探测到。driver 文件是 I2C 驱动属性文件目录的链接，图 11-5 中就是：

```
driver -> /sys/bus/i2c/drivers/at24
```

“0-0050”目录下的 eeprom 文件，是 AT24C08 存储器的设备驱动 at24（也就是文件

“drivers/misc/eeprom/at24.c”）抽象出来并提供给应用层使用的 sysfs 操作文件接口。用户可以使用 cat 命令查看 EEPROM 内容，使用 echo 命令改写 EEPROM 内容。

如图 11-5 所示，在 /sys/bus/i2c/drivers 目录下的各文件类似如下所示：

```
at24  dummy
```

该目录下是各 I2C 驱动的属性文件的目录。以 at24 目录为例，该目录下属性文件如下所示：

```
0-0050 bind  uevent unbind
```

可以该看到该目录下有 I2C 设备的属性文件目录的链接，这表示该驱动已经探测到 I2C 设备。

```
/sys/devices/platform/s3c2440-i2c/i2c-0/0-0050 # cd /sys/bus/i2c/drivers/
/sys/bus/i2c/drivers # ls
at24    dummy
/sys/bus/i2c/drivers # cd at24/
/sys/bus/i2c/drivers/at24 # ls
0-0050  bind    uevent  unbind
/sys/bus/i2c/drivers/at24 # ls 0-0050
driver     eeprom     modalias   name       power      subsystem  uevent
/sys/bus/i2c/drivers/at24 # ls 0-0050 -l
lrwxrwxrwx    1 0        0                0 Feb 24 12:37 0-0050 -> ../../../../devices/platform/s3c2440-i2c/i2c-0/0-0050
/sys/bus/i2c/drivers/at24 #
```

图 11-5 I2C 驱动的 sysfs 操作接口

11.1.3 介绍和使用 i2c-dev 方法

我们也可以使用第一种 I2C 驱动的方法，利用 i2c-dev 驱动层提供的 I2C 基本操作，自己编写应用层程序，实现对 I2C 接口的 AT24C08 EEPROM 的读写操作。

既然要使用 i2c-dev 驱动，就需要将前面的 at24 驱动从内核中移除。重新配置内核，进入“Device Drivers --->Misc devices --->EEPROM Support --->”子菜单，取消“<> I2C EEPROMs from most vendors”菜单项的选择，如图 11-6 所示。

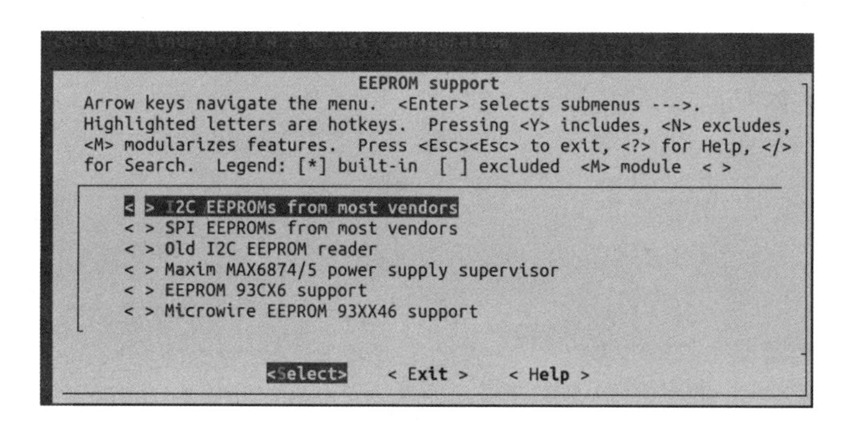

图 11-6 取消 at24 驱动的配置选择

重新编译修改配置后的内核，生成 uImage 镜像，重新烧写到 JZ2440 开发板上，上电重启开发板，在开发板的 sysfs 文件系统里查看此时 I2C 子系统的相关目录，已经没有了 at24 驱动，如图 11-7 所示。

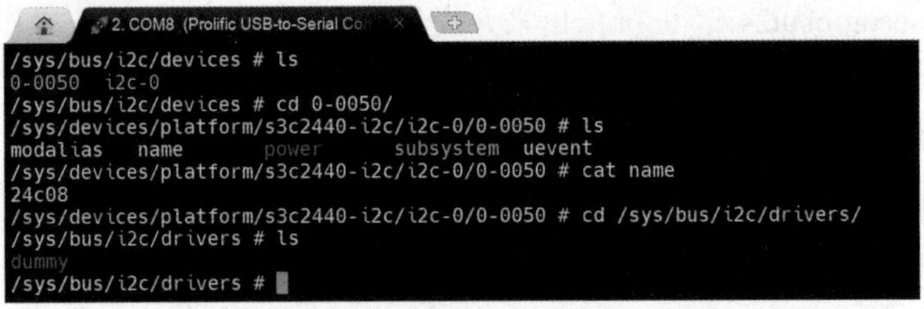
2. COM8 (Prolific USB-to-Serial Co
/sys/bus/i2c/devices # ls
0-0050 i2c-0
/sys/bus/i2c/devices # cd 0-0050/
/sys/devices/platform/s3c2440-i2c/i2c-0/0-0050 # ls
modalias name power subsystem uevent
/sys/devices/platform/s3c2440-i2c/i2c-0/0-0050 # cat name
24c08
/sys/devices/platform/s3c2440-i2c/i2c-0/0-0050 # cd /sys/bus/i2c/drivers/
/sys/bus/i2c/drivers # ls
dummy
/sys/bus/i2c/drivers #

图 11-7　没有装入 i2c-dev.ko 前的目录

在宿主机“/home/a1/jz2440/rootfs/nfs/learn/drivers”目录下新建子目录“i2c-dev”，将前面编译的驱动模块 i2c-dev.ko（位于内核源码 drivers/i2c 目录下）复制到子目录 i2c-dev 下。在 JZ2440 开发板的串口终端中，键入“insmod i2c-dev.ko”命令，加载驱动模块 i2c-dev.ko，会在开发板上产生“/dev/i2c-0”设备文件，如图 11-8 所示。

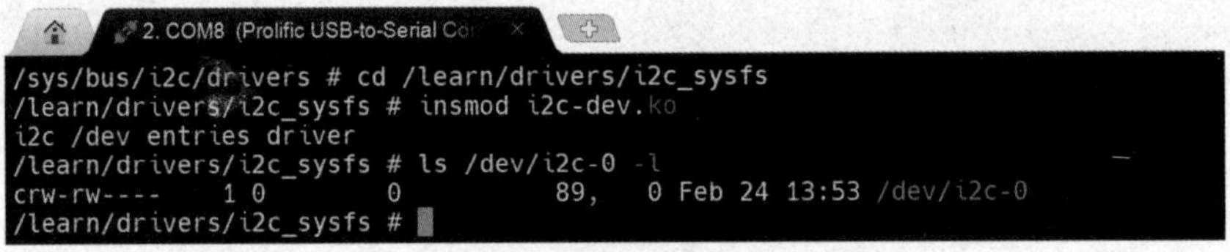
2. COM8 (Prolific USB-to-Serial Co
/sys/bus/i2c/drivers # cd /learn/drivers/i2c_sysfs
/learn/drivers/i2c_sysfs # insmod i2c-dev.ko
i2c /dev entries driver
/learn/drivers/i2c_sysfs # ls /dev/i2c-0 -l
crw-rw---- 1 0 0 89, 0 Feb 24 13:53 /dev/i2c-0
/learn/drivers/i2c_sysfs #

图 11-8　装入 i2c-dev.ko 驱动模块

内核源码文档目录下的“Documentation/i2c/ dev-interface”文件介绍了如何使用 i2c-dev 接口的方法。根据该文档，编写应用程序的过程和方法如下：

（1）首先使用 #include “i2c-dev.h”语句包含头文件 i2c-dev.h。

注意，这里的 i2c-dev.h 文件不是内核源码中的 include/linux/i2c-dev.h 文件，而是由 i2c-tools 发布的，用于用户程序的 i2c-dev.h 文件。i2c-tools 工具包可以从 https://mirrors.edge.kernel.org/pub/software/utils/i2c-tools/ 网址下载，这里下载的是 i2c-tools-3.1.0.tar.gz 文件，解压后可获得 i2c-dev.h 文件。

（2）确定 I2C 设备所在的 I2C 适配器序号，使用 open() 打开对应的设备文件。

示例代码如下：

```
int file;
int adapter_nr = 0;              /* 对于 S3C2440，只能是 0 */
char filename[20];

snprintf(filename, 19, "/dev/i2c-%d", adapter_nr);
file = open(filename, O_RDWR);
if (file < 0) {
   /* ERROR HANDLING; you can check errno to see what went wrong */
   exit(1);
}
```

（3）在打开设备后，必须明确指定要通信的 I2C 设备的地址。

比如下面示例代码：

```
int addr = 0x40;

if (ioctl(file, I2C_SLAVE, addr) < 0) {          /* I2C_SLAVE 指定 I2C 设备的地址 */
    /* 出错处理…… */
    exit(1);
}
```

在 i2c-dev 中，定义了几种 ioctl() 方法，常见的有以下几种。

① ioctl(file, I2C_SLAVE, long addr)。

该方法用于指定要访问的 I2C 设备的从机地址。地址在参数的低 7 位中传递（除了 10 位地址外，在本例中传递低 10 位）。

② ioctl(file, I2C_TENBIT, long select)。

该方法用于指定 I2C 从设备的地址位数。如果 select 不等于 0，选择 10 位地址；如果 select 等于 0，选择正常的 7 位地址。默认为 0。此请求仅在 I2C 适配器支持 10 位的 I2C 地址 I2C_FUNC_10BIT_ADDR 时才有效。

③ ioctl(file, I2C_PEC, long select)。

使用该方法时，如果 select 不等于 0，则选择 SMBus PEC（包错误检查）生成和验证；如果 select 等于 0 则禁用 PEC 包错误检查。默认为 0。仅用于 SMBus 事务。这个请求只有在适配器支持 PEC 功能 I2C_FUNC_SMBUS_PEC 时才有效果；如果没有，它仍然是安全的，只是没有任何效果。

④ ioctl(file, I2C_FUNCS, unsigned long *funcs)。

该方法获取适配器功能并将其放入 *funcs 中。

⑤ ioctl(file, I2C_RDWR, struct i2c_rdwr_ioctl_data *msgset)。

该方法不间断地进行组合型读写事务。仅当适配器具有 I2C_FUNC_I2C 时有效。实参是指向 struct i2c_rdwr_ioctl_data 类型的指针：

```
struct i2c_rdwr_ioctl_data {
    struct i2c_msg *msgs;          /* msgs 是指向 i2c_msg 类型的数组指针 */
    int nmsgs;                     /* 数组中消息的数量 */
}
```

其中的 i2c_msg 结构体定义如下：

```
struct i2c_msg {
    __u16 addr;                              /* I2C 从机设备地址 */
    unsigned short flags;
```

```
#define I2C_M_TEN  0x10                    /* 10 位 I2C 地址 */
#define I2C_M_RD 0x01
#define I2C_M_NOSTART   0x4000
#define I2C_M_REV_DIR_ADDR    0x2000
#define I2C_M_IGNORE_NAK      0x1000
#define I2C_M_NO_RD_ACK       0x0800
    short len;                             /* I2C 消息长度 */
    char *buf;                             /* 指针，指向 I2C 消息的数据区 */
};
```

msgs[] 本身包含进一步指向数据缓冲区的指针。该函数将根据是否在特定消息中设置了 I2C_M_RD 标志，向缓冲区写入或从缓冲区读取数据。I2C 设备从机地址和是否使用 10 位地址模式必须在每个消息中设置，覆盖上面 ioctl 的值设置。

⑥ ioctl(file, I2C_SMBUS, struct i2c_smbus_ioctl_data *args)。

如果可能的话，使用后面介绍的 i2c_smbus_read_xxx() 或 i2c_smbus_write_xxx() 方法，而不是直接调用 ioctl()。

（4）现在可以和 I2C 设备通信。

可以使用 SMBus 命令集或者无格式 I2C（plain I2C）两种方式。如果设备支持 SMBus 协议，则优先选择 SMBus 命令集。示例的代码如下：

```
u8 register = 0x10;  /* I2C 设备内部的寄存器地址 */
s32 res;
char buf[10];

/* 使用 SMBus 读字数据命令（I2C 读） */
res = i2c_smbus_read_word_data(file, register);
if (res < 0) {
   /* 出错处理…… */
} else {
   /* res 是读取出来的值，做进一步的处理…… */
}

/* 使用 SMBus 写字数据命令（I2C 写）
i2c_smbus_write_word_data(file, register, 0x6543) */
buf[0] = reister;
buf[1] = 0x43;
```

```
    buf[2] = 0x65;
    if (write（file ,buf, 3) != 3) {
        /* i2c 传输出错，进行处理…… */
    }
    ……
```

使用 SMBus 命令，可参考文档“Documentation/i2c/smbus-protocol”，通过调用如下函数：

```
__s32 i2c_smbus_write_quick(int file, __u8 value);
__s32 i2c_smbus_read_byte(int file);
__s32 i2c_smbus_write_byte(int file, __u8 value);
__s32 i2c_smbus_read_byte_data(int file, __u8 command);
__s32 i2c_smbus_write_byte_data(int file, __u8 command, __u8 value);
__s32 i2c_smbus_read_word_data(int file, __u8 command);
__s32 i2c_smbus_write_word_data(int file, __u8 command, __u16 value);
__s32 i2c_smbus_process_call(int file, __u8 comand, __u16 value);
__s32 i2c_smbus_read_block_data(int file, __u8 command, __u8 *values);
__s32 i2c_smbus_write_block_data(int file, __u8 command, __u8 length, _u8 *values);
```

所有上述函数在传输失败时返回 -1，此时可以通过获取 errno 来检查具体错误信息。write 相关的传输成功后返回 0；read 相关的传输成功后返回读取的值，但是 read_block 例外，此函数返回读取的字节数，block buffer 长度不超过 32 字节。

① 函数 __s32 i2c_smbus_write_quick（int file, __u8 value)。

该函数为 SMBus 快速写命令。在 Rd/Wr 位的位置发送一个位到设备，可用于测试 I2C 设备是否存在。

协议格式：S Addr Rd/Wr [A] P

协议格式中的符号说明，见表 11-1，具体含义需要查看 SMBus 或 I2C 协议。

表 11-1　符号说明

符号	说明
S	Start
P	Stop
Rd/Wr (1 bit)	读 / 写位，Read 等于 1，Write 等于 0
A, NA (1 bit)	确认（ACK）和不确认（NACK）位
Addr(7 bits)	7 位 I2C 地址，注意，这可以扩展到 10 位
Comm(8bits)	命令字节，通常是设备内的寄存器地址

续表

符号	说明
Data(8 bits)	一个字节表示 1 个数据。对于 16 位字数据可分成 2 部分字节数据：DataLow 低 8 位和 DataHigh 高 8 位
Count(8bits)	1 个字节，表示数据块的长度
[...]	由 I2C 设备发出的数据，而不是由主机适配器 (adapter) 发出的数据

②函数 __s32 i2c_smbus_read_byte(int file)。

该函数为 SMBus 读字节命令。从设备中读取单个字节，而不用指定设备寄存器。有些设备非常简单，使用该函数就足够了；如果想读取与前一个 SMBus 命令中相同的寄存器，则可使用该函数，此时可将它看作是 i2c_smbus_read_byte_data() 函数的简写，省掉了设备寄存器。

协议格式：S Addr Rd [A] [Data] NA P

③函数 __s32 i2c_smbus_write_byte(int file, __u8 value)。

该函数为 SMBus 写字节命令。此操作与读字节命令 i2c_smbus_read_byte() 相反，它向 I2C 设备发送单个字节。

协议格式：S Addr Wr [A] Data [A] P

④函数 __s32 i2c_smbus_read_byte_data(int file, __u8 command)。

该函数为 SMBus 读字节数据命令。此操作从一个 I2C 设备内部指定的寄存器里读取一个字节。寄存器是通过 Comm 字节指定的。

协议格式：S Addr Wr [A] Comm [A] S Addr Rd [A] [Data] NA P

翻看 AT24C08 的数据手册，可以看到其随机地址读操作和 SMBus 读字节数据命令的协议格式一致，如图 11-9 所示。

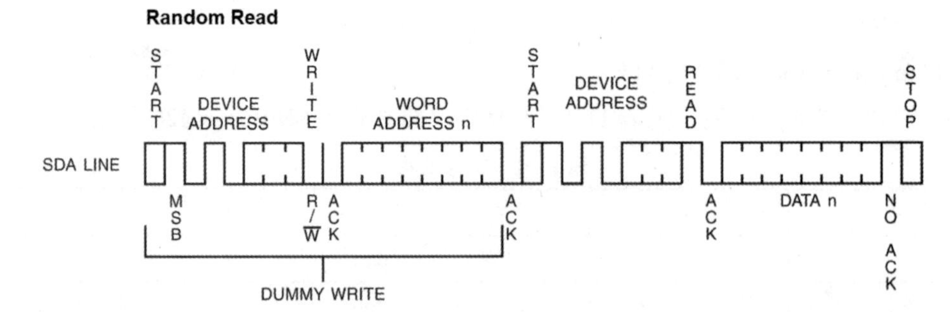

图 11-9　AT24C08 的随机地址读操作

⑤函数 __s32 i2c_smbus_write_byte_data(int file, __u8 command, __u8 value)。

该函数为 SMBus 写字节数据命令。这与读字节数据命令 i2c_smbus_read_byte_data() 相反，将一个字节数据写入一个 I2C 设备指定的寄存器。寄存器是通过 Comm 字节指定的。

协议格式：S Addr Wr [A] Comm [A] Data [A] P

翻看 AT24C08 的数据手册，可以看到其字节写操作和 SMBus 写字节数据命令的协议格式一致，如图 11-10 所示。

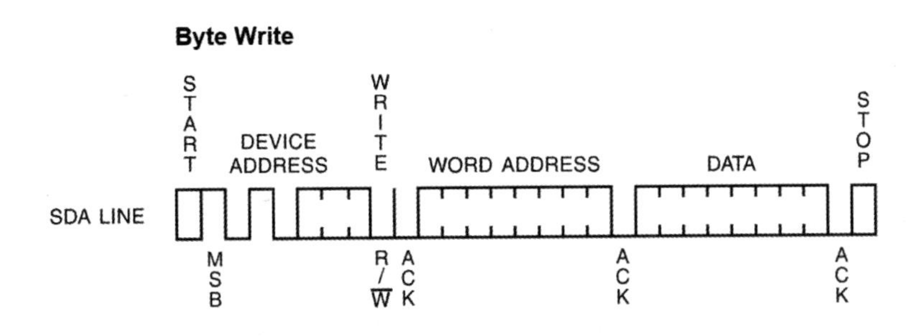

图 11-10　AT24C08 的字节写操作

⑥函数 __s32 i2c_smbus_read_word_data(int file, __u8 command)。

该函数为 SMBus 读字数据命令。这个操作很像读字节命令 i2c_smbus_read_byte_data()。同样，数据从 I2C 设备中 Comm 字节指定的寄存器中读出。但不同的是，数据是一个 16 位的字。

协议格式：S Addr Wr [A] Comm [A] S Addr Rd [A] [DataLow] A [DataHigh] NA P

⑦函数 __s32 i2c_smbus_write_word_data(int file, __u8 command, __u16 values)。

该函数为 SMBus 写字数据命令。这个操作与读字数据命令 i2c_smbus_read_word_data() 相反。16 位字数据 values 写入 I2C 设备中 Comm 字节指定的寄存器。

协议格式：S Addr Wr [A] Comm [A] DataLow [A] DataHigh [A] P

⑧函数 __s32 i2c_smbus_process_call(int file, __u8 comand, __u16 value)。

该函数为 SMBus 进程调用命令。该命令选择一个 I2C 设备寄存器（通过 Comm 字节指定），向它发送 16 位数据，并返回读取的 16 位数据。

协议格式：S Addr Wr [A] Comm [A] DataLow [A] DataHigh [A] S Addr Rd [A] [DataLow] A [DataHigh] NA P

⑨函数 __s32 i2c_smbus_read_i2c_block_data(int file, __u8 command, __u8 length, __u8 *values)。

该函数为 SMBus 数据块读取。该命令从 I2C 设备的寄存器（通过 Comm 字节指定）中读取最多 32 字节的块数据。块数据的大小由 Count 字节指定。

协议格式：S Addr Wr [A] Comm [A] S Addr Rd [A] [Count] A [Data] A [Data] A ... A [Data] NA P

翻看 AT24C08 的数据手册，有关其顺序读取操作的描述：顺序读取由当前地址读取或随机地址读取启动。微控制器（I2C 主设备，这里就是 S3C2440 的 I2C 控制器）接收到一个数据字后，它将发出 ACK 确认响应。只要 EEPROM 接收到确认，它将继续递增数据字地址，并输出后续的数据字。

可以看出其顺序读操作和 SMBus 写字节数据命令的协议格式一致，如图 11-11 所示。

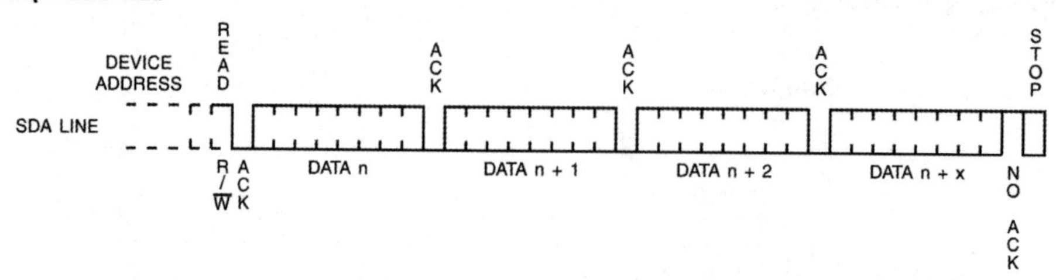

图 11-11 AT24C08 的顺序读操作

⑩函数 __s32 i2c_smbus_write_i2c_block_data(int file, __u8 command, __u8 length, __u8 *values)。

该函数为 SMBus 数据块写入。与数据块读取命令 i2c_smbus_read_i2c_block_data() 相反，该命令将最多 32 字节的块数据写入 I2C 设备的寄存器（通过 Comm 字节指定）。块数据的大小由 Count 字节指定。

协议格式：S Addr Wr [A] Comm [A] Count [A] Data [A] Data [A] ... [A] Data [A] P

翻看 AT24C08 的数据手册，可以看到其页面写操作和 SMBus 数据块写入命令的协议格式一致，如图 11-12 所示。

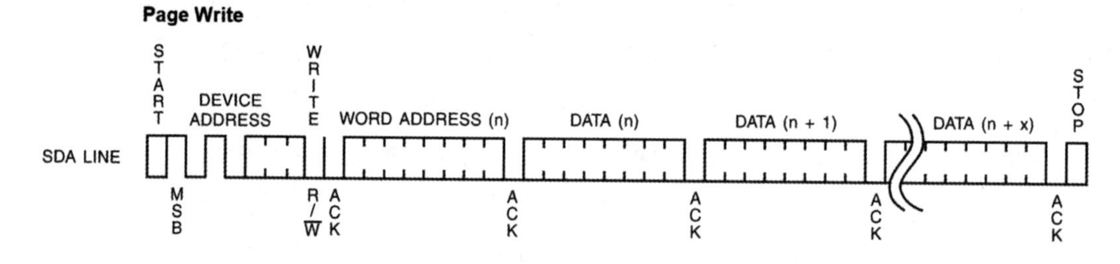

图 11-12 AT24C08 的页面写操作

可以认为，上述 10 个 SMBus 命令函数，本质上是对 ioctl(file, I2C_SMBUS, struct i2c_smbus_ioctl_data *args) 函数的功能封装，因此 SMBus 的操作，就不要再直接使用 ioctl() 了。

另外大家可能会注意到：对 I2C 从设备的读写操作并没有用到 read() 和 write() 系统功能调用的方法。其原因是在 I2C 和 SMBus 协议里仅有一部分子集功能可以通过调用 read() 和 write() 来完成，尤其对于组合型的传输（同时混合着有读有写的消息）难以用 read() 和 write() 来实现。基于这个原因，read() 和 write() 这两个接口几乎不被用户空间程序所使用。

11.1.4 使用 i2c-dev 来进行 EEPROM 读写操作

对 AT24C08 EEPROM 设备的读写操作，就是对该 I2C 设备文件"/dev/i2c-0"按照上一节介绍的 i2c-dev 方法进行具体的编码实现。在 ubuntu16.04.4 宿主机里进入"/home/a1/jz2440/rootfs/nfs/learn/drivers/i2c-dev"目录，新建 C 文件"test_i2c-dev.c"，输入如下的应

用程序代码，通过 i2c-dev 提供的 SMBus 命令接口来操作 AT24C08：

```
// test_i2c-dev.c 程序
#include <stdio.h>
#include <stdlib.h>
#include <string.h>
#include <sys/types.h>
#include <sys/stat.h>
#include <sys/ioctl.h>
#include <fcntl.h>
#include "i2c-dev.h"

#define DEV_FILENAME  "/dev/i2c-0"                  // 设备文件名
#define DEV_ADDR  0x50                              // 设备地址（I2C 从机设备地址）

/* 使用方法：
 * test_i2c-dev  r|rb  addr
 * test_i2c-dev  w|wb addr  val
 */
void print_usage(char *file)
{
    printf("%s <r|rb> addr\n", file);
    printf("%s <w|wb> addr val\n", file);
}

int main(int argc, char **argv)
{
    int fd;
    unsigned char addr, data, i, buf[32];          //buf 存放写入或读出的数据块

    if ((argc != 3) && (argc != 4))
    {
            print_usage(argv[0]);
            return -1;
    }
```

```
    fd = open(DEV_FILENAME, O_RDWR);
    if (fd < 0)
    {
            printf("can't open %s\n", DEV_FILENAME);
            return -1;
    }

    if (ioctl(fd, I2C_SLAVE, DEV_ADDR) < 0)
    {
            /* 出错处理： */
            printf("set slave addr error!\n");
            return -1;
    }

    if (strcmp(argv[1], "rb") == 0 && (argc == 3)) {
            addr = strtoul(argv[2], NULL, 0);            /* 获取读 eeprom 内部的地址 */
            /* 读取 eeprom 内部指定地址的数据块（16 字节）： */
            data = i2c_smbus_read_i2c_block_data(fd, addr, 16, buf);
            printf("data at addr of 0x%2x:\n", addr);
            for(i=0; i<data; i++)                        /* 显示数据块的内容 */
                    printf("%d, %c, 0x%2x\n", addr + i, buf[i], buf[i]);
    }else if (strcmp(argv[1], "r") == 0 && (argc == 3)) {
            addr = strtoul(argv[2], NULL, 0);  /* 获取读 eeprom 内部的地址 */
            data = i2c_smbus_read_byte_data(fd, addr);          /* 读取 eeprom 内部指定地
址的数据 */
            printf("data: %c, 0x%2x\n", data, data);
    }else if (strcmp(argv[1], "wb") == 0 && (argc == 4)) {
            addr = strtoul(argv[2], NULL, 0);  /* 获取写 eeprom 内部的地址 */
            strcpy(buf, argv[3]);                        /* 获取要写入的数据 */
            /* 将数据块 buf 写入 eeprom 内部指定的地址： */
            data = i2c_smbus_write_i2c_block_data(fd, addr, strlen(buf), buf);
            if(data != 0)                                         /* 出错处理 */
                    printf("write block data error!\n");
    }else if ((strcmp(argv[1], "w") == 0) && (argc == 4)) {
```

```
            addr = strtoul(argv[2], NULL, 0);            /* 获取写 eeprom 内部的地址 */
            data = argv[3][0];                                /* 获取要写入的数据 */
            i2c_smbus_write_byte_data(fd, addr, data);      /* 将数据写入 eeprom */
    }else {
            print_usage(argv[0]);
            return -1;
    }
    return 0;
}
```

程序 test_i2c-dev.c 通过调用 SMBus 命令 i2c_smbus_read_i2c_block_data() 实现读取数据块、i2c_smbus_read_byte_data() 读取字节数据、i2c_smbus_write_i2c_block_data() 写入数据块、i2c_smbus_write_byte_data() 写入字节数据的功能。

对其交叉编译，生成 arm9 目标机架构的可执行程序 test_i2c-dev，运行该程序，测试结果如图 11-13 所示。

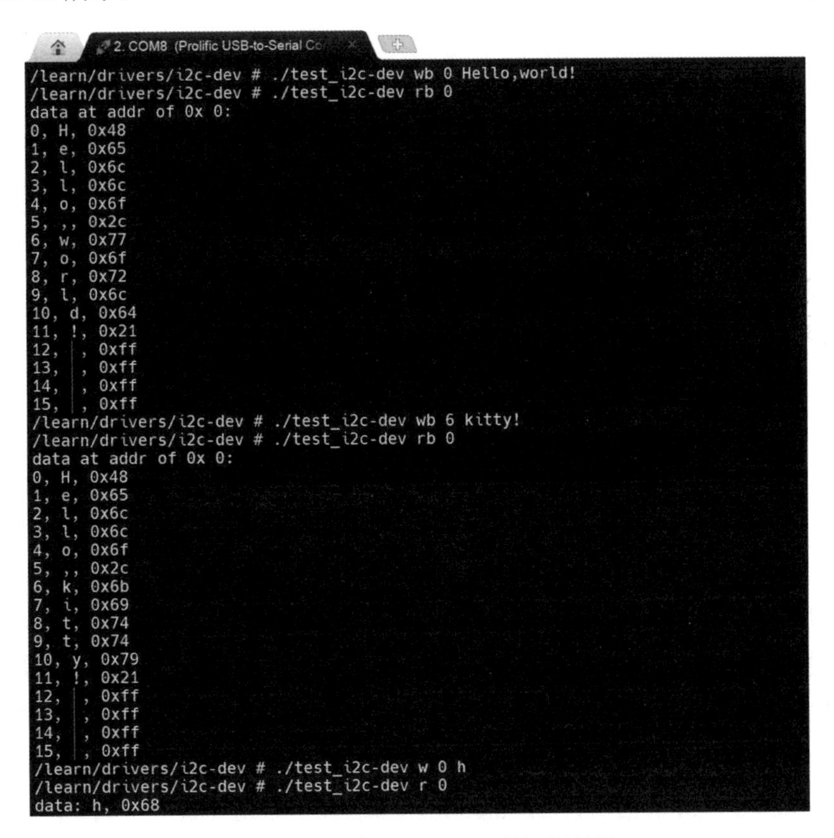

图 11-13　程序 test_i2c-dev 的运行结果

其使用方法是：

① test_i2c-dev r|rb addr　# 从 AT24C08 的 addr 地址读字节数据或读数据块

② test_i2c-dev w|wb addr val # 写字节数据或数据块 val 到 AT24C08 的 addr 地址

在 JZ2440 开发板的串口终端里，执行命令：

```
./test_i2c-dev wb 0 Hello,world!     # 从 AT24C08 的 0 地址上开始写数据块 Hello,world!
./test_i2c-dev rb 0                  # 从 AT24C08 的 0 地址上开始读数据块（16 个字节）
./test_i2c-dev wb 6 kitty!           # 从 AT24C08 的 6 地址上开始写数据块 kitty!
./test_i2c-dev rb 0                  # 从 AT24C08 的 0 地址上开始读数据块（16 个字节）
./test_i2c-dev w 0 h                 # 在 AT24C08 的 0 地址上写入 1 个字节数据 h
./test_i2c-dev r 0                   # 在 AT24C08 的 0 地址上读取 1 个字节数据
```

11.2 I2C 子系统的驱动框架

I2C 子系统的框架结构如图 11-14 所示，可将 I2C 子系统分为三部分：I2C 核心、I2C 适配器驱动、I2C 设备驱动。

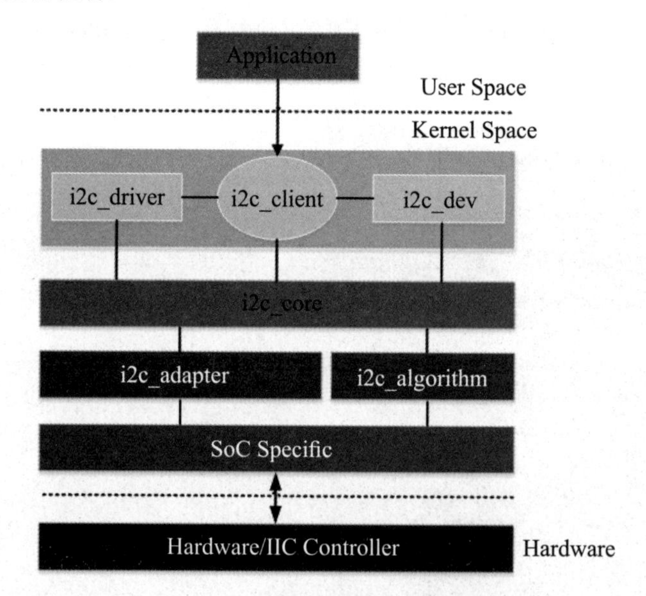

图 11-14 I2C 子系统框架结构图

I2C 核心用于 I2C 总线驱动和 I2C 设备的注册、注销、探测设备、检测设备地址等工作，实现 I2C 的通信方法（即 algorithm），是对 I2C 通信的抽象，不和具体硬件相关。

I2C 适配器驱动对应 Soc 的 I2C 控制器，把 I2C 控制器看作一个设备，实现 I2C 控制器的驱动代码，完成控制 I2C 适配器以主控方式产生 Start、Stop、ACK、读周期、写周期等操作，和具体的 Soc 相关。I2C 总线驱动主要包含了 I2C 适配器数据结构 i2c_adapter、I2C 适配器的 algorithm 数据结构 i2c_algorithm 和控制 I2C 适配器产生通信信号的函数。

I2C 设备驱动和具体 I2C 接口的外设相关，每种外设都有自己的专属 I2C 设备驱动代码，主要包含了数据结构 i2c_driver 和 i2c_client，我们需要根据具体设备实现其中的成员函数。

总结一下：应用层通过标准的 open 等系统调用进行 I2C 设备的操作；每一个 i2c_

client对应一个实际硬件上的I2C device（比如EEPROM）；每一个i2c_driver描述一种I2C设备（比如EEPROM）的驱动；i2c_dev是注册的字符类型的设备；i2c_core是I2C核心层，提供了总线、驱动、通信方式等的注册和函数的设置；i2c_adapter用于描述Soc的一个I2C控制器；i2c_algorithm用于底层对接实际的控制器，产生I2C硬件通信信号的函数；底层对接的就是实际的Soc的I2C控制器（寄存器）和硬件。

11.2.1 I2C设备驱动实例（读取MPU6050）

仿照内核里面提供的at24驱动和添加AT24C08设备的方法，我们来编写读取MPU6050传感器的驱动和测试程序。

首先硬件上将mpu6050六轴姿态传感器模块和JZ2440开发板连接好。对于不熟悉mpu6050的读者，可以使用i2c-tools工具进行读写操作，待熟悉之后方便编写驱动程序。

（1）移植i2c-tools工具到JZ2440开发板。

在ubuntu16.04.4宿主机里创建“/home/a1/jz2440/rootfs/nfs/learn/drivers/i2c_mpu6050”目录，进入该目录，将前面编译的驱动模块i2c-dev.ko复制到该目录下。再从https://mirrors.edge.kernel.org/pub/software/utils/i2c-tools/网址下载i2c-tools-3.1.0.tar.gz文件，将其存放到该目录并解压缩，进入解压后的i2c-tools-3.1.0目录，编辑里面的Makefile文件。使用以下的命令完成以上的操作：

```
cd /home/a1/jz2440/rootfs/nfs/learn/drivers
mkdir i2c_mpu6050 && cd i2c_mpu6050
cp ../i2c-dev/i2c-dev.ko ./
wget https://mirrors.edge.kernel.org/pub/software/utils/i2c-tools/i2c-tools-3.1.0.tar.gz
tar -xzvf i2c-tools-3.1.0.tar.gz
cd i2c-tools-3.1.0
gedit Makefile
```

打开Makefile文件，设置里面的安装路径前缀prefix和编译器CC，将原来的内容：

```
prefix = /usr/local
……
CC ?= gcc
```

修改为：

```
prefix = ./i2c-tools
CC := arm-linux-gcc
```

这意味着采用arm-linux-gcc交叉编译i2c-tools，安装时将安装在当前目录下的i2c-tools子目录里。

执行命令，完成交叉编译和安装：

```
make
```

```
make install
```

安装之后，将 i2c-tools 子目录的内容全部复制到开发板系统的 /usr/local 目录下。由于这里的 JZ2440 开发板使用的是 NFS 根文件系统，通过以下命令来复制：

```
cp i2c-tools /home/a1/jz2440/rootfs/nfs/usr/local/ -r
```

完成后，接下来修改开发板的启动配置文件 /etc/profile，使用命令：

```
gedit /home/a1/jz2440/rootfs/nfs/etc/profile
```

修改开发板系统的环境变量 PATH，将 i2c-tools 工具的命令文件路径加入 PATH 里：

```
PATH=$PATH:/bin:/sbin:/usr/bin:usr/sbin:/usr/local/i2c-tools/bin:/usr/local/i2c-tools/sbin
```

保存退出，重启开发板，等待开发板重启内核并挂载成功 NFS。

（2）在开发板上使用 i2c-tools 工具。

在开发板的串口终端里键入下列命令，加载 i2c-dev 驱动模块，因为 i2c-tools 工具的使用依赖于该驱动模块。

```
cd /learn/drivers/i2c_mpu6050_drv
insmod i2c-dev.ko
```

i2c-tools 工具常用的命令包括 i2cdetect、i2cdump、i2cget、i2cset。

①使用 i2cdetect 命令。

使用“i2cdetect -y -r 0”命令，查看总线号为 0 的 I2C 适配器上挂载的所有设备，如果设备真实有效，则地址会显示出来。如果出现的内容是 UU，则代表也许有实际设备，但设备可能是忙状态。该命令的用法为：

```
i2cdetect -y -r 总线号
```

实际操作的结果如图 11-15（a）所示，可以看到 mpu6050 的地址为 0x68（AD0 引脚接地）。

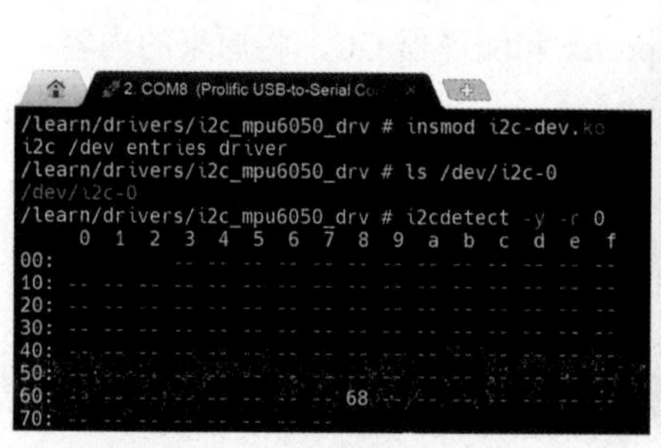

（a）i2cdetect 命令

```
/learn/drivers/i2c_mpu6050_drv # i2cdump -y 0 0x68
No size specified (using byte-data access)
     0  1  2  3  4  5  6  7  8  9  a  b  c  d  e  f    0123456789abcdef
00: 85 7f 02 2e 5d 0e 05 74 04 0f 02 be 28 4f 4f 95    ???.]??t????(OO?
10: fe 00 00 00 00 00 00 00 00 00 00 00 00 00 00 00    ?...............
20: 00 00 00 00 00 00 00 00 00 00 00 00 00 00 00 00    ................
30: 00 00 00 00 00 00 00 00 00 00 00 00 00 00 00 00    ................
40: 00 00 00 00 00 00 00 00 00 00 00 00 00 00 00 00    ................
50: 00 00 00 00 00 00 00 00 00 00 00 00 00 00 00 00    ................
60: 00 00 00 00 00 00 00 00 00 00 00 40 00 00 00 00    ...........@....
70: 00 00 00 00 00 68 00 00 00 00 00 00 00 00 00 00    .....h..........
80: 85 7f 02 2e 5d 0e 05 74 04 0f 02 be 28 4f 4f 95    ???.]??t????(OO?
90: fe 00 00 00 00 00 00 00 00 00 00 00 00 00 00 00    ?...............
a0: 00 00 00 00 00 00 00 00 00 00 00 00 00 00 00 00    ................
b0: 00 00 00 00 00 00 00 00 00 00 00 00 00 00 00 00    ................
c0: 00 00 00 00 00 00 00 00 00 00 00 00 00 00 00 00    ................
d0: 00 00 00 00 00 00 00 00 00 00 00 00 00 00 00 00    ................
e0: 00 00 00 00 00 00 00 00 00 00 00 40 00 00 00 00    ...........@....
f0: 00 00 00 00 00 68 00 00 00 00 00 00 00 00 00 00    .....h..........
```

（b）i2cdump 命令

图 11-15　使用 i2cdetect 和 i2cdump 命令

②使用 i2cdump 命令。

使用“i2cdump -y 0 0x68”命令，用来查看 I2C 器件内部寄存器值，用法为：

```
i2cdump -y 总线号 设备地址
```

实际操作的结果如图 11-15（b）所示，可以看到，mpu6050 的地址为 0x68。

根据 mpu6050 的数据手册，地址 0x3b ~ 0x40 是加速度计三轴测量值输出的寄存器（ACCEL_XOUT_H、ACCEL_XOUT_L、ACCEL_YOUT_H、ACCEL_YOUT_L、ACCEL_ZOUT_H 和 ACCEL_ZOUT_L）；地址 0x41 ~ 0x42 是温度传感器测量值输出的寄存器（TEMP_OUT_H、TEMP_OUT_L）；地址 0x43 ~ 0x48 是陀螺仪三轴测量值输出的寄存器（GYRO_XOUT_H、GYRO_XOUT_L、GYRO_YOUT_H、GYRO_YOUT_L、GYRO_ZOUT_H 和 GYRO_ZOUT_L），这些寄存器应该有真实的数据输出的，但现在它们的内容都是 0。

查阅数据手册，mpu6050 内部地址为 0x6B 的寄存器 Power Management(PWR_MGMT_1)，该寄存器允许用户配置电源模式和时钟源，还提供了复位整个设备和禁用温度传感器的控制位，如图 11-16 所示。

PWR_MGMT_1
Type:Read/Write

Register (Hex)	Register (Decimal)	Bit7	Bit6	Bit5	Bit4	Bit3	Bit2	Bit1	Bit0
6B	107	DEVICE RESET	SLEEP	CYCLE	-	TEMP_DIS	CLKSEL[2:0]		

图 11-16 mpu6050 的电源管理寄存器

DEVICE_RESET 位：为 1 时，复位内部寄存器到初始值。复位完成后该位自动清 0。

SLEEP 位：器件休眠使能，置 1 后进入睡眠模式。

CYCLE 位：当 CYCLE 为 1 且 SLEEP 为 0 时进入循环模式。在循环模式下，设备在休眠和唤醒之间循环，以 LP_WAKE_CTRL（电源管理 2 寄存器配置）确定的速率从获取数据。

TEMP_DIS 位：禁用温度传感器，该位置 1，将禁用内部的温度传感器。

CLKSEL[2:0]：时钟源选择。这三位用于设置系统的时钟源选择，默认值是 0（内部 8M RC 振荡）；一般设置为 1，选择 x 轴陀螺 PLL 作为时钟源，以获得更高精度的时钟。

很明显，测量值输出的结果为 0 没有变化，是因为 mpu6050 复位后进入了休眠状态，接下来，需要配置 PWR_MGMT_1 寄存器，将休眠后的 mpu6050 唤醒起来。

③使用 i2cset 命令。

使用“i2cset -y 0 0x68 0x6b 0x0”命令，配置 MPU6050 内部的 PWR_MGMT_1 电源管理寄存器为 0，解除休眠状态，这项配置完毕之后，mpu6050 就有实际的测量值输出了。该命令用来配置 I2C 设备的指定寄存器内容，用法为：

```
i2cset -y 总线号 设备地址 寄存器地址 数值 模式
```

i2cset 命令里可用的模式有 b/w/c/i/s，模式默认为 b（byte）即 8 bit 数值；c（byte）8bit 非数值；w 为 word（16bit）；i 和 s 分别为 I2C 和 SMBUS 的 block 数据。

实际操作的结果如图 11-17 所示，可以看到在配置了 PWR_MGMT_1 电源管理寄存器之后，再读取测量值输出寄存器，就有变换的数据结果了。

```
/learn/drivers/i2c_mpu6050_drv # i2cset -y 0 0x68 0x6b 0x0
/learn/drivers/i2c_mpu6050_drv # i2cdump -y 0 0x68
No size specified (using byte-data access)
     0  1  2  3  4  5  6  7  8  9  a  b  c  d  e  f    0123456789abcdef
00: 85 7f 02 2e 5d 0e 05 74 04 0f 02 be 28 4f 4f 95    ???.]??t????(OO?
10: fe 00 00 00 00 00 00 00 00 00 00 00 00 00 00 00    ?...............
20: 00 00 00 00 00 00 00 00 00 00 00 00 00 00 00 00    ................
30: 00 00 00 00 00 00 00 00 00 00 01 2b b4 00 c8 26    ..........?+?.?&
40: 0c f3 10 ff c8 ff b0 ff 8f 00 00 00 00 00 00 00    ???.?.?.?.......
50: 00 00 00 00 00 00 00 00 00 00 00 00 00 00 00 00    ................
60: 00 00 00 00 00 00 00 00 00 00 00 00 00 00 12 02    ..............??
70: 00 00 00 00 00 68 00 00 00 00 00 00 00 00 00 00    .....h..........
80: 85 7f 02 2e 5d 0e 05 74 04 0f 02 be 28 4f 4f 95    ???.]??t????(OO?
90: fe 00 00 00 00 00 00 00 00 00 00 00 00 00 00 00    ?...............
a0: 00 00 00 00 00 00 00 00 00 00 00 00 00 00 00 00    ................
b0: 00 00 00 00 00 00 00 00 00 00 01 2b 68 00 58 26    ..........?+h.X&
c0: 80 f3 20 ff bb ff 9a ff a2 00 00 00 00 00 00 00    ?? .?.?.?.......
d0: 00 00 00 00 00 00 00 00 00 00 00 00 00 00 00 00    ................
e0: 00 00 00 00 00 00 00 00 00 00 00 00 00 00 15 81    ..............??
f0: 00 00 00 00 00 68 00 00 00 00 00 00 00 00 00 00    .....h..........
/learn/drivers/i2c_mpu6050_drv # i2cdump -y 0 0x68
No size specified (using byte-data access)
     0  1  2  3  4  5  6  7  8  9  a  b  c  d  e  f    0123456789abcdef
00: 85 7f 02 2e 5d 0e 05 74 04 0f 02 be 28 4f 4f 95    ???.]??t????(OO?
10: fe 00 00 00 00 00 00 00 00 00 00 00 00 00 00 00    ?...............
20: 00 00 00 00 00 00 00 00 00 00 00 00 00 00 00 00    ................
30: 00 00 00 00 00 00 00 00 00 00 01 2b a0 00 00 26    ..........?+?..&
40: d4 f3 20 ff ca ff 9d ff a2 00 00 00 00 00 00 00    ?? .?.?.?.......
50: 00 00 00 00 00 00 00 00 00 00 00 00 00 00 00 00    ................
60: 00 00 00 00 00 00 00 00 00 00 00 00 00 00 18 8e    ..............??
70: 00 00 00 00 00 68 00 00 00 00 00 00 00 00 00 00    .....h..........
80: 85 7f 02 2e 5d 0e 05 74 04 0f 02 be 28 4f 4f 95    ???.]??t????(OO?
90: fe 00 00 00 00 00 00 00 00 00 00 00 00 00 00 00    ?...............
a0: 00 00 00 00 00 00 00 00 00 00 00 00 00 00 00 00    ................
b0: 00 00 00 00 00 00 00 00 00 00 01 2c 2c 00 24 27    ..........?,,.$'
c0: 54 f3 20 ff ce ff 65 ff 99 00 00 00 00 00 00 00    T? .?.e.?.......
d0: 00 00 00 00 00 00 00 00 00 00 00 00 00 00 00 00    ................
e0: 00 00 00 00 00 00 00 00 00 00 00 00 00 00 1b d1    ..............??
f0: 00 00 00 00 00 68 00 00 00 00 00 00 00 00 00 00    .....h..........
/learn/drivers/i2c_mpu6050_drv # i2cget -y 0 0x68 0x41
0xf3
```

图 11-17　使用 i2cset 命令配置电源管理寄存器之后再读取测量值

④使用 i2cget 命令。

使用“i2cget -y 0 0x68 0x41 命令”，可以读取 MPU6050 内部温度寄存器，该命令的用法是：

```
i2cget -y 总线号 设备地址 寄存器地址 模式
```

i2cget 命令用于读取指定地址的寄存器内容（i2cdump 命令可以读出所有寄存器的内容）。命令中可用的模式有 b/w/c，模式默认为 b（byte）即 8 bit 数值。

使用 i2c-tools 工具提供的这些命令，可以快速地熟悉 I2C 设备。

（3）添加 i2c 设备 mpu6050。

在前面往内核源码中添加 AT24C08 设备的方法属于静态注册 I2C 设备的方法，现在在其基础上继续添加 mpu6050 设备。打开“arch/arm/mach-s3c24xx/mach-smdk2440.c”文件，添加如下信息（已加粗）：

```
static struct at24_platform_data at24c08 = {
    .byte_len = SZ_8K / 8,
    .page_size = 16,
};
```

```
static struct i2c_board_info s3c2440_i2c_devs[] __initdata = {
    {          // 为 AT24C08 构建 i2c_board_info 结构体，0x50 为 AT24C08 的 I2C 设备
地址
            I2C_BOARD_INFO("24c08", 0x50),
            .platform_data = &at24c08,
    },
    {// 为 mpu6050 构建 i2c_board_info 结构体，0x68 为 mpu6050 的 I2C 设备地址
    I2C_BOARD_INFO("mpu6050", 0x68),
    },
};
```

（4）编写 mpu6050 的驱动。

涉及 2 个头文件 mpu6050_dev.h 和 mpu6050_common.h，1 个源文件 mpu6050_drv.c。

①头文件。

头文件 mpu6050_dev.h 主要用来定义 mpu6050 内部的寄存器，内容如下：

```
//mpu6050_dev.h
#ifndef _MPU6050_DEV_H_
#define _MPU6050_DEV_H_

#define SMPLRT_DIV   0x19   // 陀螺仪采样率，典型值：0x07（125Hz）
#define CONFIG   0x1A   // 低通滤波频率，典型值：0x06（5Hz）
// 陀螺仪自检及测量范围，典型值 0x18（不自检，2000deg/s）：
#define GYRO_CONFIG      0x1B
// 加速计自检、测量范围及高通滤波，典型值 0x18( 不自检，2G，5Hz）：
#define ACCEL_CONFIG     0x1C
#define ACCEL_XOUT_H   0x3B
#define ACCEL_XOUT_L   0x3C
#define ACCEL_YOUT_H   0x3D
#define ACCEL_YOUT_L   0x3E
#define ACCEL_ZOUT_H   0x3F
#define ACCEL_ZOUT_L   0x40
#define TEMP_OUT_H       0x41
#define TEMP_OUT_L       0x42
#define GYRO_XOUT_H     0x43
#define GYRO_XOUT_L     0x44
```

```
#define GYRO_YOUT_H    0x45
#define GYRO_YOUT_L    0x46
#define GYRO_ZOUT_H    0x47   // 陀螺仪 z 轴角速度数据寄存器（高位）
#define GYRO_ZOUT_L    0x48   // 陀螺仪 z 轴角速度数据寄存器（低位）
#define PWR_MGMT_1     0x6B   // 电源管理，典型值：0x00（正常启用）
#define WHO_AM_I       0x75   //IIC 地址寄存器（默认数值 0x68，只读）
#define SlaveAddress   0x68   //MPU6050-I2C 地址寄存器

#endif
```

头文件 mpu6050_common.h 主要用来定义 mpu6050 的测量值数据结构体和 ioctl() 方法的 cmd 参数格式，内容如下：

```
//mpu6050_common.h
#ifndef _MPU6050_COMMON_H_
#define _MPU6050_COMMON_H_

#define MPU6050_MAGIC 'K'      /* 定义幻数 */

//mpu6050 数据结构
union mpu6050_data
{
   struct {   /* 加速度计测量值输出数据 */
      short x;
      short y;
      short z;
   }accel;
   struct {   /* 陀螺仪测量值输出数据 */
      short x;
      short y;
      short z;
   }gyro;
   unsigned short temp;      /* 内部温度传感器测量值输出数据 */
};

//mpu6050 的 ioctl() 的 cmd 命令定义
```

```
#define GET_ACCEL  _IOR(MPU6050_MAGIC, 0, union mpu6050_data)// 读取加速度计数据
#define GET_GYRO   _IOR(MPU6050_MAGIC, 1, union mpu6050_data)// 读取陀螺仪数据
#define GET_TEMP   _IOR(MPU6050_MAGIC, 2, union mpu6050_data)// 读取温度的数据

#endif
```

这里有必要介绍一下 ioctl() 的用法。

② ioctl() 的用法。

ioctl() 是设备驱动程序中对设备的 I/O 通道进行控制的函数。所谓对 I/O 通道进行控制，就是对设备的一些特性进行控制，例如串口的传输波特率、马达的转速等。在应用层的用法：

```
int ioctl(int fd, ind cmd, …);
```

其中 fd 是用户程序打开设备时使用 open 函数返回的文件标示符，cmd 是用户程序对设备的控制命令，至于后面的省略号，是一些补充参数，可以没有或者只有一个参数 arg，这个参数的有无和 cmd 的意义相关。

前面的章节中介绍过在 2.6.36 之后的内核里，驱动的 ioctl 方法变成了 unlocked_ioctl：

```
long (*unlocked_ioctl) (struct file * fp, unsigned int cmd, unsigned long arg);
```

这三个参数是和应用层的三个参数一一对应的。在驱动程序中实现的 ioctl() 函数体内，实际上是有一个 switch {case} 结构，每一个 case 对应一个命令（命令码），做出一些相应的操作。命令码的组织是有要求的，因为我们要做到命令和设备是相互对应的，这样才能将正确的命令发给正确的设备。在 Linux 核心中是这样定义一个 32 位的命令码：

cmd 字段	设备类型 / 幻数	序号	方向	数据大小
位数	8 bit	8 bit	2 bit	8 ~ 14 bit

“幻数”是一个字母，数据长度也是 8，用一个特定的字母来标明设备类型，这和用一个数字表示是一样的，只是更加利于记忆和理解。在内核文档“documentation/ioctl/ioctl-number.txt”中有 x86 系统中已定义的幻数说明。

这样一来，一个命令 cmd 就变成了一个整数形式的命令码；但是命令不直观，所以 Linux Kernel 中提供了一些宏，这些宏可根据便于理解的字符生成命令码，或者是从命令码得到一些用户可以理解的字符串以标明这个命令对应的各个字段。

Linux 内核提供的用来自动生成 ioctl 命令码的宏：

```
_IO(type, nr)              // 无数据传输
_IOR(type, nr, size)       // 从设备读数据
_IOW(type, nr, size)       // 向设备写数据
_IOWR(type, nr, size)      // 同时有读写数据
```

上面的宏命令已经定义了方向，我们要传的是幻数（type）、序号（nr）和大小（size）。在这里 size 参数只需要填参数 arg 的类型，如 int，这些宏命令就自动检测类型然后赋值 sizeof(int) 给 size 参数。

Linux 内核也提供了相应的宏来从 ioctl 命令 cmd 参数中解码相应的字段值：

```
_IOC_DIR(nr)       // 从命令中提取方向
_IOC_TYPE(nr)      // 从命令中提取幻数
_IOC_NR(nr)        // 从命令中提取序数
_IOC_SIZE(nr)      // 从命令中提取数据大小
```

arg 参数：如果 arg 是一个整数，可以直接使用；如果是指针，必须确保这个用户地址是有效的，因此，使用之前需要对其进行正确检查。

③源程序 mpu6050_drv.c。

```
#include <linux/module.h>
#include <linux/init.h>
#include <linux/kernel.h>
#include <linux/fs.h>
#include <linux/device.h>
#include <linux/i2c.h>
#include <linux/uaccess.h>
#include <linux/usb.h>
#include <linux/cdev.h>
#include <linux/version.h>
#include "mpu6050_dev.h"
#include "mpu6050_common.h"

// 加载模式后，执行“cat /proc/devices”命令看到的设备名称
#define DEVICE_NAME   "mpu6050"

static struct i2c_client *mpu6050_client;
static struct class *mpu6050_class;// 设备类
```

```
/*
*  功能：向 mpu6050 从设备写入数据
*  参数：struct i2c_client *client：指向 mpu6050 从设备
*  const unsigned char reg：需写入的 mpu6050 的寄存器
*  const unsigned char val：写入的数值
*/
static void mpu6050_write_byte(struct i2c_client *client, const unsigned char reg, const
unsigned char val）
{
    char txbuf[2] = {reg, val}; // 发送数据缓存 buffer

    // 封装 msg
    struct i2c_msg msg[2] = {
        [0] = {
            .addr = client->addr,
            .flags= 0,
            .len = sizeof(txbuf),
            .buf = txbuf,
        },
    };

    i2c_transfer(client->adapter, msg, ARRAY_SIZE(msg));// 与从设备进行数据通信
}

/*
*  功能：向 mpu6050 从设备读取数据
*  参数：struct i2c_client *client：指向 mpu6050 从设备
*  const unsigned char reg：需读取的 mpu6050 的寄存器
*  返回值：char：读取的数据
*/
static char mpu6050_read_byte(struct i2c_client *client,const unsigned char reg) {
    char txbuf[1] = {reg};// 数据缓冲 buffer
    char rxbuf[1] = {0};
```

```
    // 封装 msg，msg[1] 的标志是 I2C_M_RD，表明读取数据
    struct i2c_msg msg[2] = {
        [0] = {
            .addr = client->addr,
            .flags = 0,
            .len = sizeof(txbuf),
            .buf = txbuf,
        },
        [1] = {
            .addr = client->addr,
            .flags = I2C_M_RD,
            .len = sizeof(rxbuf),
            .buf = rxbuf,
        },
    };

    i2c_transfer(client->adapter, msg, ARRAY_SIZE(msg)); // 与从设备进行数据通信
    return rxbuf[0];
}

//mpu6050 硬件初始化
static void mpu6050_init(struct i2c_client *client) {
    mpu6050_write_byte(client, PWR_MGMT_1, 0x00);
    mpu6050_write_byte(client, SMPLRT_DIV, 0x07);
    mpu6050_write_byte(client, CONFIG, 0x06);
    mpu6050_write_byte(client, GYRO_CONFIG, 0x18);
    mpu6050_write_byte(client, ACCEL_CONFIG, 0x0);
}

static int mpu6050_open(struct inode *ip, struct file *fp) {
    return 0;
}

static int mpu6050_release(struct inode *ip, struct file *fp) {
```

```
    return 0;
}

static long mpu6050_ioctl(struct file *fp, unsigned int cmd, unsigned long arg)  {
    int res = 0;
    union mpu6050_data data = {{0}};

    switch(cmd) {
        // 读取加速度计的数据
        case GET_ACCEL:
            data.accel.x = mpu6050_read_byte(mpu6050_client,ACCEL_XOUT_L);
            data.accel.x|= mpu6050_read_byte(mpu6050_client,ACCEL_XOUT_H)<<8;
            data.accel.y = mpu6050_read_byte(mpu6050_client,ACCEL_YOUT_L);
            data.accel.y|= mpu6050_read_byte(mpu6050_client,ACCEL_YOUT_H)<<8;
            data.accel.z = mpu6050_read_byte(mpu6050_client,ACCEL_ZOUT_L);
            data.accel.z|= mpu6050_read_byte(mpu6050_client,ACCEL_ZOUT_H)<<8;
            break;
        // 读取陀螺仪的数据
        case GET_GYRO:
            data.gyro.x = mpu6050_read_byte(mpu6050_client,GYRO_XOUT_L);
            data.gyro.x|= mpu6050_read_byte(mpu6050_client,GYRO_XOUT_H)<<8;
            data.gyro.y = mpu6050_read_byte(mpu6050_client,GYRO_YOUT_L);
            data.gyro.y|= mpu6050_read_byte(mpu6050_client,GYRO_YOUT_H)<<8;
            data.gyro.z = mpu6050_read_byte(mpu6050_client,GYRO_ZOUT_L);
            data.gyro.z|= mpu6050_read_byte(mpu6050_client,GYRO_ZOUT_H)<<8;
            break;
        // 读取温度的数据
        case GET_TEMP:
            data.temp = mpu6050_read_byte(mpu6050_client,TEMP_OUT_L);
            data.temp|= mpu6050_read_byte(mpu6050_client,TEMP_OUT_H)<<8;
            break;
        default:
            printk(KERN_INFO "invalid cmd");
            break;
```

```
    }
    // 将 mpu6050 的数据 data 复制到用户空间，用户空间的 arg 地址会做检查
    res = copy_to_user((void *)arg, &data, sizeof(data));
    if(res) {
     printk("copy to user failed!\n");
     return -EFAULT;
    }
    return sizeof(data);
}

//mpu6050 操作集
static const struct file_operations mpu6050_fops = {
    .owner = THIS_MODULE,
    .open  = mpu6050_open,
    .release = mpu6050_release,
#if LINUX_VERSION_CODE >= KERNEL_VERSION(2,6,36)
    .unlocked_ioctl = mpu6050_ioctl,
#else
    .ioctl = mpu6050_ioctl,
#endif
};

int major;
static int mpu6050_probe(struct i2c_client *client, const struct i2c_device_id *id) {
    struct device *dev;

    mpu6050_client = client;
    // 初始化 mpu6050
    mpu6050_init(client);
    printk("probe:name = %s,flag =%d,addr = %d,adapter = %d,driver = %s\n", client->name,
        client->flags,client->addr,client->adapter->nr,client->driver->driver.name );

    // 动态申请设备号、注册设备
    major = register_chrdev(0, DEVICE_NAME, &mpu6050_fops);
```

```
    // 在 /sys/class/ 下创建 mpu6050_drv 目录
    mpu6050_class = class_create(THIS_MODULE, DEVICE_NAME"_drv");
    if (IS_ERR(mpu6050_class)) {
            printk(KERN_INFO "Create %s class error\n", DEVICE_NAME"_drv");
            return -1;
    }
    /* 将创建 /dev/mpu6050 设备文件 */
     dev = device_create(mpu6050_class, NULL, MKDEV(major, 0), NULL, DEVICE_
NAME);
    if (IS_ERR(dev)) {
      printk("device create error\n");
      goto out;
    }
    return 0;
out:
    return -1;
}

static int  mpu6050_remove(struct i2c_client *client) {
    printk("remove %s\n", client->driver->driver.name);
    // 释放设备号、注销设备
    unregister_chrdev(major, DEVICE_NAME);
    device_destroy(mpu6050_class, MKDEV(major, 0));
    class_destroy(mpu6050_class);
    return 0;
}

// 与 mpu6050 的设备信息匹配
static struct i2c_device_id mpu6050_ids[] = {
    {"mpu6050", 0x68},
    {}
}
// 声明 mpu6050_ids 是 i2c 类型的一个设备表
MODULE_DEVICE_TABLE(i2c,mpu6050_ids);
```

```
// 定义并初始化从设备驱动信息
static struct i2c_driver mpu6050_driver = {
    .probe     = mpu6050_probe,
    .remove  = mpu6050_remove,
    .id_table = mpu6050_ids,
    .driver = {
        .name  = "mpu6050",
        .owner  = THIS_MODULE,
    },
};

static int __init mpu6050_i2c_init(void) {
    return i2c_add_driver(&mpu6050_driver);// 注册设备驱动
}

static void __exit mpu6050_i2c_exit(void) {
    i2c_del_driver(&mpu6050_driver);      // 注销设备驱动
}

MODULE_LICENSE("GPL");
module_init(mpu6050_i2c_init);
module_exit(mpu6050_i2c_exit);
```

可以看到，在使用 mpu6050 时，需要对 MPU6050 先进行配置，包括设定加速度陀螺仪的阈值和采样频率；设定电源管理模式，防止进入休眠；设置低通滤波器的截止频率等。

无论对 mpu6050 内部寄存器进行读还是写操作，都需要封装好通信的消息 msg，再调用核心层提供的 i2c_transfer() 函数，通过 I2C 适配器 adapter 进行底层的 I2C 通信，完成 I2C 的传输。

（5）编写测试程序。

创建“test_mpu6050_drv.c”文件，键入如下内容：

```
//test_mpu6050_drv.c
#include <stdio.h>
#include <stdlib.h>
#include <unistd.h>
#include <sys/ioctl.h>
```

```
#include <errno.h>
#include <fcntl.h>
#include "mpu6050_common.h"

#define DEV_NAME "/dev/mpu6050"                    // 设备文件名

char *tips_str[]={    /* 提示信息字符串数组 */
    "ACCEL",
    "GYRO",
    "TEMP",
};

/* 使用方法： test_mpu6050  acc | gyro | temp */
void print_usage(char *file)  {
    printf("%s <acc | gyro | temp>\n", file);
}

int main(int argc, char *argv[])
{
    int res;
    char argv_type = 0;
    int fd = 0;                            // 设备文件描述符
    union mpu6050_data data = {{0}};

    if ((argc != 2))    {
            print_usage(argv[0]);
            return -1;
    }

    fd = open(DEV_NAME, O_RDWR);
    if (fd < 0) {        // 打开设备失败
            perror("Open "DEV_NAME" Failed!\n");
            exit(1);
    }
```

```
        if (strcmp(argv[1], "acc") == 0) {
                argv_type = 0;
        }else if (strcmp(argv[1], "gyro") == 0){
                argv_type = 1;
        }else if (strcmp(argv[1], "temp") == 0){
                argv_type = 2;
        }else{
                print_usage(argv[0]);
                return -1;
        }
        printf("get %s_Data:\n", tips_str[argv_type]);
        while(1)
        {       if(0 == argv_type)
                        res = ioctl(fd, GET_ACCEL, &data);
                else if(1 == argv_type)
                        res = ioctl(fd, GET_GYRO, &data);
                else if(2 == argv_type)
                        res = ioctl(fd, GET_TEMP, &data);
                if (res > 0)
                {
                        if(2 != argv_type)
                                printf("%s_x=%06d | %s_y=%06d | %s_z=%06d \r\n", tips_
str[argv_type], \
                                        data.accel.x, tips_str[argv_type], data.accel.y, \
                                        tips_str[argv_type], data.accel.z);
                        else
                                printf("%s=%06d\r\n", tips_str[argv_type], data.temp);
                }else{  // 设备 I/O 操作失败
                        printf("ioctl %s Failed! res=%d\n", DEV_NAME, res);
                        exit(1);
                }
                usleep(100000);
        }
        close(fd);                      // 关闭设备
```

```
    return 0;
}
```

（6）编写 Makefile，交叉编译驱动和测试程序。

在宿主机的 /home/a1/jz2440/roofs/nfs/learn/drivers/i2c_mpu6050_drv 目录下，编写 Makefile 文件，内容如下：

```
KERN_DIR = ~/jz2440/linux_kernel/linux-3.4.2
obj-m:= mpu6050_drv.o
all:
    make -C $(KERN_DIR) M= 'pwd'  modules
clean:
    make -C $(KERN_DIR) M= 'pwd'  modules clean
    rm -rf modules.order
```

使用“make”命令编译驱动完成后，该目录下会生成 mpu6050 设备的 mpu6050_drv.ko 驱动模块文件。

使用“arm-linux-gcc -o test_mpu6050_drv test_mpu6050_drv.c”命令，交叉编译生成测试程序文件 test_mpu6050_drv。

（7）运行测试。

在开发板的串口终端里键入“insmod mpu6050_drv.ko”命令，加载 mpu6050 驱动模块，并运行测试程序 test_mpu6050_drv，可以看到获取得到的各类数据，如图 11-18 所示。

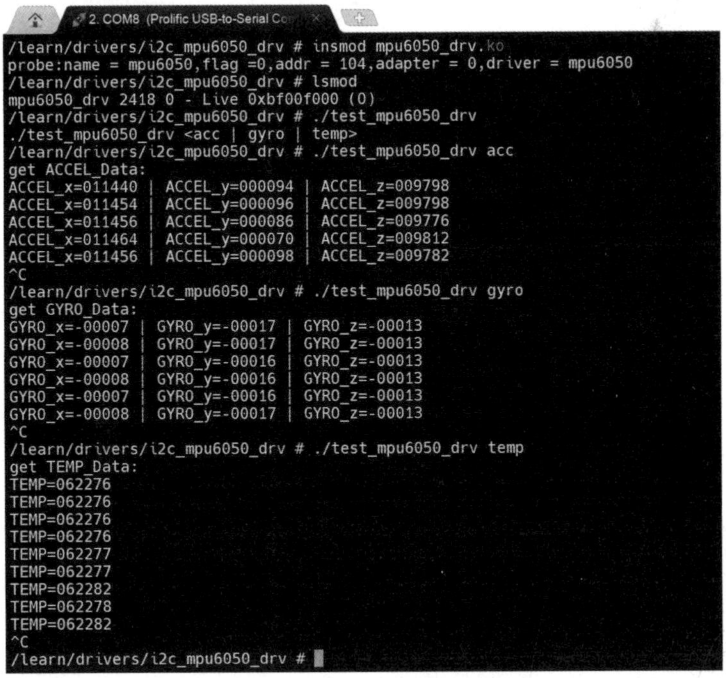

```
2. COM8 (Prolific USB-to-Serial Co
/learn/drivers/i2c_mpu6050_drv # insmod mpu6050_drv.ko
probe:name = mpu6050,flag =0,addr = 104,adapter = 0,driver = mpu6050
/learn/drivers/i2c_mpu6050_drv # lsmod
mpu6050_drv 2418 0 - Live 0xbf00f000 (O)
/learn/drivers/i2c_mpu6050_drv # ./test_mpu6050_drv
./test_mpu6050_drv <acc | gyro | temp>
/learn/drivers/i2c_mpu6050_drv # ./test_mpu6050_drv acc
get ACCEL_Data:
ACCEL_x=011440 | ACCEL_y=000094 | ACCEL_z=009798
ACCEL_x=011454 | ACCEL_y=000096 | ACCEL_z=009798
ACCEL_x=011456 | ACCEL_y=000086 | ACCEL_z=009776
ACCEL_x=011464 | ACCEL_y=000070 | ACCEL_z=009812
ACCEL_x=011456 | ACCEL_y=000098 | ACCEL_z=009782
^C
/learn/drivers/i2c_mpu6050_drv # ./test_mpu6050_drv gyro
get GYRO_Data:
GYRO_x=-00007 | GYRO_y=-00017 | GYRO_z=-00013
GYRO_x=-00008 | GYRO_y=-00017 | GYRO_z=-00013
GYRO_x=-00007 | GYRO_y=-00016 | GYRO_z=-00013
GYRO_x=-00008 | GYRO_y=-00016 | GYRO_z=-00013
GYRO_x=-00007 | GYRO_y=-00016 | GYRO_z=-00013
GYRO_x=-00008 | GYRO_y=-00017 | GYRO_z=-00013
^C
/learn/drivers/i2c_mpu6050_drv # ./test_mpu6050_drv temp
get TEMP_Data:
TEMP=062276
TEMP=062276
TEMP=062276
TEMP=062276
TEMP=062277
TEMP=062277
TEMP=062282
TEMP=062278
TEMP=062282
^C
/learn/drivers/i2c_mpu6050_drv #
```

图 11-18 测试 mpu6050_drv 驱动

参考文献

[1] W. Richard Stevens，Stephen A. Rago. UNIX 环境高级编程 [M]. 3 版 . 戚正伟，张亚英，尤晋元，译 . 北京：人民邮电出版社，2019.

[2] 杜春雷 . ARM 体系结构与编程 [M]. 北京：清华大学出版社，2003.

[3] Neil Matthew，Richard Stones. Linux 程序设计 [M]. 4 版 . 陈健，宋健建，译 . 北京：人民邮电出版社，2010.

[4] 刘志强 . 基于项目驱动的嵌入式 Linux 应用设计开发 [M]. 北京：清华大学出版社，2016.

[5] 徐成，谭曼琼，徐署华，等 . 嵌入式 Linux 系统实训教程 [M]. 北京：人民邮电出版社，2010.

[6] 韦东山 . 嵌入式 Linux 应用开发完全手册 [M]. 北京：人民邮电出版社，2008.

[7] 张平均，欧忠良，黄家善 . ARM 嵌入式应用技术与实践 [M]. 北京：机械工业出版社，2019

[8] 康维新 . 嵌入式 Linux 系统开发与应用 [M]. 北京：机械工业出版社，2018.

[9] Jonathan Corbet J，Alessandro Rubini，Greg Kroah. Linux 设备驱动程序 [M]. 3 版 . 魏永明，耿岳，钟书毅，译 . 北京：中国电力出版社，2010.

[10] 俞辉 . ARM 嵌入式 Linux 系统设计与开发 [M]. 北京：机械工业出版社，2010.

[11] 弓雷 .ARM 嵌入式 Linux 系统开发详解 [M]. 2 版 . 北京：清华大学出版社，2014.